防止多高层混凝土建筑渐次倒塌的设计与分析

PREVENTION OF PROGRESSIVE COLLAPSE IN MULTISTORY CONCRETE BUILDINGS

弗兰西斯·K·哈梅
[美] 史蒂文·M·巴德雷基 著
S·K·戈什

高立人 译

中国建筑工业出版社

著作权合同登记图字：01－2009－2842号

图书在版编目（CIP）数据

防止多高层混凝土建筑渐次倒塌的设计与分析/（美）哈梅，巴德雷基，戈什著；高立人译.—北京：中国建筑工业出版社，2010.10
ISBN 978－7－112－12143－4

Ⅰ.①防… Ⅱ.①哈…②巴…③戈…④高… Ⅲ.①多层建筑－混凝土结构－抗震结构－结构设计②高层建筑－混凝土结构－抗震结构－结构设计 Ⅳ.①TU973 ②TU352.1

中国版本图书馆CIP数据核字（2010）第096072号

责任编辑：王 跃 戚琳琳
责任设计：陈 旭
责任校对：陈晶晶

防止多高层混凝土建筑渐次倒塌的设计与分析

弗兰西斯·K·哈梅
［美］史蒂文·M·巴德雷基 著
S·K·戈什
高立人 译

*

中国建筑工业出版社出版、发行（北京西郊百万庄）
各地新华书店、建筑书店经销
北京嘉泰利德公司制版
北京建筑工业印刷厂印刷

*

开本：880×1230毫米 1/16 印张：14½ 字数：464千字
2010年12月第一版 2010年12月第一次印刷
定价：**49.00**元
ISBN 978－7－112－12143－4
（19408）

译者序

无论是地震、台风等自然灾害，还是爆炸、撞击等人为事件，结构首先遭受的都是局部破坏。但是，由于原设计没有考虑提供这能起到悬链作用的整体束缚力，或提供这能替补的传至基础的候补传力途径来预防可能会发生的渐次倒塌，则在一个承重竖向构件失去后的重力作用下，构件之间会引起所谓的连锁反应。破坏范围渐次蔓延扩大，最终导致不相称的过大倒塌。据美国有关部门的统计，在这种灾难中，90% 以上的死亡人员都是被塌下来的废墟给压死的。

美国土木工程师学会 ASCE 7－02 对此提出了两种可供选择的防止渐次倒塌的设计方法：间接设计（束缚力法）和直接设计（候补传力途径法）。

作者哈梅和巴德雷基长期以来负责防止渐次倒塌的设计与监理；戈什一直从事混凝土建筑物的抗震设计与研究，并是美国混凝土学会（ACI）和抗震工程研究学会（EERI）的指导委员会成员。他们在本书中列举了框架—剪力墙办公楼、板柱—核心筒住宅楼和剪力墙住宅楼这三个工程实例的防止渐次倒塌设计与分析来示范说明束缚力法和候补传力途径法的具体实施。分析结果表明：

（1）这些建筑物原始设计（即按抗重力、抗震与抗风设计）的配筋量已足以满足这整体束缚力的要求，而无需添加任何增补钢筋。但关键的问题是，如何对这些现有钢筋通过合理的连接和端部的锚固来确保这些抗拉束缚钢筋的整体连续性。

（2）在用 GSA 候补传力途径法对这些原始设计进行分析与评估时，根本毋需加大结构构件的尺寸。只需对某些特定部位的配筋进行一定程度的补强即可满足这防止渐次倒塌的要求。关键的问题仍然是要对这些特定部位现有钢筋的中止位置、搭接长度与端部的锚固等细部设计进行仔细认真地评估与修改。

除此之外，在这三个工程实例的设计与分析中，作者根据规定仅用 ETABS 程序进行内力与变形的分析，而对所有的荷载组合、配筋、构件的抗弯、抗剪、抗扭与抗冲切的强度及其钢筋所需的搭接长度、中止位置等都是用手算来完成的。这对想了解手算和美国规范不同之处（如限定的最大设计剪力与扭矩的取值都比我国的小等）的结构设计人员来讲无疑也是一本值得一读的参考资料。参与本书翻译工作的还有高晓红、杨国安、张晓晨与候兵。

高立人

序　言

渐次倒塌是由最初的局部破坏在构件之间所引发的渐进式蔓延扩展而最终导致整个结构或其大部分的一种倒坍。由于渐次倒塌在许多情况下是（但不都是）不相称的过大倒塌，即与这引发事件相比显得过大，所以这种现象已日益倍受关注。

一个由局部破坏渐次引发整栋建筑物过大部分倒塌的突出案例就是罗兰波英特（Ronan Point，英国伦敦东部）1968年由煤气爆炸所引起的灾难。这个案例引起了专业人员对建筑物总结构体系的整体性问题的高度关注。俄克拉何马州俄克拉何马城的艾尔弗雷德P. 默拉联邦大厦（Alfred P. Murrah Federal Building）在1995年遭遇炸弹爆炸的袭击，摧毁或严重毁坏了3根周边的柱子。这被毁坏柱子上方第3层楼的转换大梁及其上层楼面都渐次式地倒塌。大约70%的这个建筑物遭受了触目惊心的破坏，提供了又一个不相称过大倒塌的知名实例。在这一连串事件后所发生的就是现在大家都熟知的2001年9月11日世贸中心1、2双塔的倒塌事件。这无不向我们指出了尽管每一个塔楼的破坏都是一种渐次式的倒塌，但这双塔却都不是所谓的不相称过大倒塌。这就已充分说明，工程必须履行的竟然不是防止这渐次倒塌，而是防止这不相称的过大倒塌。不管是与否，反正倒塌都是渐次式的。本书不想没完没了地去论述这种区别，而关注的就是这渐次式的倒塌。尽管很少明确地阐明过，但不言而喻，渐次倒塌也是不相称的。

最近几年来，美国联邦政府已经推出了在建筑物的设计中处理防止倒塌的若干方法。两个联邦政府部门（即大量房屋的主管部门）——美国公共事务管理局（General Service Administration，简称GSA）和国防部（Department of Defense，简称DoD）要求结构工程师们把防止渐次倒塌看做是许多建筑物的设计准则。由这两个政府部门所提供的设计导则体现了在美国现今可得到的关于这个主题的最详尽信息资料。遗憾的是，很少有结构工程师通晓这控制渐次倒塌的GSA或DoD技术要求条件。甚至更少有人能正确地在设计中去应用它们。本书就是试图在这方面给予提供帮助。正文将示范在以不同结构体系为特征的现浇钢筋混凝土建筑物中，GSA和DoD渐次倒塌控制处理方法的实施。

虽然这本教范手册的主要对象是正在执业的结构工程师，但它对在校的学生、教育工作者、管理人员和那些涉及建筑物设计、施工与审批的人员来讲也是很有用的。而且，评估某建筑物抗渐次倒塌的思考过程对反思该建筑物是怎样作为一个整体来受力的是有很大帮助的。

尽管作了各种各样的尝试来使这六章的编辑能做到前后协调一致，但一些前后自相的矛盾总是依然存在。由于这是这本厚书的首版，几乎可以肯定还是能找到一些错误的。笔者会真心地感谢那些向我们指出错误和前后自相矛盾的每一位读者。同时还欢迎对如何改进本书原文的其他建议。

致　谢

S. K. Ghosh 公司的 Prabuddha Dasgupta 对本书厚厚的原稿作了细心地校对，并改善了这些章节之间的一致性。他还设计了本书非常吸引人的封面。在此，对他的诸多贡献致以衷心的感谢！

夏威夷，檀香山

伊利诺伊，巴勒坦

弗兰西斯·K·哈梅
史蒂文·M·巴德雷基
S·K·戈什
2006年9月

目 录

第1章　概述

1.1　出版的目的与编排

在1995年4月 Alfred P. Murrah 联邦大厦遭受恶毒攻击而部分倒塌之后，这建筑物总结构体系的整体性和渐次倒塌的控制受到全国的关注。根据视觉观察与分析，联邦政府应急灾害管理局（FEMA）的紧急事故小组判断：渐次倒塌明显地加大了由炸弹爆炸所带来的直接破坏。俄克拉何马城体格检查人员办公室的行动计划主任 Ray Blakeney 估计，该事件所造成的168位死亡人数中的90%都是被塌下来的废墟给压死的［1.1］（括号里的数字指的是列在本章最后的参考文献编号）。

后来，2001年世贸中心双塔的倒塌事件又进一步引起了全国关于渐次倒塌的讨论。如何才能使这 Murrah 联邦大厦和世贸中心双塔免遭（或遭受最低程度的）渐次倒塌呢？现行建筑规范和国家标准能清楚地注释在遭遇各种灾难情况下的结构性状，或有更加严谨的对付方法吗？

现在，国家建筑规范对渐次倒塌的控制还缺乏明确细致的考虑。关于什么样的规定条例（若有的话）应该被纳入建筑规范和不管怎样这些规定条例对所有建筑等级（或建筑物类别）都应该是强制性的议题讨论一直在延续着。不过，结构工程师更赞成，在遭遇非常负荷时的结构性状考虑因素应该是规范标准做法的事情。

眼下，美国联邦政府已经推出了在建筑物的设计中处理防止渐次倒塌的若干方法。两个大量房屋的主管部门，美国公共事务管理局（GSA）和国防部（DoD）要求结构工程师把防止渐次倒塌作为一项设计的标准。这两个组织部门所提供的设计导则体现了美国当前所能得到有关这主题的最全面信息资料。

不过，很少有结构工程师通晓控制渐次倒塌的 GSA 或 DoD 技术要求条件。这可归因于它确实与抗风和抗震的设计不同，渐次倒塌的控制还缺少一套全国各地都确认的设计方法。在一些文件中仅提供了大概的指导，但却没有所需量值或可供实施上的基本要求条件。

出版本书的目的就是试图帮助填补这种资料上的空白。正文示范了 GSA 和 DoD 控制现浇钢筋混凝土建筑物渐次倒塌方法的具体实施过程，以帮助正在执业的结构工程师了解这不同结构体系防止渐次倒塌的设计方法与过程。尽管这些例题必然都是特定的，但这些基本原理还是都可适用于所有的建筑结构的。各章的主题概述如下：

第1章——关于渐次倒塌的简要论述；

第2章——DoD 渐次倒塌控制方法概要；

第3章——GSA 渐次倒塌控制方法概要；

第4章——带有抗弯框架办公楼的控制渐次倒塌例题设计；

第5章——带有平板结构住宅楼的控制渐次倒塌例题设计；

第6章——承重墙结构体系住宅楼的控制渐次倒塌例题设计。

为了说明 DoD 和 GSA 设计方法的运用，对这三个例题作了详细的介绍。这些例题中的建筑物首先按重力、风荷载和地震力的组合作用来进行设计，然后再来检验和控制渐次倒塌。这重力和侧向荷载的设计直接取之于由 S. K. Ghosh 和 David A. Fanella 编著的《混凝土建筑物的抗震与抗风设计》(《Seismic and Wind Design of Concrete Buildings》) [1.2]。选择这些例题有下面三个原因：

(1) 这些例题代表了那些需要按重力、风荷载和地震力的组合作用来进行设计的典型钢筋混凝土建筑物。从上述的参考资料中引用这些工程实例是为了避免再重述那些与本书主题无关的内容。本书的中心思想是集中在这渐次倒塌的分析上。读者如果想了解更全面的抗重力、抗风和抗震设计的详情就可去参阅这本《混凝土建筑物的抗震与抗风设计》。

(2) 这些例题都是按照2000年出版的《国际建筑规范》(2000 IBC) [1.3]、《ASCE 建筑物和其他结构的标准最小设计荷载》(ASCE 7-98) [1.4] 和《结构混凝土的建筑规范要求》(ACI 318-99) [1.5] 的规定来进行设计的。

(3) 这些所选用的例题代表了在实践中常遇到的三种主要钢筋混凝土结构体系。

1.2 渐次倒塌的定义

ASCE 7-02 [1.6] 的条文说明将渐次倒塌定义为“由最初的局部破坏在构件之间所引发的渐进式蔓延扩展而最终导致整个结构或不相称的大部分倒塌”。渐次倒塌的开始可由设计中未曾考虑到的非故意超载、误用设施或异常负荷(如意外爆炸或恐怖行为)引起，渐次倒塌势必会加大人员伤亡和幸存者被困的可能性。

一个渐次倒塌的工程实例发生在俄克拉何马城的 Alfred P. Murrah 联邦大厦，在这个9层楼的建筑物中接近50%的可使用楼面倒塌。主要的结构破坏集中在该建筑物面临爆炸的北侧(见图1-1)。大厦建于1974~1976年，其主要结构体系由按 ACI 318-71 [1.7] 规范设计的普通钢筋混凝土抗弯框架组成，尽管细部设计做得不错，但这 Marrah 联邦大厦未被要求按抗震、防爆或预防其他任何极罕遇的

图1-1 俄克拉何马城的 Alfred P. Murrah 联邦大厦

荷载来进行设计。这结构问题的另外一个主要方面就是第三层楼的转换大梁，它支撑着上部的中间柱和给底层提供了 40 英尺（12.2m）宽的柱间距。

由于这炸弹的规模达 4000 磅（1814kg）TNT 当量，再加上爆炸位置与大厦靠得很近，则不可避免地会引致广泛普遍的破坏。不过，凡具有较多赘余度和延性功能的结构体系是能有效地减低渐次倒塌程度的。像特种钢筋混凝土抗弯框架这类按抗震细部设计的结构体系和带有多道防线的双重结构体系都能减小灾难性事件所带来的破坏。把建筑物划分成小开间是提供结构整体性和阻抗渐次倒塌的另外一种方法。在带有间隔墙的建筑物中，采用高百分率的承重墙则势必会加大结构的超静定性。尽管这小的模数单元空间不适合用于办公楼，但对住宅建筑物来讲还是很有效能的。

这带有承重间隔墙建筑物的一个案情实例就是位于沙特阿拉伯达赫拉姆的 Khobar 塔楼。1996 年 6 月这 Khobar 塔楼（当时为美国空军人员和其他盟军的驻地）成为恐怖分子袭击的目标。一辆装有估计相当于 3000 ~ 8000 磅（1362 ~ 3632kg）TNT 当量的燃料卡车在塔楼的北边沿围栏外面被引爆。19 名部队战士死亡、约 500 多人受伤。

Khobar 塔楼虽然破坏严重（见图 1 - 2），但没有发生渐次式的倒塌。和 Murrah 联邦大厦截然不同的是，这死亡和受伤差不多都是由崩射进宿舍的破碎玻璃窗造成的，而不是结构的倒塌，这是一个在 ASCE 7 - 02 的标题为“提供总体结构整体性导则”的注解中所论述一栋体现诸多设计基本原则的建筑物的真实例子（见本书 1.5.3 节）。

图 1 - 2　沙特阿拉伯达赫拉姆的 Khobar 塔楼

1.3　考虑渐次倒塌控制的设计进展

自古以来，建筑物的性状就一直是备受人们关注的问题。这写于公元前 2200 年的《哈穆拉比法典》（the Code of Hammurabi）的摘录强调了这正确合理的建筑结构的关键重要性。

“如果某营造者为某人盖一栋房子而没有把它的结构做得坚固牢靠并造成房子倒塌和该房子主人的死——这营造者必须被处于死刑”。

图 1-3　英国纽罕姆的 Ronan Point 公寓楼

在现今，这些建筑规范都已进化成能从自然和非天然的人为灾难中吸取教训来调整设计的要求条件了。例如，安德鲁飓风所造成的巨大损失促使南佛罗里达制定了更严格的抗风设计要求。同样，北岭地震引发了对相关钢框架建筑物焊接接头的研究和规范条文的修改。

这引发在设计过程中需要考虑防止渐次倒塌的一件大事就是 1968 年 5 月 16 日发生在英国纽罕姆的一件 23 层 Ronan Point 公寓楼的部分倒塌事件（见图 1-3）。由这第 18 层楼一间套房里划火柴所引发的煤气爆炸致使一道靠近该建筑物拐角的预制混凝土承重墙板破坏，并从原位消失。这个竖向支承构件的丧失导致该部位的楼盖和墙沿这大楼的整个高度渐次倒塌。这 Ronan Point 公寓楼的倒塌事件对工程界人士是特别具有启发性的，并且导致英国的规范作了重要的改动，但美国的规范仅作了有限的改动与论述。

尽管整个建筑物全部都渐次倒塌的事件罕有，但这种事件令人难忘的固有特征却接二连三地引致对这个问题的关注。就像图 1-4 所显示说明的那样，主要建筑规范关于渐次倒塌控制的相关修订往往都是在紧随严重的灾难事件之后才进行的。不过，在过去的五年里，这个方面所做的工作已有显著地增加。

这时程图也说明了这美国防止渐次倒塌的设计导则在比较短的时间范围内取得了进展。在这个开始推陈出新的阶段，工程界人士关于控制渐次倒塌的最切合方法几乎没有统一的意见。本书中所列举的两个主要文件（GSA 和 DoD）的设计导则清楚地阐明了这些不同的意见。这情况也是和那些较老的

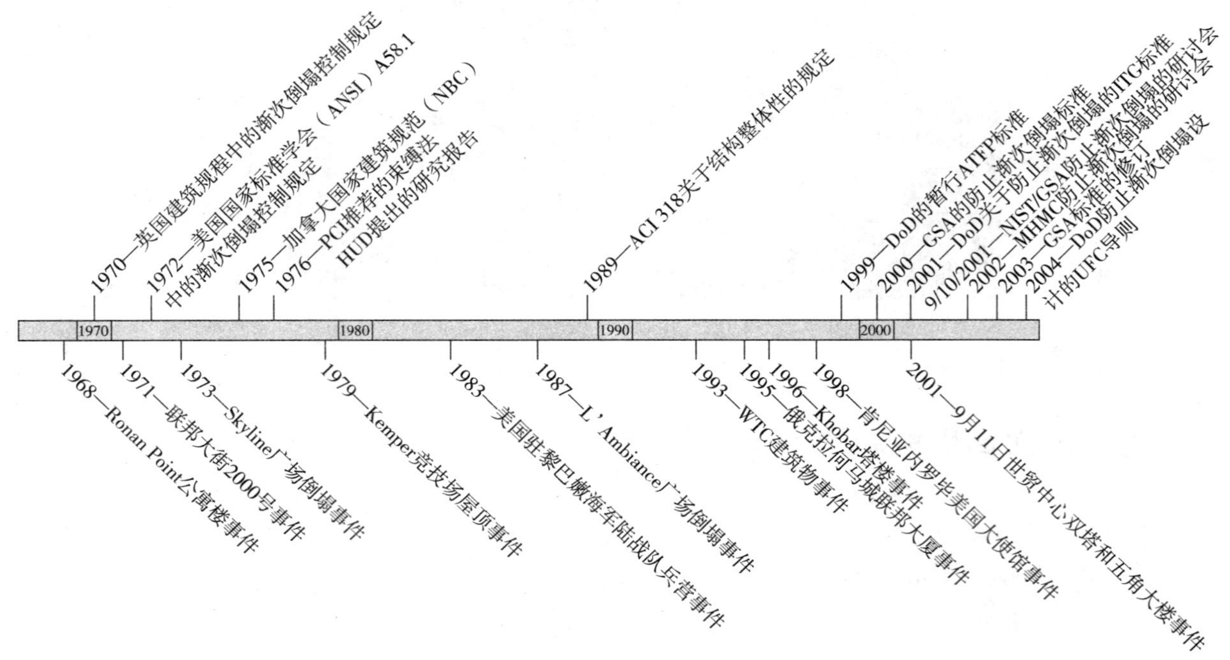

图 1-4　建筑物灾难与规范相关的推陈出新时程图

典型规范（即 BOCA［1.8］、SBC［1.9］和 UBC［1.10］）中有关抗风和抗震设计规定条款的进化过程一样的。这 GSA 和 DoD 防止渐次倒塌文件的编制者们也都是在颇为独立进行研究的情况下来工作的。另外，现有的防止渐次倒塌导则还没有顺利完成进化的演变过程来呈献抗风和抗震的规定条款，其中包括从历次大地震和飓风灾难事件中吸取的经验教训。

1.4　现有防止渐次倒塌的设计准则

许多建筑规范、标准和设计导则（国家的和国际的）都包含有关防止渐次倒塌的论述（见表 1－1）。不过，这些文件的指导深度却有相当大的不同。在美国，没有国家级的典型建筑规范明确地论述这渐次倒塌的控制。ASCE 7－02 只是在它的注解本中作了阻止渐次倒塌的大概论述（见本书的 1.5.3 节），但没有可定量分析或可实施的技术要求条件。

现在，大多数按照明确的防止渐次倒塌要求条件来进行设计的建筑结构都是属于国防部（DoD）和美国公共事务管理局（GSA）所拥有的或租有的政府设施。这两个政府部门都业已推行了为控制渐次倒塌的可定量分析和可具体实施的方法。民营部门还没有类似的导则或标准。由于它们导则的全面性，所以这本设计手册中的例题都是采用 DoD 和 GSA 这两种方法来评估抗渐次倒塌的。这 DoD 和 GSA 方法的详细讨论将依次分别在第 2 章和第 3 章介绍。

DoD 和 GSA 为控制渐次倒塌所持有的设计理念（无论采用某种分析方法）都可适用于所有的建筑物。借助以多赘余度、连续性和延性为目标的概念设计来提供总体结构的整体性是一种能勉励所有结构设计人员去思考的切实可行的办法。虽然 ACI 318 在这方面不像 DoD 和 GSA 导则那样全面完备，但它提供了一些通用的细部设计要求条件以致力提高钢筋混凝土建筑物的结构整体性（和以此来减少渐次倒塌的潜在可能性）。

主要规范和标准防止渐次倒塌要求一览表　　**表 1－1**

标准或主管部门	文件	要求条件	评注
美国国防部（DoD）	UFC 4－010－01，《DoD 建筑物的最低防恐怖行为标准》（2003 年 10 月 8 日）［1.11］和 UFC 4－023－03，《建筑物的抗渐次倒塌设计》（2004 年 10 月 18 日）［1.12］	对所有 DoD 的新建筑物和大型老房改造：三层或三层以上的建筑物都必须考虑防止渐次倒塌的问题	设计方法取决于对该设施所要求的防御等级，对于特低和低防御等级的（大多数 DoD 建筑物）采用间接设计法（即束缚力法），而对于中和高防御等级的则采用间接和直接设计法（即候补传力途径法）
美国公共事务管理局（GSA）	《新建联邦办公大楼与重点现代化工程项目的渐次倒塌分析和设计导则》（2003 年 7 月）［1.13］	对新建的联邦办公大楼和重点现代化工程项目，文件规定了确定去掉某些支承后不应导致上部结构倒塌的方法与措施	采用候补传力途径的设计方法，并通过运用需—供比（demand—capacify ratios，DCR）来确定验收标准
美国土木工程师学会（ASCE）	ASCE 7－02，《建筑物和其他结构的最小设计荷载》（2002）［1.6］	注解含有关于减小渐次倒塌潜在可能性的大概论述，但没有提供可定量分析或可实施的技术要求条件	论述了两种可供选择的抗渐次倒塌设计方法：直接设计（候补传力途径法或特定局部抗力法）和间接设计

续表

标准或主管部门	文件	要求条件	评注
美国混凝土学会（ACI）	ACI 318，《结构混凝土的建筑规范要求》（2002）[1.14]	尽管没有明确地顾及渐次倒塌的问题，但要求对结构的整体性进行加强，以提高超静定性和延性	例如，现浇混凝土建筑物的规定条文明确要求了这周边梁里上下连续贯通钢筋的最少含有量
英国陛下文书局（UK）	《建筑规程》（1992）[1.15]	提出了要求防止五层或五层以上的所有建筑物不相称过大倒塌的准则	规定了三个层次的设计方法，其中包括：提供有效的束缚力、候补传力途径和特定的局部抗力
加拿大研究委员会	《加拿大国家建筑规范》（1995）[1.16]	含有为限止由局部破坏导致不相称过大倒塌的预防措施的大概论述	论述了数十年来的某些渐次倒塌形式。至于具体的指导性建议见 NBC 1995 的结构注解（第4部分）[1.16]

1.4.1 ACI 318 -02

ACI 318 含有提高在遭遇意外负荷情况下的总体结构整体性的规定。ACI 318 -02 第 7.13 条对结构整体性的要求提出了一种处理渐次倒塌问题的间接方法。就像第 7.13 条的注解所陈述的那样，“本规范这一条的意图是要求提高结构的超静定性和延性，为的是在一个主要支承构件遭遇破坏的事件中，或在遭遇非正常负荷的事件中都能将其所造成的破坏限制在相对较小的范围内”。

第 7.13 条规定了一些关于钢筋的基本细部设计要求，这些要求有助于将总体结构束缚在一起，以提供阻抗渐次倒塌的能力。在 ACI 318 的 2002 版本里，这第 7.13 条作了如下的修订。

（1）用来连接钢筋的机械连接接头和焊接接头应符合现行容许的结构整体性要求。

（2）现行规范要求使用带有握裹顶部连续纵向钢筋的不小于 135°弯钩的 U 形箍筋，也可以选用整根封闭式的箍筋。对于圈拢连续纵向钢筋的箍筋规定条文已修订为排除使用上下两根配套而成且不带 135°弯钩的这种封闭式箍筋，因为这箍筋上部的单根横筋是无法阻止顶部连续纵向钢筋偏离梁的顶面的。

表 1 -2 和图 1 -5 归纳了 ACI 对结构整体性的要求。

ACI 318 -02 对结构整体性的要求 **表 1 -2**

构件	条文	配筋要求*	钢筋的接头位置与锚固要求
密肋（梁）	7.13.2.1	应有 1 根连续贯通的底部钢筋	钢筋的接头应设置在或靠近支座处。在边支座应提供标准的弯钩
周边梁	7.13.2.2 和 7.13.2.3	应连续贯通的顶部钢筋：为支座处负弯矩所需钢筋面积的 1/6（最少 2 根）	钢筋的接头应设置在或靠近跨中处。在边支座应提供标准的弯钩
		应连续贯通的底部钢筋：为跨中正弯矩所需钢筋面积的 1/4（最少 2 根）	钢筋的接头应设置在或靠近支座处。在边支座和梁截面高度的变换处应提供标准的弯钩
		所有连续贯通的钢筋都应该用 U 形箍筋或整根封闭式的箍筋来圈拢	U 形箍筋和整根封闭式的箍筋都应设有不小于 135°的弯钩来握裹连续贯通的顶部钢筋
除周边以外的其他梁	7.13.2.4	如果没有像周边梁所规定的那样来提供箍筋，则跨中正弯矩所需的底部钢筋面积的 1/4 应该是连续贯通的（最少 2 根）	钢筋的接头应设置在或靠近支座处。在边支座和梁截面高度的变换处应提供标准的弯钩

续表

构件	条文	配筋要求 *	钢筋的接头位置与锚固要求
双向平板	7. 13. 2. 5	每一个方向柱上板带里的所有底部钢筋都应该是连续贯通的。至少应该有 2 根钢筋穿过柱子	钢筋的接头应按 ACI 318 - 02 图 13. 3. 8 的规定设置在或靠近支座处。在边支座应提供标准的弯钩

* 所有提供整体连续性的钢筋接头都应该是符合第 12. 14. 3 条规定的 A 级（Class A）抗拉搭接接头，或机械连接或焊接接头。

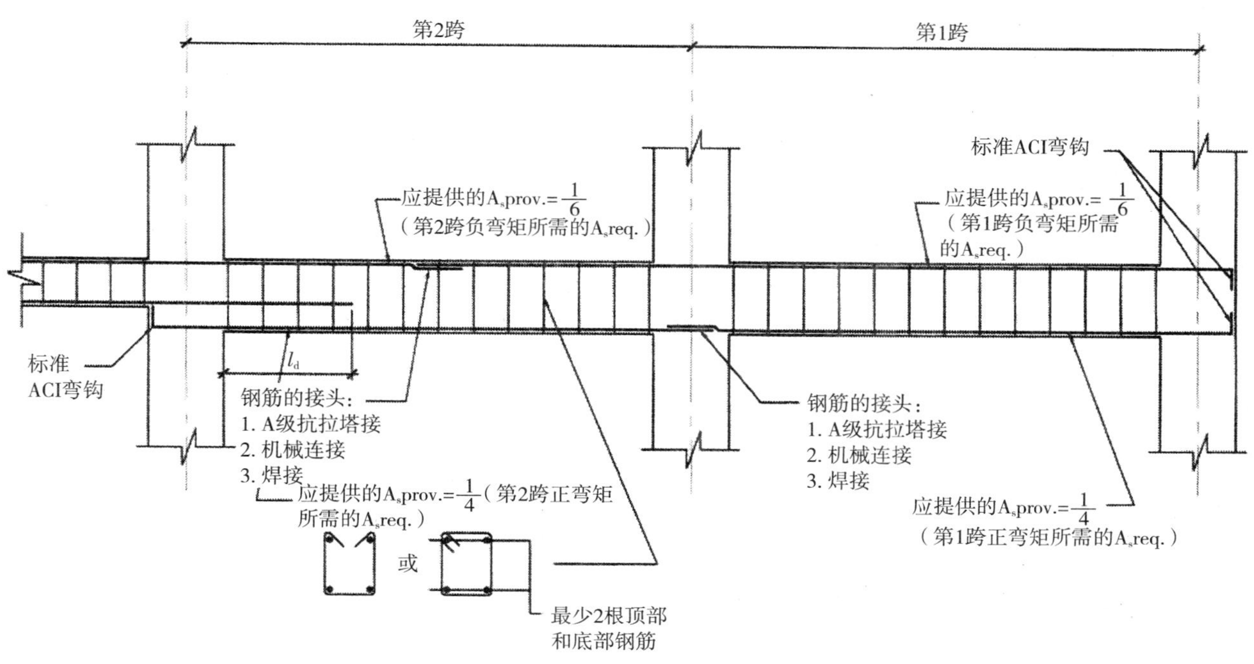

图 1 - 5　周边梁的完整配筋要求（ACI 318 - 02）

1.5　钢筋混凝土建筑物的设计考虑因素

1.5.1　多道防线的设计方法

在进行任何详细的结构分析之前就必须深思熟虑地去整体构思这结构的总体方案。这最适宜结构体系的选择是一个相当复杂的演变过程，其中还应考虑工程项目离不了的若干问题，诸如当地建筑物的习惯做法、材料的价格与可用性和其他的潜在固有问题等。这主要的目的就是为了反馈优化出一个能满足或比设计要求条件还要好的经济结构体系。

在含有渐次倒塌控制的设计过程中，经验不足会造成过分保守和造价过分高昂的结构设计。把抗渐次倒塌的需要和其他设计的要求条件分开来确定是一种极为不佳的设计方法。几乎所有的结构工程师都会同意：这种提供一个抗侧力体系来抗风荷载，并同时提供另外一个来抗地震作用的做法是不称职的。出于同样的理由，这种不同时考虑抗风和抗震的渐次倒塌控制设计是绝对代价过分高昂的。

解决的方法是需要采用一种“多道防线的处理方法”（“multi - hazard approach”）来进行设计。这必须包括将防止渐次倒塌，抗震和抗风都融合到同一个结构体系中去。主要的目的就是要尽可能提供一套能履行“双重责任”（“double duty”）的抗侧力结构体系来同时满足抗侧力和抗渐次倒塌的要求。让我们来看一个例子，以考虑这分别用两种不同结构体系设计同一办公楼的情况。

在这第一个例子中，采用的是板柱—核心筒的结构体系。这个结构体系实质上是由一组支承重力荷载的全空间框架和一个设于内部中央负责抵抗侧向荷载的剪力墙核心筒所组成。在大多数情况下，这种建筑物的空间框架一般都采用不带梁的板柱式框架，见图1－6之左图。这种受力结构能有效地支承重力荷载，但对反复的侧向荷载却几乎没有什么抵抗能力。此外，缺乏可延性耗能的细部构造，这对抗侧力体系的结构构件来讲是必需的，从而导致结构只具有极其有限的内力重分配和防止渐次倒塌的能力。

在第二个例子中采用的是一种框架—剪力墙的双重结构体系。抗侧力由内部的剪力墙和抗弯框架的共同作用来提供，见图1－6之右图。位于该建筑物周边的抗弯框架一开始就可以按抗渐次倒塌的要求来进行设计，然后再用抗侧力来检验总结构体系。最后靠减少对内部剪力墙的需求量来达到节约的目的。

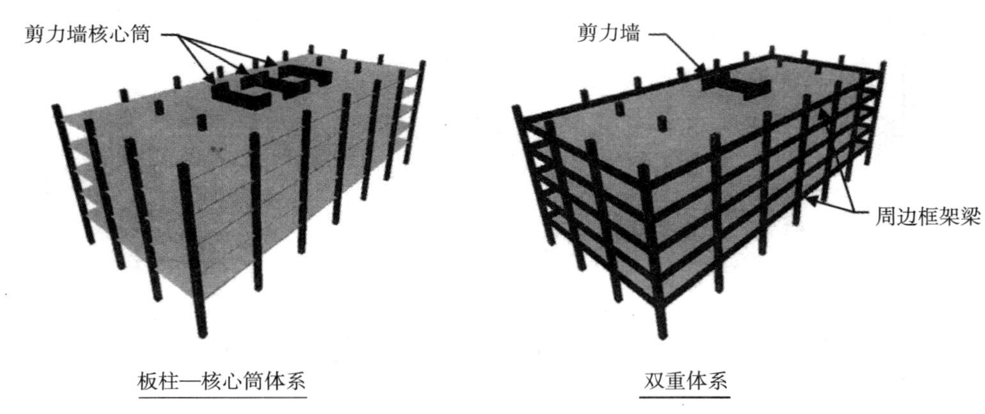

图1－6　多道防线的结构形式构思

结构体系的方案选择对总体结构的造价会有直接的影响。现在让我们来考虑分析一种情况，即这上述例子中的办公楼必须被设计成在假设失去一根外柱后仍能保持整体稳定的情况。在第一个例子中，只有通过或是对平板作重要的设计修改，或是增设一套辅助结构体系来提供抗渐次倒塌。为了把这平板设计成能跨越去掉的柱子，则必须提供这板内钢筋的更大整体连续性、在板内增设附加钢筋和/或加大板的厚度。这些大规模的设计变更会明显地降低这平板结构体系的综合效益。

另一种选择是提供外围的周边框架梁，并将框架梁设计成能独自跨越这已被去掉的柱子。在这种情况下，这平板体系的效益虽能保持，可是必须要加设辅助结构体系。这样一来，由于未对平板作修改而节省下来的造价又全部都被这外加的周边框架梁给抵消了。

另一方面，第二个例子在其抗侧力体系的结构设计中即已考虑了这防止渐次倒塌的要求条件。一个按抗所有灾情来进行设计的结构体系是能最大限度提高综合效益的。

1.5.2　防止渐次倒塌的钢筋细部设计

合理的钢筋布置与细部设计是钢筋混凝土结构抗渐次倒塌的一个十分重要的方面。其中一个重要的问题就是像梁和板这些水平结构构件里的纵向钢筋的整体连续性。为了说明这个概念，让我们来分析考虑两榀位于建筑物外围的钢筋混凝土抗弯框架。除钢筋的细部设计外，这两榀框架都是一模一样的。

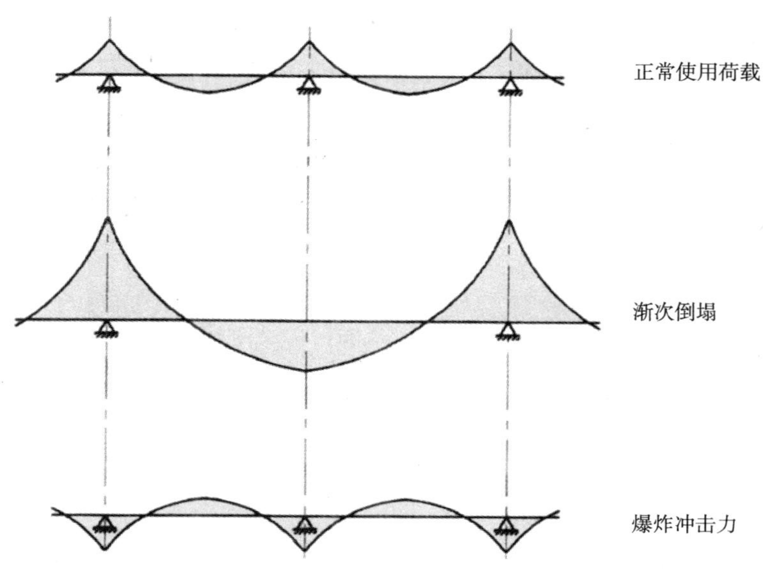

图1－7　相关的梁/板弯矩图

按重力荷载细部设计的框架。这第一种框架是仅按重力荷载来进行细部设计的。图1－7显示了在正常使用荷载作用下的梁弯矩图。正如图1－8所显示说明的那样，纵向钢筋的配置反映了这个弯矩图的形状。底部钢筋设于跨度的中间部位，而顶部钢筋则设于支座部位。这种配筋的构造在按重力荷载设计的框架梁中有典型性。

按高烈度地震作用细部设计的框架。这第二种框架除了顶部和底部的纵向钢筋都是连续贯通的和箍筋间距被减小外，其他都是和第一种框架一模一样的。借助将底部纵筋穿过柱节点和将顶部纵筋穿过梁的跨中截面来获得整体连续性，见图1－8之下图。这种钢筋的配置方法在按高烈度地震作用设计的框架梁中有典型性。

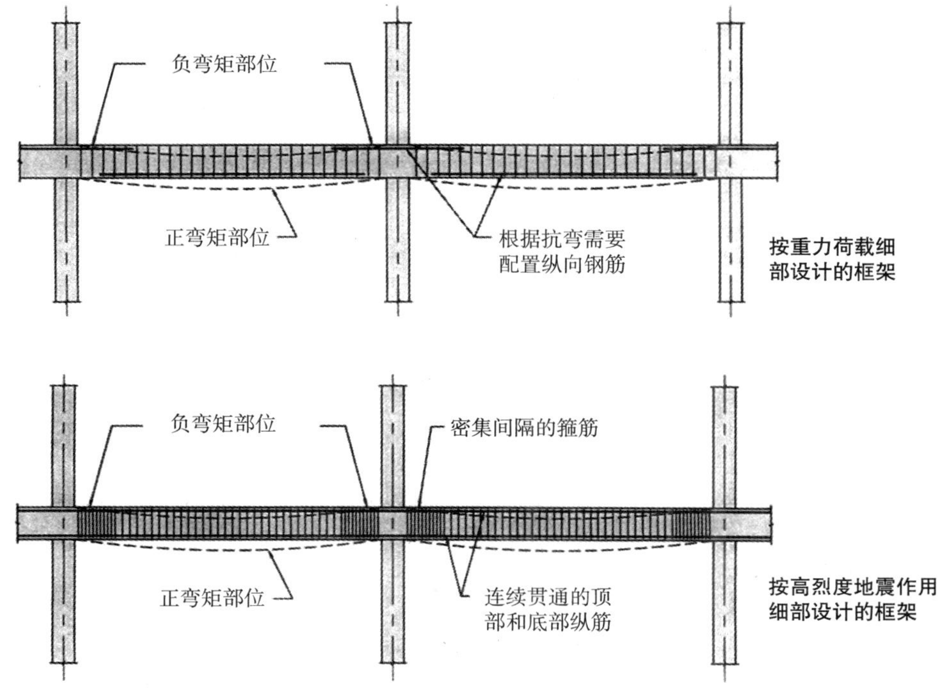

图1－8　周边框架梁的钢筋细部设计

1.5.2.1 抗渐次倒塌的性能

在遭遇严重毁坏一根外柱的极端事件情况下，这梁的钢筋细部设计将直接影响结构的性能。在这种灾难的情况下，外框架梁势必要越过这已破坏的柱子，并跨越两个开间（见图1-9）。弯矩图会因为这所增大的跨度而改变。在失去柱子的正上方，这所要求的弯矩已从负的变成了正的。在梁的端部，所要求的弯矩虽仍保持是负的，但负弯矩区域的长度随着弯矩最大量值的增大而加长（见图1-7）。

按重力荷载细部设计的框架。第一种框架缺乏抵抗这已破坏柱子上方出现的梁弯矩逆转的能力。这个部位的抗正弯矩能力是很小的，因为这底部纵向钢筋是不连续贯通的。没有底部纵向钢筋穿过节点，这抗正弯矩的能力仅限于混凝土的开裂强度。只要梁底部的弯曲受拉裂缝一出现，它们就会无约束地顺着截面的高度蔓延。这结构构件几乎没有塑性变形的能力，这样会形成脆性破坏，见图1-9之上图。

按高烈度地震作用细部设计的框架。不过，第二种框架提供了连续贯通柱节点部位的底部纵向钢筋，见图1-9之下图。这现有的连贯底部纵筋和被加添的抗剪箍筋加大了梁在失去柱子部位的抗正弯矩能力和延性功能。从而减少了发生渐次倒塌的可能性。

1.5.2.2 抗爆炸的性能

防止渐次倒塌的设计方法是想通过加大总体结构的超静定性（即多赘余度）来达到这一目的。一种通用的处理方法就是需要在分析把某些主要的结构构件去掉后仍能确保这整体结构的稳定性。尽管是增强了经灾难性事件之后仍不倒塌的能力，但这种方法是无法根据所谓的实际荷载来实施的。建筑

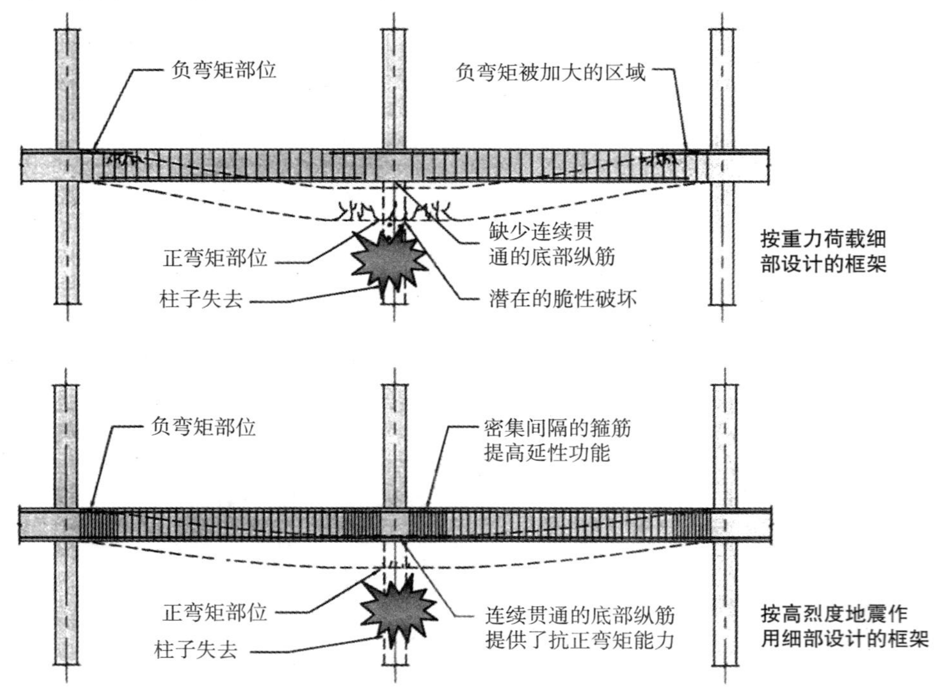

图1-9 遭遇失去一根柱子的周边框架

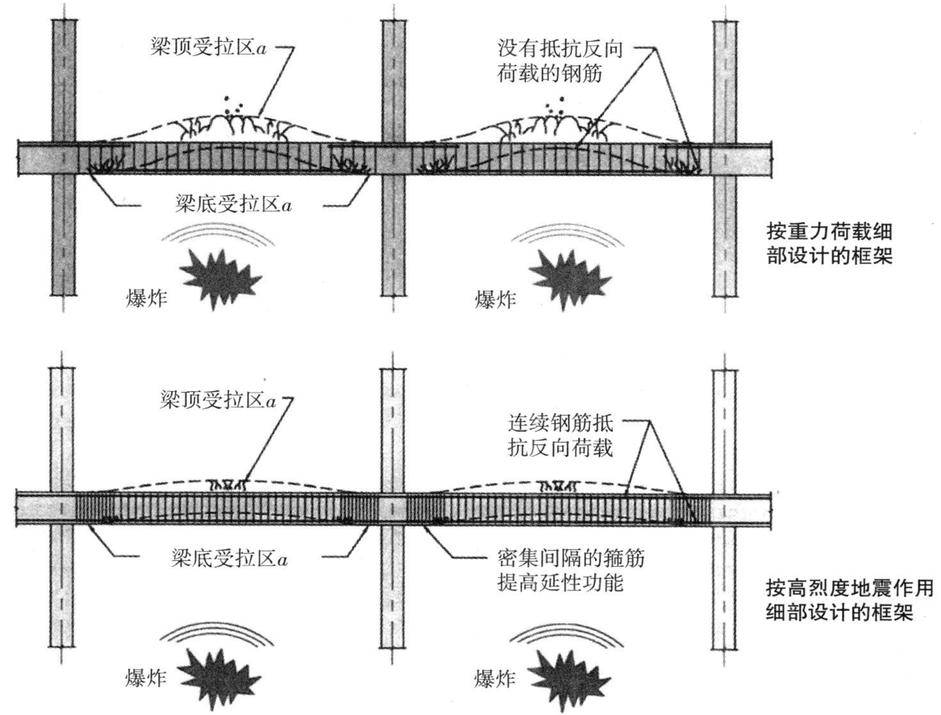

图 1－10　承受爆炸冲击荷载的周边框架

物对诸如爆炸所产生的超强冲击压力这种异常负荷的反应是明显不同于从简单的渐次倒塌模拟中所推断出来的性状的。虽然防爆设计是一门不涉及本书主题的专业领域，但对这向上作用的板压力还是要做一些简短的论述。

在设计能经受得起爆炸冲击压力的结构时，这板和梁里钢筋的整体连续性也是至关重要的。由于爆炸，一股超强气压锋或冲击波则从炸源向所有方向传播出来。当这冲击波撞上一栋建筑物的外立面时，没有被设计成能抵御这种招致压力的围护材料（如玻璃窗）就会破坏。而这些部件的毁坏丧失就让冲击波冲进建筑物内。这超强气压锋向所有方向的扩张就能开始让楼板承受一种向上作用的压力，正因为这压力是向上的，所以就让楼板承受着一种反向的弯矩（见图 1－7）。图 1－10 显示说明了这承受向上压力的板（或梁）的受力性状。

按重力荷载细部设计的框架。这种按重力荷载设计的板/梁截面内的钢筋配置位置恰好和需要承受上举力的配筋位置相反。在跨度的中间部位需要有顶部钢筋，在支座部位则需要有底部钢筋。否则，在承受上举力的状态下，这些部位会因缺少钢筋而导致板的严重破坏，一旦危及这重力荷载的支承能力则就形成倒塌。

按高烈度地震作用细部设计的框架。只要提供连续贯通的钢筋就能增强这楼盖体系的结构整体性。在承受向上冲击压力的状态下具有抵抗反向弯矩的能力，见图 1－10 之下图。这处于爆炸冲击压力状态下的板的倒塌就能受到制约。

1.5.3　ASCE 7－02 的设计建议

ASCE 7－02 的注解包含了把总体结构的整体性纳入建筑物设计之中的建议。这些导则论述了几种提供足够的整体性来内力重分配这些被严重破坏结构构件的卸载的方法。不过，与 DoD 和 GSA 所编订的文件不同的是，ASCE－02 强调的是总体概念上的，而未包含能定量分析或可供具体实施的任何要求条件。下面让我们简短地来论述一下这 ASCE 7－02 的若干建议。

1.5.3.1 合适有效的平面布置

柱子和墙的合适平面布置是为获得结构整体性设计的一个重要方面。ASCE 7－02 论述的一个例子是涉及这承重墙体系中的混凝土墙的平面布置问题。建议提供既能承重又能减小横墙薄长板块跨距的纵向内隔墙。这纵向内隔墙不仅增强了横墙的稳定性，而且还减少了因局部破坏而有可能受其影响的墙体数量。

在应付一起可能的爆炸威胁时，许多非结构因素也会对一个合适有效的平面布置起到积极的辅助作用。把这些原理纳入建筑物的设计中去并非是直接去增强结构的整体性，而确切地说是可以减少发生灾难性事件的风险。这些部分措施包括：

（1）避免在设施的正下方设置停车场。

（2）避免设置屋檐和挑出的楼房，因这些都会是爆炸期间承受局部高压和负压的关键部位。

（3）避免在建筑物的外表设置诸如柱子之类的外露结构构件。

（4）避免在建筑平面图上出现凹角，因为这是爆炸压力最可能集聚的部位。

1.5.3.2 整体束缚的方法

提供一种水平和竖向都整体束缚的方法，就可以使这个结构通过充分发挥这抗拉薄膜和悬链作用来经受很大的变形。30 多年来这抗拉束缚的方法已经成为英国规范的一个必要部分，而直到最近才被 DoD 采用。在第 2 章将对 DoD 关于钢筋混凝土结构抗拉束缚的相关导则提供深入的论述。

1.5.3.3 连续的转延侧墙

连续的转延侧墙能加大这墙壁在遭遇异常荷载或其他极端事件情况下的稳定性。比如，就一道位于建筑物端部承受由爆炸袭来的强劲冲击压力的承重外墙而论，如果这道墙没有转延侧面，那它的受力性状就像一竖向架越在各层楼盖结构（起着横向支撑的作用）之间的单向板。可是，如果带有转延侧墙的话，则这道墙的受力性状就更像双向板，从而加大了总的抵抗能力。当然，增强的大小幅度取决于这片墙的长宽比、转延侧墙的刚度和墙里的配筋情况等。

即使这转延侧墙没有提高总的抗爆能力，但它也是有助于在发生局部破坏的情况下能作为一个整体来使这结构保持稳定。假如上述例子中的外墙由于爆炸冲击压力而破坏，若没有转延侧墙，这建筑结构只能依靠从建筑物内部悬臂出来的楼板的抗弯作用来抗渐次倒塌了。要是带有转延侧墙的话，这已破坏墙体上方的这部分墙就能固有地充当一榀跨越支承在完整无损的转延侧墙之间的深梁。这个所加大的超静定赘余度减小了渐次倒塌的可能性。

1.5.3.4 板在正交方向的附加支撑

给楼板提供正交方向支撑的受力性状能有助于减小在失去一段承重墙体的情况下的破坏可能性。

在很多情况下，这抗温度和收缩应力的分布筋就有足够的能力使楼板处于被悬置的状态，但至关重要的是这横向钢筋的正确连接和锚固。

1.5.3.5　承重内隔墙

出于经济实惠和施工简易，内隔墙通常都是用非常轻质的建筑材料做成的非承重墙。如果遇上某个主要承重构件遭受严重破坏的话，这些内隔墙将几乎没有保存下来的可能性，更不用说去帮助支撑钢筋混凝土楼盖结构。可是，增大这些墙体的强度是能有助于加大总体结构的整体性的。尽管在设计中未曾考虑要抵抗正常使用状态下的重力荷载，但当失去一主要支承构件时，这比较坚固的内隔墙就能去帮助支撑楼板。

1.5.3.6　楼板的悬链作用

这具有侧向约束和连续贯通配筋的钢筋混凝土板能达到一种在大挠曲变形条件下的纯受拉状态。就这种性状（即所谓的抗拉薄膜受力状态）来讲，板就表现为一种悬链的形态。这抗拉薄膜性状不但增强了板的延性功能，同时还能加大在遭遇灾难性事件情况下的极限承载能力。图 1－11，摘自 TM 5－1300（书名为《抗意外爆炸作用的建筑结构》的军队技术手册）［1.17］显示说明双向板结构的标定阻力—变形关系曲线。

图 1－11 中的实线表示了这典型双向板结构的标定阻力—变形关系的性状。在仅受弯的作用下，板能达到的挠曲变形相当于 $\theta=2°$的支座处转角。如果增设约束抗弯钢筋的单肢箍筋，则板支座处的转角能大到 $\theta=4°$。在充分发挥这抗拉薄膜作用的阶段，这支座处的转角有可能达到 $\theta=8°$（在提供连续贯通支座的钢筋前提下）。这标定的性状曲线是假定在板进入塑性变形阶段时，阻力（即极限承载能力）就已达到最大值（根据弹性极限变形分析来确定）。

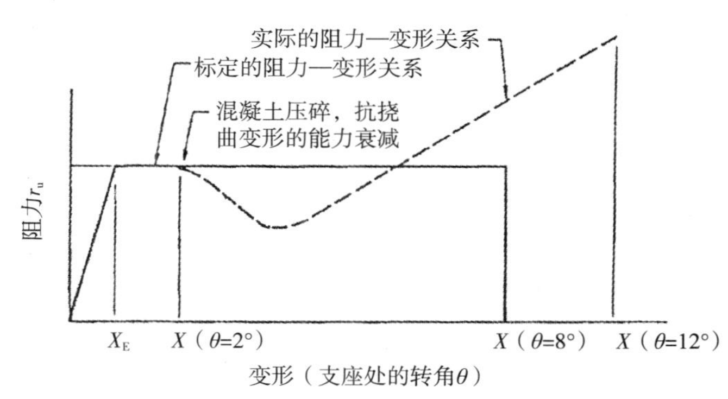

图 1－11　大挠曲变形的标定阻力—变形关系曲线（TM5－1300）

图 1－11 中用虚线标示的这实际阻力—变形关系曲线显示说明了双向板的阻力会因为抗拉薄膜作用而随着挠曲变形的增加而加大。就这个阶段的受力性状来讲，钢筋起到了抗拉薄膜或悬链的作用来主要承担荷载。为了有效地发挥抗拉薄膜作用，关键的是这板内的钢筋必须连续贯通支座，而且对板的边缘部位必须要有足够的约束。

1.5.3.7　墙的深梁作用

只要对墙进行适当的加固，这墙就可以表现为像一道深梁的性能那样来稳固地架越在这局部破坏的上方。本书将在第 6 章详细论述有关混凝土墙控制渐次倒塌的设计与细部构造这些方面的问题。

图 1－12　超静定结构体系

1.5.3.8　超静定结构体系

内含超静定结构体系的建筑物能使结构的整体性变得更好。在灾难性事件中这超静定结构体系有能力提供候补的传力途径，以防某个主要承重构件遭遇破坏。下面让我们来看一个图1－12立体透视图所示意的超静定结构体系的例子。

图 1－12 显示了一栋带有承重墙结构的五层建筑物。这是一种住宅常见的用承重墙来分割的典型建造方法。这标准的横立面由下面四层的四道等长的混凝土墙和第 5 层的两道较长的混凝土墙所组成。第 5 层的每一道长墙将其下方的两道矮墙连接在一起。在正常的重力荷载作用下，这下面的四道墙肢表现为各自单独地来抵抗竖向的楼面和屋面荷载。

万一下面的某道墙肢被破坏，则其就不能再支承上方楼层的重量了。这时，这第 5 层的墙就自动形成了一条有效的候补传力途径。如图 1－12 所显示说明的那样，这些先前曾由被破坏墙肢所支撑的楼层现在已都被悬挂在这第 5 层的墙体上了。这道墙充当了一道悬臂深梁来将这荷载从下面转移传递给了毗邻的那道坚固的实心墙肢。

这种上部结构的设计方法是在无需更改基础设计或严重影响工程造价的前提下，来提供超静定的多赘余度的。尽管提供实心混凝土墙的造价是要比像轻质填充隔墙这种其他的做法要贵点，但还是能从所用的混凝土中得到其他的好处。例如，在顶部将这两道较短的墙肢连接在一起就有效地增大了建筑物的抗震能力。

在进行防止渐次倒塌的设计时，创新的思维是十分重要的。正如上面的例子所说明的那样，这多赘余度往往都是由构件来提供的，但它们所起的作用却不同于它们正常使用状态下的情况。能正确判断和识别这种破坏后的结构受力性状对经济有效的设计来讲是必需和至关重要的。

1.5.3.9　延性功能的细部设计

延性功能细部设计的考虑可以增强结构抵抗动力、荷载逆转和大挠曲变形的能力。这种用于抗震设计的概念，虽然不能完全替代抗渐次倒塌或防爆设计，但对提高灾难性事件中的结构韧性还是很有用的。这延性功能的细部设计可以使这候补传力途径，诸如梁在失去柱子上方的跨越能力或楼板的悬链（即抗拉薄膜）作用等，得以充分的发挥和利用。如果没有正确的细部设计，这剪切破坏就会使这些候补传力途径中的任何一种都不能行之有效。

1.5.3.10　分隔成小开间的建筑物

负责研究 Murrah 联邦大厦倒塌事件的 FEMA 调查组的一项建议就是最好采用分隔成小开间的建筑物。分隔成小开间的建筑物具有大量的混凝土墙，于是就加大了这结构的整体性和超静定体系的赘余度。由于模数单元开间小，所以这种建筑物很适合居住，而不适用于办公楼。图 1－13 显示说明了这分隔成小开间的建筑物在遭遇局部破坏后仍能保持稳定的能力。

图 1－13　分隔成小开间的建筑物（相片摘自［1.1］）

尽管这 ASCE 的设计建议是可以减少渐次倒塌的风险，但每一项建议实施的可行性还都得根据每个工程项目的具体情况来评估确定。除了能改进结构的性能外，还必须考虑下列的几个问题：

（1）所需的附加费用。

（2）建筑设计的制约。

（3）可建造的能力。

关于防止渐次倒塌的最适当的方法问题，那些工程界的人士都有各自不同的看法。由于渐次倒塌的实际案例有限，则造成某些结构工程师怀疑是否有必要去编订国家标准。不过，大多数结构工程师还是都赞成纳入诸如多赘余度、连续性和延性耗能这些设计思想，这样能提高建筑物抵御异常负荷的性能。根据结构的类型，现浇混凝土建筑物本来就是超静定结构体系，只要借助合适的配筋细部设计一般都能获得足够的整体连续性和延性功能。在细部设计中作略微的修改就能对整个结构的性状产生明显的效果，而对造价几乎没有什么影响。

1.6　参考文献

1.1　Federal Emergency Management Agency, *The Oklahoma City Bombing: Improving Building Performance Through Multi-Hazard Mitigation*, FEMA 277, August 1996.

1.2　Ghosh, S.K., and Fanella, D.A., *Seismic and Wind Design of Concrete Buildings*, Portland Cement Association, Skokie, IL, 2003.

1.3　International Code Council, *International Building Code*, Falls Church, VA, 2000.

1.4　American Society of Civil Engineers, *ASCE Standard Minimum Design Loads for Buildings and Other Structures*, ASCE 7-98, Reston, VA, 1998.

1.5　American Concrete Institute, *Building Code Requirements for Structural Concrete (ACI 318-99) and Commentary (ACI 318R-99)*, Farmington Hills, MI, 1999.

1.6　American Society of Civil Engineers, *ASCE Standard Minimum Design Loads for Buildings and Other Structures*, ASCE 7-02, Reston, VA, 2003.

1.7 American Concrete Institute, *Building Code Requirements for Structural Concrete (ACI 318-71) and Commentary (ACI 318R-71)*, Farmington Hills, MI, 1971.

1.8 Building Officials and Code Administrators International, *The BOCA National Building Code*, Country Club Hills, IL, 1999.

1.9 Southern Building Code Congress International, *Standard Building Code*, Birmingham, AL, 1999.

1.10 International Conference of Building Officials, *Uniform Building Code*, Whittier, CA, 1997.

1.11 Department of Defense, *DoD Minimum Antiterrorism Standards for Buildings*, Unified Facilities Criteria (UFC) 4-010-01, 8 October 2003.

1.12 Department of Defense, *Design of Buildings to Resist Progressive Collapse*, Unified Facilities Criteria (UFC) 4-023-03, 25 January 2005.

1.13 General Services Administration, *Progressive Collapse Analysis and Design Guidelines for New Federal Office Buildings and Major Modernization Projects*, June 2003.

1.14 American Concrete Institute, *Building Code Requirements for Structural Concrete (ACI 318-02) and Commentary (ACI 318R-02)*, Farmington Hills, MI, 2002.

1.15 Her Majesty's Stationary Office, *The Building Regulations*, United Kingdom (UK), 1992.

1.16 National Research Council of Canada, *National Building Code of Canada*, 1995.

1.17 Department of Defense, *Structures to Resist the Effects of Accidental Explosions*, Army Technical Manual, TM 5-1300, 1990.

第2章 国防部的DoD导则

2.1 DoD导则的发展史

把控制渐次倒塌的考虑因素纳入军队设施的设计与施工中是一项相当近期的发展。首次公布涉及这问题的文件是“国防部暂行反恐怖/暴力行为的建筑防御标准”（1999年10月16日）[2.1]。这暂行标准是受DoD的2000.16指令——“DoD反恐怖行为的计划标准”（1999年5月10日）[2.2]开始实行的。制定这些标准是为了给所有由军队建设部门拨款提供资金的新建和翻新改造的大型居住建筑物提供这最低限度的建筑技术要求的指导原则。

就如这名字所提示的那样，这暂行标准仅用来作为正式确定的新标准出台前的一个过渡文件。这现行的DoD导则，UFC 4-010-01，“DoD建筑物防恐怖行为的最低标准”（2003年10月8日）[2.3]是统一设施标准（UFC）系列的一部分。UFC系列对所有的DoD建设项目都提供了有关规划、设计、施工、能维持的使用年限、修建和现代化设施等方面的要求条件。

这最低标准不仅涉及结构的问题，而且还包括从场地规划到大量的通报系统这类范围很宽的安全措施方面的问题。总的来讲，DoD明白，要全面预防这一系列可能对所有设施造成的威胁，造价会过分高昂。不过，可以用不太高的成本提供适当的防御等级以减少全体DoD员工大量伤亡的风险。有三个十分重要的关键因素会直接影响这些标准的实施。

（1）时间：为了行之有效，防恐怖行为的措施必须在适当的时间开始实施。纳入防恐怖行为措施的良好经济效益时间就是在新设施（或现有设施的大型翻新改造）的施工期间。

（2）总平面规划：提供安全措施的最有效方法就是要尽量疏远设施周边的距离（即建筑物和炸药引爆潜在可能的位置之间的距离）。这标准的总平面规划组成部分被看做是一张需加班加点来进行优化的设施与设备装置的蓝图。

（3）设计手段：虽然这些标准都不是根据某一指定的威胁事件来制定的，但却打算提供一种在恐怖行为袭击情况下能减少所有居住建筑物损害和人员伤亡的经济实惠方法。达到这个目的首要方法这是尽量疏远距离，把结构设计成能控制渐次倒塌和尽量减少破碎残骸危害的潜在可能性。

UFC 4-010-01的标准6（附录B的第B-2.1条）现在已论述了渐次倒塌的相关问题。UFC 4-023-03提供详细的指导性意见——“阻止渐次倒塌的建筑物设计”（2005年1月25日）[2.4]。这些现行的UFC文件自DoD的暂行标准首次公布以来已经历了很大的演变过程。这UFC 4-023-03和暂行标准之间的最主要区别是在所规定的设计方法上。暂行标准里所规定的设计方法是与这设施被规定的防御等级没有关联的。用候补传力途径的这种直接（或主动）设计方法来检验结构渐次倒塌的可能性。对于三层或三层以上的建筑物来讲，要假设性地从建筑物里去掉承重构件（每次一个），并对这被去掉一个构件后的结构逐一进行分析。

另一方面，现行的 UFC 4－023－03 应用了一套双重设计的方法来评估这渐次倒塌的潜在可能性。根据这设施被要求的防御等级（Level of Protection——LOP）来分别采用间接（或被动）设计（即束缚力）和直接（或主动）设计（即候补传力途径）这两种方法。对于极低和低（Very Low and Low）防御等级的（大多数有代表性的 DoD 建筑物），仅需要采用束缚力的设计方法。而对于中和高（Modium and High）防御等级的建筑物都必须同时应用束缚力和候补传力途径这两种方法来进行设计。本书的 2.2 节将对这现行的设计处理方法作比较详细的论述。

2.2 设计的处理方法

ASCE 7－02 明确规定了两种可供选择的防止渐次倒塌的设计方法：间接（或被动）设计法和直接（或主动）设计法。这间接设计是完全考虑通过提供最低限度的强度、多赘余度、连续性和延性来阻止渐次倒塌的。这是一种涉及束缚力基本原理的间接设计。这个设计方法是为提供阻止最低限度倒塌所需的束缚能力来加大结构的赘余度、连续性和延性的。在现浇钢筋混凝土的建筑结构里，这束缚力一般都是通过在梁、柱、板和墙内采用连续贯通钢筋的构造形式来获得的，以期待这种束缚的方式能有助于结构在灾难性事件中免于倒塌。

这第二种可供选择的设计方法——直接设计，对阻止渐次倒塌的处理方法有直接主动性的考虑，其中包括候补传力途径法和特定的局部抗力法。在候补传力途径的方法中，这设计是允许局部破坏发生的，但要设法通过提供候补传力途径来防止大范围的倒塌。通常是先假设一个被指定的初始局部破坏（如失去一根柱子），然后再将这结构设计成会有能力来重新分配这个区域内的内力。在特定的局部抗力方法中，这设计是在设法给构件提供足够的强度来防止异常负荷事件中的破坏。这个方法是先假定一种超负荷的条件（如爆炸的压力和冲击力），然后再将这构件设计成具有能经受得住这个负荷的能力。

现行的 UFC 4－023－03 版本（在很大程度上是根据英国规范［2.5］编制的）要求按不同防御等级的方法来处理防止渐次倒塌的问题。根据该设施被指定的防御等级（LOP）来确定特定结构防止渐次倒塌设计所需采用的具体方法。DoD 确定了四种明显不同的防御等级：极低防御等级（VLLOP）、低防御等级（LLOP）、中防御等级（MLOP）和高防御等级（HLOP）。并按照表 2－1 所归纳的来选用束缚力和候补传力途径这两种设计方法。

估计大多数的 DoD 设施都会属于极低防御等级或低防御等级的类型。这样一来，大多数设施将只需要用束缚力来进行控制。对于现浇钢筋混凝土结构来讲，提供这最低限度的束缚力通常是不难达到的。只要有足够的锚固和连接，这原有的钢筋就能将这整个结构束缚在一起，从而构成一个固有的多赘余度的超静定结构体系。

DoD 设计分析要求的归纳 **表 2－1**

防御等级（LOP）	水平束缚力	竖向束缚力	候补传力途径法	附加延性功能
极低（VLLOP）	×			
低（LLOP）	×	×	*	
中（MLOP）	×	×	×	×
高（HLOP）	×	×	×	×

* 如果某个竖向结构构件未能提供所要求的竖向束缚力度则可采用。

2.3　材料性能

钢筋混凝土结构设计所用的规定材料强度可以通过强度提高系数 Ω 来加大，并以此来确定这材料实际可能的强度。这强度提高系数是考虑到这速应变率的影响和实际材料的强度要大于所规定的材料强度这一现实。在确定束缚力大小和实施候补传力途径方法时都要用这强度提高系数。对于钢筋混凝土，这强度提高系数如下：

混凝土抗压强度 1.25

钢筋（抗拉与屈服强度）........... 1.25

在进行线弹性分析时，建议对钢筋混凝土构件选用有效刚度值。这有效刚度值应该代表构件接近破坏前的刚度。可以用 ACI 318－02（第 10.11.1 条）[2.6] 和 FEMA－273（第 6.4.1 条）[2.7] 的规定来作为选择有效刚度值的指南。

2.4　间接（或被动）设计——束缚力

2.4.1　综述

这 UFC 4－023－03 中的抗拉束缚力的要求条件几乎都是按照英国规范（British Code）编制的。这英国规范的规定条款是在这 Ronan Point 公寓楼的倒塌事件后正式出台的，至今已整整使用了 30 多年。由于美国和英国的建筑结构惯常做法很相似，所以这些有关束缚力的规定也正好适用于美国的建筑物。在 UFC 4－023－03 的附录 B 中提供了与此背景有关的信息资料和束缚力施展的优化建议。

在钢筋混凝土结构中的抗拉束缚系材一般都是由梁、柱、板和墙里的钢筋所构成。这抗拉束缚所需要的钢筋可以全部（或部分）由为抵抗诸如剪力或弯矩那样的其他内力而经设计配置的钢筋来提供。例如，考虑一根需要 $2.0in^2$（$1290mm^2$）面积的钢筋来满足这束缚力最低要求的梁，而且假定这根梁为了抗弯已上下各配了 2 根 No.6 的连续纵向钢筋（直径 0.75in，即 19mm）。这样，这总面积为 $1.76in^2$ 的抗弯钢筋只能充当部分所需的抗拉束缚系材。为了完全满足束缚的要求，还应该给这根梁添加总共 $0.24in^2$ 面积的纵向钢筋。这可以通过或再增加一些钢筋，或将这四根现有钢筋的直径加大来达到。一种选择是将这上下各两根的 No.6 钢筋加大到 No.7（直径 0.875in，即 22.2mm），则钢筋的总面积为 $2.4in^2$。

在大多数的情况下，典型钢筋混凝土结构里用来抗重力和侧向力所提供的钢筋数量也已具有足够的所需束缚能力。为此，在按重力和侧向荷载对结构进行的原始设计后再按照束缚力的要求条件来做简明检验无疑是可行的。为了充分发挥它们的束缚能力和具有像所预期那样的功能表现，这束缚钢筋必须以合乎规范要求的方式来进行连接和在其每一个端部都要有足够的锚固。

这用来作为抗拉束缚系材的钢筋必须按照 ACI 318－02 规范的要求来进行搭接、焊接或机械连接（类型 1 或类型 2）。另外，DoD 规定这些接头的位置应该错开设置，而且不要设置在节点和高应力区段。但在导则里没有明确规定这最佳的连接位置和最小的错开距离。

应该用抗震细部设计的构造要求来将这束缚钢筋和其他构件内的束缚钢筋锚接在一起，或在其自身的末端（如在建筑物周边的位置）进行锚固。这其中包括提供如 ACI 318 -02 第 21 章所规定的抗震弯钩，和采用如 ACI 318 -02 第 21. 5. 4 条所规定的抗震锚固长度。锚固对束缚钢筋的功能发挥是极其重要的，所以必须仔细地评定，尤其是在建筑平面布置可能不规则的情况下。

在设计抗拉束缚钢筋的时候，可以应用 2. 3 节所论述的材料的强度提高系数。由于材料强度与规格的易变性和设计因素的不真确性，所以还需要选用一个强度折减系数中。DoD（根据 ACI 318 -02 第 9. 3. 2. 6 条对压杆和拉杆汇编参数所规定的 ϕ 系数）指定对所有的抗拉束缚钢筋都应用 0. 75 的 ϕ 系数。

对钢筋混凝土结构来讲总共需要 5 种形式的束缚钢筋：内部束缚钢筋、周边外围束缚钢筋、对外柱或外墙的水平束缚钢筋、对角柱的水平束缚钢筋和竖向束缚钢筋。下一节将叙述这每一种的束缚形式。图 2 -1 为框架结构所需束缚钢筋的示意图。

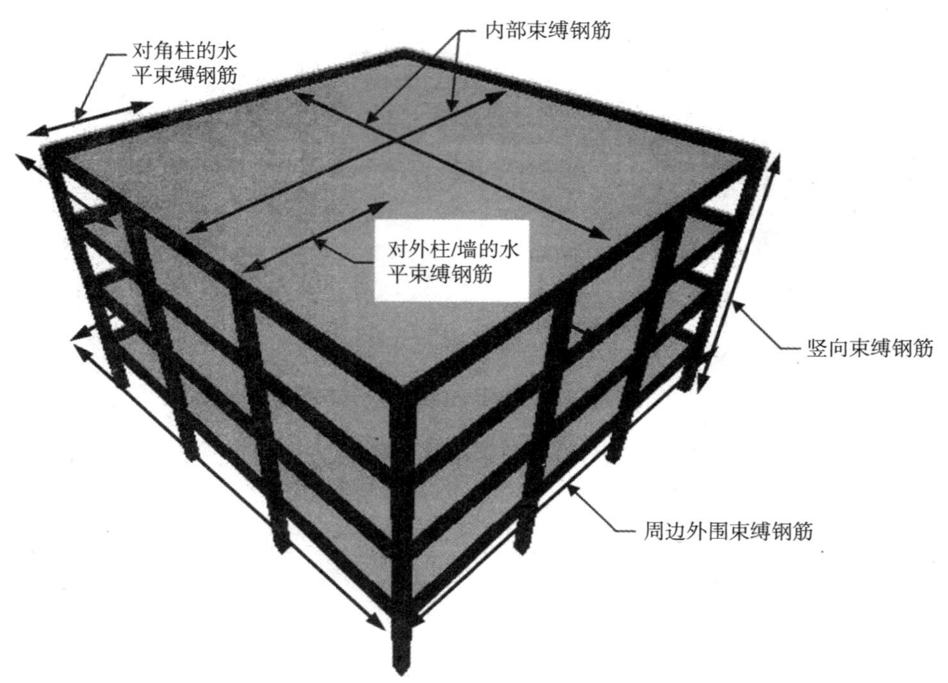

图 2 -1　所需束缚钢筋的示意图

2. 4. 2　内部束缚钢筋

内部束缚钢筋就是为了借助这楼板的悬链作用来防止在中间支座的承重构件严重破坏后的倒塌而专门准备的。为了达到这个目的，必须在每一层楼盖和屋盖中沿正交方向设置内部束缚钢筋。这束缚钢筋必须是直线型的，并从该结构的一端到另一端都必须做成连续贯通的（用抗拉搭接接头、焊接或机械连接）。在建筑物的周边，这内部束缚钢筋应该绕过这周边外围束缚钢筋来进行锚固（见本书 2. 4. 3 节）。

在钢筋混凝土的结构里面要在整块板内均匀分布，或在梁、墙里集中设置（全部或部分的）内部束缚钢筋。凡原先提供抗重力和侧向力的钢筋都可以（全部或部分）被用来作为内部束缚钢筋。在混凝土的墙里面只有这些位于距板上和板下各 1. 6ft（488mm）的高度范围内的墙水平钢筋才能用来作为这内部束缚钢筋的一部分。

内部束缚的最大间隔距离不得超过 $1.5l_r$，其中 l_r 为所考虑束缚方向支承任何两毗连开间楼面的柱子（指板柱结构）、框架梁或墙之间距离的较大者（即取这束缚方向诸结构跨度中的较大者——译者

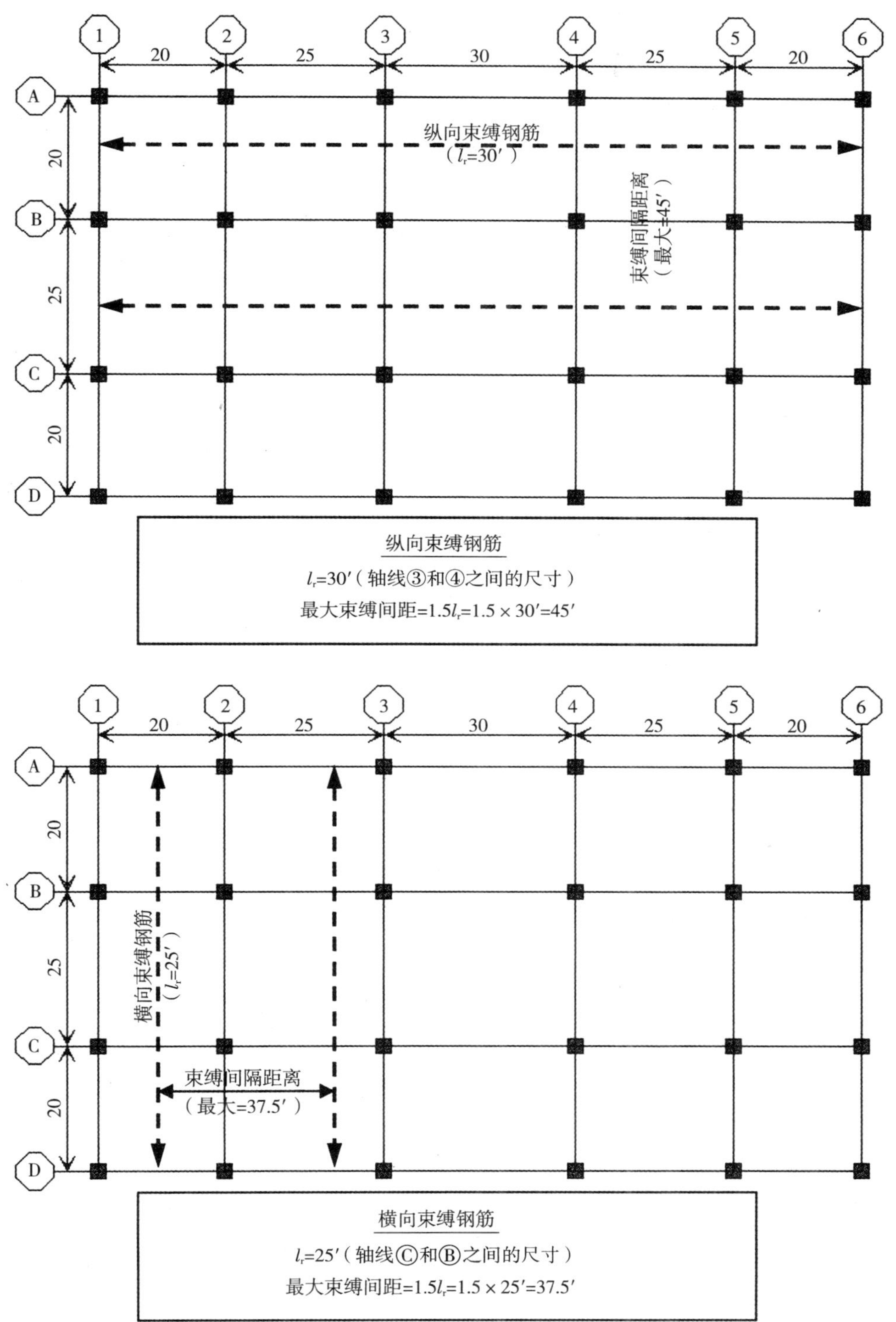

注：1 英尺（ft 或′）＝0.3048m。

图 2－2　框架结构的 l_r 确定方法

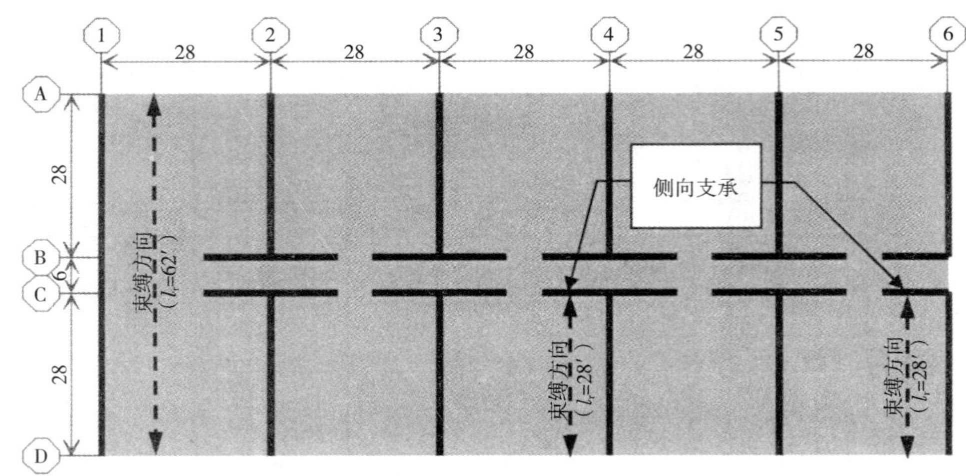

图 2－3　承重墙结构的 l_r 确定方法

注）（见图 2－2）。对于梁－柱式的框架结构来讲，如果采取将所有的内部束缚钢筋都集中设置在这些框架梁里，则自然就能满足这最大间距的要求条件。对于承重墙结构来讲，如图 2－3 所显示说明的那样来确定 l_r 值。

这些内部束缚钢筋所需具有的抗拉力度必须要等于下列两式计算所得之较大者：

$$\frac{(D+L)}{156.6}\times\frac{l_r}{16.4}\times\frac{1}{3.3}\times F_t\ (\text{kip/ft}) \tag{2-1}$$

$$\frac{1}{3.3}\times F_t(\text{kip/ft}) \tag{2-2}$$

式中　D——恒载（lb/ft^2）；

L——活荷载（lb/ft^2）；

l_r——照前面所规定的（ft）；

F_t——“基本力度”，取两者之较小者：① $4.5+0.9n$。（式中 n_0 = 楼层数量）；

② 13.5

2.4.2.1　内部束缚力的推导

这束缚力的大小相当于楼盖在失去一个中间承重构件后而发挥的悬链作用所携带的这内部张力。按照 1970 年前后有代表性的英国建筑物的房屋最低要求条件，下面我们假定（见图 2－4）：

（1）跨度：16.4ft（5m）

（2）恒载：75psf（3.6kPa）

（3）活荷载：75psf（3.6kPa）

估算正常使用状态下的荷载情况，取标准荷载和仅考虑 1/3 的活荷载，则这总的均布荷载 w 为：

$$w = D + \frac{L}{3} = 75 + \frac{75}{3} = 100\text{psf}$$

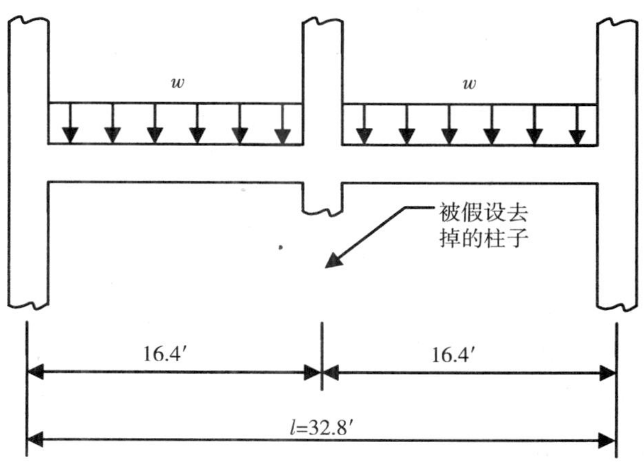

图 2－4　确定内部束缚力的假定方案

假设在遭遇失去一根中间柱子的情况下，楼板的最大跨中（即失去柱子的部位）挠度 s 等于实际有效跨度 l 的 10%，则

$s = 0.1 \times l = 0.1 \times 2 \times 16.4 = 3.28\text{ft}$（1m）

根据图 2－5 所显示的计算图样，这悬链形状楼板里的张力（即抗拉束缚力 F_{tie}）计算如下：

首先，通过计算 B 点的综合弯矩来确定 A 点支座处的竖向反力 R_{AV}。

$$\because \sum M_B = 0, \therefore R_{AV} \times l = w \times l \times \frac{l}{2},$$

则 $R_{AV} = \dfrac{wl}{2}$

然后，用图 2－5 中的 1/2 隔离体图来计算 C 点的组合弯矩。

$$\because \sum M_C = 0,$$

$$\therefore (R_{AH} \times s) + \left(w \times \frac{l}{2} \times \frac{l}{4}\right) = \frac{wl}{2} \times \frac{l}{2},$$

则 $R_{AH} = \dfrac{wl^2}{8s}$

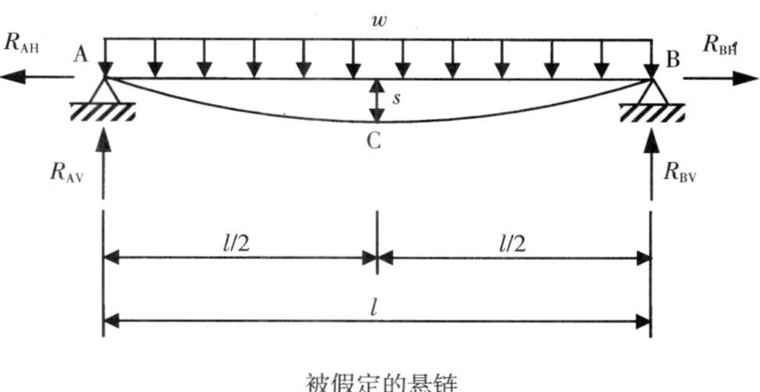

被假定的悬链

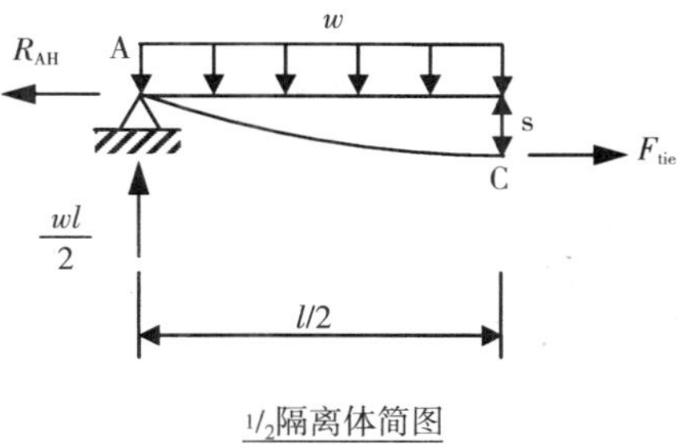

1/2隔离体简图

图 2－5　确定内部束缚力的计算简图

为了确定楼板里的张力 F_{tie}，则用 1/2 隔离体图来计算综合水平力。

$$\because \sum F_H = 0,$$

$$\therefore F_{tie} = R_{AH} = \frac{wl^2}{8s} = \frac{100 \times (32.8)^2}{8 \times 3.28} \times \frac{1}{1000}$$

$$= 4.1\text{kips/ft}\ (59.9\text{kN/m})$$

这 4.1kips/ft 刚好与用上述公式（2－2）所算得的较高限定的内部束缚力是相等的。

$$\frac{1}{3.3} F_t = \frac{1}{3.3} \times 13.5 = 4.1\text{kips/ft}$$

而公式（2－1）则适合给那些（比如该例题）具有更大荷载或开间跨度的工况提供所需抗拉束缚力的大小。

2.4.3　周边外围束缚钢筋

考虑这周边外围的束缚钢筋有两个主要原因：

（1）使它们在遭遇异常负荷的情况下来保持建筑物的周边不散架；

（2）用它们来提供能在建筑物的尽头锚固内部束缚钢筋的手段。

就像这名称所提示的那样，必须在每一个楼层与屋顶沿建筑物的周边来连续铺设周边外围束缚钢筋。而且还必须将这些束缚钢筋都设置在建筑物边缘部位的3.9ft（1.19m）宽度范围之内或周边墙内。这周边外围束缚钢筋的所需抗拉力度等于：

$$1.0F_t \text{ (kips)}$$

式中 F_t——2.4.2节中内部束缚钢筋所规定的“基本力度”。

2.4.4 对外柱和外墙的水平束缚钢筋

必须在每一个楼层与屋顶将每一个承重外柱和外墙都水平束缚栓紧在建筑结构的内部。如果在某道外墙里没有设置周边外围束缚钢筋的话，则墙的每沿米（3.3ft）长度范围内都必须要用水平束缚钢筋将其锚紧。另一方面，要是在这道墙里已经设置了周边外围束缚钢筋，而且内部束缚钢筋也已合理地被锚接在周边外围束缚钢筋上，则就不需要再增设水平束缚钢筋了。这对外柱与外墙的水平束缚钢筋所需具有的力度取下述两种算法的较大者：

（1）取两者之较小者：

$$2.0F_t \text{ 和 } (h_s/8.2)\ F_t$$

式中 F_t——2.4.2节中内部束缚钢筋所规定的“基本力度”；

h_s = 楼面至楼面的高度（ft）（即层间高度）。

（2）由所考虑的该楼层柱或墙所支承最大设计荷载（用常规荷载组合，即2003 IBC所规定的）的3%。

根据这所要求的束缚力大小可以推测这些束缚钢筋的主要目的是要用来阻止那些外部竖向承重构件的侧向位移，从而减少明显 $\rho-\Delta$ 效应的潜在可能性。

2.4.5 对角柱的水平束缚钢筋

对角柱的水平束缚钢筋除了它们必须在两个正交方向都被提供外，其他都和对外柱的水平束缚钢筋（见2.4.4节）相似。每个方向所要求的束缚力大小应该等于这用2.4.4节计算式来确定的束缚力度。

2.4.6 竖向束缚钢筋

必须将整个建筑物的每一个柱子和承重墙都从底层到顶层整体连续束缚栓紧。应该在1/3层间高度的位置来连接这柱内的束缚钢筋，而不能就在楼面的正上方或层间高度的中部连接。这所要求的束缚力度就是由该柱或墙在任何给定楼层所支承的最大设计荷载（用2003 IBC所规定的常规荷载组合）。

造成这所需竖向束缚力度如此巨大的根本理由是简单明了的。试设想，由于在一次灾难性事件中遭受破坏，该建筑结构失去了一根柱子。既然这失去柱子正上方的楼盖不再由其下方的柱子来继续支撑了，那它只好被悬挂在上面的柱子上。为了避免倒塌，上面的柱子必须要有足够的能力来支承（以抗拉的受力状态）这原本属于失去柱子的恒载与活荷载。只有提供这种抗拉的能力才能以悬链作用或空腹桁架作用（Vierendeel action）使荷载重新向建筑物的上部分配。

2.5　直接设计——候补传力途径（Alternate Path）

DoD要求按下列条件来选用这候补传力途径的处理方法：

（1）对于低防御等级（LLOP）的建筑物，如果某根柱子或某道墙未能提供所要求的竖向束缚力（如2.4.6节所明确规定的那样），则可以用候补传力途径法来进行检验，以证实这结构是有能力跨越失去的构件的。

（2）对于中防御等级（MLOP）和高防御等级（HLOP）的建筑物，必须采用这候补传力途径法。

2.5.1　分析方法

为了通过获取那些在较大程度上被简化的计算分析模型中所忽视的其他方面效应来防止过分保守的设计，建议在进行候补传力途径分析时采用三维分析模型。有三种比较适宜的分析方法：线性静力分析、非线性静力分析和非线性动力分析。这线性静力分析是在典型结构设计事务所中最有可能被选用的一种方法，而且也是这本设计手册中例题所用的方法。图2－6的流程图概括归纳了这种应用线性静力分析方法的程序步骤。

用强度设计的基本原理来进行结构构件的设计。总的来讲，这被提供的强度（乘以一个强度折减系数）必须等于或大于由设计荷载所产生的内力。下式显示说明了这个必要条件：

$$\phi R_n \geqslant \sum \gamma_i Q_i$$

式中　ϕ——强度折减系数；

R_n——标称强度（用这适当的材料强度提高系数Ω来进行计算，见本书2.3节）；

γ_i——荷载系数（每一种荷载都各不相同）；

Q_i——有效荷载（即恒载、活荷载、风荷载、地震作用等）。

就DoD候补传力途径法的要求而言，这强度折减系数ϕ应该按ACI 318－02的规定取值，而这荷载系数γ_i就像本书2.5.3节所陈述的那样在DoD文件中有详细说明。

2.5.2　结构构件的去法

这候补传力途径法适用于两种情况。第一，对于低防御等级（LLOP）的设施来讲，如果发现任何一个竖向承重构件不满足这竖向束缚力的要求条件的话，则可采用候补传力途径法。只要能证明这结构有能力跨越这欠缺的构件，则可不再去管竖向束缚力的要求条件了。第二，对被指定为中防御等级（MLOP）和高防御等级（HLOP）的建筑物来讲，这候补传力途径法是强制性的。

在设计中，这所需去掉的构件选择是受几个方面的因素控制的，其中包括：案情可能发生的位置（即，是在外部还是在内部）、结构体系的类型和建筑物的平面布置。每一个被假定从整体结构中去掉的柱子（或承重墙）都象征着要对这结构再作一次完整的三维分析。由于大多数建筑物都有数百个（要不就上千个）专用构件，所以都要用候补传力途径法来对整个结构做检验的工作量似乎太巨大了。

不过，对于大多数典型的建筑结构来讲，这必需对其进行评估的案情数目往往只是这栋建筑物里柱子（或承重墙）总数的一小部分。也只有能对关键构件作出精心的挑选和对预期的候补传力途

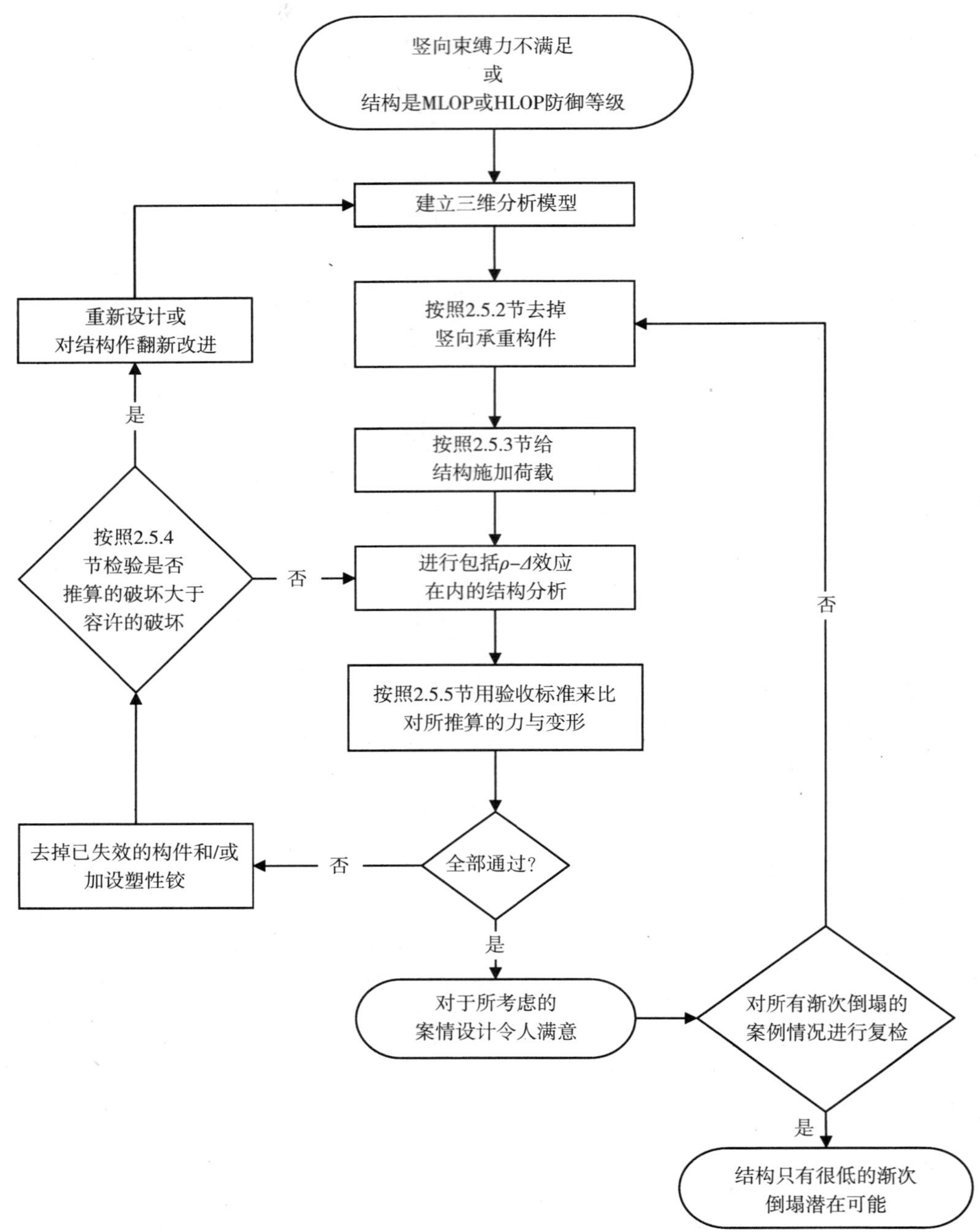

图 2－6　DoD 候补传力途径分析方法流程图

径作出合适的判断，才能有效地减少所需考虑的不同案例情况的数量。对于简单的建筑结构来讲，DoD 导则规定了必须要考虑去掉柱子或承重墙的所在位置的最少数量。下面的几节将概述这些要求条件。

将柱子从这分析模型的节点正下方人为地去掉。正如图 3－1 所显示说明的那样，这正确去掉柱子的做法就是使其上方的梁柱节点仍保持完整无损。用这种处理方法来模拟的这最初局部破坏仅仅是一种不针对任何特定威胁或异常负荷情况的被简化后的假定。

2.5.2.1　外部与内部构件

除非有现存更为严重凶兆的具体信息，否则这 DoD 的基准威胁指的是一种停靠着的运载炸弹。在现行 DoD 导则中所用的炸弹规模与避开距离（即从炸源到潜在可能目标的距离）是按 UFC 4－010－02［2.8］中所列的资料来分类的。根据所假定的将来可能会出现的威胁情况，这建筑物外围周边的结构构件是最易遭受破坏的。为此，导则要求所有供居住的 DoD 设施都必须考虑这最低限度的外部构件的失去。

在诸如地下停车库或空旷首层公共场所这类易有内部威胁可能的环境里，是需要考虑内部构件的失去。

2.5.2.2　框架与平板结构体系

外部构件的失去

应该沿着这建筑物的外周边一次一根地将柱子去掉。以最低限度来考虑如表 2－2 所显示说明的案例情况。对每一个楼层（一次一层）的每一种案例情况都必须进行评估。例如，如果选择将一根角柱去掉，则首先要对这第一层楼的角柱失去进行一次候补传力途径的计算分析，然后再对第二层楼的角柱失去进行另一次的候补传力途径分析等。比如对一栋 5 层楼的房子来讲，则起码要检验一共 15 种可能会出现的渐次倒塌情况（即每层 3 种案情乘以 5 层）。“如果设计人员能清楚显示认定在多个楼层（比如说，4～10 个楼层）去掉柱子后的结构反应是相似的话，则对这些楼层就可以不再进行分析，但设计人员必须要用文件来证明不再进行这些分析的充分理由”。［2.3］

在建筑物里那些平面布置几何形状有重大变化的部位（如凹角和开间尺寸相异）的外柱也应该考虑被去掉。对于那些不连续贯通到底的竖向构件（即支承在转换梁上的柱子）也应该考虑被去掉的可能。由于要做到预计一切可能会出现的案例情况是根本不可能的，所以需要用正确的工程判断力（engineering judgment）去确认所有关键性柱子的所在位置。

规则结构平面布置中的外柱去法　　**表 2－2**

案例	说　明	平面图
1	去掉一楼位于或临近建筑物长边中部的一根地面以上的柱子，然后再一次一层楼地去掉二楼地面以上的柱子、三楼地面以上的柱子等	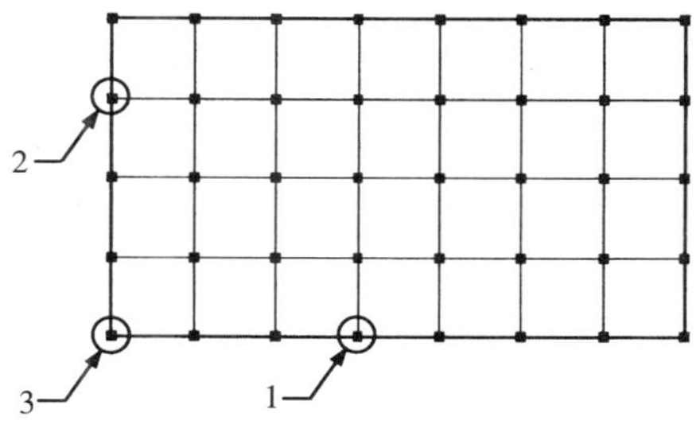
2	去掉一楼位于或临近建筑物短边中部的一根地面以上的柱子，然后再一次一层楼地去掉二楼地面以上的柱子、三楼地面以上的柱子等	
3	去掉一楼位于建筑物角部的一根地面以上的柱子，然后再一次一层楼地去掉二楼地面以上的柱子、三楼地面以上的柱子等	

内部构件的失去

应该从地下停车库和空旷的首层公共场所里一次一根地去掉内柱。以最低限度来考虑如表 2－3 所显示说明的案例情况。这要被去掉的柱子仅考虑从地下停车库或空旷首层公共场所的地面延伸到上一层楼盖的底面（也就是说要去掉一层楼的净空高度）。对于表 2－3 所标示的每一个部位的柱子失去来讲，仅需要对空旷首层公共场所或地下停车库这一个楼层进行候补传力途径的分析就可以了，而无需对建筑物的所有楼层都进行分析。

在建筑物里那些平面布置几何形状有重大变化的部位（如凹角和开间尺寸相异）的内柱也应该考虑被去掉。对于那些不连续贯通到底的竖向构件（即支承在转换梁上的柱子）也应该考虑失去的可能。由于要做到预计一切可能会出现的案例情况是根本不可能的，所以需要用正确的工程判断力去确认所有关键性柱子的所在位置。

规则结构平面布置中的内柱去法　　表 2－3

案例	说　明	平面图
1	从空旷首层公共场所或地下停车库里去掉一根位于或临近这个区域长边中部的柱子	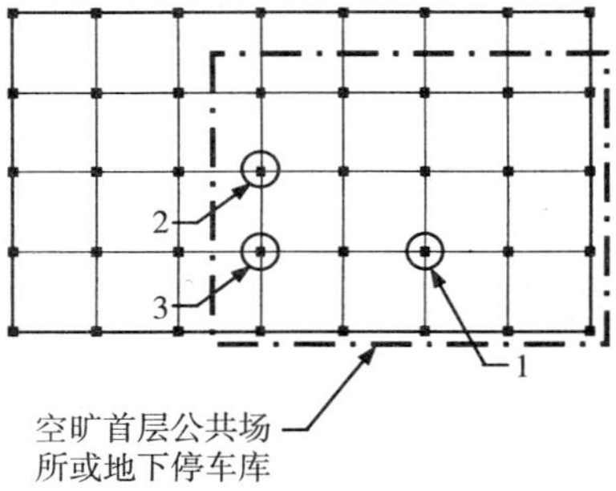
2	从空旷首层公共场所或地下停车库里去掉一根位于或临近这个区域短边中部的柱子	
3	从空旷首层公共场所或地下停车库里去掉一根位于这个区域角部的柱子	

2.5.2.3　承重/剪力墙结构体系

外部构件的失去

应该沿着这建筑物的外周边一次一段地将墙去掉。以最低限度来考虑如表 2－4 所显示说明的案例情况。对每一个楼层（一次一层）的每一种案例情况都必须进行评估。例如，如果选择将一段墙角去掉，则首先要对这第一层楼的墙角失去进行一次候补传力途径的计算分析，然后再对第二层楼的墙角失去进行再一次的候补传力途径分析等。比如对一栋 5 层楼的房子来讲，则必须要检验一共 20 种可能会出现的渐次倒塌情况（即每层 4 种案情乘以 5 层）。

在建筑物里那些平面布置几何形状有重大变化的部位（如凹角和开间尺寸相异）的外墙也应该考虑被去掉。对于那些不连续贯通到底的竖向构件（即支承在转换梁上的剪力墙）也应该考虑被去掉的可能。由于要做到预计一切可能会出现的案例情况是根本不可能的，所以需要用正确的工程判断力去确认所有关键性墙体的所在位置。

规则结构平面布置中的外墙去法　　**表 2－4**

案例	说　明	平面图
1	去掉一楼地面以上的临近建筑物长边中部的一段长度等于两倍墙高的墙体（但不应小于伸缩缝或控制缝之间的距离）。然后再一次一层楼地去掉二楼地面以上的、三楼地面以上的等	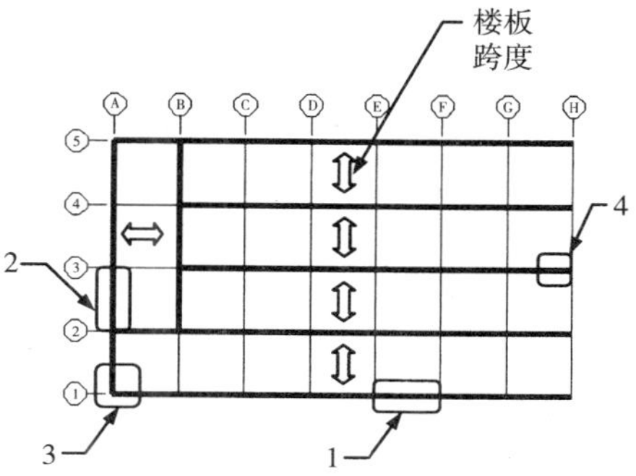
2	去掉一楼地面以上的临近建筑物短边中部的一段长度等于两倍墙高的墙体（但不应小于伸缩缝或控制缝之间的距离）。然后再一次一层楼地去掉二楼地面以上的、三楼地面以上的等	
3	去掉一楼地面以上位于角部的长度等于两倍墙高的墙角（但不应小于伸缩缝或控制缝之间的距离）。然后再一次一层楼地去掉二楼地面以上的、三楼地面以上的等	
4	在非承重外墙与承重内墙的交会处，去掉一楼地面以上的一段长度等于墙高的内墙。然后再一次一层楼地去掉二楼地面以上的、三楼地面以上的等	

内部构件的失去

应该从地下停车库和空旷首层公共场所里一次一段地去掉内墙。以最低限度来考虑如表 2－5 所显示说明的案例情况。这要被去掉的墙体仅考虑从地下停车库或空旷首层公共场所的地面延伸到上一层楼盖的底面（也就是说要去掉一层楼的净空高度）。对于表 2－5 所标示的每一个部位的墙体失去来讲，仅需要对空旷首层公共场所或地下停车库这一个楼层进行候补传力途径的分析就可以了，而毋需对建筑物的所有楼层都进行分析。

在建筑物里那些平面布置几何形状有重大变化的部位（如凹角和开间尺寸相异）的内墙也应该考虑被去掉。对于那些不连续贯通到底的竖向构件（即支承在转换梁上的剪力墙）也应该考虑失去的可能。由于要做到预计一切可能会出现的案例情况是根本不可能的，所以需要用正确的工程判断力去确认所有关键性墙体的所在位置。

规则结构平面布置中的内墙去法　　**表 2－5**

案例	说　明	平面图
1	从空旷首层公共场所或地下停车库里去掉一段临近这个区域长边中部的长度等于两倍墙高的墙体（但不应小于伸缩缝或控制缝之间的距离）	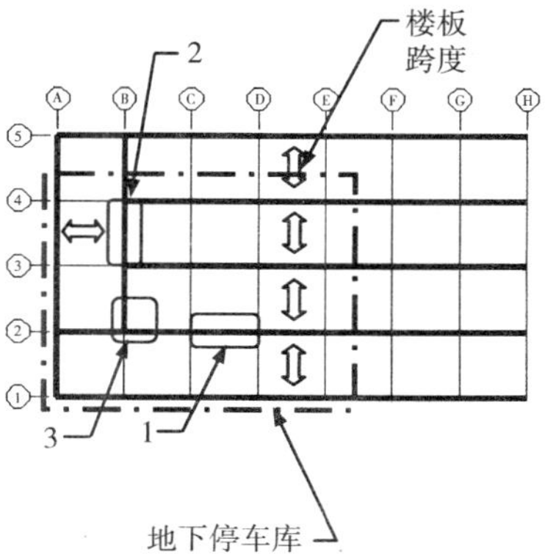
2	从空旷首层公共场所或地下停车库里去掉一段临近这个区域短边中部的长度等于两倍墙高的墙体（但不应小于伸缩缝或控制缝之间的距离）	
3	从空旷首层公共场所或地下停车库里去掉一段位于这个区域角落的长度等于两倍墙高的墙角（但不应小于伸缩缝或控制缝之间的距离）	

2.5.3 荷载组合的规定

这现行 UFC 规定的荷载组合条件与这 DoD 暂行标准里所规定的有相当大的不同。在暂行标准［2.1］中，这荷载组合的要求条件是：

$$荷载 = D + 0.5L + 0.2W$$

式中 D——设计恒载；

L——设计活荷载；

W——设计风荷载。

有一点是可以肯定的，在一次出乎意料的非常事件中这所有的活荷载是不可能全部都同时出现的。因此，为了避免过于保守的设计而将活荷载的设计值减少了 50%。另外，在分析中还要考虑 20% 的设计风荷载。这个公式被规定用于任何一种静力或动力、线弹性或非线性的结构分析。

这 UFC 4－023－03［2.4］所规定荷载组合状况有几处明显的修正。一个主要的不同之处就是对非线性动力分析和线性/非线性静力分析所要求的分项荷载工况的增加。这现行的荷载组合要求条件如下：

非线性动力分析的荷载组合条件

$$荷载 = (0.9 或 1.2)D + (0.5L 或 0.2S) + 0.2W$$

式中 D——设计恒载；

L——设计活荷载；

W——设计风荷载；

S——设计雪荷载（对渐次倒塌的雪荷载考虑是一种对暂行标准的改进）。

对整个结构都要采用上述的这个设计荷载。

线性和非线性静力分析的荷载组合条件

$$荷载 = 2.0\ [(0.9 或 1.2)D + (0.5L 或 0.2S)] + 0.2W$$

式中 D、L、W 和 S 的注释跟非线性动力分析的荷载组合条件一样。

被去掉构件上方的所有楼层的这些与这失去的构件直接毗连的开间都应该用上述被放大的设计荷载来进行分析。对于承重墙结构体系，这毗连开间被规定为取被去掉的墙和与其最临近的承重墙之间的规划区域。而这建筑物的其他所有区域都将按非线性动力分析荷载组合条件计算所得的荷载来进行设计。

与暂行标准的最大不同之处就是对这线性和非线性静力分析的荷载组合条件增加了一个放大系数 2.0。这放大系数是出于在一个构件突然失去的情况下会发生动态效应增强的原因。在灾难性事件中，一根柱子或一道承重墙的毁坏会给结构增添动力，动力的大小会从零突然猛升到一个定值的力度。在这种情况下，这定值力度是由重力来决定的（等于质量乘以重力加速度）。

作为一种简化，采取把结构模拟成一种无阻尼的单自由度体系来承受一种呈直角作用的冲力荷载（a rectangular impulse load，即由这竖向构件瞬间失去而引起）。结构的最大反应取决于冲力持续时间和这结构自振周期的比率。随着这个比率的增大，动态效应的放大系数也就随之加大到 2.0 的最大值。

这放大系数的纳入是试图通过简化十分复杂的受力性能来实现这结构设计的目的。由于在真实的爆炸事件中，一个构件的失去往往都不大可能是瞬间就发生的。而且，只要能保证这内力重分配能以很快的速度出现，则整体结构很可能就不会受构件失去所引发的动态效应的影响了。重力荷载通过 2.0 这个系数来放大的做法是和 GSA 所采用的方法（见 3.5 节）相类似的。

2.5.4　破坏限度

按照 ASCE 7－02 的规定，当“一个初始的局部破坏”蔓延扩展到这结构的“过大部分”时，则渐次倒塌发生。这个定义仅提供了渐次倒塌的定性说明，但没有从定量上来说明这“局部破坏”与“过大倒塌”之间的差别。

另一方面，DoD 规定了在失去一个承重构件的情况下却仍能支撑得住的最大破坏限度。如果分析结果显示倒塌的范围超过了这些限值，则认为该结构是不可行的，并必须在继续往下分析前重新修改设计。因一个主要支撑失去而造成的最大容许倒塌面积是根据如下所述的这被去掉构件的所在位置来规定的。

外部构件

对于一个外部主要支承构件的失去，倒塌的容许面积不得超过下列的较小者：

（1）这被去掉构件直接上方的 $750ft^2$（$70m^2$）楼盖面积；

（2）这被去掉构件直接上方楼层总面积的 15%。

另外，被去掉构件直接下方的楼层应该不破坏。倒塌范围决不能超出本属于被去掉构件所支承的这部分结构。

内部构件

对于一个内部主要支承构件的失去，倒塌的容许面积不得超过下列的较小者：

（1）这被去掉构件直接上方的 $1500ft^2$（$140m^2$）楼盖面积；

（2）这被去掉构件直接上方楼层总面积的 30%。

另外，被去掉构件直接下方的楼层应该不破坏。倒塌范围决不能超出与被去掉构件直接毗连的建筑结构开间。

这破坏限度和暂行标准［2.1］一样，仍保持不变。

2.5.5　验收标准

候补传力途径的分析可以预测结构在一个主要承重构件被假设去掉后的反应。然后将这些由此而在各个结构构件上所产生的内力和变形拿去与这 DoD 所确定的验收标准作比对，看有没有问题。若有的话，再决定应该采取什么样的行为。在下面的几节里将一一论述这钢筋混凝土结构构件的验收标准。

2.5.5.1　抗弯

对于钢筋混凝土构件，按照 ACI 318－02 的规定来计算这标称抗弯强度 M_n。必须用混凝土抗压强度和钢筋屈服强度两者的材料强度提高系数 Ω（见 2.3 节）来计算标称强度。为了确定设计抗弯强度，标称强度还必须按 ACI 318－02 的规定乘以相应的系数 ϕ。

在进行线性静力分析时，应该将构件的弯矩需求量（即所需的抗弯强度）拿去与它们设计抗弯强度作比对，看有什么问题。如果弯矩需求量小于设计抗弯强度，则该构件是满足抗弯要求的。如果弯矩需求量超过了设计抗弯强度，但这钢筋的构造却足以满足在塑性铰生成后所发生的一定程度转动的话，则应该将一个抽象的铰嵌入到这个分析的模型中去。将这铰设置在屈服部位的中央，用工程分析和判断力来确定相应的偏置距离的长度。决不能将梁端部位的塑性铰设置在一个距离柱子（或相交构件）表面大于1/2该梁截面高度的位置上。在这铰的每一边都应该加插一个定值弯矩，其在量值上应等于构件的设计抗弯强度，而且其所作用的方向应与弯矩切合（见图2-7）。将相应的塑性铰加入分析模型后，分析重新启动。

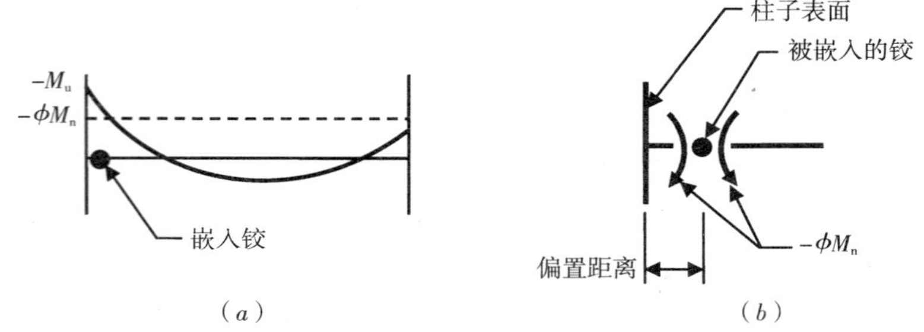

图2-7　线性静力分析模型中的塑性铰嵌入

(a) 候补传力途径的分析结果；(b) 铰的嵌入示范

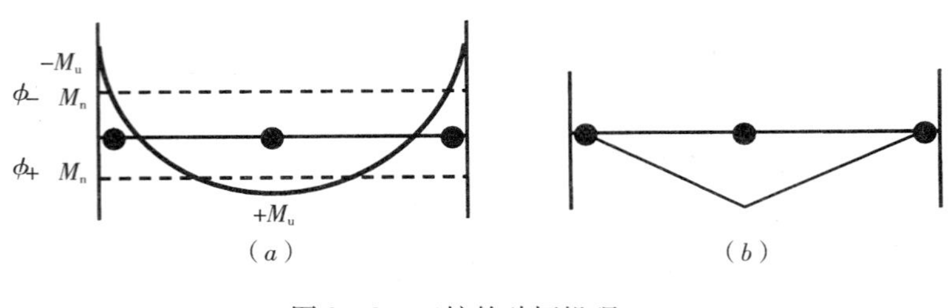

图2-8　三铰的破坏机理

(a) 候补传力途径的分析结果；(b) 三铰机构

对于非线性静力和动力分析仅需要一次重复分析就可以了。柱子的最大抗弯受力性能可以用相应的计算机软件来进行模拟分析。但必须证实这抗剪能力是足以确保设计抗弯强度能得以充分发挥的。

如果某构件经受不起在定值弯矩作用下所增添的转动，则一旦达到设计抗弯强度这构件就会从分析模型中去掉。与这失效构件有关的荷重应该被分配给该构件直接下方的楼层。在非线性动力分析中，将这已破坏构件所带来的荷载加倍是出于冲击的原因，并在瞬间把它们施加于下方的楼层。在线性和非线性静力分析中，如果这荷载已经按2.5.3节的要求加倍，则对其下方的楼层取用这些相同的荷载。如果荷载没有被加倍，则将这些荷载翻一番，并在继续或重新启动分析前将它们施加在下方的楼层上。在所有的情况下都应该将与这失效构件有关的荷重分布在一个等于或小于这原已破坏面积大小的这一范围内。

在不形成三铰受弯机构（见图2-8）的前提下是可以给梁增设塑性铰的。一旦形成机构，这梁就再也没有能力来继续抵抗荷载了，则破坏发生。必须用与上述相同的方式将这根梁从分析模型中去掉。

2.5.5.2　抗轴力与弯矩的组合作用

对于钢筋混凝土构件，按照ACI 318-02第10章的规定来计算这抗轴力与弯矩组合作用的标称强度。必须用混凝土抗压强度和钢筋屈服强度两者的材料强度提高系数Ω（见2.3节）来计算标称强度。为了确定设计强度，标称强度还必须按ACI 318-02的规定乘以相应的系数ϕ。

当某个构件里的轴力与弯矩的组合效应超过设计强度时，将标准轴向荷载的量值拿去与这均衡破坏时的标称抗轴向荷载强度P_b比对，看有没有问题。这均衡破坏指的是同时出现最外边缘受拉钢筋屈服和混凝土最外边缘受压纤维的应变达到0.003的工况（见图2-9）。如果这标准轴向荷载小于P_b，

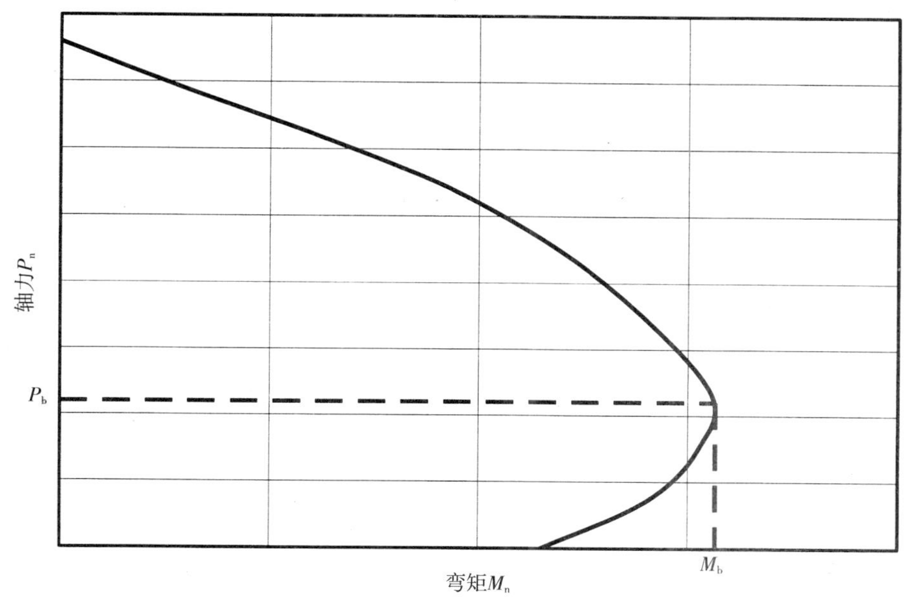

图 2-9　标称强度的关系图

则应该按 2. 5. 5. 1 节所述的方法将一个等效的塑性铰嵌入到分析的模型中去。否则，从模型中去掉该构件并按 2. 5. 5. 1 节的要求来重新分配它们的荷载。

2. 5. 5. 3　抗剪

对于钢筋混凝土构件，按照 ACI 318-02 的规定来计算这标称抗剪强度 V_n。必须用混凝土抗压强度和钢筋屈服强度两者的材料强度提高系数 Ω 来计算标称强度（见 2. 3 节）。为了确定设计抗剪强度还要按 ACI 318-02 的规定乘以这相应的系数 ϕ。

如果发现某构件中任何一个部位的设计抗剪强度已被超出，则可认定这构件已经破坏。应该将这构件从分析模型中去掉，至按 2. 5. 5. 1 节的要求来重新分配与该构件有关的荷载。

2. 5. 5. 4　节点

对于钢筋混凝土的梁柱节点，按照 ACI 318-02 的规定来计算这标称抗剪强度。必须用混凝土抗压强度和钢筋屈服强度两者的材料强度提高系数 Ω 来计算标称强度（见 2. 3 节）。为了确定节点的设计抗剪强度，还要按 ACI 318-02 的规定乘以相应的系数 ϕ。

如果发现某个节点的设计抗剪强度已被超出，则从分析模型中去掉那个节点。只要某一构件两端节点的设计抗剪强度都被超出，就从模型中去掉这个构件，并按 2. 5. 5. 1 节的要求去重新分配它的荷重。

2. 5. 5. 5　变形

除了对强度的验收标准外，钢筋混凝土结构构件还必须满足表 2-6 所给出的变形限度。如果发现变形限度被超出，则那个构件被认定已经失效。应该将此构件从分析模型中去掉，并按 2. 5. 5. 1 节的要求去重新分配它的荷重。

钢筋混凝土构件的延性及转动限度 **表 2-6**

	LLOP 的候补传力途径分析		MLOP 与 HLOP 的候补传力途径分析	
构件	延性（μ）	转角（θ）	延性（μ）	转角（θ）
板和梁/无抗拉薄膜效应[1]：				
• 单面或双面配筋/无抗剪钢筋[2]	—	3°	—	2°
• 双面配筋/有抗剪钢筋[3]	—	6°	—	4°
板和梁/有抗拉薄膜效应[1]：				
• 正常跨高比（$L/h \geqslant 5$）	—	20°	—	12°
• 非常跨高比（$L/h < 5$）	—	12°	—	8°
受压构件：				
• 墙与抗震柱[4,5]	3	—	2	—
• 非抗震柱[5]	1	—	0.9	—

注：1. Park and Gramble（1999）［2.9］和 UFC 3-340-01 中所给出的构成抗拉薄膜效应的要求条件。
2. 单面配筋构件仅在一面或截面高度的中部配有抗弯钢筋；
双面配筋构件在两面均配有抗弯钢筋。
3. 满足 ACI 318-02 最小配筋率的箍筋必须在两面都将抗弯钢筋围住箍死，否则就选用双面配筋/无抗剪钢筋的转角限度。
4. 抗震柱有按 ACI 318-02 第 21.4 条要求配置的箍筋或螺旋式箍筋。
5. 受压构件的延性被定义为总的轴向压缩与弹性极限的轴向压缩之比率。

2.5.6 候补传力途径分析的归纳

DoD 导则规定了三种可用来进行候补传力途径分析的方法：线性静力分析、非线性静力分析和非线性动力分析。对于低防御等级（LLOP）的建筑物，如果某柱子或墙未能提供所要求的竖向束缚力的话，则可以用候补传力途径的方法来证实这结构是有能力跨越上述构件的。对于中防御等级（MLOP）和高防御等级（HLOP）的建筑物来讲，都必须采用这候补传力途径的方法。图 2-6 显示了线性静力分析的简要流程图。在本书的例题中也都用的是这线性静力分析的方法。下面是每一种方法的分析步骤简要归纳。

线性静力分析步骤

步骤 1	建立该结构的三维分析模型。
步骤 2	按 2.5.2 节的要求从模型中去掉这切合的结构构件。
步骤 3	施加 2.5.3 节所规定的荷载。
步骤 4	对这结构的模型进行包括 $P-\Delta$ 效应在内的分析。
步骤 5	将这分析所得的构件/节点内力和变形去与 2.5.5 节的验收标准作比对。可以用专门为此设计的配套软件来核对 2.5.5 节的验收标准。
步骤 6	如果满足所有的验收标准，则分析就算完成，而且此结构已具有符合要求的阻抗渐次倒塌的能力。
步骤 7	要是违反任何一条验收标准，则按下列步骤进行：
7a	按 2.5.5.1 节的要求去掉失效构件和/或嵌入带有定值弯矩的塑性铰。按 2.5.5.1 节的要求重新分配与这失效构件有关的荷载。
7b	从无载/无变形的工况开始重新分析这修正后的模型。
7c	将分析所得的破坏面积与 2.5.4 节所规定的破坏限度作比对。
7d	如果超出了破坏限度，则从步骤 1 开始重新设计与分析此结构。
7e	要是都满足破坏限度的要求，则从步骤 5 开始重新核对验收标准。

非线性静力分析步骤

步骤 1	建立该结构的三维分析模型。
步骤 2	按 2.5.2 节的要求从模型中去掉这切合的结构构件。
步骤 3	用一种从零开始渐进增加到 2.5.3 节所要求的定值的这一加载过程来施加荷载。最少要分 10 个加载阶段来达到这所规定的总荷载。
步骤 4	将这分析所得的构件/节点内力和变形去与 2.5.5 节的验收标准作比对。可以用专门为此设计的配套软件来核对 2.5.5 节的验收标准。
步骤 5	在这个加载过程中如果没有一条验收标准被违反，则分析就算完成，而且此结构已具有符合抗渐次倒塌要求的能力。
步骤 6	要是违反任何一条验收标准，则按下列步骤进行：
6a	在这加载过程中出现违反验收标准的部位，按 2.5.5.1 节的要求去掉失效构件。并按 2.5.5.1 节的要求重新分配与这失效构件有关的荷载。
6b	将分析所得的破坏面积与 2.5.4 节所规定的破坏限度作比对。
6c	如果超出了破坏限度，则从步骤 1 开始重新设计与分析此结构。
6d	要是都满足破坏限度的要求，则重新开始对这个加载过程中已去掉构件及已对模型作了修改的部位进行分析。在继续分析的时候，如果出现任何违反验收标准的情况都必须重新从步骤 6 做起。
6e	如果在满载的情况下仍没有违反任何破坏限度的要求，则此结构已具有符合抗渐次倒塌要求的能力。

非线性动力分析步骤

步骤 1	以合乎实际的方式来分布结构的质量。梁和柱子的质量应该按单位长度来分布，而板和墙的质量按单位面积分布。
步骤 2	在按 2.5.2 节的要求去掉这切合的结构构件之前先使这分析模型处于在 2.5.3 节所述的荷载作用下的静力平衡状态。
步骤 3	从模型中瞬间地去掉这切合的结构构件。
步骤 4	继续动力分析，直至这结构达到一种稳定不变的状态。
步骤 5	在分析期间或之后，将分析所得的构件/节点内力和变形去与 2.5.5 节的验收标准作比对。可以用专门为此设计的配套软件来核对 2.5.5 节的验收标准。
步骤 6	如果在动力分析时没有一条验收标准被违反，则分析就算完成，而且此结构已具有符合抗渐次倒塌要求的能力。
步骤 7	要是违反任何一条验收标准，则按下列步骤进行。
7a	在这加载过程中出现违反验收标准的部位，按 2.5.5.1 节的要求即刻去掉失效构件，并按 2.5.5.1 节的要求重新分配与这失效构件有关的荷载。
7b	将分析所得的破坏面积与 2.5.4 节所规定的破坏限度作比对。
7c	如果超出了破坏限度，则从步骤 1 开始重新设计与分析此结构。
7d	要是都满足破坏限度的要求，则重新开始对这个加载过程中已去掉构件及已对模型作了修改的部位进行分析。 在继续分析的时候，如果出现任何违反验收标准的情况都必须重新从步骤 7 做起。
7e	如果结构模型已保持稳定。也没有违反任何破坏限度的要求，则此结构已具有符合抗渐次倒塌要求的能力。

2.6　附加延性

对于中防御等级（MLOP）和高防御等级（HLOP）的建筑物，应该将所有的首层外柱和外墙都如此来设计，以致使它们产生剪切破坏所需的侧向均布荷载要大于与其抗弯承载力相关并联的荷载。这个要求是为了确保具有较高的延性反应方式，可以承受很大的变形而不致倒塌。仅考虑首层的外柱和外墙是因为在汽车炸弹爆炸时它们是最有可能被破坏的。

在评估抗弯能力的时候，只要切合，就应该将这耐压的薄膜效应一起加以考虑。已经发现，借助这受压薄膜的推力可以增强侧向固端钢筋混凝土板的极限抗弯承载能力。但这些力会使板的几何形状发生边缘部位向里猛挤的变化。只要板的边缘构件具有足够的刚度来阻止向里的移动与支座的转动，则受压拱形成（见图 2－10）。

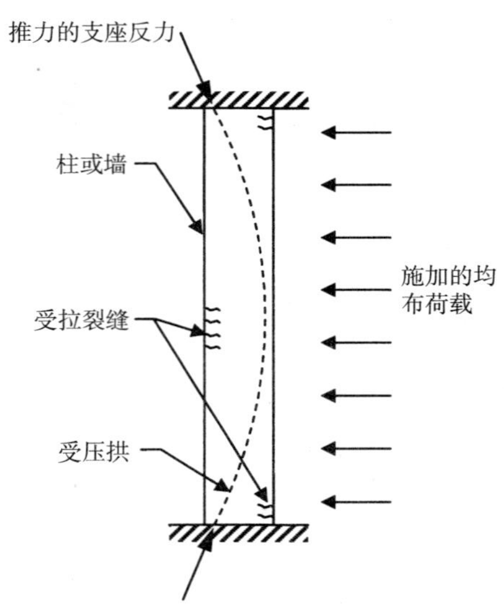

图 2－10　受压的薄膜作用

研究显示，压缩力可以使单向板和双向板两者的极限承载能力增大到17 倍的屈服线（纯弯）值（yield-line value）。不过，比较常用的放大值是约为 1.5～2.0 倍的这计算所得的屈服线承载力［2.11］。在过去，就从来没有把这受压薄膜作用所提供的被加大了的承载能力纳入标准的建筑物设计中去。

可以从 Park and Gamble 的“钢筋混凝土板”［2.9］和 UFC 3－340－01 的“使结构不受常规武器影响之害的设计与分析”（2002 年 6 月 30 日）［2.10］中找到计算受拉薄膜效应的方法。被归类为“仅官方使用”的 UFC－3－340－01 不是公开可以找到的。Park and Gamble 提供了一道估算钢筋混凝土单向板在受压薄膜作用影响下的最大承载能力的公式。另外，还包含了为了发挥受拉薄膜的性能而所需确定最小侧向支撑刚度的方法。

2.7　板的向上负荷

除了提供间接和直接的处理方法来防止渐次倒塌以外，DoD 还要求用一种绝不可忽视的纯上举负荷来检验所有的楼板与屋面板：

$$1.0D+0.5L$$

式中　D——恒载（只考虑板的自重—1b/ft^2）；

L——活荷载（1b/ft^2）。

上式没有物理与数学原理的依据，而纯粹是一种方便设计的工具。事实上，这作用在板底的爆炸冲击压强是与恒载和活荷载的大小不直接成比例的。

单一的纯上举力被施加于每一个开间，一次一个开间（即相邻开间不同时负荷）。混凝土楼板与屋面板都必须和与其相连的梁、主梁、柱子等一起被设计成能经受得起这种向上的冲击力；而不需要顺从这一直往下到基础的传力途径。在进行抗上举力的设计中，应该采用 2.3 节所规定的强度提高系数和 ACI 318－02 所指定的强度折减系数。

向上作用在混凝土楼板上的上举力可以被看做是爆炸所引发的后果。如在 1.5.2 节所论述的那样，爆炸冲击波的向外膨胀一开始就能使楼板承受一股向上的压力。如果楼板或与其相连的构件没有足够的能力来阻抗这些上举力的话，则破坏势必因此而发生。已经假定说明这俄克拉何马城 Murrah 联邦大厦的倒塌事件某种程度上就是由于这作用在楼板上的向上压力而造成的。

可以这样认为：这进入 Murrah 联邦大厦的爆炸气浪压力给这些楼板施加了一种与它们当初被设计所考虑的作用方向恰恰相反的荷载（图 1－10）。这些向上的力已大到足以将这些楼板从它们的支承柱上撕开，并将它们猛推入空中。当这些楼板轰然往下坠落时已不再被支撑在原先的楼层上，而是给下面的楼层施加了超载。由此开始了一种渐进式的破坏。这种多米诺（骨牌）效应也使这些柱子动摇不稳定，从而导致最终的渐次倒塌。

2.8　参考文献

2.1 Department of Defense, *Interim Department of Defense Minimum Antiterrorism/Force Protection Construction*, 16 December 1999.

2.2 Department of Defense, *DoD Combating Terrorism Program Standards*, DoD Instruction 2000.16, 10 May 1999.

2.3 Department of Defense, *DoD Minimum Antiterrorism Standards for Buildings*, Unified Facilities Criteria (UFC) 4-010-01, 8 October 2003.

2.4 Department of Defense, *Design of Buildings to Resist Progressive Collapse*, Unified Facilities Criteria (UFC) 4-023-03, 25 January 2005.

2.5 Her Majesty's Stationary Office, *The Building Regulations*, United Kingdom (UK), 1992.

2.6 American Concrete Institute, *Building Code Requirements for Structural Concrete (ACI 318-02) and Commentary (ACI 318R-02)*, Farmington Hills, MI, 2002.

2.7 Federal Emergency Management Agency, *NEHRP Guidelines for the Seismic Rehabilitation of Buildings*, FEMA-273, October 1997.

2.8 Department of Defense, *DoD Minimum Antiterrorism Standoff Distances for Buildings*, Unified Facilities Criteria (UFC) 4-010-02, 8 October 2003.

2.9 Park, R., and Gamble, W.L., *Reinforced Concrete Slabs, 2nd Edition*, John Wiley & Sons, Inc., U.S., March 2000.

2.10 Department of Defense, *Design and Analysis of Hardened Structures to Conventional Weapons Effects*, Unified Facilities Criteria (UFC) 3-340-01, 30 June 2002.

2.11 Krauthammer, T, *Modern Protective Structures – Design, Analysis and Evaluation*, Course Notes, Protective Technology Center, Penn State University, July 2002.

第 3 章　公共事务管理局的 GSA 导则

3.1　概述

在“新联邦办公大楼和重要现代化改造工程项目的渐次倒塌分析与设计导则”（2003 年 6 月）［3.1］中有 GSA 的现行防止渐次倒塌的准则。该导则计划行使的目的是为了“确保在新联邦大楼和重要改造更新工程项目的设计、规划与施工中去考虑和处理这渐次倒塌的潜在可能问题”。最初是在 2000 年 11 月发布的，这导则的最初版本［3.2］主要关注的是钢筋混凝土结构。在现行的版本中，钢结构已经被比较详尽地考虑，而钢筋混凝土结构的规定条文大部分仍保持不变。

3.2　设计的处理方法

GSA 导则为了减少新的与大型翻新改造建筑物的渐次倒塌可能性，以及为了评估这现有设施的渐次倒塌潜在可能，则规定了一套预防灾难的单独处理方法（a threat—independent methodology）。因为要预测一个建筑物可能会遭受到的所有潜在可能的异常负荷是根本不可能的，所以才运用了这样一种预防灾难的单独处理方法。不按所需承受的规定荷载（就像在设计时所需考虑的重力或侧向力那样）来设计结构构件，这导则的意图而是要防止在发生某种形式的局部破坏后而带来的不相称过大倒塌。这个要靠在这结构体系里提供足够的整体连续性、延性和超静定的多赘余度来使结构能跨越被严重破坏的构件才得以达到。

正如本书 2.2 节所指出的那样，ASCE 7－02 论述了两种处理抗渐次倒塌的设计方法：间接设计（范例包括提供一种整体束缚的方法）和直接设计（范例包括候补传力途径法与特定局部抗力法）。这 GSA 导则的主要重点是集中在通过候补传力途径的实施来提供整体连续性、延性和多赘余度。而把希望寄托在加大特定构件的残存能力上——诸如把柱子设计得比较粗大以能抵抗具体的爆炸威胁是没有特别实用的价值的。

3.3　分析的方法

GSA 导则提供的主要分析方法是静力、线弹性的分析方法。对于带有地面以上 10 层或不到 10 层和规则结构平面布置的低、多层建筑物采用线性结构分析。在分析高于 10 层和（或）不规则结构平面布置的建筑物时，导则建议要考虑选用非线性结构分析。在这本设计手册中的所有例题都是采用的这静力、线弹性的分析方法。

3.4　结构构件的去法

这 GSA 导则的最低要求就是要确保建筑物能经受得起一个主要外部竖向承重构件的失去而不遭受渐次倒塌。只有在地下停车库和（或）空旷首层公共场所这类可能会有内部威胁存在的地方才要考虑这内部构件的失去问题。对于外部的威胁，要求在建筑物的周边一次一个地去掉构件，并评估其反应。这切合构件的选择取决于所采用的结构受力体系及其总平面布置。

在设计中，所需去掉的构件选择是受几个方面的因素控制的，其中包括：案情可能发生的位置（即是在外部还是在内部）、结构体系的类型和建筑物的平面布置。每一个被假定从整体结构中去掉的柱子（或承重墙）都象征着要对这结构再作一次完整的三维分析。由于大多数建筑物都有数百个（要不就是上千个）专用构件，所以都要用候补传力途径法对整个结构做检验的工作量似乎太巨大了。

不过，对大多数典型的建筑结构来讲，这必需对其进行评估的案情数目往往只是这栋建筑物里柱子（或承重墙）总数的一小部分。也只有能对关键构件作出精心的挑选和对预期的候补传力途径作出合适的判断才能有效地减少所需考虑的不同案例情况的数量。而且，必须指出的是：与 DoD 的要求条件相比，这 GSA 导则所要求去掉的结构构件的数量明显要少得多。DoD 导则要求从建筑物的每一层（一次一个地）去掉这关键部位上的构件，而 GSA 导则只要求仅从一楼首层去掉这些相同部位的构件。例如，如果在一栋 5 层的建筑物中有三个部位的外柱需要审查，与需要 15 次候补传力途径分析的 DoD 导则要求相比，GSA 导则仅需要三次。

尽管去掉一个构件的速率对静力分析没有什么影响，但对动力分析来讲却有很大的影响。对于动力分析应该按本书 3.5 节里所规定的速率来去掉构件。

将柱子从这分析模型的节点正下方人为地去掉。正如图 3－1 所显示说明的那样，正确去掉柱子的做法就是使其上方的梁柱节点仍保持完整无损。用这种处理方法来模拟的最初局部破坏仅仅是一种不针对任何特定威胁或异常负荷情况的被简化后的假定。

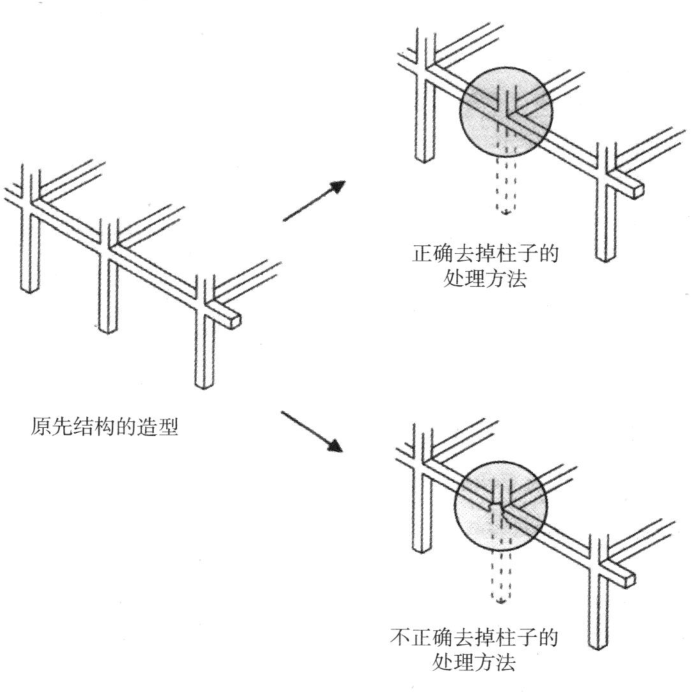

图 3－1　GSA 关于去掉柱子的处理方法

3.4.1　规则结构造型

规则结构造型的建筑物都具有简明的结构平面布置。在 3.4.2 节将比较详细地论述这不规则结构造型的诸多特征。在 3.4.1.1 和 3.4.1.2 节还规定了具有规则结构造型设施的最低限度构件失去。

3.4.1.1　框架或平板结构

外柱的失去

应该沿着建筑物的外周边一次一根地将柱子去掉。以最低限度来考虑如表 3－1 所显示说明的案例情况。和 DoD 的这种把每一个楼层的竖向构件都得一次一根地去掉的处理方法不同的是，GSA 导则仅要求将这一楼首层的构件去掉。

内柱的失去

凡带有地下停车库和/或空旷首层公共场所的设施都需要考虑内柱的失去。只需要考虑这些场所里的内柱失去，并以最低限度来考虑如表 3－2 所显示说明的案例情况。

规则结构平面布置中的外柱去法　　**表 3－1**

案例	说　明	平面图
1	去掉一楼的一根位于或临近该建筑物长边中部的柱子	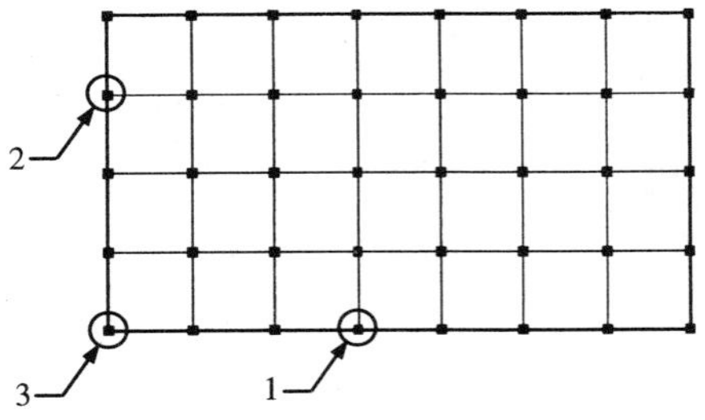 3, 2, 1
2	去掉一楼的一根位于或临近该建筑物短边中部的柱子	
3	去掉一楼的一根位于该建筑物角部的柱子	

规则结构平面布置中的内柱去法　　**表 3－2**

案例	说　明	平面图
1	去掉一根从地下停车库或空旷首层公共场所的地面延伸到上一层楼盖底（就一个楼层的净空高度）的柱子。柱子应该位于周边柱轴线的里面	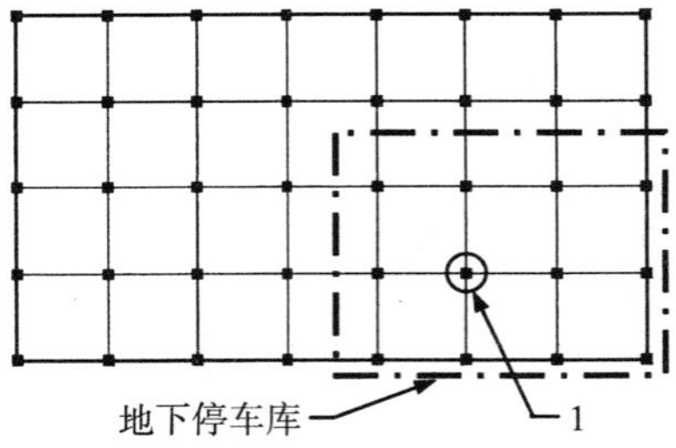 地下停车库, 1

3.4.1.2　承重/剪力墙结构

外墙的失去

应该沿着建筑物的外周边，一次一段地将墙去掉。以最低限度来考虑如表 3－3 所显示说明的案例情况。和 DoD 的这种把每一个楼层的竖向构件都得一次一段地去掉的处理方法不同的是，GSA 导则仅要求将一楼首层的构件去掉。

内墙的失去

凡带有地下停车库和/或空旷首层公共场所的设施都需要考虑内墙的失去。只需要考虑这些场所里的内墙失去，并以最低限度来考虑如表 3－4 所显示说明的案例情况。

规则结构平面布置中的外墙去法　　**表 3－3**

案例	说　明	平面图
1	从一楼去掉一段临近该建筑物长边中部的长度等于一个建筑开间或 30ft（9.15m，取较小者）长的墙体	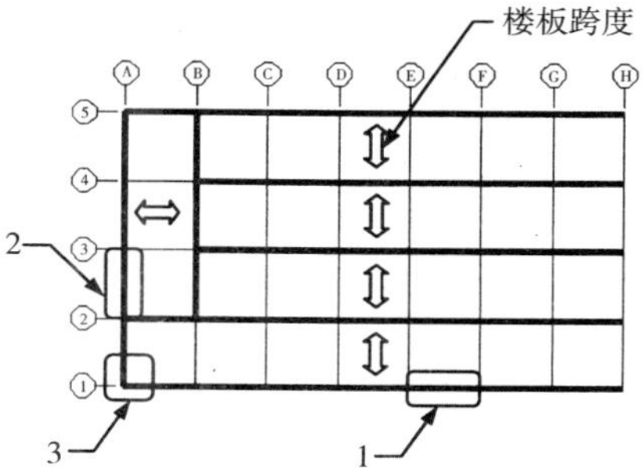 楼板跨度 A B C D E F G H 5 4 3 2 1 2 3 1
2	从一楼去掉一段临近该建筑物短边中部的长度等于一个建筑开间或 30ft（取较小者）长的墙体	
3	从一楼去掉一段位于角部的长度等于一个建筑开间——每个方向半个开间长或 30ft——每个方向 15ft 长（取较小者）的墙体	

规则结构平面布置中的内墙去法　　**表 3－4**

案例	说　明	平面图
1	去掉一段从地下停车库或空旷首层公共场所的地面延伸到上一层楼盖底（就一个楼层的净空高度）的长度等于一个建筑开间或 30ft（取较小者）长的墙体。此墙体应该是在周边墙界线的里面	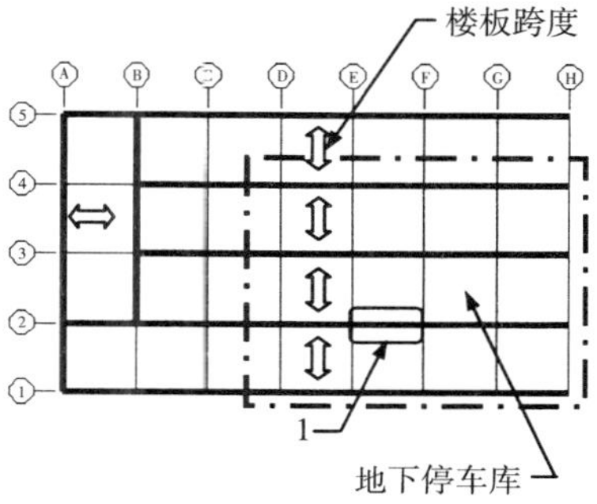 楼板跨度 A B C D E F G H 5 4 3 2 1 1 地下停车库

3.4.2　不规则结构造型

3.4.1 节里的例子代表的是带有很规则平面布置的被理想化的结构造型。但事实上，很多建筑物都有其各自不同的特色或细部设计，从而导致不规则的结构造型。这不规则的建筑物对渐次倒塌有额外的敏感性，而且还可能需要对另外构件失去的案例情况进行评估。想要预测和归类每一种可能会出现的渐次倒塌情况是不现实的。在处理不规则结构的问题中，这工程判断能力是至关重要的。可能需要特别关注的不规则情况包括：

（1）混合结构——为了确定最关键的可能会出现失去的案例情况，则必须仔细地去评估这用框架和墙混合组成的整体结构。

（2）竖向不连续性——对那些不连续贯通到基础而被支承在转换梁上的柱子或剪力墙所在部位应

该对渐次倒塌的问题作专门的考虑。

（3）开间尺寸/端跨尺寸相异——带有相邻开间之间明显差异和/或非常大的开间（即开间的跨度大于 30ft）的建筑物需要值得特别注意。毗连这类开间的柱子（或墙）也需要被去掉，并对结构进行分析。

（4）平面不规则——在诸如凹角这些平面不规则的部位应该对可能会发生的案例情况进行另外的分析。这些部位的柱子或墙破坏对楼面的影响范围要比规则布置的柱子破坏大得多。

（5）密布柱——对于规则的结构平面布置，一般都是假设性地一次一根把柱子从结构中去掉。不过，如果柱子的间距布置得太密集（这可能是完全出于建筑设计的原因），那这种处理方法还适用吗？在这种情况下，确实可以想象得出，这所造成的局部破坏绝非仅一个构件。所以 GSA 导则建议，如果柱子之间的距离小于其所在开间的最长尺寸的 30%，则按一次失去两根柱子来分析此结构，否则就仍仅需考虑一根柱子。

3.5 荷载组合的规定

GSA 规定了两种荷载组合的要求条件，并根据所选用的分析方法来决定采用哪一种荷载组合条件。如果进行静力分析，则竖向设计荷载的组合条件如下：

$$荷载=2\ (D+0.25L)$$

式中 D——设计恒载；

L——设计活荷载。

有一点是可以肯定的，在一次出乎意料的非常事件中这所有的活荷载是不可能全部都同时出现的。因此，为了避免过于保守的设计而将活荷载减小为其设计值的 25%。在进行静力分析时这 GSA 所用的荷载组合条件还包含了 2.0 的动力放大系数。这个系数是出于当一个构件很快地从结构中失去时所突然重新分配荷载的动态效应原因。

这动力放大系数的纳入是试图通过简化十分复杂的受力性能来实现结构设计的目的。由于在真实的爆炸事件中，一个构件的失去往往都不大可能是瞬间就发生的。而且，只要能保证这内力重分配能以很快的速度出现，则整体结构很可能就不会受构件失去所引发的动态效应的影响了。

如果进行动力分析，则竖向设计荷载的组合条件如下：

$$荷载=D+0.25L$$

这个公式除了将动力放大系数删除外，其他都与静力分析的荷载组合条件是一样的。

在进行动力分析时，这构件失去的速度对结构的反应是有很大的影响的。出于这个原因，GSA 导则建议去掉竖向支承构件所维持的时间，不得超过这结构对竖向构件失去的反应模式周期的 1/10。

3.6 材料与构件性能

钢筋混凝土构件设计所用的材料强度可以通过强度提高系数 Ω 来加大，并以此来表达材料实际可能的强度。这强度提高系数是考虑到速应变率的影响和实际材料的强度一般都大于所规定的设计强度这一现实。只要对设施材料的实际状况有把握就应该用这些系数。在确定束缚力大小和实施候补传力途径方法时都要这采用强度提高系数。对于钢筋混凝土，强度提高系数如下：

混凝土抗压强度 …………………………………………………………………… 1.25

钢筋（抗拉与屈服强度） …………………………………………………………… 1.25

在进行线源性分析时，建议对钢筋混凝土构件选用有效的刚度值。这有效刚度值应该代表这构件接近破坏前的刚度。可以用 ACI 318－02（第10.11.1条）［3.3］和 FEMA－273（第6.4.1条）［3.4］的规定来作为选择有效刚度值的指南。

3.7 破坏限度

按照 ASCE7－02 的规定，当“一个初始的局部破坏”蔓延扩展到结构的“过大部分”时，则渐次倒塌发生。这个定义仅提供了渐次倒塌的定性说明，但没有从定量上说明这“局部破坏”和“过大倒塌”之间的差别。

另一方面，GSA 规定了在失去一个承重构件的情况下却仍能支撑得住的最大破坏限度。如果分析结果显示倒塌的范围超过了这些限度，则认定该结构是不可行的，并必须在继续往下分析前重新修改设计。因一个主要支撑失去而造成的最大容许倒塌面积是根据如下所述的被去掉构件的所在位置规定的。

外部构件

对于一个外部主要支承构件的失去，倒塌的容许面积不得超过下列的较小者：

（1）这瞬间被去掉竖向构件直接上方的毗连结构开间面积；

（2）这瞬间被去掉竖向构件直接上方的 $1800ft^2$（$167m^2$）楼盖面积。

内部构件

对于一个内部主要支承构件的失去，倒塌的容许面积不得超过下列的较小者：

（1）这瞬间被去掉竖向构件直接上方的毗连结构开间面积；

（2）这瞬间被去掉竖向构件直接上方的 $3600ft^2$（$334m^2$）楼盖面积。

3.8 验收标准

为了评估这线弹性分析的结果，用需供比（Demand－Capacity－Ratios——DCRs）的方法来表示这被推算的内力需求量的大小与分布。这种处理方法在某种程度上是根据 FEMA－273［3.4］和 FEMA－356［3.5］中所提出的关于建筑物抗震修复的一整套方法来制定的。对结构构件来讲，这需供比（*DCR*）被定义为：

$$DCR=\frac{Q_{UD}}{Q_{CE}}$$

式中 Q_{UD}——按线弹性分析所得构件或节点所承受的内力需求量（即弯矩、轴力、剪力与可能的复合内力）；

Q_{CE}——构件或节点预期的极限标准承载能力（即抗弯、抗轴力、抗剪与抗可能的复合内力的承载能力）。计算 Q_{CE}时，可用预期的材料强度（见3.6节）来计算这抗弯、抗剪与抗轴力的能力，而不考虑强度折减系数（即 $\phi=1.0$）。

用需供比（*DCR*）概念来预测某结构非弹性阶段内力需求量的分布与大小时，这 *DCR* 值大于 1.0 则表示这构件或节点已超出它那个部位的极限承载能力。不过，仅凭这个数值并不就意味着破坏。例如，只要这梁有弯矩重分配的能力，那这梁的抗弯 *DCR* 值就可以超过 1.0。根据它们构造的固有特性，现浇钢筋混凝土建筑物是有能力重新分配弯矩的内在超静定结构体系。可是另一方面，要是一个构件的任何一个截面的抗剪（碎性破坏模式）*DCR* 值超出 1.0，则构件的破坏要发生。

在进行线弹性分析时，对所有结构构件和节点的 *DCR* 值都要进行评估。凡超出容许 *DCR* 值的结构构件和节点都将被认定为严重破坏或倒塌。这容许 *DCR* 值规定如下：

（1）规则结构造型（如 3.4.1 节所述）：$DCR \leqslant 2.0$；

（2）不规则结构造型（如 3.4.2 节所述）：$DCR \leqslant 1.5$。

分析后，找出那些 *DCR* 值已超出验收标准的构件和节点。如果某构件或节点是在抗弯的工况下超出容许 *DCR* 值的话，则可在其分析模型中嵌入一个抽象的铰来释放弯矩。这种方法表现为在一个塑性铰生成后，整个结构的弯矩仍能重新分配。

将这铰设置在屈服部位的中央。在一根梁的端部，用工程分析和判断力来确定这偏置距离的长度；决不能将这塑性铰设置在一个距离柱子（或正交构件）表面大于 1/2 该梁截面高度的位置上。在这铰的每一边都应该加插一个定值弯矩，其在量值上应等于该构件的设计抗弯强度，而且其所作用的方向应与弯矩切合（见图 2－7）。

如果任何构件或节点在抗剪工况下超出了容许的 *DCR* 值，则可认定这构件已为失效构件。同样，如果此构件的两端（或两端的节点）和跨中在抗弯工况下都超出了容许的 *DCR* 值，则已形成了一种三铰受弯机构（图 2－8），可以认定此构件已为失效构件。必须将已失效的构件从分析模型中去掉，并将与其有关的恒载与活荷载分配给这毗连的开间或下方的楼层。

在分析模型中嵌入相应的铰和去掉任何已失效的构件后，再重新分析此模型。此过程来回重复进行，直至所有的 *DCR* 值都小于容许值或直至弯矩重分配已不再可能。如果在任何时候这破坏的面积超出了 3.7 节所确定的破坏限度，则可认定此结构具有高潜在渐次倒塌的可能性。必须对带有高潜在渐次倒塌风险的建筑物进行重新设计或作翻新改进。图 3－2 提供了概括归纳进行这静力线弹性候补传力途径分析步骤的流程度。

3.9 构件的变形限度

在进行非线性分析时，必须确定破坏标准的要求条件来预测结构构件的潜在倒塌可能性。这 GSA 导则所用的破坏标准要求条件是出自“国防部暂行反恐怖/暴力行为的建筑防御标准”中的“关于结构要求条件的意见（初稿）”（2001 年 3 月）[3.6]。这些以观察和经验为依据来确定的破坏标准要求条件是针对按常规构造设计（即未经加固补强来抵御爆炸冲击荷载的构造设计）的标准构件而言的。如表 3－5 所显示说明的那样，这钢筋混凝土构件的变形限度是取决于所考虑构件的类型及其细部构造设计的标准层次。

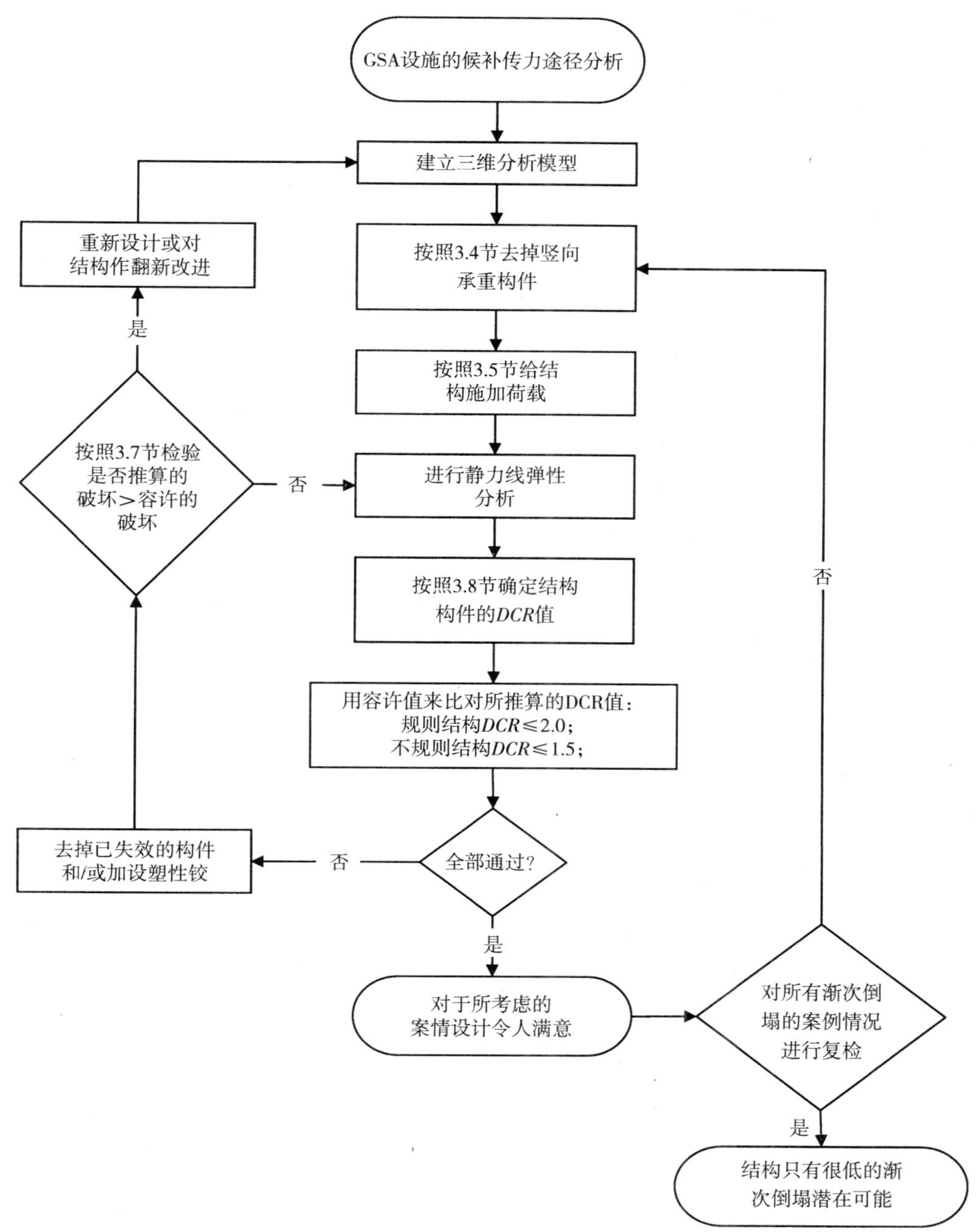

图 3－2　GSA 候补传力途径分析方法流程图

钢筋混凝土构件的延性及转动限度　　**表 3－5**

构件*	延性（μ）	转角（θ）	备注
钢筋混凝土梁		6°	
钢筋混凝土单向板（无抗拉薄膜效应）		6°	
钢筋混凝土单向板（有抗拉薄膜效应）		12°	

续表

构件*	延性（μ）	转角（θ）	备注
钢筋混凝土双向板（无抗拉薄膜效应）		6°	
钢筋混凝土双向板（有抗拉薄膜效应）		12°	
钢筋混凝土柱（受拉控制）		6°	
钢筋混凝土柱（受压控制）	1		
钢筋混凝土框架		2°	侧移≤$H/25$

* 凡转角大于2°的构件部位应按 DAHSCWE 手册［3.7］的要求条件配置抗剪箍筋。

3.10 重新设计

如果分析确定破坏已蔓延超出3.7节所规定的限度，则可认定该结构有较大的渐次倒塌潜在可能性，并必须重新设计。如图3－3所表示的那样，GSA研讨了两种可将结构重新设计成能满足防止渐次倒塌要求条件的处理方法。在第一种可供选择的方法中，这结构的增强在该建筑物的整个高度范围内都是均匀分摊的。在每一个楼层都适度地加大构件的尺寸和/或配筋量。另一方面，在第二种可供选择的方法中，这结构的改善仅集中在某些楼层。这就可能需要对特定部位的构件尺寸和/或配筋作重大的改动。

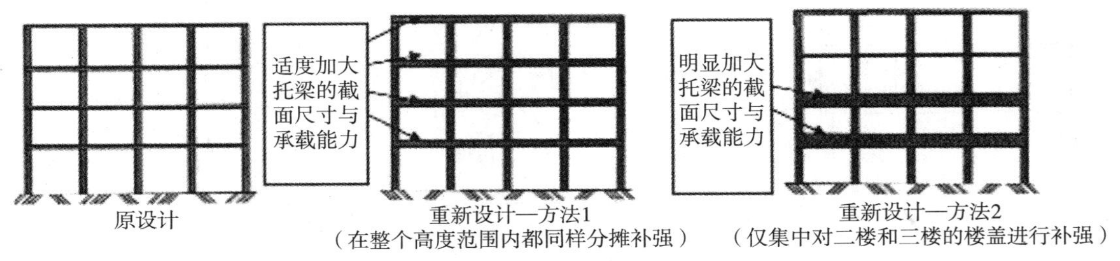

图3－3　GSA重新设计的处理方法

从分析的角度来看，这两者中的任何一种重新设计方法都能满足这GSA的要求条件。可是宁可选择第一种方法，因其构成了一个更多赘余度的超静定结构体系。在异常负荷作用下所遭受的破坏不像图3－1所示的去掉一根柱子的简化分析方法那样简单，其往往是不可预估的，而且破坏还有可能扩大蔓延到梁柱节点中去。如果破坏严重到足够程度，柱子直接上方梁的承载能力就有可能遭致严重的损害。由于在方法1中有较多的杆件来共同起作用阻抗整体的渐次倒塌，所以损害一根梁所导致的影响面相对要比方法2的小。

这最适宜的重新设计方法的选择还应该考虑建筑设计方面的制约、施工的可行性和总造价。同样重要的是，这防止渐次倒塌的设计修改应该是与防止其他风险事故的结构设计协调一致的。例如，图3－3中所介绍的第二种重新设计方法就可能对抗震性能有负面影响。如果所重新设计的结构是一种刚性连接的抗弯框架的话，这种梁尺寸的局部加大可能会造成一种不合要求的“强梁—弱柱”的工况。

3.11　参考文献

3.1　General Services Administration, *Progressive Collapse Analysis and Design Guidelines for New Federal Office Buildings and Major Modernization Projects*, June 2003.

3.2　General Services Administration, *Progressive Collapse Analysis and Design Guidelines for New Federal Office Buildings and Major Modernization Projects*, November 2000.

3.3　American Concrete Institute, *Building Code Requirements for Structural Concrete (ACI 318-02) and Commentary (ACI 318R-02)*, Farmington Hills, MI, 2002.

3.4　Federal Emergency Management Agency, *NEHRP Guidelines for the Seismic Rehabilitation of Buildings*, FEMA-273, October 1997.

3.5　Federal Emergency Management Agency, *Prestandard and Commentary for the Seismic Rehabilitation of Buildings*, FEMA-356, November 2000.

3.6　Department of Defense, *Interim Antiterrorism/Force Protection Construction Standards – Guidance on Structural Requirements*, 5 March 2001.

3.7　Department of Defense, *Design and Analysis of Hardened Structures to Conventional Weapons Effects*, DSWA DAHSCWEMAN-97, 5 August 1998.

第 4 章　框架—剪力墙结构体系办公楼

4.1　概述

这个例题是要根据 DoD 和 GSA 这两个导则的要求条件来评估一栋 12 层办公楼的渐次倒塌潜在可能性。这栋建筑物的结构是按《国际建筑规范》的 2000 年版（2000 IBC）［4.1］所规定的重力、风力和地震力的组合作用来进行设计和出施工详图的。应该说明的是，既然把这个例题更新成能满足 2003 IBC［4.2］的要求条件是不会对总体结构设计有较大影响的，所以本章所提供的渐次倒塌控制分析一般来说就都能同时适应 2000 IBC 和 2003 IBC 这两个规范。这例题建筑物的细部设计资料是从《混凝土建筑物的抗震与抗风设计》［4.3］书中的第 2 章搜集来的。除此之外，这结构特征和设计要求条件也都跟那些从上述参考文献中搜集来的一模一样。

在《混凝土建筑物的抗震与抗风设计》的书中，此例题建筑物是按《抗震设计等级》（Seismic Design Categories——SDC）A、C、D 和 E 来进行设计的。在 IBC 2000 中，这 SDC 被定义为“一个结构根据它的抗震功能分类和所在场地的设计地震地面运动（或地震动）的强弱程度所被指定的等级”。共列有六个抗震设计等级，根据强弱程度从 SDC A 提高到 SDC E。为了评估这抗震细部设计标准和阻抗渐次倒塌设计之间的关系，则选择了被定为 SDC A 和 SDC D 的例题。这两种案例情况依次分别代表了低和高的地震威胁，并能充分显示说明这抗震细部设计的潜在好处。

被指定为 SDC A 的结构是一种带有一般钢筋混凝土抗弯框架和一般钢筋混凝土剪力墙的框架—剪力墙结构体系。而 SDC D 则是用的一种带有特种抗弯框架和特种钢筋混凝土剪力墙的双重抗侧力体系。根据这些结构体系、这跨越一根被去掉柱子的主要结构受力机理就是抗弯框架里的梁的抗弯。用 DoD［4.4］和 GSA［4.5］的这两套方法来进行渐次倒塌的分析。

4.2　建筑物的简要数据资料

图 4－1 显示了这 12 层办公楼的标准层平面图与立面图。在东—西方向有 7 跨 26ft（7.92m）的开间，而在南—北方向有 3 跨 22ft（6.7m）的开间。标准层的层间高度为 12ft（3.66m），仅首层为 16ft（4.88m）高。

为了简单明了，将这整栋建筑物的梁、板、柱和墙的横截面尺寸都分别假设成是统一不变的。梁和柱的配筋详图直接取之于《混凝土建筑物的抗震与抗风设计》这本书。根据第二层楼跨越④－Ⓒ柱和⑤－Ⓒ柱之间的梁受力状况来进行梁的设计，并根据首层Ⓒ－④柱的受力状况来进行柱子的设计。尽管这上部楼层的柱子配筋量是完全可以逐渐地减少，但为了简单明了，将这些有代表性的设计都假设成这整栋建筑物从上到下都是统一不变的。

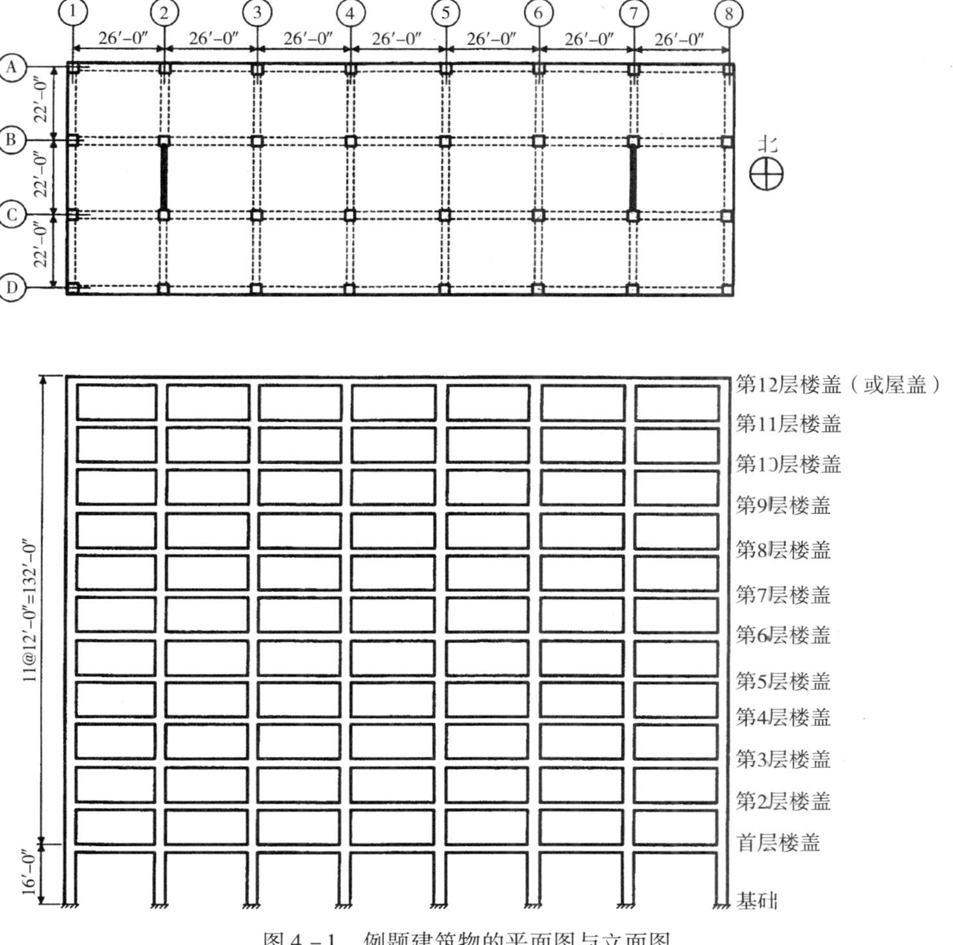

图 4－1　例题建筑物的平面图与立面图

4.3　分析方案

用间接设计（束缚力）和直接设计（候补传力途径）这两种方法来评估这例题建筑物的抗渐次倒塌。对于候补传力途径法，这内部和外部的案例情况都要加以考虑。下面是所考虑的分析方案的总体想法。

（1）被指定为 SDC A 的结构（普通抗弯框架）。

1）DoD 处理方法

①束缚力（见下文 4.5.2.1 节）。假定该结构被确定为 LLOP（低防御等级），并由此检验束缚力；

②候补传力形径——内柱失去（见下文 4.5.2.2 节）。假定有一根首层的内柱必须被去掉。

2）GSA 处理方法

候补传力途径——外柱失去（见下文 4.5.3 节）。按 GSA 所规定的外部威胁的标准做法进行。

（2）被指定为 SDC D 的结构（特种抗弯框架）

1）DoD 处理方法

①束缚力（见下文4.6.2.1节）。假定该结构被确定为LLOP，并由此来检验束缚力；

②候补传力途径——内柱失去（见下文4.6.2.2节）。假定有一根首层的内柱必须被去掉。

2）GSA处理方法

候补传力途径——外柱失去（见下文4.6.3节）。按GSA所规定的外部威胁的标准做法进行。

在ETABS Plus Version 8.4.7［4.6］程序中建立了为所有候补传力途径分析的该建筑物的三维空间模型。为了预测结构的性能，对每一种去掉柱子的案例情况都进行了线性静力分析。在模型中限定了这些水平构件端部的固端支距，以自动取在这支柱的表面位置上。

4.4 渐次倒塌评估的案例情况

在运用候补传力途径方法的时候，决定选择哪些构件被假设性地从这结构中去掉是主要取决于这现有的威胁。按最低限度，DoD导则和GSA导则都要求去掉位于该建筑物外部周边的若干构件。而仅需要去掉位于诸如地下停车库和/或空旷首层公共场所这类有具体内部威胁存在地方的内部构件。作为一种选择，也可以用去掉内部构件来检验某结构是否有能力来跨越一根或一道未能满足DoD竖向束缚力要求的柱子或墙。本章例题将试图说明这外部和内部柱子的去法。

按照DoD的要求，在带有规则结构造型的框架结构中必须在每一个楼层至少要考虑三个不同部位的外部构件失去的案例情况。在每一层都应该分别对这结构失去一根位于或临近建筑物长边中部的柱子和失去一根位于或临近建筑物短边中部的柱子，以及失去一根位于角部的柱子的案例情况进行分析。这样，对这12层的例题建筑物来讲需要进行共36次（即每层3个案例乘以12层）的候补传力途径分析。如果建筑物的平面布置不规则的话，诸如带有凹角或开间尺寸急剧减小等，就会理所当然地需要外加所需分析的案例情况。不言而喻，这所需分析的案例数目就会变得非常巨大。应该提及的是，这GSA导则却是仅要求去掉首层的柱子。

对于大多数建筑物来讲，甚至是在按DoD导则设计的时候，这必须明确加以考虑的候补传力途径情况的数量通常也都是可以将其减少到最低程度的。在本例题中，规则的结构平面布置和将整个建筑物高度范围内的构件都分别取成一样的简化假定就促使了所需分析案例情况的进一步减少。总的来讲是根本没有必要对每一个楼层的柱子失去情况都来进行个别的分析，因为这些分析的结果有可能都是相似的。

本例题仅考虑首层柱子的失去。相信下列的理由是完全可以证明这个决定是合理的：

（1）由于本建筑物有规则的结构造型，而且在整个高度范围内的梁尺寸（和设计）都是相同的。所以可认定所有楼层柱子失去的结构反应都是相类似的；

（2）这首层柱子的失去就已将最大轴向荷载转换分配给了与其相邻的柱子。因此就代表了柱子设计的最不利工况方案。

下面归纳了这去掉柱子的方案，并在图4-2中给予了标示。

外柱的去掉方案

（1）案例1E——首层④-Ⓓ外柱的失去。这个代表失去一根临近长边中部柱子的最不利案例情况的方案；

（2）案例2E——首层①-Ⓑ外柱的失去。这个代表失去一根临近短边中部柱子的最不利案例情况

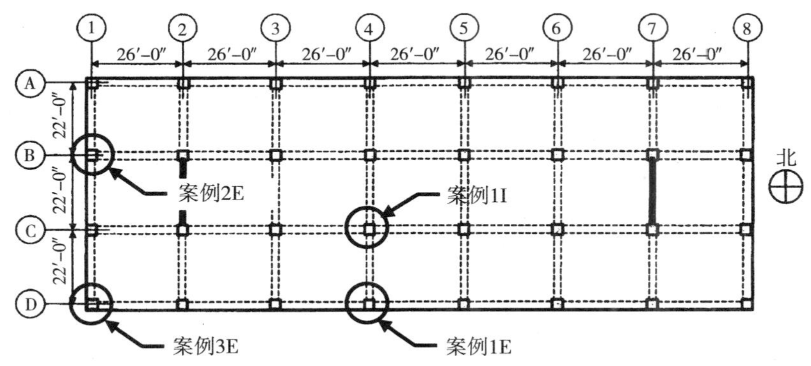

图 4-2　例题建筑物渐次倒塌评估的案例情况

的方案；

（3）案例 3E——首层①-Ⓓ外柱的失去。这个代表失去一根位于角部柱子的最不利案例情况的方案。

内柱的去掉方案

案例 1I——首层④-Ⓒ内柱的失去。

4.5　对抗震设计等级 SDC A 的分析（普通抗弯框架）

4.5.1　设计的资料与数据

此例题的基本设计资料与数据都取自于《混凝土建筑物的抗震与抗风设计》[4.3]，并列举如下：

（1）建筑物所在地点：佛罗里达州迈阿密。

（2）材料性能

1）混凝土：$f'_c=4000$psi（27.6N/mm^2，为圆柱体抗压强度）；$w_c=150$pcf（23.6kN/m^3）

2）钢筋：$f_y=60,000$psi（414.0N/mm^2）

（3）使用重力荷载

1）活荷载：

①屋面 =20psf（0.96kN/m^2）

②楼面 =50psf（2.4kN/m^2）

2）附加恒载：

①屋盖 =10psf（0.48kN/m^2）

②楼盖 =30psf（1.44kN/m^2，其中 20psf 为永久性隔墙，10psf 为吊顶等）

（4）抗震设计数据

1）$S_s=0.065$g，$S_1=0.024$g

2）场地类别 D

3）抗震功能分类 I，$I_E=1.0$

（5）抗风设计数据

1）基本风速 =145mph（m/h）

2）暴露状况 B

3）建筑物类型 I，$I_w = 1.0$

（6）构件尺寸

1）板：8in（203mm）

2）梁：24in×24in（610mm×610mm）

3）柱：28in×28in（710mm×710mm）

4）墙厚：12in（305mm）

用上列的设计数据来对结构进行了抗重力、抗震和抗风的设计。为了进行渐次倒塌的分析，采用了下面的若干附加设计要求条件。

材料性能

DoD 导则和 GSA 导则都含有关于确定钢筋混凝土构件所预期的材料性能的类似规定条件（见本书的2.3 节和3.6 节）。对混凝土抗压强度和钢筋屈服强度都选用了等于 1.25 的强度提高系数。在分析所有 SDC A 的例题中所应用的材料性能都被列在表 4－1 中。

例题建筑物中的材料性能 **表 4－1**

材料	性能	原设计	渐次倒塌分析
混凝土	f'_c	4ksi	5ksi
	w_c	150pcf	150pcf
	E_c	3834ksi	4287ksi
钢筋	f_y	60ksi	75ksi
	E_s	29，000ksi	29，000ksi

注：其中 $1ksi = 6.9N/mm^2$；$1pcf = 0.157kN/m^3$。

混凝土的弹性模量 E_c 是按照 ACI 318－02 第 8.5.1 条［4.7］的规定估算的。这渐次倒塌分析所用的 E_c 计算如下：

$$E_c = w_c^{1.5} 33\sqrt{f'_c} = (150)^{1.5} \times 33 \times \sqrt{5000} \times \frac{1}{1000}$$

$$= 4287\text{ksi}\ (2.96 \times 10^4 \text{N/mm}^2)$$

构件的刚度

为了充分反映开裂截面的特征，在这渐次倒塌的分析中采用的是有效刚度的数值。选用这些数值是为了表示钢筋混凝土构件在其即将破坏前的实际刚度大小。作为一种比较精确分析的替代方法，就是用 ACI 318－02 第 10.11.1 条和 FEMA 273［4.8］第 6.4 条的规定来作为确定这些合适有效刚度值的标准。下列是对不同类型构件所采用的有效刚度：

（1）板：$I_{eff} = 0.25I_g$（仅在 4.5.3.6 节的例题中考虑板的有效刚度，而在所有其他的案例情况中，板都被模拟成了抗拉薄膜类型的构件，则已不具有平面外的刚度了）；

（2）梁：$I_{eff} = 0.50I_g$

（3）柱子：$I_{eff} = 0.70I_g$

（4）墙：$I_{eff}=0.50I_g$

现有的配筋详图

图 4－3 说明了这④－Ⓒ柱和⑤－Ⓒ柱之间的第 2 层楼盖梁的钢筋配置。在该例题建筑物中假定所有的梁都具有相同的配筋。

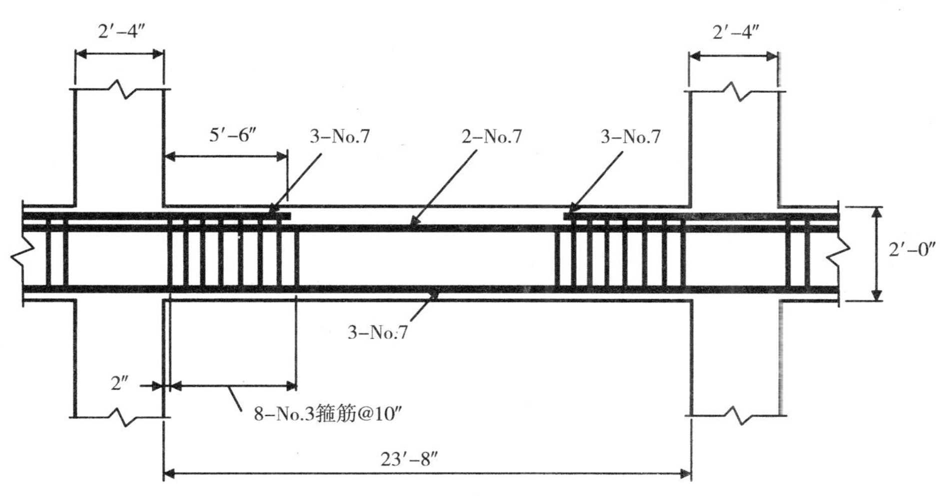

图 4－3　SDC A 的典型梁配筋详图

注：No. 7　$d=0.875''$（22.23mm），No. 3　$d=0.375''$（9.53mm）、$1'=304.8$mm　$1''=25.4$mm。

同样，图 4－4 提供了这第二层楼Ⓒ－④柱子的钢筋配置大样图。28in × 28in 的内柱配有 16 根 No. 10（$d=1.27''=32.26$mm）的纵向钢筋。在本例题建筑物中的所有柱子和剪力墙的边缘构件都被假设成具有这相同的配筋。

4.5.2　DoD 的处理方法

DoD 处理渐次倒塌控制的方法是随建筑物被指定的防御等级（LOP）而变化的。有两种分析的方法——抗拉束缚法和候补传力途径法，但两者是通过不同的结构反应模式来达到阻抗渐次倒塌的目的。对整体进行抗拉束缚可以借助在倒塌之前所发挥的悬链作用来增强结构的整体性。而恰恰相反的是，这候补传力途径法是提供足以跨越被假设去掉构件的强度。无论是被指定为极低防御等级（VLLOP）还是低防御等级（LLOP）的建筑结构都只需要满足这抗拉束缚力方法的要求就可以了。而被指定为中防

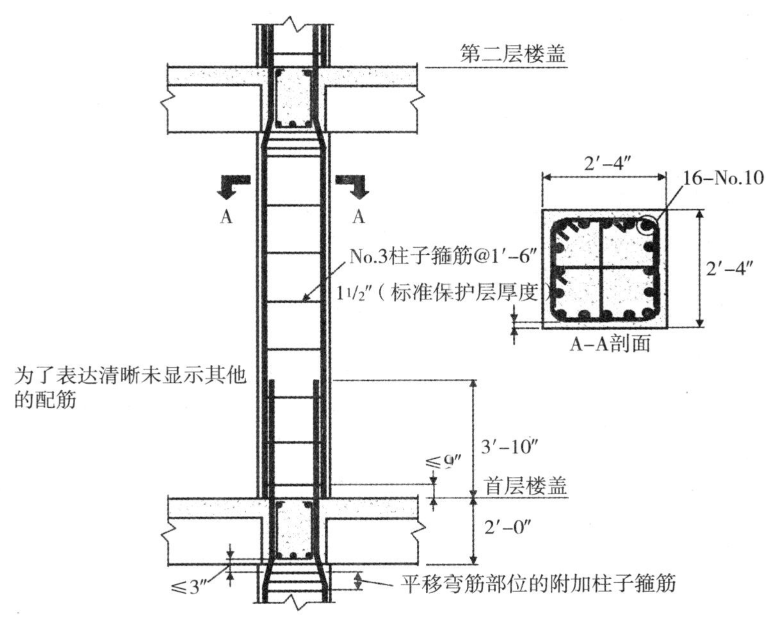

图 4－4　SDC A 的典型柱子配筋详图

御等级（MLOP）和高防御等级（HLOP）的建筑结构都必须同时满足束缚力和候补传力途径两种方法的要求。

大多数的 DoD 设计不是被指定为 VLLOP 就是被指定为 LLOP。因此，只需要对它们执行抗拉束缚的方法即可。钢筋混凝土建筑物中的抗拉束缚系材均由板、梁、柱和墙内的钢筋所组成。一般来讲，这是借助为抵抗其他的力（如抗剪与抗弯）所提供的钢筋来全部或部分满足束缚力要求的。在用这种束缚钢筋的地方，通过正确的连接和锚固来确保整体连续性是最关键重要的。

对于这第一个算例，假定建筑结构已被指定为低防御等级（LLOP），因此只需对其进行抗拉束缚方法的分析。

4.5.2.1 抗拉束缚力的算例

用本书 2.4 节的公式来确定所需的束缚力。与这个例题直接有关的设计准则如下：

（1）D = 标准恒载 = 148psf，其中：

$$\left(\frac{8}{12}\times 150\right)+\left(\frac{24}{12}\times\frac{16}{12}\times\frac{1}{22}\times 150\right)+30=148\text{psf}$$

8in 板　　24in × 24in 梁　　附加恒载（隔墙与吊顶）

（2）L = 标准活荷载 = 35psf（折减后的），其中：

按照 ASCE 7－02［4.9］的公式（4－1）对活荷载进行折减。在公式（4－1）里，活荷载的构件系数 K_{LL} 对内梁等于 2（见 ASCE 7－02 的表 4－2），而附属面积 A_T 是 $26\times 22=572\text{ft}^2$。折减后的活荷载计算如下：

$$L=L_o\left[0.25+\frac{15}{\sqrt{K_{LL}A_T}}\right]=50\left[0.25+\frac{15}{\sqrt{2\times 572}}\right]=35\text{psf}$$

（3）l_r = 束缚方向柱子之间的最大距离 = 22ft（南—北方向的束缚系材）；26ft（东—西方向的束缚系材）。

（4）F_t = 下列之较小者：

1）$(4.5+0.9n_o)=(4.5+0.9\times 12)=15.3$kips

式中　n_o = 楼层数量

2）13.5kips←取值

（5）h_s = 层间高度 = 16ft（保守地取成首层的高度）

（6）A_{trib}（内柱的附属面积）$=22\times 26=572\text{ft}^2$

4.5.2.1.1 *内部束缚钢筋*

内部束缚钢筋必须要具有等于用 2.4.2 节两个公式计算所得值之较大者的所需抗拉强度。

（1）$$\frac{(1.0D+1.0L)}{156.6}\ \frac{l_r}{16.4}\ \frac{1.0}{3.3}F_t=\frac{(148+35)}{156.6}\times\frac{26}{16.4}\times\frac{1.0}{3.3}\times 13.5$$

$$=7.6\text{kips/ft}\leftarrow\text{取值}$$

（2）$$\frac{1.0}{3.3}F_t=\frac{1.0}{3.3}\times 13.5=4.1\text{kips/ft}$$

这内部束缚钢筋必须抵抗 7.6kips/ft × 22ft = 167.2kips（743.8kN）的总拉力。通过将总拉力去除

以系数 ϕ（对钢筋混凝土的束缚力等于 0.75）和钢筋屈服强度（考虑了 1.25 的强度提高系数）的乘积来确定所需要的钢筋面积（见 2.4.1 节）。

$$A_s = \frac{T}{\phi f_y} = \frac{167.2}{0.75 \times 75} = 2.97\text{in}^2$$

假设用内梁里的纵向钢筋来提供所需要的束缚力。标准内梁共有 5 根 No.7 的连续纵向钢筋，其中有 2 根 No.7 的顶部钢筋和 3 根 No.7 的底部钢筋（见图 4－3）。这 5 根 No.7 钢筋所提供的总面积为 3.0in^2，大于所需的钢筋面积，因此足够。

按照 ACI 318－02 第 12.15 条的规定来确定这 5 根 No.7 连续钢筋能满足抗拉束缚要求的受拉搭接长度。要求按 B 级（搭接）接头连接，因为这被提供的钢筋面积不到这整个搭接长度范围内的分析所需要面积的两倍（即被提供的 A_s/所需要的 $A_s<2$——译者注，见 ACI 318－02 第 12.15.2 条）。按照 ACI 318－02 第 12.15.1 条的规定，B 级接头连接的最小搭接长度为 $1.3l_d$。所要求的搭接长度计算如下：

底部钢筋

按照 ACI 318－02 第 12.2.2 条的规定，对于 No.7 和更大的钢筋，在这些被连接钢筋的净间距不小于 $2d_b$ 和保护层不小于 d_b 的情况下：

$$l_d = \left[\frac{f_y \alpha\beta\lambda}{20\sqrt{f'_c}}\right] d_b$$

式中　α = 钢筋位置系数

　　= 1.0（搭接接头未位于二次浇灌的 12in 厚度之内）；

　β = 涂层系数

　　= 1.0（为无涂层钢筋）；

　λ = 轻骨料混凝土系数

　　= 1.0（为常规重量混凝土）。

$$l_d = \left[\frac{75000 \times 1.0 \times 1.0 \times 1.0}{20\sqrt{5000}}\right] \times 0.875 = 46\text{in}$$

搭接长度 $= 1.3l_d = 1.3 \times 46 = 60\text{in}$（5ft 0in）

顶部钢筋

顶部钢筋的受拉搭接长度的计算除了钢筋位置系数 α 以外，其他都是和底部钢筋的计算一模一样的。由于该搭接接头位于二次浇灌的 12in 厚度之内，所以这钢筋位置系数等于 1.3。通过将底部钢筋的计算值乘以 1.3 来计算顶部钢筋的所需搭接长度。

搭接长度 $= 1.3 \times 60 = 78\text{in}$（6ft 6in）

在建筑物的周边，这 5 根 No.7 的连续贯通钢筋应该按 ACI 318－02 第 21.5.4.1 条的规定在其末端用弯钩来箍住这南—北方向边梁内的纵向钢筋（见图 4－5）。

内部束缚系材的间隔距离必须不能大于 $1.5l_r$，由于这些内部束缚钢筋都设置在每一个柱网轴线上的梁里，所以所提供的间距为 l_r，小于容许的 $1.5l_r$ 间距。

在沿柱网轴线②和Ⓕ的内部剪力墙部位，这内梁及其 5 根 No.7 的纵向钢筋是不连续贯通的。必须借助剪力墙或楼板内的钢筋来给中间跨提供抗拉束缚。要是用墙筋的话，这束缚钢筋必须设置在楼板

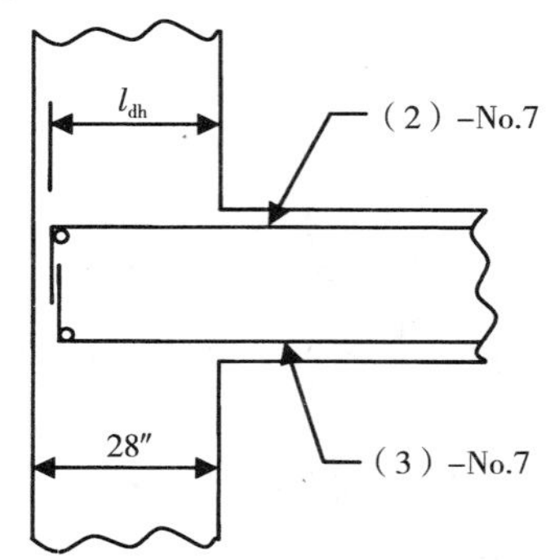

按照ACI 318-02第21.5.4.1条的规定，l_{dh}应该取下列之最大者：

（1）$8d_b=8(0.875)=7\text{in}$

（2）6in

（3）$\frac{f_y d_b}{65\sqrt{f'_c}}\times\frac{1}{0.8}=\frac{75000\times0.875}{65\times\sqrt{5000}}\times\frac{1}{0.8}=17.9\text{in}$

（由于普通抗弯框架不具有需满足ACI 318-02第12.5.3（b）条要求的密集间距配置的箍筋，所以选用了0.8的系数）

图4－5　内部束缚钢筋的端部锚固

上下各1.6ft（490mm）的这段高度范围内。这已被提供的水平墙筋在每一面都是No.5（$d=0.625\text{in}$，15.9mm），间距12in中—中。如图4－6所显示说明的那样，总共有5排钢筋能对这内部抗拉束缚起到作用：板上下方的各2排与板厚内的1排。5排乘以每排的2根钢筋则共提供了10根No.5的钢筋，也即3.1in^2的钢筋面积，大于所要求的2.97in^2的面积。这墙里的水平钢筋应该锚固在该剪力墙的边缘构件内，就像这梁的纵向钢筋的锚固要求那样（见图4－5）。

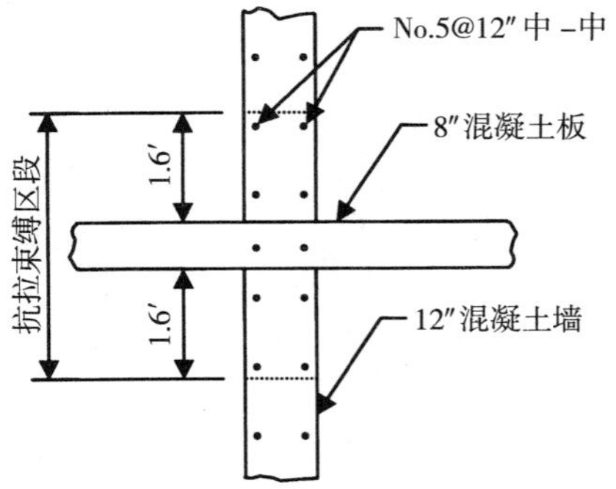

No.5@12″中－中
8″混凝土板
抗拉束缚区段
1.6′
1.6′
12″混凝土墙

图4－6　剪力墙里的内部束缚钢筋（SDC A）

4.5.2.1.2 *周边外围束缚钢筋*

这些设置在该建筑物外边缘3.9ft（1.19m）宽度范围内的周边外围束缚钢筋应该能提供至少$1.0F_t=1.0\times13.5=13.5\text{kips}$（60.0kN）的设计束缚力。通过将这束缚力去除以系数ϕ（对钢筋混凝土的束缚力等于0.75）和钢筋屈服强度（考虑了1.25的强度提高系数）的乘积来确定所需要的钢筋面积。

$$A_s=\frac{T}{\phi f_y}=\frac{13.5}{0.75\times75}=0.24\text{in}^2$$

假设由周边框架梁里的纵向钢筋来提供所需要的束缚力。这标准周边梁有5根No.7的连续贯通纵向钢筋，其中有2根No.7的顶部钢筋和3根No.7的底部钢筋（见图4－3）。这5根No.7钢筋所提供的钢筋总面积达3.0in^2，远远大于所需要的钢筋面积，因此足够。

4.5.2.1.3 *对外柱的水平束缚钢筋*

每一根外柱都必须用能提供抗拉强度等于下列较大者的水平束缚钢筋来将其系拴在这整体结构之中：

（1）取较小者：

1）$2.0F_t=2.0\times13.5=27\text{kips}$

2）$\left(\frac{h_s}{8.2}\right)F_t=\frac{16}{8.2}\times13.5=26.3\text{kips}$←取值

（2）该柱所承担的最大竖向设计荷载的3%。用2003 IBC（国际建筑规范）所规定的荷载组合条件来确定这最大竖向设计荷载。就这个例题来讲，保守地假定屋面活荷载是和标准楼层的活荷载一样的。这最不利的案例情况是位于首层的一根外柱。

设计荷载的组合：

$$1.2D + 1.6L = 1.2 \times 148 + 1.6 \times 20 = 210\text{psf}$$

式中的 20psf（0.96kN/m²）活荷载是根据 ASCE 7－02 第 4.8.1 条的规定考虑了这 60% 的最大容许活荷载折减。由于首层柱支承着上部很多楼层，所以可以证明这 60% 的折减是合理的。

附属面积：$A_t = 26 \times \frac{22}{2} = 286\text{ft}^2$

所需束缚力：

$$= 0.03 \times \left[(12 \times 286 \times 210) + 1.2 \times \left(\frac{28}{12} \times \frac{28}{12} \times 148 \times 150 \right) \right] \times \frac{1}{1000}$$

↖—楼面荷载　　　　↖—柱子自重

$= 26.0\text{kips} < 26.3\text{kips}$

通过将这束缚力去除以系数 ϕ（对钢筋混凝土的束缚力等于 0.75）和钢筋屈服强度（考虑了 1.25 的强度提高系数）的乘积来确定所需要的钢筋面积。

$$A_s = \frac{T}{\phi f_y} = \frac{26.3}{0.75 \times 75} = 0.47\text{in}^2$$

用内梁的纵向钢筋来提供对外柱的水平束缚力。这标准内梁总共有 5 根 No. 7 的连续贯通纵向钢筋，其中有 2 根 No. 7 的顶部钢筋和 3 根 No. 7 的底部钢筋（见图 4－3）。这 5 根 No. 7 钢筋所提供的钢筋面积达 3.0in²。远远大于所需要的面积，因此足够。

4.5.2.1.4 *对角柱的水平束缚钢筋*

必须在两个正交方向用框架梁里的水平束缚钢筋将每一根角柱系拴在这整体结构之中。这每一道束缚钢筋所需的抗拉力度是和对外柱的水平束缚钢筋所需的抗拉力度一样的。由于和标准外柱与角柱构成框架的梁也都是一样的，所以这对角柱的检验是和对外柱的水平束缚钢筋的检验一模一样的。

4.5.2.1.5 *竖向束缚钢筋*

柱子和墙里的竖向束缚钢筋所应具有的最小抗拉束缚力必须等于任何一个楼层柱或墙其各自所承担的最大竖向设计荷载。用 2003 IBC 所规定的荷载组合条件来确定这最大的竖向设计荷载。

设计荷载的组合：$1.2D + 1.6L = 1.2 \times 148 + 1.6 \times 35$

$= 234\text{psf}$

束缚力：附属面积 $A_{trib}(1.2D + 1.6L) = 572 \times 234 \times \frac{1}{1000} = 134\text{kips}$

上述的束缚力是针对某根内柱所计算的。由于所有的柱子都被假设成具有相同的横截面和配筋。所以这个束缚力对所有案例情况来讲是偏于保守的。通过将这束缚力除以系数 ϕ（对钢筋混凝土的束缚力等于 0.75）和钢筋屈服强度（考虑了 1.25 的强度提高系数）的乘积来确定所需要的钢筋面积。

$$A_s = \frac{T}{\phi f_y} = \frac{134}{0.75 \times 75} = 2.38\text{in}^2$$

由柱子里的纵向钢筋来提供竖向束缚力。这标准柱有 16 根 No. 10 的纵向钢筋，则总的钢筋面积等于 20.32in²。只需要 2 根 No. 10 的钢筋（$A_s = 2.54\text{in}^2$）就能获得竖向束缚力。

如图4－4所显示说明的那样，现有的柱子纵向钢筋在这层楼面的直接上方有一个3ft10in（1168mm）长的受压搭接接头。这2根No. 10的抗拉束缚钢筋的搭接接头必须要能充分发挥这钢筋的全部抗拉承载能力。要是采用受拉搭接接头的话，这所需的搭接长度计算如下：

对于A级（Class A）接头的搭接长度 l_d 为：

$$l_d = \left(\frac{f_y \alpha\beta\lambda}{20\sqrt{f'_c}}\right) d_b = \left(\frac{75000 \times 1.0 \times 1.0 \times 1.0}{20\sqrt{5000}}\right) \times 1.27 = 67.4\text{in}\ (5\text{ft}8\text{in})$$

如果这样长的搭接长度会给施工带来问题的话，则可对这抗拉束缚钢筋采用机械连接或焊接的接头。另外，UFC 4－023－03的第4－2.8条要求柱子的抗拉束缚钢筋应在这楼层高度的1/3部位进行连接，而不准在与楼盖的交接处或中间高度进行连接。这条规定是含糊不清的，因为搭接接头是要被做成覆盖一定距离的，而不是在某特定的位置。ACI 318－02第21章对于抗震设计给出了这样一种不同要求，建议在柱子中部的半个柱高范围内提供搭接接头。

4.5.2.1.6 *所需束缚力的归纳*

根据把这个例题建筑物归属于低防御等级（LLOP）的假定，渐次倒塌的分析到这个阶段可就此告一段落。如表4－2所归纳总结的那样，所有需要的束缚力都已自备，而毋需再对原始设计（即按抗重力、抗震与抗风设计的）添加任何增补钢筋。这最主要的关注是如何通过合理的连接与端部的锚固来确保这抗拉束缚钢筋的整体连续性。根据UFC 4－023－03的规定，必须要按照ACI 318－02的1类（Type1）或2类（Type2）受力接头来对抗拉束缚钢筋的接头进行搭接，焊接或机械连接。另外，应该用ACI 318－02第21章所规定的抗震弯钩和ACI 318－02第21.5.4条明确规定的抗震锚固长度将束缚钢筋彼此之间相互系紧。

例题建筑物（SDC A）束缚力一览表 **表4－2**

束缚类型	所需束缚力（kips）	所需钢筋面积（in^2）	可用钢筋面积（in^2）	$TF_{prov.} > TF_{req.}$
内部	167.2	2.97	3.00	是
周边	13.5	0.24	3.00	是
对外柱的水平	26.3	0.47	3.00	是
对角柱的水平	26.3	0.47	3.0	是
竖向	134.0	2.38	20.32	是

注：$TF_{prov.}$ ——所提供的束缚力；
$TF_{req.}$ ——所需要的束缚力；
1kips＝4.4483kN，$1\text{in}^2 = 645\text{mm}^2$。

4.5.2.2 候补传力途径算例——内柱失去（案例情况1I）

4.5.2.2.1 *综述*

正如刚才设计分析的那样，这例题建筑物能满足所有最低限度束缚力的要求。对于低防御等级（LLOP）来讲，已不需要再作进一步的分析了。不过，为了显示说明这DoD候补传力途径处理方法的应用，则让我们来评估一根内柱的失去。

这候补传力途径法取用于两种情况：（1）当一根柱子或一道墙不满足竖向束缚力要求时，则可以进行候补传力途径的设计与分析来证明这结构是能跨越这个不符合要求的构件的；（2）当某结构被指定为中防御等级（MLOP）或高防御等级（HLOP）时。在这第 2 种情况里，只有对那些可能存在内部威胁的场所（诸如地下停车库或空旷首层公共场所）才需要去考虑内部构件的失去。在下面的算例中，用候补传力途径法来评估首层④ - Ⓒ内柱的失去。

用 ETABS（Extended 3D Analysis of Building Systems）Plus Version 8.4.7［4.6］程序来模拟此结构，并进行三维线性静力分析。在这渐次倒塌的分析中仅考虑了抗侧力构件。尽管这个假定是稍微有点保守，但这么做是出于两种原因：

首先，由于只考虑抗侧力构件，分析就可以被简化。这对于正规的设计事务所来讲是很重要的，因为这渐次倒塌分析要求的加插总是不会同时给予延长设计时间和/或外加补偿的。其次，在建立三维计算机模型来进行抗震和抗风的分析时，大多数设计事务所都仅模拟的是这些抗侧力构件。所以用这些同一模型来进行渐次倒塌分析终归是能有效节省时间的。

这些抗侧力构件是由普通钢筋混凝土抗弯框架和内部的普通钢筋混凝土剪力墙所组成。把混凝土楼板模拟成具有抗拉性状的薄膜类型，其中仅提供该构件平面内的薄膜刚度。尽管附加的重力荷载（包括该板的自重）可以被传递，但板对抵抗平面外的荷载起不了什么作用。另外，还将这楼板假设成能起到刚性水平隔板的作用。根据 DoD 导则的要求，在 ETABS 程序的模拟分析中还考虑了 $P-\Delta$ 效应。

4.5.2.2.2　*梁的强度（按重力、地震力和风力设计的）*

在抗弯框架的结构中，这跨越某一失去柱子的主要结构受力机理是梁的抗弯。④ - Ⓒ柱的失去使这些沿柱网轴线④（Ⓑ与Ⓓ轴线之间）的梁和沿柱网轴线Ⓒ（③与⑤轴线之间）的梁的跨度加大了一倍。在这被去掉柱子的部位，这些梁承受着一种与原先完全相反的弯矩，即从负弯矩变成了正弯矩。则受弯的候补传力途径的满足与否取决于这些梁的抗弯强度。正确合理的配筋细部设计是最关键的，尤其是在那些弯矩有潜在可能逆转的部位。

在这一节的后续部分，将对这些现有梁的抗弯和抗剪强度进行计算。正如前面所指出的那样，在这整个建筑物高度范围内的每一层楼盖梁的截面尺寸大小及其配筋构造都是一模一样的，所以，仅需确定一种梁的强度就可以了。

计算标准梁支座处的抗负弯矩强度，即这最大负弯矩需求量部位的抗负弯矩强度。由于底部纵向钢筋是通长不变的，所以抗正弯矩的强度也是沿梁长而不变的。除了抗弯强度外，还要计算梁的抗剪强度。确定这梁端（有箍筋所起的作用）和跨中部位（没有箍筋所起的作用）的抗剪强度。图 4 - 3 提供了这梁的标准配筋详图。

负设计抗弯强度 $-\phi M_n$ 的计算（支座处）

在确定设计抗弯强度时，这钢筋的屈服强度 f_y 和混凝土的抗压强度 f'_c 都是被乘了 1.25 的强度提高系数的。根据 DoD 的规定，系数 ϕ 对抗弯来讲取 0.9（ACI 318 - 02）。

5 根 No.7 钢筋，$A_s=3.0\text{in}^2$，$d=21.5\text{in}$

$$a=\frac{A_sf_y}{0.85bf'_c}=\frac{3\times 75}{0.85\times 24\times 5}=2.2\text{in}$$

$$-\phi M_n=\phi A_sf_y\left(d-\frac{a}{2}\right)=0.9\times 3\times 75\times\left(21.5-\frac{2.2}{2}\right)$$

$$=4131\text{in}-\text{kips}=344\text{ft}-\text{kips}\ (466.8\text{kN}\cdot\text{m})$$

正设计抗弯强度 $+\phi M_n$ 的计算（整跨）

在确定设计抗弯强度时，这钢筋的屈服强度f_y和混凝土的抗压强度f'_c都是被乘了1.25的强度提高系数的。根据DoD的规定，系数ϕ对抗弯来讲取0.9（ACI 318－02）。

3根No.7钢筋，$A_s=1.8\text{in}^2$，$d=21.5\text{in}$

$$a=\frac{A_sf_y}{0.85bf'_c}=\frac{1.8\times75}{0.85\times24\times5}=1.32\text{in}$$

$$+\phi M_n=\phi A_sf_y\left(d-\frac{a}{2}\right)=0.9\times1.8\times75\times\left(21.5-\frac{1.32}{2}\right)$$

$$=2532\text{in}-\text{kips}=211\text{ft}-\text{kips}\ (286.3\text{kN}\cdot\text{m})$$

设计抗剪强度 ϕV_n 的计算

钢筋混凝土梁的抗剪强度是由这混凝土和抗剪钢筋各自分别所起的抵抗作用V_c与V_s组成的。在本例题中，在梁的每一个端部6ft范围内都提供了8根No.3的箍筋，间距10in中－中，梁的其余部位都没有配置抗剪钢筋。出于这个原因，要确定两种不同的抗剪强度，一种是在梁的端部（其中包括混凝土和No.3箍筋两者共同所起的作用），另一种是在跨中部位（仅包含混凝土所起的作用）。

在确定设计抗剪强度时，这钢筋的屈服强度f_y和混凝土的抗压强度f'_c都是被乘了1.25的强度提高系数的，根据DoD的规定，系数ϕ对抗剪来讲取0.75（ACI 318－02）。

梁端的 ϕV_n

$$\phi V_n=\phi\ (V_c+V_s)$$

$$V_c=2\sqrt{f'_c}b_wd=2\sqrt{5000}\times24\times21.5/1000=73\text{kips}$$

$$V_s=\frac{A_sf_yd}{s}=\frac{0.22\times75\times21.5}{10}=35.5\text{kips}$$

$$\phi(V_c+V_s)=0.75(73+35.5)=81.4\text{kips}(362.1\text{kN})$$

梁中部的 ϕV_n

$\phi V_n=\phi V_c$（梁的中部没有箍筋）

$$V_c=2\sqrt{f'_c}b_wd=2\sqrt{5000}\times24\times21.5/1000=73\text{kips}$$

$$\phi V_c=0.75\times73=54.8\text{kips}\ (243.8\text{kN})$$

4.5.2.2.3 *荷载组合*

在本书第2.5.3节介绍了这DoD候补传力途径分析方法的荷载组合规定。在进行线性静力分析时，要使用两种设计荷载的组合，一种是考虑动力效应而放大重力荷载，而另一种则不然。仅这些直接与被去掉的柱子毗连的上部楼层开间要考虑动力放大系数。本例题建筑物的荷载组合（未考虑雪荷载）如下：

荷载组合LC1（与被去掉柱子毗连的上部楼层开间）：

$2.0\ [\ (0.9或1.2)\ D+0.5L]+0.2W$

荷载组合LC2（除上述开间以外的其他结构开间）：

$(0.9或1.2)\ D+0.5L+0.2W$

图4－7中清晰地标示了这些荷载组合。

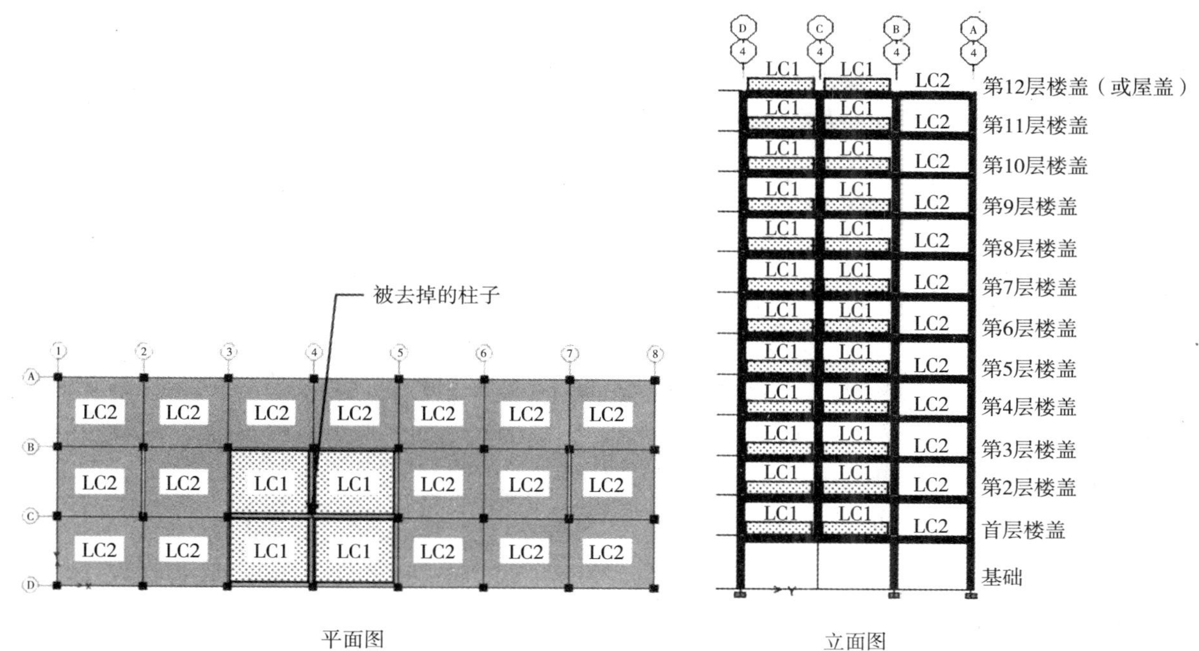

图 4－7　失去首层④－Ⓒ柱的 DoD 荷载取值规定

在上述的荷载组合中，共需要考虑四个方向的风荷载：北—南向（$W_{北}$）、南—北向（$W_{南}$）、东—西向（$W_{东}$）和西—东向（$W_{西}$）。由于恒载有两种荷载系数需要考虑，所以总共要分析研究 8 种荷载工况（见表 4－3）。除了这些工况以外，还提出了第 9 种工况以提供最大内力的包络图。

候补传力途径例题的 DoD 荷载工况　　　　**表 4－3**

荷载工况	荷载组合 LC1	荷载组合 LC2
1	$2.4D+1.0L+0.2W_{北}$	$1.2D+0.5L+0.2W_{北}$
2	$2.4D+1.0L+0.2W_{南}$	$1.2D+0.5L+0.2W_{南}$
3	$2.4D+1.0L+0.2W_{东}$	$1.2D+0.5L+0.2W_{东}$
4	$2.4D+1.0L+0.2W_{西}$	$1.2D+0.5L+0.2W_{西}$
5	$1.8D+1.0L+0.2W_{北}$	$0.9D+0.5L+0.2W_{北}$
6	$1.8D+1.0L+0.2W_{南}$	$0.9D+0.5L+0.2W_{南}$
7	$1.8D+1.0L+0.2W_{东}$	$0.9D+0.5L+0.2W_{东}$
8	$1.8D+1.0L+0.2W_{西}$	$0.9D+0.5L+0.2W_{西}$

4.5.2.2.4　*梁的抗弯*

在④－Ⓒ内柱去掉以后，根据三维空间分析来确定每一个结构构件的内力（即需求量）。为了保持稳定，这原先由④－Ⓒ柱所支承的荷载必须要有一个可替补的能传至基础的候补传力途径。在这种情况下，这沿柱网轴线④（位于Ⓑ与Ⓓ轴线之间）的和沿柱网轴线Ⓒ（位于③与⑤轴线之间）的双跨梁将通过自身的抗弯来为跨越被去掉的柱子提供受力的机理。

为这建筑物整个高度范围内的所有沿柱网轴线④和Ⓒ的梁标绘剪力与弯矩图。将这些最大的内力需求量值去与有效设计强度（见 4.5.2.2.2 节）作对比，以确定这些构件是否满足要求。图 4 – 8 和图 4 – 9 分别显示了沿柱网轴线④和Ⓒ梁的弯矩需求量。在这些图上所标示的数值代表了在所有荷载工况下的绝对最大正、负弯矩的包络。

因为沿柱网轴线④的梁比较短，因此相对刚度比较大，所以它们承担着较大比例的弯矩（需求量）。全部最大的正弯矩 933ft – kips（1266kN · m）出现在首层的楼盖上，正弯矩的量值是随着建筑物的高度向上而渐次减小的。整个最大的负弯矩 1199ft – kips（1627kN · m）出现在建筑物第 2 层楼盖的柱网轴线Ⓓ的梁外端。和这正弯矩的情况一样，负弯矩的量值也是顺着建筑物的高度向上而倾向于减小。

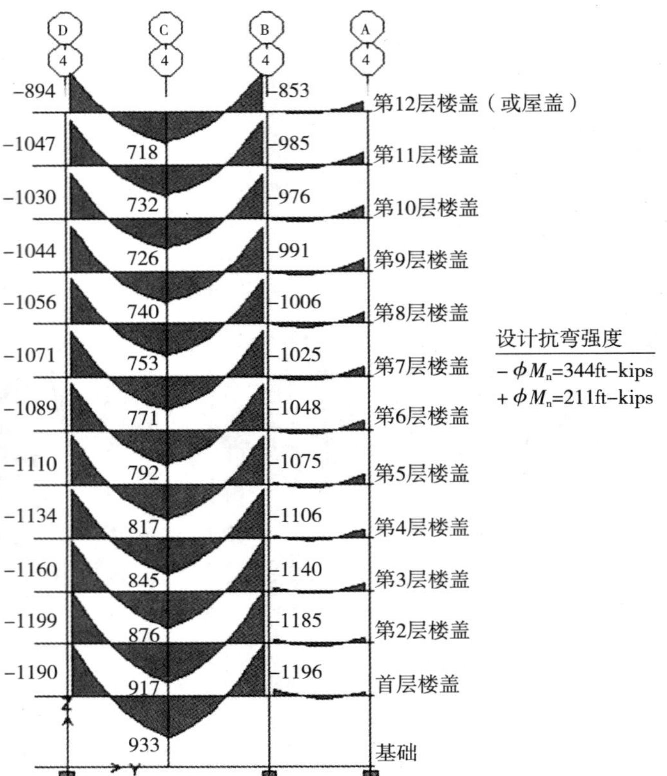

图 4 – 8　④轴线梁的最大弯矩包络图（ft – kips）

注：1ft – kips = 1.357kN · m

从图 4 – 8 和图 4 – 9 中不难看出，在所有的部位，这弯矩需求量都明显地大于设计抗弯强度［尽管在 DoD 导则中没有专门单独明确地说明这方面的衡量标准，但 DoD 导则的验收标准是基于不超过 1.0 的需供比（demand-capacity ratio）］。对每一根双跨的梁来讲，在其跨中和每一个端部的设计抗弯强度都被超出，则形成了一种三铰破坏的机构。预计的倒塌面积，每层四个开间，已完全超过了这容许的范围，则需要重新设计。

加大抗弯钢筋的重新设计

作为刚开始重新设计的一种选择，采取保持这梁的截面尺寸不变，仅调整纵向钢筋的配筋量。虽然是一种简易的可供选择的方法，但不总是切实可行的；因为梁就此可能会变成超筋或造成施工难度太大。由于构件的截面尺寸没有改变，所以原先的分析仍是有用的。

为了检验这种选择的可行性，则对沿柱网轴线④的第 2 层楼盖梁进行重新设计，以确定为抵抗这 1199ft – kips 的最大负弯矩而所需要的配筋量。

作为初次尝试、选用 8 根 No. 11（d = 1.41in，即 35.8mm）的钢筋，这所提供的钢筋总面积 $A_{\text{sprov.}}$ = 12.48in^2；d = 21.5in。

$$a = \frac{A_s f_y}{0.85 b f_c'} = \frac{12.48 \times 75}{0.85 \times 24 \times 5} = 9.18\text{in}$$

$$-\phi M_n = \phi A_s f_y \left(d - \frac{a}{2}\right) = 0.9 \times 12.48 \times 75 \times \left(21.5 - \frac{9.18}{2}\right)$$

$$= 14245\text{in} - \text{kips} = 1187\text{ft} - \text{kips}$$

由于设计抗弯强度（1187ft – kips）和弯矩需求量（1199ft – kips）之间的差值小于 1%，所以假定

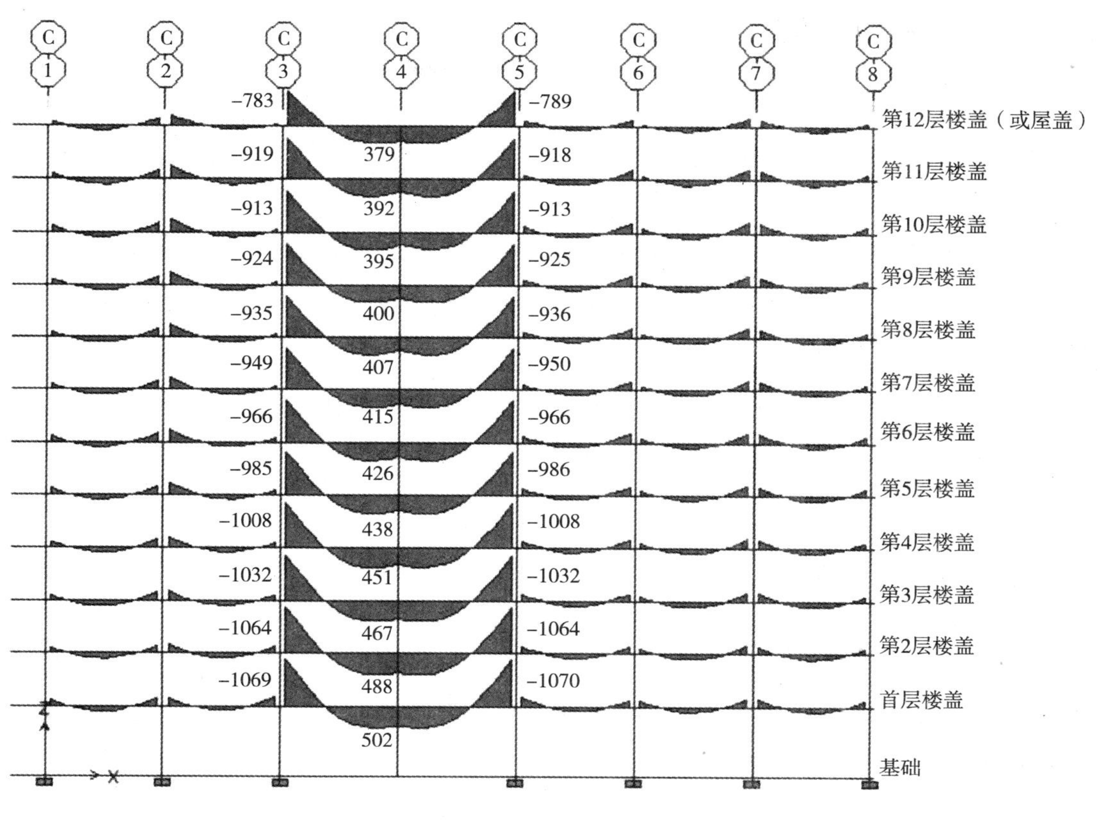

图 4－9　Ⓒ轴线梁的最大弯矩包络图（ft－kips）

这 8 根 No. 11 的钢筋是能满足要求的。

还必须要检验这受拉钢筋的拉应变。在 ACI 318 的 2002 年版本出台之前，这最大配筋率被限定为 $0.75\rho_b$（其中 ρ_b 为引致均衡应变状态产生的配筋率，见 ACI 318 之第 10. 3. 2 条——译者注），其可导致形成 0. 00376 相应于标称强度（即所规定的钢筋屈服强度 f_y——译者注）的净拉应变。在 2002 年的规范中，这 $0.75\rho_b$ 的限值被去掉，而取而代之的是最小净拉应变。按照第 10. 3. 5 条的要求，对于轴向荷载小于 $0.10f'_cA_g$ 的非预应力受弯构件，相应于标称强度的净拉应变 ε_t 应不小于 0. 004。

首先，确定从最外受压边缘纤维到中和轴的距离 C：

$$C=\frac{a}{\beta_1}=\frac{9.18}{0.8}=11.48\text{in}$$

式中 β_1 是按 ACI 318－02 第 10. 2. 7. 3 条的规定取值。

然后，确定横截面上的应变分布情况，暂不考虑受压钢筋所起的作用（见图 4－10）。

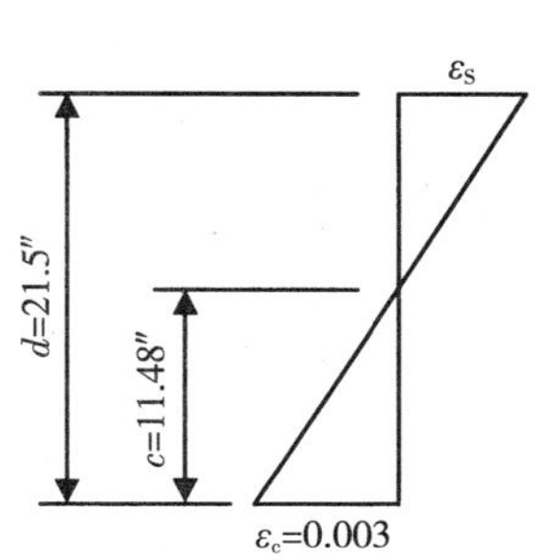

图 4－10　梁最大负弯矩截面上的应变分布图

根据相似三角形的原理：

$$\frac{\varepsilon_s}{d-c}=\frac{\varepsilon_c}{c},\ \varepsilon_s=\frac{\varepsilon_c\ (d-c)}{c}=\frac{0.003\times\ (21.5-11.48)}{11.48}=0.0026$$

由于钢筋的拉应变为0.0026，小于0.004的容许值，则可认定这截面已超筋。尽管考虑受压钢筋的作用会增大净拉应变，不过，到这时就不再进行计算了。因为所需要的配筋量太大，这最适宜的解决方法是要加大梁的截面尺寸（见4.5.2.2.6节）。

4.5.2.2.5 *柱子*

这原先由④-Ⓒ柱所支承的荷载被分摊给了这些与其毗邻的柱子，主要是③-Ⓒ柱、④-Ⓑ柱、④-Ⓓ柱和⑤-Ⓒ柱。对这些柱子进行轴力和双向弯矩组合作用下的评估。系数 ϕ 按 ACI 318-02 的规定取值，即对配有螺旋式箍筋的偏心受压构件取 $\phi=0.7$；对配有矩形箍筋的偏心受压构件取 $\phi=0.65$。用 ETABS 程序对柱子的强度进行检验。

图4-11和图4-12给出了这些柱子承受轴向荷载和双向弯矩的需供比。按照 UFC 4-023-03 的规定，需供比 $DCR\leq1.0$ 表示柱子强度满足要求，而 DCR 值大于1.0，则说明该构件需要重新设计。沿柱网轴线④有6处的需供比大于1.0，它们分别位于轴线Ⓓ的底部2层和轴线Ⓑ的底部4层。沿柱网轴线Ⓒ有5处的需供比大于1.0，这些分别位于轴线③的底部2层和轴线⑤的底部3层。

根据 DoD 导则的要求，用 ACI 318-02 第10章的规定来对承受轴向荷载和弯矩组合作用的构件进行验收标准的评定。如果某柱内的轴力与弯矩的组合效应超过了设计强度，和标准轴向荷载大于相应于均衡应变的标称抗轴力强度（P_b），则柱子要从分析模型中去掉，而对其原先所承担的荷载进行重分配。如果标准荷载是小于相应于均衡应变的标称抗轴力强度的话，则可像2.5.5.1节所述的那样给柱子加设塑性铰。

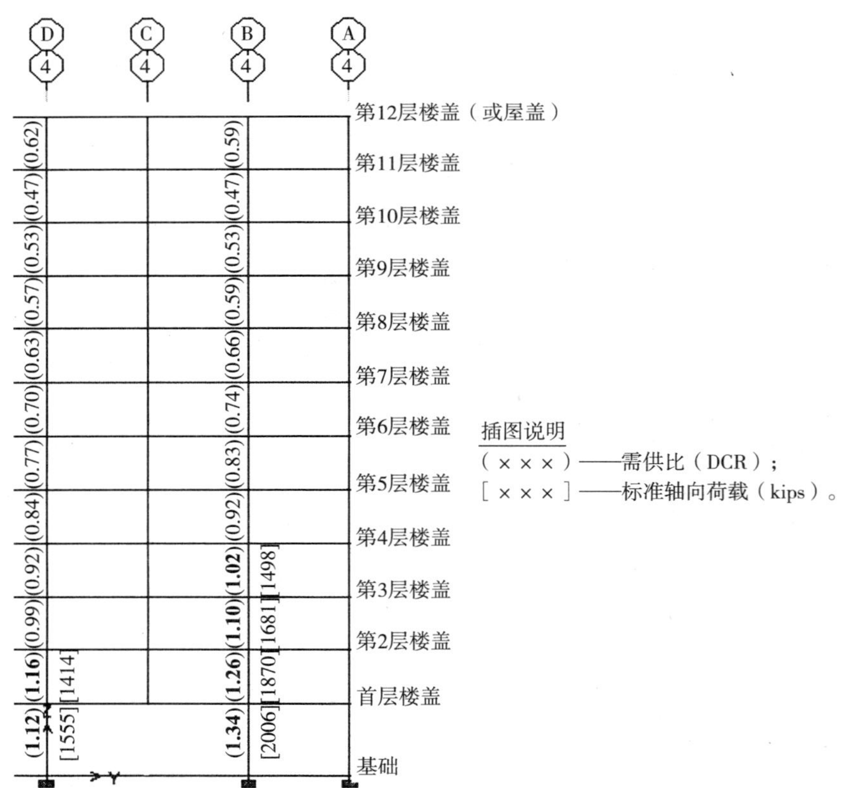

图4-11 柱网轴线④上承受轴向荷载和双向弯矩组合作用的柱子需供比

注：1kips=4.4483kN.

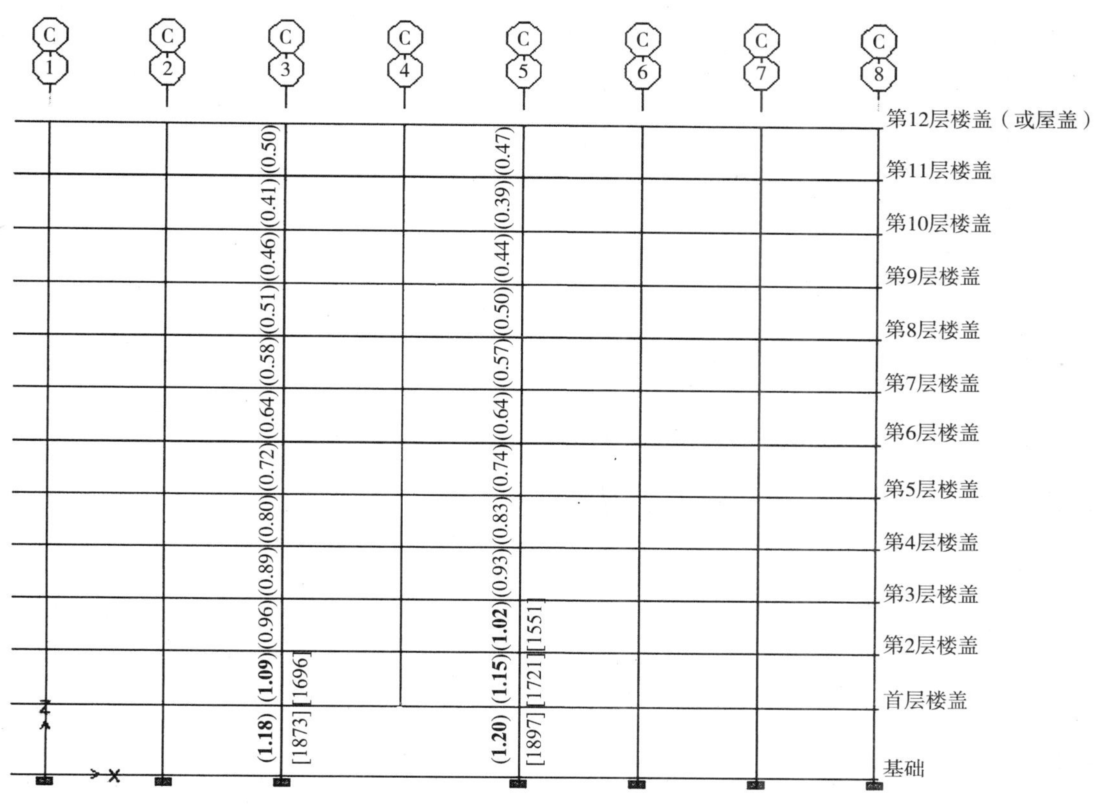

插图说明

（×××）——需供比（*DCR*）；

［×××］——标准轴向荷载（kips）。

图 4－12　柱网轴线Ⓒ上承受轴向荷载和双向弯矩组合作用的柱子需供比

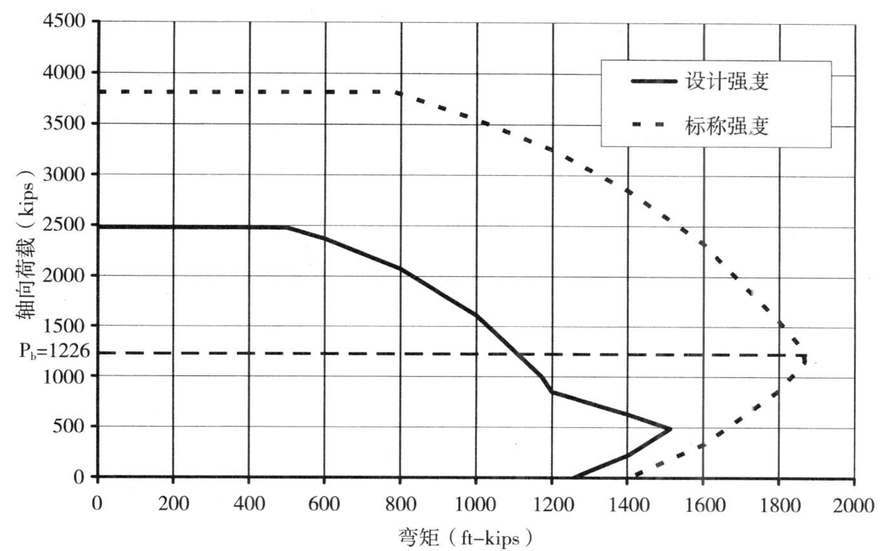

图 4－13　标准柱子的轴向荷载－弯矩关系图

由于有一些柱子的需供比大于规定值，所以必须确定这些构件是否应该从分析模型中去掉或是否应该加设切合的塑性铰。作这标准柱子的标称强度关系图来将这些超限应力柱子的标准轴向荷载（或轴力）去与相应于均衡应变状况的轴向荷载（即标称抗轴力强度）作对比。用 $D+L+W$ 的荷载组合工况来计算标准轴向荷载。如图 4－13 所显示说明的那样，这均衡应变状况（用标称强度曲线）的抗轴力强度约为1226kips（5454kN）。而所有需供比大于1.0m 的柱子都承受有大于1226kips（见图4－11 和图 4－12）的标准轴向荷载。根据这些比较结果，认定这 11 根柱子已经失效，并必须从计算分析模型中去掉。在重新设计时（在 4.5.2.2.6 节论述）将加大这些柱子的截面尺寸。

4.5.2.2.6 *重新设计（统一改进）*

在下面的重新设计中，将这结构构件的补强范围限制在仅④－Ⓒ内柱被去掉的情况下而所需要考虑的这些构件。这样做以说明这失去一根内柱所能带来的影响。不过，实际上那些与④－Ⓒ柱不甚类似的其他内柱的失去（一次一根），诸如③－Ⓒ柱也应该进行分析研究。对每一根柱子的失去都必须要重复去做与④－Ⓒ柱失去所拟用的相类似的重新设计。

这个例题所采用的重新设计方法是与图 3－3 所介绍的重新设计方案选择 1 相似的。在建筑物的整个高度范围内统一加大梁的截面尺寸，但只对沿柱网轴线④（轴线Ⓑ与Ⓓ之间）的梁和沿柱网轴线Ⓒ（轴线③与⑤之间）的梁进行修改。作为最初的设想，将这些梁从原先的 24in×24in 加大到 28in×28in（711mm×711mm）。

除了这些被指定的梁以外，在底部 4 层的这些超限应力柱子也要被加大截面尺寸，将这些柱子从原先的 28in×28in 加大到 34in×34in（864mm）。为了简单明了，只在底部 4 层给这些位于柱网轴线③－Ⓒ、④－Ⓑ、④－Ⓓ和⑤－Ⓒ的柱子统一加大尺寸。除了加大这些梁和柱子的尺寸以外，这三维模型和后续的分析都是和原先一模一样的。

4.5.2.2.6.1 梁的抗弯

在加大这些被指定的梁和柱子的截面尺寸以后，再次进行分析，并用与先前检验相同的方式来评估分析结果。所采用的候补传力途径是和原先结构所采用的那些一样的。这最大弯矩的量值稍微有点变化，但这总体的分布是相似的。图 4－14 和图 4－15 分别显示了沿这重新设计的结构柱网轴线④和Ⓒ的最大弯矩需求量。在这两个图中所标示的数值代表了在所有荷载工况下的绝对最大正、负弯矩的包络。

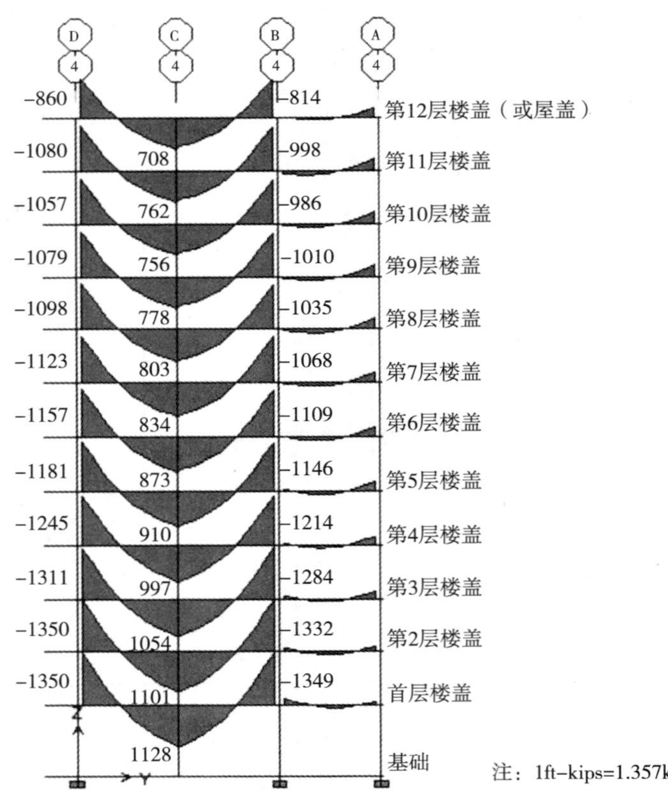

图 4－14 ④轴线梁的最大弯矩包络图
——重新设计（ft－kips）

全部最大的正弯矩 1128ft－kips（1530.7kN・m）出现在沿柱网轴线④的首层楼盖上，而全部最大的负弯矩 1350ft－kips（1832kN・m）却分别出现在沿柱网轴线④的首层和第 2 层的楼盖上。为了检验这重新设计的可行性，则设计沿

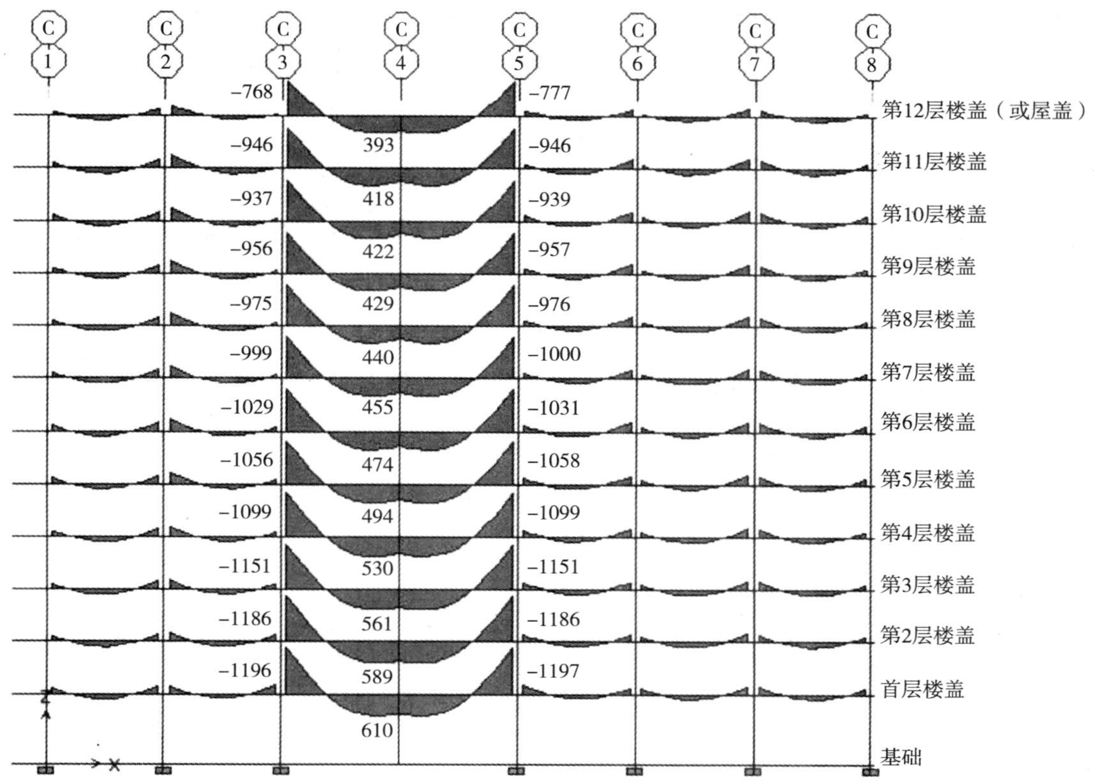

图 4 - 15　Ⓒ轴线梁的最大弯矩包络图——重新设计（ft - kips）

轴线④的第 2 层楼盖梁来看是否能满足最大负弯矩的需求。

作为初次尝试，选用 7 根 No. 11（$d=1.41$in，即 35.8mm）的钢筋。所提供的钢筋总面积 $A_{sprov}=10.92\text{in}^2$；$d=25.5$in。

$$a=\frac{A_s f_y}{0.85bf_c'}=\frac{10.92\times75}{0.85\times28\times5}=6.88\text{in}$$

$$-\phi M_n=\phi A_s f_y\left(d-\frac{a}{2}\right)=0.9\times10.92\times75\times\left(25.5-\frac{6.88}{2}\right)$$

$$=1626\text{in}-\text{kips}=1355\text{ft}-\text{kips}$$

由于设计强度（1355ft - kips）大于需求量（1350ft - kips），所以这 7 根 No. 11 的钢筋是一种满意的设计，和第一次的重新设计情况一样，还要检验其净拉应变的可接受性。

首先，确定这从最外受压边缘纤维到中和轴的距离 c：

$$c=\frac{a}{\beta_1}=\frac{6.88}{0.8}=8.6\text{in}$$

式中 β_1 是按 ACI 318 - 02 第 10. 2. 7. 3 条的规定取的值。

然后，确定这横截面上的应变分布情况，暂不考虑受压钢筋所起的作用（见图 4 - 16）。

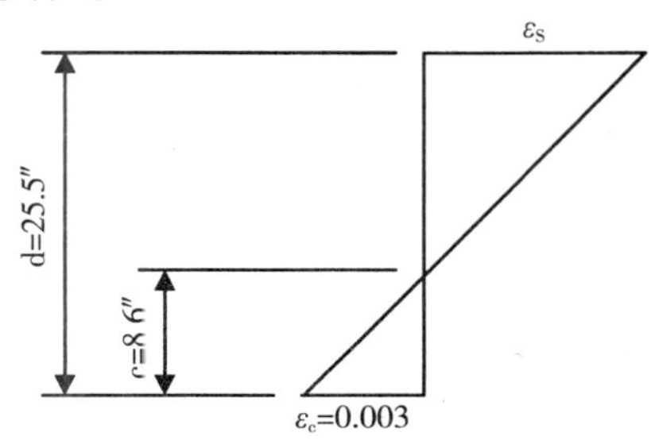

图 4 - 16　梁最大负弯矩截面上的应变分布图

根据相似三角形的原理：

$$\frac{\varepsilon_s}{d-c}=\frac{\varepsilon_c}{c},\quad \varepsilon_s=\frac{\varepsilon_c\ (d-c)}{c}=\frac{0.003\times\ (25.5-8.6)}{8.6}=0.0059$$

0.0059 的净拉应变大于 0.004 的最小容许净拉应变。另外，由于这净拉应变已经大于 0.005，所以截面被认定是由受拉控制（见 ACI 318－02 第 9.3.2.1 条），而且在确定设计抗弯强度时所采用的系数 ϕ 为 0.9 也是很切合的。

上面梁的重新设计只代表了该建筑物中任何梁有可能所需要的纵向钢筋的最大配筋量，但对所有重新设计的梁都按这个钢筋数量来配置是不明智的。随着弯矩需求量的减小，纵向钢筋的数量也可随之减少。就本例题而言，对这些沿柱网轴线④和Ⓒ的梁是分别按每四层为一组来单独修改和确定配筋设计的。表 4－4 归纳了对这些重新设计梁的抗弯钢筋要求。

重新设计的抗弯钢筋一览表——案例 1I（SDC A） **表 4－4**

位置	楼层	最大负弯矩（ft－kips）	所需钢筋面积（in^2）	顶部钢筋	最大正弯矩（ft－kips）	所需钢筋面积（in^2）	底部钢筋
沿柱网轴线④	1～4	1350	11.32	7 根 No. 11	1128	8.83	6 根 No. 11
	5～8	1181	9.30	6 根 No. 11	910	6.94	6 根 No. 10
	9～12	1079	8.39	7 根 No. 10	778	5.85	6 根 No. 9
沿柱网轴线Ⓒ	1～4	1197	9.44	8 根 No. 10	610	4.43	6 根 No. 8
	5～8	1058	8.20	7 根 No. 10	494	3.08	4 根 No. 8
	9～12	957	7.34	6 根 No. 10	429	2.21	4 根 No. 7

注：No. 8　$d=1.0''$（25.4mm）

No. 9　$d=1.128''$（28.7mm）

4.5.2.2.6.2　梁的抗剪

用和抗弯分析相类似的方式来评估梁的抗剪能力。图 4－17 和图 4－18 分别显示说明了沿柱网轴线④和Ⓒ梁的剪力分布情况。这两个图上所标示的数值代表了在所有荷载工况下位于柱表面部位的绝对最大剪力需求量的包络。

将梁的截面尺寸从原先的 24in × 24in 加大到 28in × 28in 也同样增大了混凝土截面的抗剪能力 V_c。这新的抗剪强度为：

$$V_c = 2\sqrt{f'_c}b_w d = 2\sqrt{5000}\times 28\times 25.5/1000 = 101\text{kips}$$

$$\phi V_c = 0.75\times 101 = 75.8\text{kips}$$

由于剪力需求量都超过了由混凝土所提供的设计抗剪强度，所以需要配置箍筋。如图 4－17 和图 4－18所显示说明的那样，剪力需求量是随着建筑物的高度往上而逐渐减小的。和抗弯设计的情况一样，对这些沿柱网轴线④和Ⓒ的梁也是分别按每四层为一组来单独修改和确定抗剪箍筋设计的。

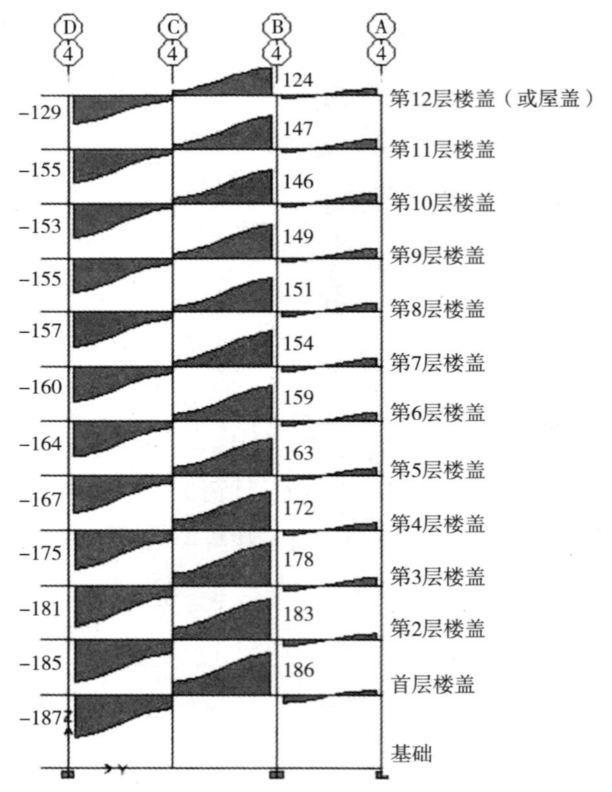

图 4－17　④轴线梁的最大剪力包络图——重新设计（kips）

对每一根梁的两个部位进行抗剪设计：在距离

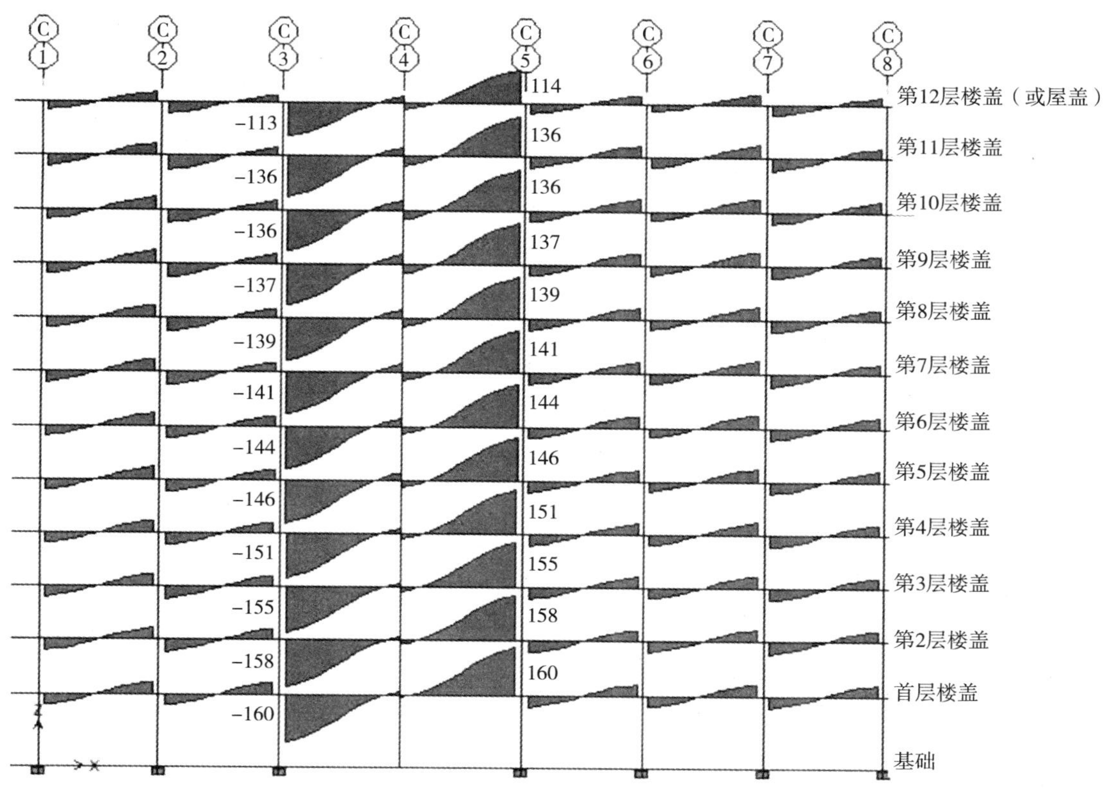

图 4－18　Ⓒ轴线梁的最大剪力包络图——重新设计（kips）

柱表面为 d 的部位和跨度的 1/4 部位。采取在从梁端到跨度的 1/4 部位这段距离内按距离柱表面为 d 的这个部位所设计确定的箍筋来配置，而这梁的其他剩余部分均按这个 1/4 部位所设计确定的箍筋来配置。表 4－5 是这些重新设计梁的抗剪钢筋的归纳。

重新设计的抗剪钢筋一览表　　**表 4－5**

位置	楼层	距离柱表面 d			距离柱表面 1/4 跨度		
		最大剪力（kips）	A_v/s（in^2/in）	所提供的箍筋	最大剪力（kips）	A_v/s（in^2/in）	所提供的箍筋
沿柱网轴线④	1～4	179	0.072	No. 4@5in	168	0.064	No. 4@6in
	5～8	159	0.058	No. 4@6in	147	0.050	No. 4@8in
	9～12	148	0.050	No. 4@8in	136	0.042	No. 4@9.5in
沿柱网轴线Ⓒ	1～4	152	0.053	No. 4@7in	135	0.041	No. 4@9.5in
	5～8	138	0.043	No. 4@9in	121	0.032	No. 4@12in
	9～12	130	0.038	No. 4@10in	112	0.025	No. 4@12in

注：1. 最大箍筋间距 $= d/2$；
2. No. 4　$d = 0.50$in（12.7mm）。

在表 4－5 中，这 A_v/s 比表示梁所需要的抗剪钢筋的面积 in^2/in。A_v/s 被确定如下：

$\phi V_n \geq V_u$ 和 $\phi V_n = \phi(V_c + V_s)$

因此，$V_u = \phi(V_c + V_s)$

用$\frac{A_v f_y d}{s}$来取代 V_s，并将其代入上式分解：

$$\frac{A_v}{s} = \left(\frac{V_u}{\phi} - V_c\right)\frac{1}{f_y d} = \left(\frac{V_u \text{kips}}{0.75} - 101\text{kips}\right) \times \frac{1}{75\text{kips/in}^2 \times 25.5\text{in}}$$

$$= \frac{V_u \text{kips}}{1434\ \frac{\text{kips} - \text{in}}{\text{in}^2}} - 0.0528\text{in}^2/\text{in}$$

式中 V_u 之单位为 kips（译者注：这式中的量词是译者特意补加上去的，以让读者了解这 in^2/in 的来源）。

4.5.2.2.6.3　柱子

对这些重新设计的柱子进行轴向荷载和双向弯矩的组合作用检验。所有 34in × 34in 的柱子都配置 20 根 No. 11 的钢筋。用 ETABS 程序来自动操作这柱子的检验过程。图 4－19 和图 4－20 给出了这些柱子承受轴向荷载和双向弯矩的最终需供比。需供比不大于 1.0 表示柱子截面有足够的强度。在这个核心问题上，所有的柱子都具有小于 1.0 的需供比。

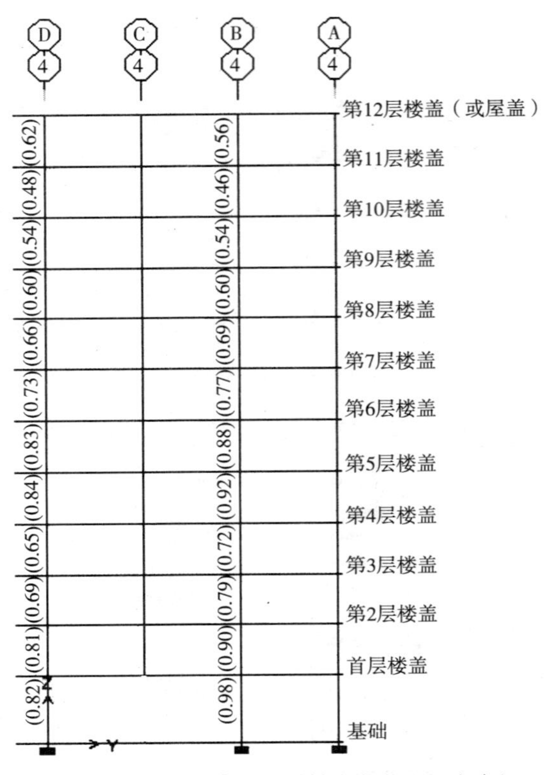

图 4－19　柱网轴线④上承受轴向荷载和双向弯矩组合作用的柱子需供比——重复设计

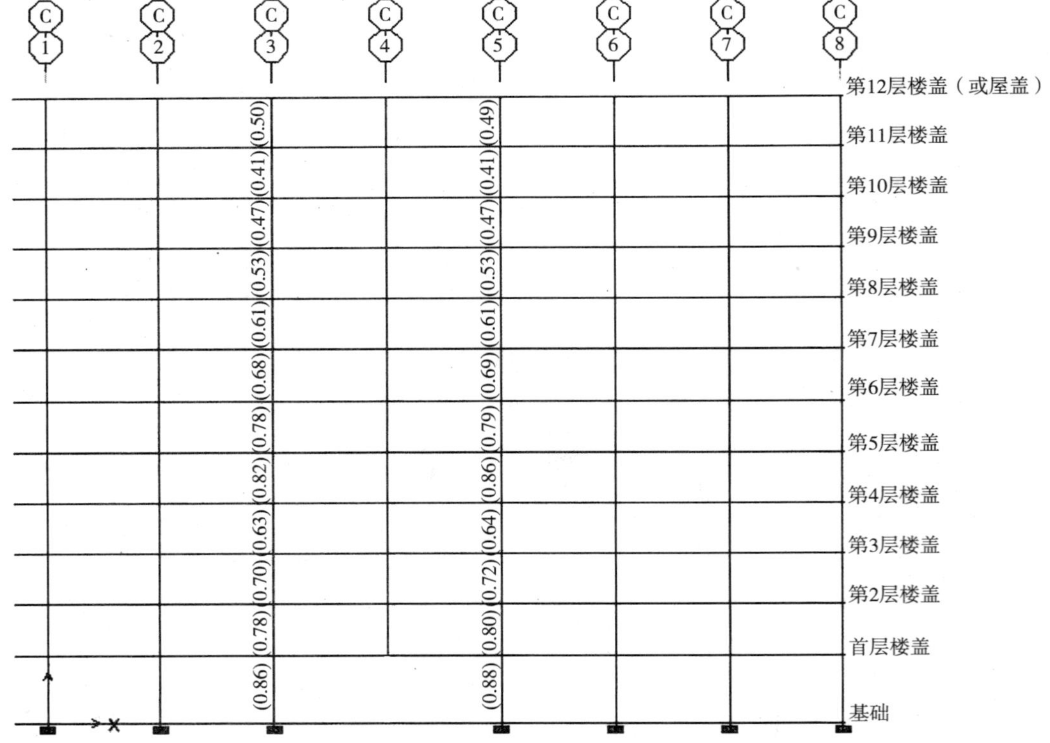

图 4－20　柱网轴线Ⓒ上承受轴向荷载和双向弯矩组合作用的柱子需供比——重新设计

还要对柱子进行抗剪的验算。在重新设计之前，所有的柱子都配置的是No.3的箍筋（3肢）、间距18in中－中。为了满足防止渐次倒塌的标准，将这些位于柱网轴线③－Ⓒ、④－Ⓑ、④－Ⓓ和⑤－Ⓒ的28in×28in柱子的箍筋间距减小到16in中－中。另外，位于④－Ⓓ和④－Ⓑ的第12层28in×28in柱子需要改用No.4的箍筋（3肢）、间距16in中－中。所有34in×34in的柱子都配有No.4的箍筋（4肢）、间距18in中－中。

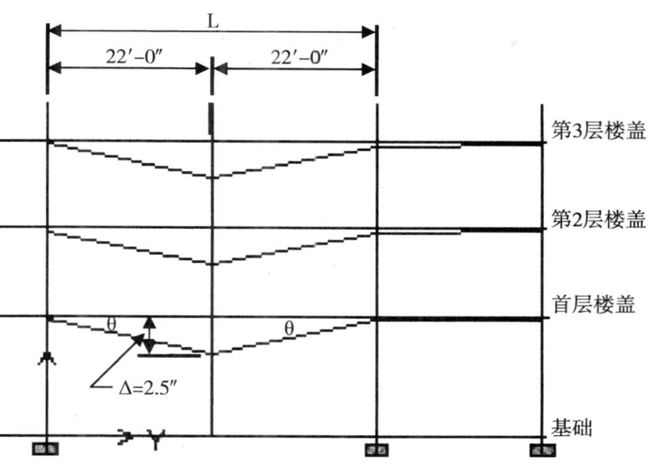

图4－21　柱网轴线④框架梁的挠曲变形形状

4.5.2.2.6.4　变形限度

除了DoD导则所要求的强度检验以外，构件还必须要满足在2.5.5.5节所论及的变形限度。这最大的预测挠度2.5in出现在这被去掉柱子的部位。如果用直线段来近似模拟这变形的梁（见图4－21），则其端部的转角计算如下：

$$\tan^{-1}\theta = \frac{\Delta}{L} = \frac{2.5}{22\times 12} = 0.0095$$

$$\theta = 0.54°$$

由于0.54°小于被指定为中防御等级（MLOP）或高防御等级（HLOP），带有抗剪钢筋的双面配筋

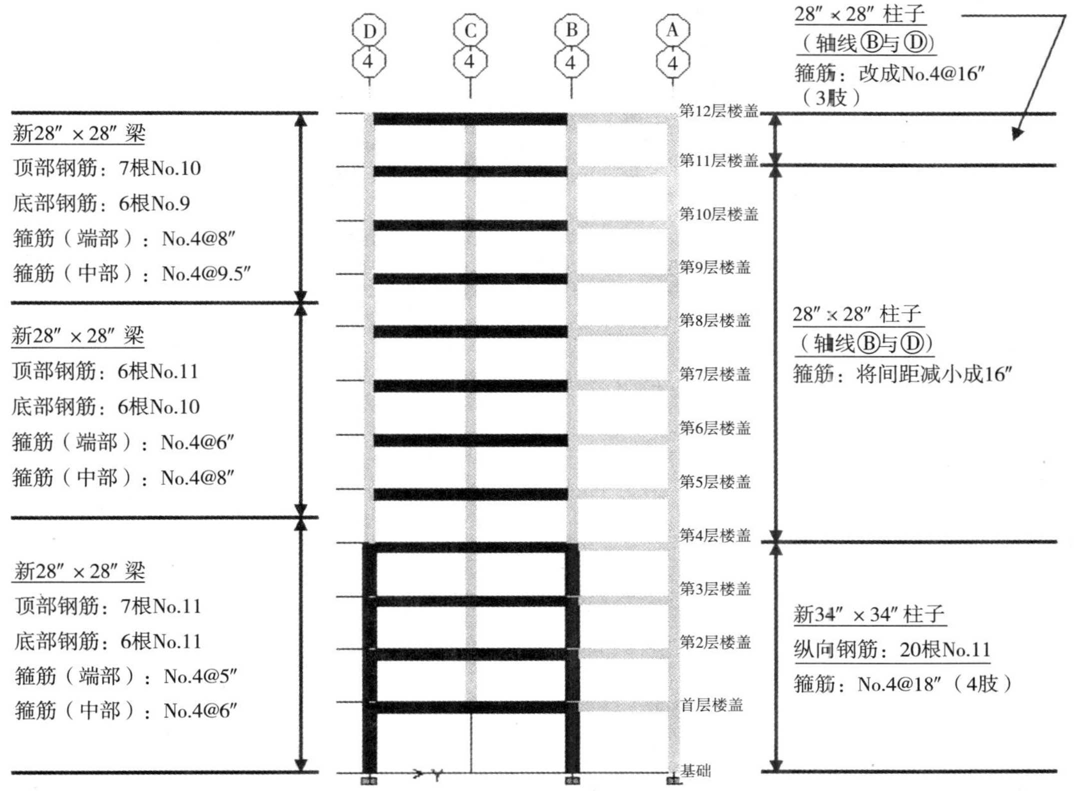

图4－22　柱网轴线④框架结构改进的归纳——重新设计

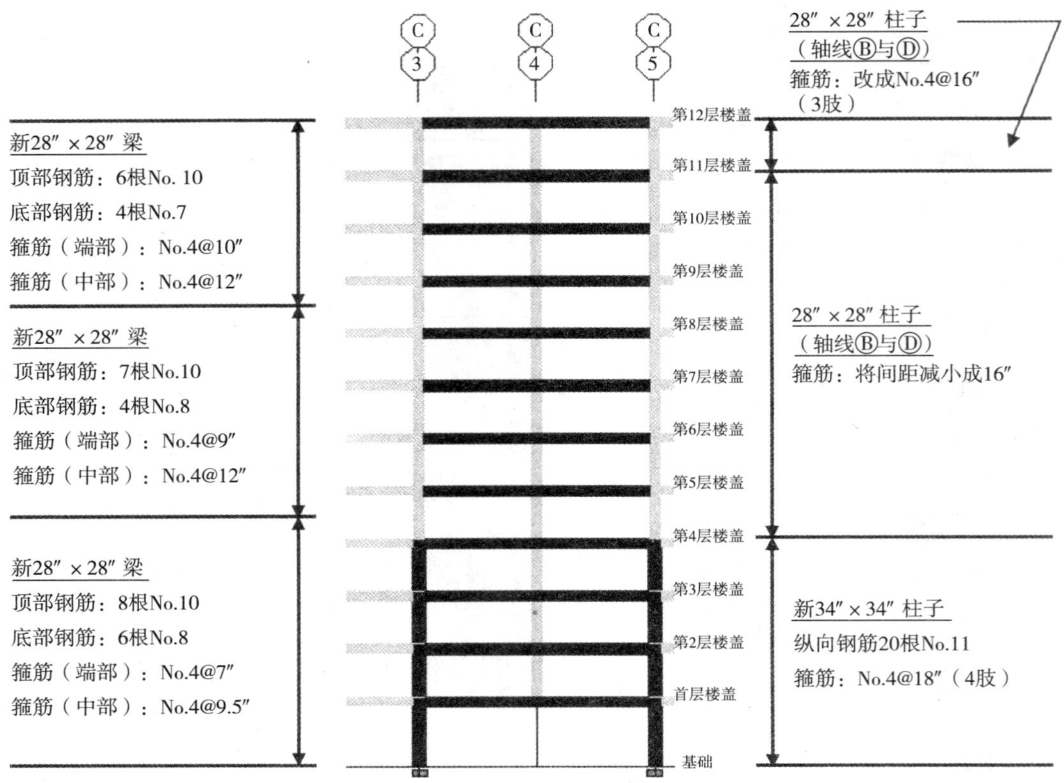

图 4 – 23　柱网轴线Ⓒ框架结构改进的归纳——重新设计

梁的 4°容许转角（见表 2 – 6），所以该结构满足变形限度的验收标准。

4. 5. 2. 2. 7　*重新设计改进的归纳*

在图 4 – 22 和图 4 – 23 中归纳了为阻抗渐次倒塌而改进结构的所需修改。通过这些合适的补强，可以认定即使在这④ – Ⓒ首层柱遭遇严重破坏和已不再能支承任何荷载的情况下，结构也只有很低的渐次倒塌潜在可能性。对于那些出于调研目的而应该从结构中去掉的每一根内柱，都必须要重复在这个例题中所介绍说明的候补传力途径的分析与补强过程。例如，如果假设这栋建筑物有空旷首层公共场所的话，则需要考虑每一根内柱失去的候补传力途径分析，除非许多柱子的条件都彼此相似，则仅须将这批类似柱子（例如③ – Ⓑ、③ – Ⓒ、⑥ – Ⓑ、⑥ – Ⓒ）中的一个去掉就行。如果是这样的话，那对整个建筑结构的所有内柱都要提供这④ – Ⓒ柱失去的重新设计预防措施。

在这个例题中所提出来的处理方法仅代表了重新设计这结构的一种方法。只要能满足所有相关的准则，其他的解决方法也都是可行的。

4. 5. 3　GSA 的处理方法

4. 5. 3. 1　综述

与 DoD 设计方法不同的是，GSA 的处理方法是不受这被指定的防御等级（LOP）支配的，一律都用候补传力途径法来分析所有未被免检的建筑物。用下面的算例来说明 GSA 设计方法对这同一例题建筑物的应用。

就这 GSA 的算例，其对 4.4 节中所表明的每一种外柱失去的案例情况都进行个别分析。仅模拟了抗侧力构件，尽管这个假定稍微有点保守，但这么做是出于两种原因：

首先，由于只考虑抗侧力构件，分析就可以被简化。这对于正规的设计事务所来讲是很重要的，因为这渐次倒塌分析要求的加插总是不会同时给予延长设计时间和/或外加补偿的。其次，在建立三维计算机模型来进行抗震和抗风的分析时，大多数设计事务所都仅模拟的是这些抗侧力构件。所以用这些同一模型来进行渐次倒塌的分析终归是能有效节省时间的。

这些抗侧力构件是由普通钢筋混凝土抗弯框架和内部的普通钢筋混凝土剪力墙所组成。在分析模型中含有混凝土楼板，但仅作为一种计入它的自重和传递附加荷载的工具。并将其模拟成仅具有平面内刚度的薄膜构件。为了进行比较，在 4.5.3.5 节又对案例情况 1E 作了将楼板模拟成薄壳构件的再次分析。壳体构件具有平面内和平面外的刚度，因此使楼板能对阻抗渐次倒塌起到积极的作用。

所有的柱子都被模拟成带有固端的基础底座。此外，在这 ETABS 程序的分析里面没有考虑 $P-\Delta$ 效应。由于在渐次倒塌的分析中不存在任何侧向荷载，其侧向变形是很小的，所以这是一个有道理的假定。不过，为了进行比较，还是对这同一模型进行了包含 $P-\Delta$ 效应的分析。结果发现任何的差异都是微不足道的。

在 GSA 导则中所使用的荷载组合要求条件没有 DoD 导则所采用的那么复杂。与 DoD 导则不同的是，只考虑恒载和活荷载。对这结构的所有开间都使用的是 2（$D+0.25L$）的设计竖向荷载工况。

4.5.3.2　梁的强度（按重力、地震力和风力设计的）

对抗弯框架结构来讲，这跨越某一失去柱子的主要结构受力机理是梁的抗弯。例如，在案例 1E 的情况中（见图 4-2），使沿柱网轴线Ⓓ（位于③与⑤轴线之间）的梁的跨度整整加大了一倍。在这被去掉柱子的部位，这些梁承受着一种与原先完全相反的弯矩，即从负弯矩变成了正弯矩。这候补受弯的传力途径满足与否取决于这些梁的抗弯强度。这正确合理的配筋细部设计是最关键的，尤其是在那些弯矩有潜在可能逆转的部位。

在这一节的后续部分，将对这些现有梁的抗弯和抗剪强度进行计算。正如前面所指出的那样，在整个建筑物高度范围内的每一层楼盖梁的截面尺寸大小及其配筋构造都是一模一样的。所以，仅需确定一种梁的强度就可以了。

计算标准梁支座处的抗负弯矩强度，即最大负弯矩需求量部位的抗负弯矩强度。由于底部纵向钢筋是通长不变的，所以抗正弯矩的强度也是沿梁的长度而不变的。除了抗弯强度外，还要计算梁的抗剪强度。确定梁端（有箍筋所起的作用）和跨中部位（没有箍筋所起的作用）的抗剪强度。图 4-3 提供了这梁的标准配筋详图。

负设计抗弯强度 $-\phi M_n$ 的计算（支座处）

在确定设计抗弯强度时，这钢筋的屈服强度 f_y 和混凝土的抗压强度 f'_c 都是被乘了 1.25 的强度提高系数的。根据 GSA 的规定，系数 ϕ 对抗弯来讲取 1.0。

5 根 No.7 钢筋，$A_s=3.0\text{in}^2$，$d=21.5\text{in}$

$$a=\frac{A_s f_y}{0.85bf'_c}=\frac{3\times75}{0.85\times24\times5}=2.2\text{in}$$

$$-\phi M_n=\phi A_s f_y\left(d-\frac{a}{2}\right)=1.0\times3\times75\times\left(21.5-\frac{2.2}{2}\right)$$

$$=4590\text{in}-\text{kips}=382\text{ft}-\text{kips}\ (5184\text{kN}\cdot\text{m})$$

正设计抗弯强度 $+\phi M_n$ 的计算（整跨）

在确定设计抗弯强度时，这钢筋的屈服强度 f_y 和混凝土的抗压强度 f'_c 都是被乘了 1.25 的强度提高系数的。根据 GSA 的规定，系数 ϕ 对抗弯来讲取 1.0。

3 根 No. 7 钢筋，$A_s=1.8\text{in}^2$，$d=21.5\text{in}$

$$a=\frac{A_s f_y}{0.85bf'_c}=\frac{1.8\times75}{0.85\times24\times5}=1.32\text{in}$$

$$+\phi M_n=\phi A_s f_y\left(d-\frac{a}{2}\right)=1.0\times1.8\times75\times\left(21.5-\frac{1.32}{2}\right)$$

$$=2813\text{in}-\text{kips}=234\text{ft}-\text{kips}\ (317.5\text{kN}\cdot\text{m})$$

设计抗剪强度 ϕV_n 的计算

钢筋混凝土梁的抗剪强度是由混凝土和抗剪钢筋各自分别所起的抵抗作用 V_c 与 V_s 组成的。在本例题中，在这梁的每一个端部 6ft 范围内都提供了 8 根 No. 3 的箍筋，间距 10in 中－中。梁的其余部位都没有配置抗剪钢筋。出于这个原因，要确定两种不同的抗剪强度，一种是在梁的端部（其中包括混凝土和 No. 3 箍筋两者共同所起的作用），另一种是在跨中部位（仅包含混凝土所起的作用）。

在确定设计抗剪强度时，这钢筋的屈服强度 f_y 和混凝土的抗压强度 f'_c 都是被乘了 1.25 的强度提高系数的。根据 GSA 的规定，系数 ϕ 对抗剪来讲取 1.0。

梁端的 ϕV_n

$$\phi V_n=\phi\ (V_c+V_s)$$

$$V_c=2\sqrt{f'_c}b_w d=2\sqrt{5000}\times24\times21.5/1000=73\text{kips}$$

$$V_s=\frac{A_v f_y d}{s}=\frac{0.22\times75\times21.5}{10}=35.5\text{kips}$$

$$\phi(V_c+V_s)=1.0(73+35.5)=108.5\text{kips}\ (482.6\text{kN})$$

梁中部的 ϕV_n

$$\phi V_n=\phi V_c\ \text{（梁的中部没有箍筋）}$$

$$V_c=2\sqrt{f'_c}b_w d=2\sqrt{5000}\times24\times21.5/1000=73\text{kips}$$

$$\phi V_c=1.0\times73=73\text{kips}\ (324.7\text{kN})$$

4.5.3.3 临近长边中部的柱子失去（案例情况 1E）

在④－Ⓓ外柱去掉以后，根据三维空间分析来确定每一个结构构件的内力（即需求量）。为了保持稳定，这原先由④－Ⓓ柱所支承的荷载必须要有一个可替补的能传至基础的候补传力途径。在这种情况下，这沿柱网轴线Ⓓ（位于③与⑤轴线之间）的周边梁和沿柱网轴线④（位于Ⓒ与Ⓓ轴线之间）的内梁将通过自身的抗弯来为跨越被去掉的柱子提供受力的机理。

为这建筑物整个高度范围内的所有沿柱网轴线④和Ⓓ的梁标绘剪力与弯矩图。将这些最大的内力需求量值去与这梁的有效设计强度（见 4.5.3.2 节）作对比以检验可接受性（参考 GSA 导则中的“预计的最大标准承载能力”)。

由于这个例题具有规则的结构造型，所以最大的需供比（*DCR*）容许值为 2.0。对抗弯来讲，凡是 *DCR* 大于 2.0 的部位都要在分析模型中嵌入一个塑性铰来释放抵抗力矩。在每一个被嵌入铰的部位，都要在这铰的两侧加插一对相等且反向的量值等于设计抗弯强度的弯矩。

对抗剪来讲，如果 *DCR* 大于 2.0，则认定这梁已经失效。任何已经失效的梁都要从模型中给去掉，而且与其有关的恒载和活荷载也都要重新分摊给毗连开间里的其他构件。在嵌入切合的塑性铰和从模型中去掉已失效的构件后，分析重新启动，并重复前面的分析步骤直至没有任何需供比限值被超出。如果弯矩在整个建筑物都完全被重新分配之后，仍有一些需供比限值（位于容许倒塌的范围之外）仍被超出的话，则会有较大的渐次倒塌潜在可能。这时，必须对结构进行重新设计，以减少渐次倒塌的风险。

除了这些梁以外，在每一次所进行的分析后也都对柱子进行了检验。所有柱子的需供比值都低于最大限值 2.0。为了简洁，仅至分析的最后，而不是在每一个阶段来显示说明柱子的检验。

虽然在这个例题中没有考虑，但还是应该检验建筑物的地基基础的。一般来讲，超出地基土的容许设计承载力并不是一个关键问题，因为这承载力通常都是根据容许的不均匀沉降来决定的，而不是根据极限强度。GSA 导则没有提及在进行候补传力途径的分析时是否可以通过提高地基土的承载力来考虑这“预计值”，而不是容许值。

4.5.3.3.1　*梁的抗弯*

第一次迭代分析

图 4－24 和图 4－25 显示了这渐次倒塌的第一次迭代（或重复）分析的结果。这两个图分别显示

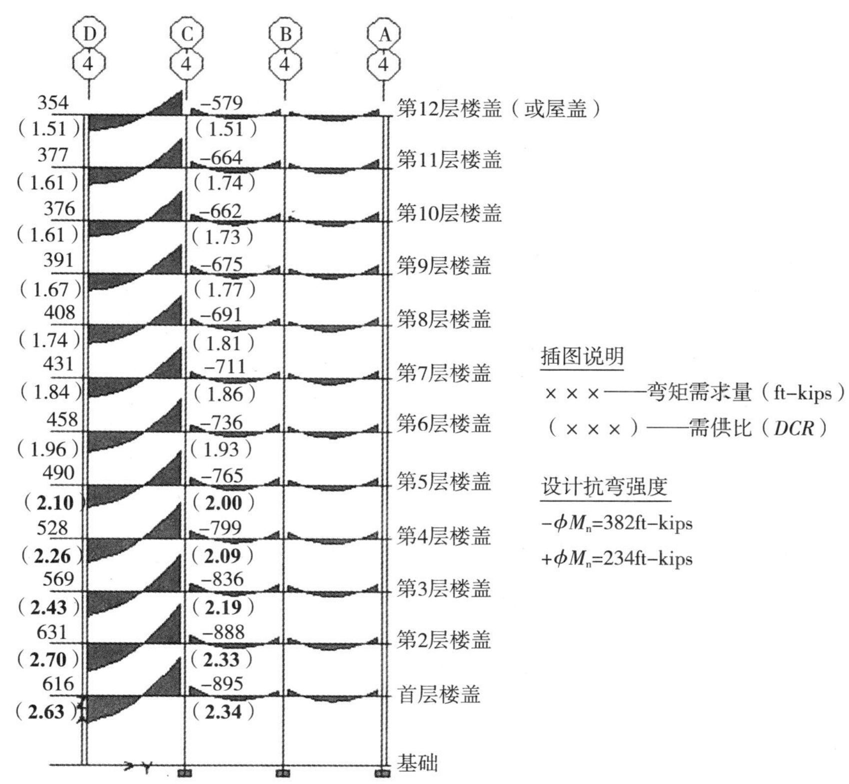

图 4－24　柱网轴线④梁第一次迭代分析的弯矩图与 *DCR* 值（案例情况 1E）

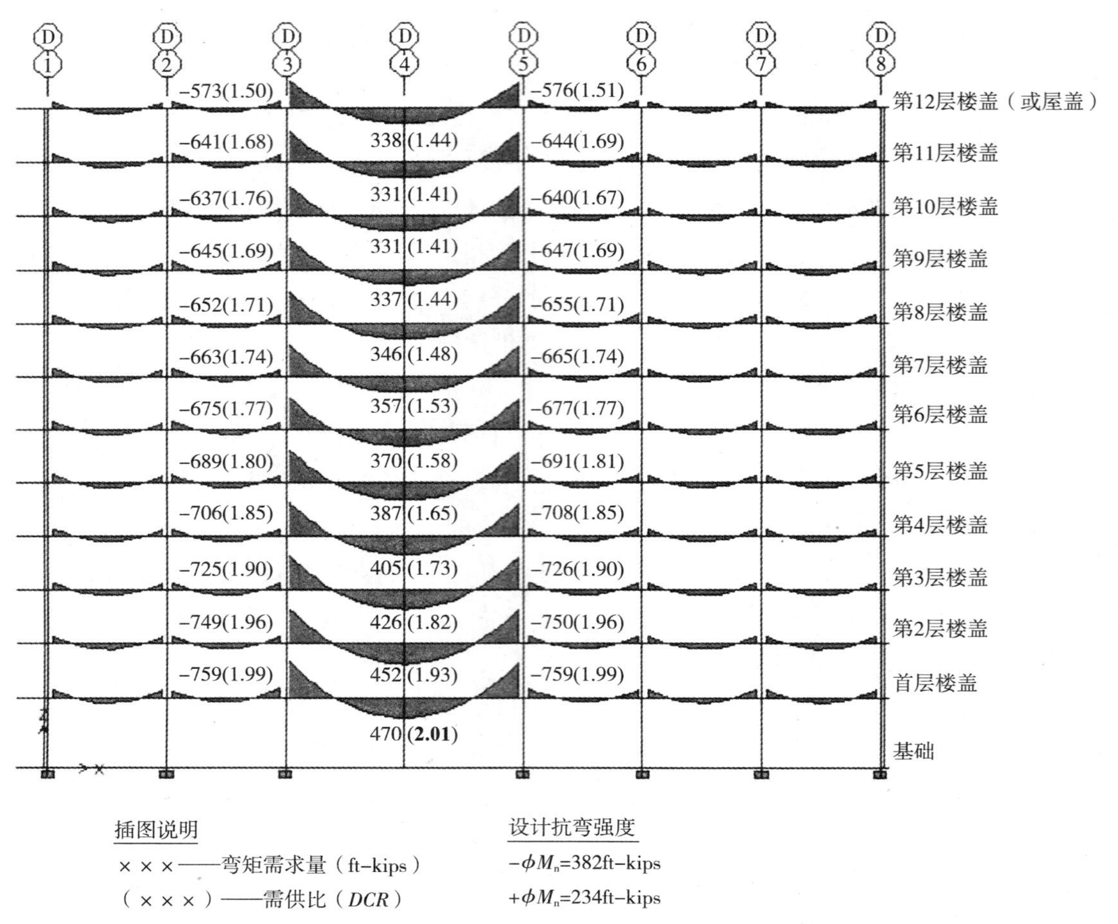

图 4－25　柱网轴线Ⓓ梁第一次迭代分析的弯矩图与 *DCR* 值（案例情况 1E）

了沿柱网轴线④和Ⓓ梁的最大弯矩。在这两个图上还显示了需供比的（DCR_s）值，其是用图 4－24 和图 4－25 中所标示的弯矩需求量去除以 4.5.3.2 节中所求得的设计抗弯强度而计算出来的。在第一次的迭代分析中，这些梁的抗剪和柱子的抗轴力与双向弯矩组合作用的 *DCR* 值都小于 2.0。

沿柱网轴线Ⓓ，梁的最大正、负弯矩都出现在首层楼盖，并随着建筑物的高度向上而渐次减小。不过，从第 10 层到第 11 层楼盖这弯矩却稍微有点增大，但到屋盖又重新减小。沿柱网轴线④的弯矩初次分配也是相类似的，不过，全部最大的正弯矩（位于Ⓓ轴线）却出现在第 2 层楼盖上，而不是在首层楼盖。弯矩的分配对分析的参数是很敏感的，诸如这构件的有效刚度和所假定的节点刚性等。

这 2.0 的最大容许需供比在几个部位被超越。如图 4－24 和图 4－25 所标示的那样，沿柱网轴线④的 5 根梁和沿柱网轴线Ⓓ的 1 根梁都具有大于 2.0 的 *DCR* 值。沿柱网轴线④的这些都出现在这底部五层楼盖的位于Ⓒ和Ⓓ轴线之间的梁端。而沿柱网轴线Ⓓ的仅在首层楼盖梁上有一处的 *DCR* >2.0，其出现在被去掉柱子直接上方的正弯矩区域内。

虽然这容许的抗弯需供比值在 11 个部位都被超出，但就这个问题而言，尚不能认定这些构件已经失效。这结构体系的整体连续性是允许产生弯矩重分配的。为了确定弯矩重新分配的大小，则要将塑性铰设置在这分析模型中的 *DCR* 值大于 2.0 的部位，并重新启动分析。

在这个例题中，假定这些钢筋混凝土梁都是被细部设计成能进入非弹性变形阶段（即超出弹性极

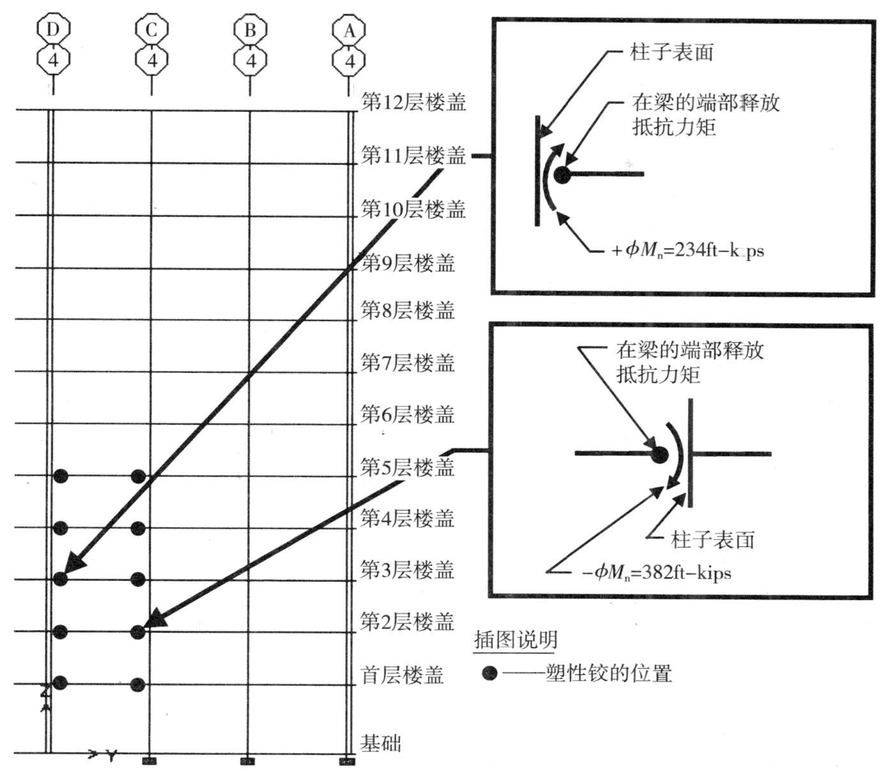

图 4 -26　柱网轴线④框架梁第二次迭代分析的塑性铰位置（案例情况 1E）

限进入弹塑性变形阶段——译者注）的。这个对位于柱网轴线④ - Ⓒ和③ - Ⓓ的负弯矩来讲是一个合理的假定。因为这些部位的顶部纵向钢筋都是连续贯通梁柱节点的，所以这些钢筋能被充分地发挥作用。另外，在这些塑性铰的部位都配有间距密集的箍筋。

另一方面，这楼盖梁在其④ - Ⓓ部位必须要有能力来构成在正弯矩作用下的塑性铰。在这种情况下，这底部钢筋是处于受拉状态，所以必须要对这梁柱节点内的底部钢筋细部设计作适当的改进。沿柱网轴线Ⓓ，底部钢筋本来就是连续通过节点的（或是按 ACI 318 -02 的规定进行受拉连接的）。而沿柱网轴线④，每一根底部钢筋都应该一直贯通延伸至柱子的外侧面，并应在其末端配有标准的 ACI 弯钩。而且梁的这个部位还应该配置间距密集的箍筋来把握非弹性转动的限度，尽管这并不是 GSA 导则的特定要求。

第二次迭代分析

在进行第二次迭代分析之前，将塑性铰嵌入到这原先模型里那些 *DCR* 值大于 2. 0 的梁部位中。通过在梁的端部释放抵抗力矩和加插一个大小等于该截面设计抗弯强度的定值弯矩来模拟这些离散的梁塑性铰。定值弯矩的方向应该与其所代表的弯矩作用方向一致。图 4 -26 和图 4 -27 显示说明了这第二次迭代分析时的这些塑性铰的布置情况。

除了这 11 个被添加的梁塑性铰外，第二次迭代分析的模型都是和第一次迭代分析的模型一模一样的。而且，在重新进行分析后，也是用同样的方式来评估这分析结果的。计算了沿柱网轴线④和Ⓓ梁的 *DCR* 值，并将其与 2. 0 的最大容许值作了比对。

图 4 -28 和图 4 -29 显示了这第二次迭代分析的弯矩需求量及其相应的需供比（*DCR*）值。这

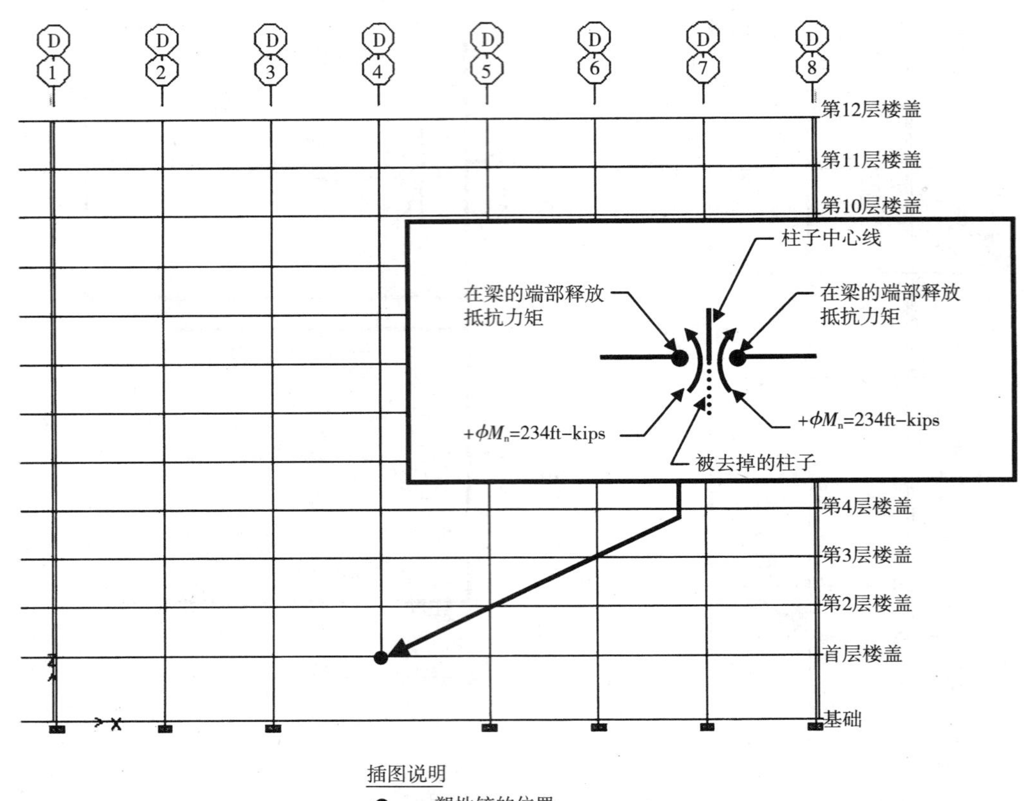

图 4－27　柱网轴线Ⓓ框架梁第二次迭代分析的塑性铰位置（案例情况 1E）

DCR > 2.0 的部位数量明显地增多。沿柱网轴线④，弯矩在建筑物的整个高度范围内被重新分配，预测要在第 6 层到第 11 层的楼盖梁中加设塑性铰。同样，沿柱网轴线Ⓓ，业已发现这第 2 层到第 5 层的楼盖梁的 *DCR* 值也都超出了 2.0。

如图 4－29 所显示说明的那样，沿柱网轴线Ⓓ的第 2 层楼盖到第 4 层楼盖无论是在梁端还是在跨中都含有大于 2.0 的 *DCR* 值。这就表明三铰挠曲机构已经形成及其随之所带来的破坏。按照 GSA 的处理方法，在分析上要将已失效的构件从模型中去掉，并将与这些被去掉构件有关的所有恒载与活荷载都重新分摊给与其毗连的开间，然后再用同样的方式重新进行分析。

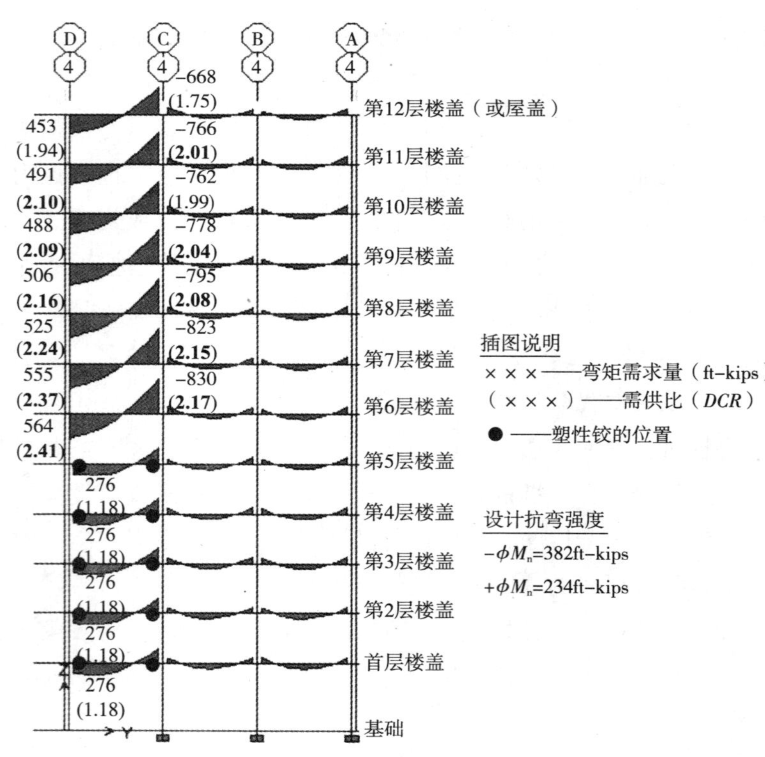

图 4－28　柱网轴线④梁第二次迭代分析的弯矩图与 *DCR* 值（案例情况 1E）

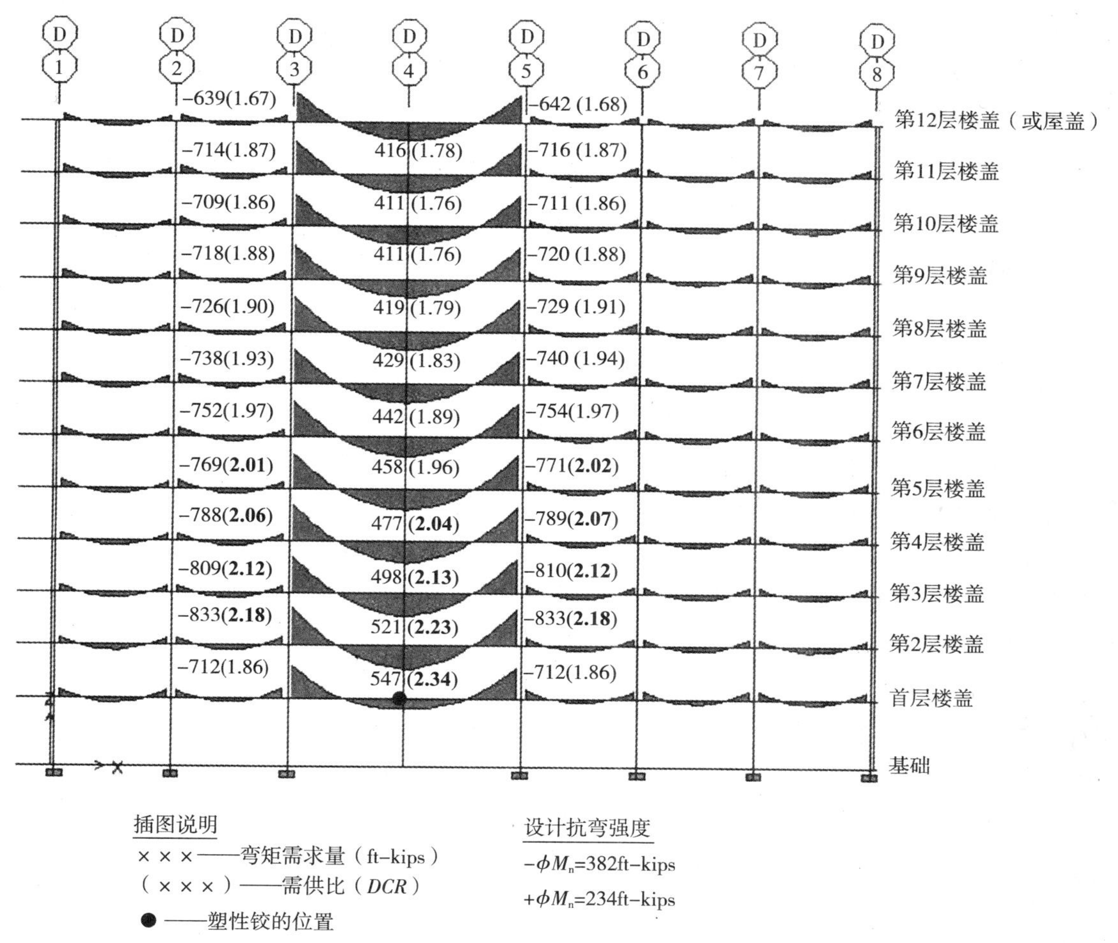

图 4－29　柱网轴线Ⓓ梁第二次迭代分析的弯矩图与 *DCR* 值（案例情况 1E）

由于将 3 根已失效的梁从模型中去掉后所构成的倒塌范围已大于 GSA 导则所容许的要求（见 3.7 节）。为此，即可假定该结构已具有很高的渐次倒塌风险。则分析就此中止，并对结构进行重新设计。

4.5.3.3.2　*重新设计梁的抗弯强度*

有几种可将结构重新设计成能满足防止渐次倒塌要求条件的处理方法。如 3.10 节所表明的那样，通常可以通过下述的两种手段来达到这重新设计的目的：1）在建筑物的整个高度范围内一致展开防止渐次倒塌的补强；2）对某些关键楼层进行集中补强。对这个例题来讲，打算采取在建筑物的整个高度范围内统一补强。

作为初次重新设计的一种试探，将梁的截面尺寸保持不变，企图通过添加钢筋来提高这些未满足要求梁的强度。由于梁的截面尺寸没有被加大，所以第一次迭代分析的计算结果（指弯矩需求量）仍是可适用的。通过添加纵向钢筋来提高设计抗弯强度，以使图 4－24 和图 4－25 所显示的这计算出来的 *DCR* 值统统都≤2.0。只要所需的钢筋数量没有超筋和能被添加且没有超量增强梁，则这种处理方法就可以给予一个合理的答案。如果这样还是不可行的话，那只能加大这些梁的截面尺寸了。

抗正弯矩强度的重新设计

沿柱网轴线④，这第一次迭代分析出来的最大正弯矩需求量是 631ft－kips。这个出现在这被去掉柱子正上方的第2层楼盖上（见图4－24），梁配的是3根No. 7的底部钢筋（见图4－3）。现在，让我们用4根No. 7的钢筋来取代原先的3根No. 7钢筋。

4根No. 7的钢筋，$A_{\mathrm{sprov}}=2.4\mathrm{in}^2$

$$a=\frac{A_s f_y}{0.85f'_c b}=\frac{2.4\times75}{0.85\times5\times24}=1.76\mathrm{in}$$

$$+\phi M_n=\phi A_s f_y\left(d-\frac{a}{2}\right)=1\times2.4\times75\times\left(21.5-\frac{1.76}{2}\right)=3712\mathrm{in}-\mathrm{kips}=309\mathrm{ft}-\mathrm{kips}$$

$$DCR=\frac{M_u}{+\phi M_n}=\frac{631}{309}=2.04$$

用4根No. 7的钢筋，这最大弯矩部位的*DCR*值是2.04。由于*DCR*没有超过容许值的5%，所以可以认定这拟定的重新设计是满足要求的。在建筑物的整个高度范围内按图4－30所标示的位置都将这些梁的底部钢筋添加到4根No. 7。

沿柱网轴线Ⓓ，这第一次迭代分析出来的最大正弯矩需求量是470ft－kips。这个出现在这被去掉柱子直接上方的首层楼盖上（见图4－25）。由于该部位的*DCR*值（2.01）仅超出2.0不到1%，所以可以认定这现有的底部钢筋（即3根No. 7的钢筋）是满足需求的。

抗负弯矩强度的重新设计

沿柱网轴线④，第一次迭代分析出来的最大负弯矩需求量是895ft－kips。这个出现在这首层楼盖的Ⓒ轴线部位（见图4－24）。梁在支座处配的是5根No. 7的顶部钢筋（见图4－3）。现在让我们用3根No. 8＋2根No. 7的钢筋来取代原先的5根No. 7钢筋。

3根No. 8＋2根No. 7钢筋，则其所提供的钢筋总面积 $A_{\mathrm{sprov}}=3.57\mathrm{in}^2$

$$a=\frac{A_s f_y}{0.85f'_c b}=\frac{3.57\times75}{0.85\times5\times24}=2.62\mathrm{in}$$

$$-\phi M_n=\phi A_s f_y\left(d-\frac{a}{2}\right)=1\times3.57\times75\times\left(21.5-\frac{2.62}{2}\right)$$

$$=5406\mathrm{in}-\mathrm{kips}=450\mathrm{ft}-\mathrm{kips}$$

$$DCR=\frac{M_u}{+\phi M_n}=\frac{895}{450}=1.99<2.0$$

用3根No. 8＋2根No. 7的钢筋，这最大弯矩部位的*DCR*值是1.99，小于2.0的最大容许值，因此满足要求。现在应该用3根No. 8钢筋来取代支座处原先的3根No. 7钢筋，而这2根No. 7的连续贯通顶部钢筋仍按原先细部设计那样保留。在建筑物的整个高度范围内按图4－30所标示的位置将这些

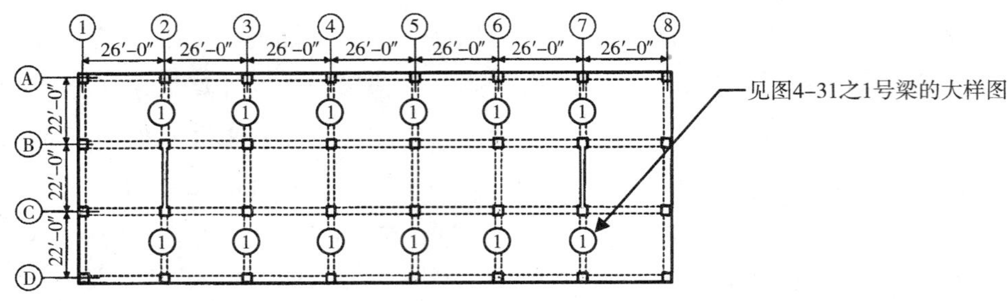

图4－30　被重新抗弯设计梁的平面位置图（案例情况1E）

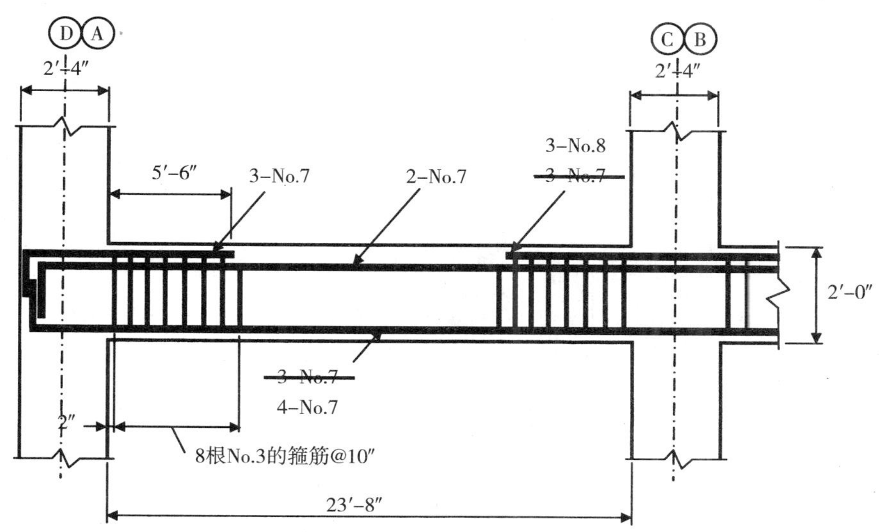

图 4 – 31　沿柱网轴线② – ⑦符号①梁的重新抗弯设计大样图（案例情况 1E）

梁内支座处的顶部钢筋加以修改，见图 4 – 31 之 1 号梁的大样图。

沿柱网轴线Ⓓ，所有的负弯矩需求量都小于 2.0，因此不需要再进行重复设计。

4.5.3.3.3　*梁的抗剪*

上一节仅把注意力集中在梁的抗弯性能上。不过，在这分析中的每一个阶段还都必须要对梁的抗剪能力进行检验。如果某根梁的抗剪容许 *DCR* 值被超出，则可以认定这根梁已经失效。和弯曲作用力（即弯矩）截然不同的是，这剪力是不能重新分配给结构的其余部件的。从分析模型中将这些已失效的梁去掉，并把所有与它们有关的恒载和活荷载都施加于毗连的开间。

由于在第一次迭代分析后已经重新设计梁来满足了弯矩需求量的要求，所以在这个阶段还要对剪力的分布情况作评估。图 4 – 32 和图 4 – 33 显示了第一次迭代分析后的最大剪力需求量及其相应的 *DCR* 值。全部最大抗剪需供比值 1.34 出现在沿柱网轴线④的第 2 层楼盖上。

对每一根梁的两个部位进行抗剪的 *DCR* 值评估：即梁的端部和距离柱表面 6ft（1.83m）远的

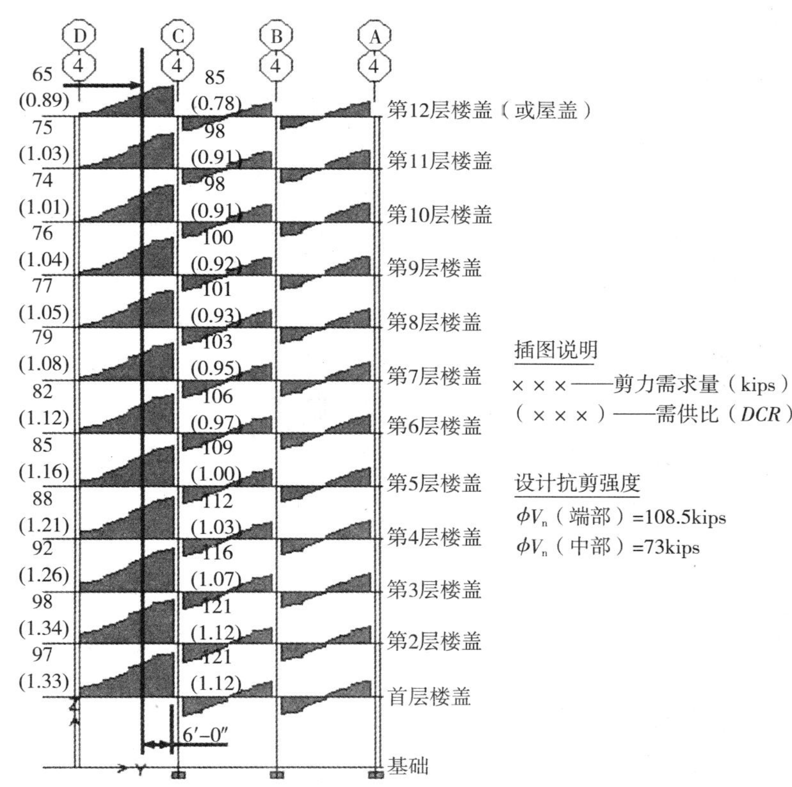

图 4 – 32　柱网轴线④梁的剪力需求量与 *DCR* 值（案例情况 1E）

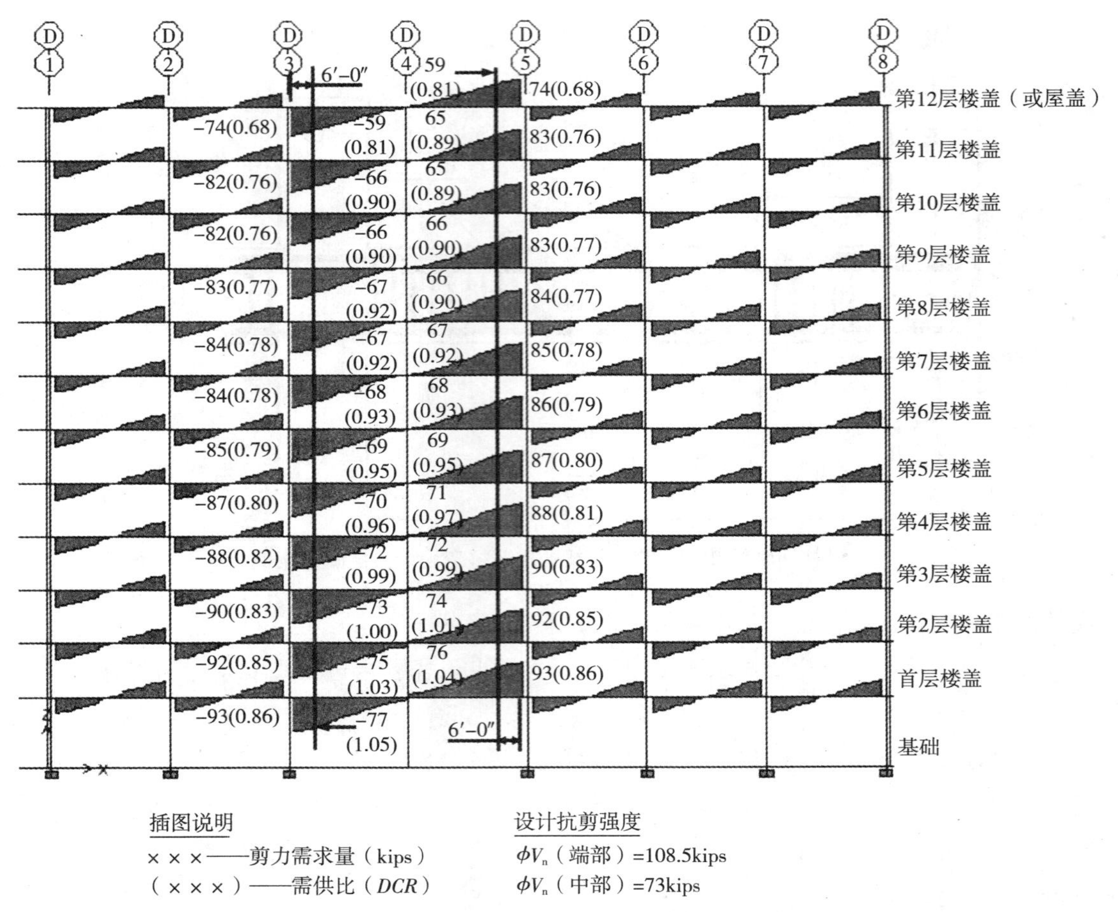

图 4-33　柱网轴线Ⓓ梁的剪力需求量与 *DCR* 值（案例情况 1E）

梁截面部位。这离梁端 6ft 远的位置代表了是由完全没有箍筋的梁部位来抵抗这最大剪力需求量的。

保守地去评估柱表面处的最大剪力需求量。用这种简化方法是因为整个建筑结构的 *DCR* 值都远远小于 2.0 的容许值。按照 ACI 318-02 第 11.1.3.1 条的规定，这些位于离柱表面 d（梁的截面有效高度）距离范围之内的截面，都许可用与按距离 d 所求出来的 V_u 值相同的剪力来进行设计。在这个例题中，即使去用第 11.1.3.1 条的规定来减小这些梁端的 *DCR* 值，但对其总的答案是没有任何影响的。除非发现有些梁的抗剪 *DCR* 值不合格，那就可以在进行重新设计之前先用这距离梁端 d 位置处的规范规定的最大剪力需求量来重新评估这需供比（*DCR*）。

4.5.3.3.4　*梁的抗扭*

GSA 导则并没有专门论及梁的抗扭这一主题。不过，业已发现，这作用在外边梁上的扭矩是要值得注意的，并应对其进行评估。图 4-34 显示说明了本例题中沿柱网轴线Ⓓ外边梁所承受的扭矩。这最大扭矩 68ft-kips（92.3kN·m）出现在轴线③和⑤之间的被去掉柱子直接上方的首层楼盖梁的跨中。

外边梁扭矩的产生是由这沿柱网轴线④边跨梁所承受的大的不均衡正弯矩而造成的（见图 4-24）。这扭矩的大小是受梁自身的相对抗扭刚度影响的。在这个例题中，是保守地假设梁未曾开裂，并在分析模型中将抗扭刚度的修正系数取成了 1.0。外边梁的开裂裂缝势必会减小扭矩，并会将内力重新分配给结构的其他部件。抗扭设计按照 ACI 318-02 的规定进行评估。

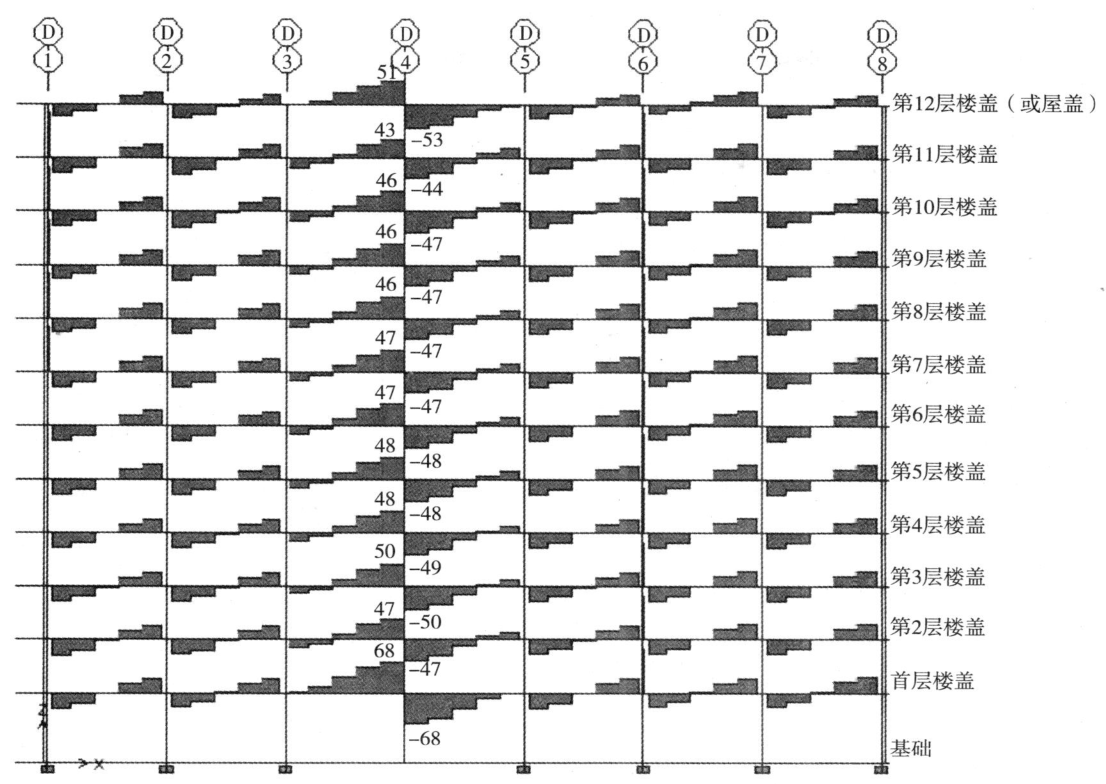

图 4－34　柱网轴线Ⓓ外边梁的扭矩需求量（案例情况 1E）（ft－kips）

临界扭矩

根据 ACI 318－02 第 11.6.1 条的规定，当最大的设计扭矩 $T_u < \phi\sqrt{f'_c}\,(A_{cp}^2/p_{cp})$ 时就可以忽略这扭转效应（就非预应力构件而言）。在这个式子里，p_{cp}是混凝土横截面的外周边长度；A_{cp}是混凝土横截面外周边所封闭的面积。在计算 p_{cp}和 A_{cp}时所取的有效翼缘板的宽度应该符合 ACI 318－02 第 13.2.4 条的规定要求。但要提醒的是，如果一根带有翼缘板的梁（即 T 形或 ┏形梁）的计算参数 A_{cp}^2/p_{cp}小于不考虑翼缘板的同一梁（即矩形梁）的这个参数计算值的话，则可以忽略这外伸的翼缘板。按照第 13.2.4 条的规定，这翼缘板外伸的宽度应该等于梁在其板上或板下突出部分的截面高度，无论哪个比较大，但都不能大于这板厚的 4 倍。图 4－35 显示了外边梁翼缘板的外伸宽度。

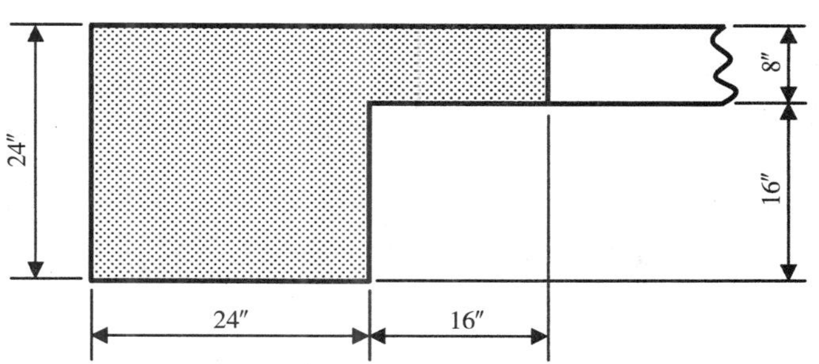

图 4－35　抗扭设计的外边梁横截面（含有翼缘板）

临界扭矩参数的计算　　**表 4－6**

考虑翼缘板（┏形）	不考虑翼缘板（矩形）
A_{cp} =（24×24）+（16×8）=704in^2	A_{cp} =（24×24）=576in^2
p_{cp} =2（24+24+16）=128in	p_{cp} =2（24－24）=96in

续表

考虑翼缘板（┏形）	不考虑翼缘板（矩形）
$\frac{A_{cp}^2}{p_{cp}}=\frac{(704)^2}{128}=3872\text{in}^3$（取值）	$\frac{A_{cp}^2}{p_{cp}}=\frac{(576)^2}{96}=3456\text{in}^3$

根据表4－6的计算结果，按考虑外伸翼缘板所起的作用来计算临界扭矩：

$$\phi\sqrt{f'_c}\left(\frac{A_{cp}^2}{p_{cp}}\right)=1.0\sqrt{5000}\times3872=273,792\text{in}-\text{lbs}=22.8\text{ft}-\text{kips}$$

由于68ft－kips的最大扭矩需求量（见图4－34）大于临界扭矩，所以在设计中必须要考虑抗扭的问题。

最大设计扭矩

在超静定结构里面，某构件所承受的扭矩会因其自身的开裂裂缝所形成的内力重分配而导致减小。ACI 318－02第11.6.2.2条规定容许将最大的设计扭矩（就非预应力构件而言）减小到4倍的临界扭矩：

$$\phi4\sqrt{f'_c}\left(\frac{A_{cp}^2}{p_{cp}}\right)=1.0\times4\times\sqrt{5000}\times3872=1,095,167\text{in}-\text{lbs}$$

$$=91.3\text{ft}-\text{kips}$$

根据弹性分析确定的最大扭矩需求量68ft－kips是介于临界扭矩（22.8ft－kips）和最大设计扭矩（91.3ft－kips）之间。因此，按抵抗预测扭矩需求量来设计这抗扭钢筋。

检验横截面的尺寸

ACI 318－02第11.6.3.1条是根据由剪力和扭矩两者共同产生的剪应力来限定这构件横截面尺寸的大小的。对于实腹构件的截面必须满足下列的关系式：

$$\sqrt{\left(\frac{V_u}{b_wd}\right)^2+\left(\frac{T_up_h}{1.7A_{oh}^2}\right)^2}\leqslant\phi\left(\frac{V_c}{b_wd}+8\sqrt{f'_c}\right)$$

在该式中，p_h是最外边缘的封闭式横向抗扭钢筋中心线的周长，A_{oh}是由最外边缘封闭式横向抗扭钢筋的中心线所圈围的面积。在确定p_h和A_{oh}时，箍筋的保护层厚度在梁的所有表面都取成1.5in，这p_h和A_{oh}的数值计算如下

$$p_h=2\left\{\left[24-2\left(1.5+\frac{0.375}{2}\right)\right]+\left[24-2\left(1.5+\frac{0.375}{2}\right)\right]\right\}=82.5\text{in}$$

$$A_{oh}=\left[24-2\left(1.5+\frac{0.375}{2}\right)\right]\times\left[24-2\left(1.5+\frac{0.375}{2}\right)\right]=425\text{in}^2$$

在两个部位来评估横截面：这双跨梁的中点（即最大扭矩所在的截面）和梁的端部（即最大剪力所在的截面）。

跨中：$T_u=68\text{ft}-\text{kips}$，$V_u=8\text{kips}$

$$\sqrt{\left(\frac{8000}{24\times21.5}\right)^2+\left(\frac{816,000\times82.5}{1.7\times425^2}\right)^2}\leqslant1.0\ (2\sqrt{5000}+8\sqrt{5000})$$

（上式的单位为磅/英寸^2。其中，816，000＝68×12×1000——译者注）。

计算结果：220psi＜707psi，因此跨中部位的横截面尺寸是足够的。

端部：$T_u=3\text{ft}-\text{kips}$，$V_u=94\text{kips}$

$$\sqrt{\left(\frac{94,000}{24\times21.5}\right)^2+\left(\frac{36,000\times82.5}{1.7\times425^2}\right)^2}\leqslant1.0\ (2\sqrt{5000}+8\sqrt{5000})$$

计算结果：183psi < 707psi，因此端部的横截面尺寸也是足够的。

横向抗扭钢筋的设计

根据 ACI 318－02 第 11.6.3.5 条和第 11.6.3.6 条的规定，这所需的横向抗扭钢筋应按下面的公式来确定：

$$\phi T_n\geqslant T_u，式中\ T_n=\frac{2A_oA_tf_{yv}}{s}\cot\theta$$

在上面的式子里，A_o 是剪力流所覆盖的毛面积。除非用分析来确定，否则允许将 A_o 取成等于 $0.85A_{oh}$。而且，对于非预应力构件还许可假定 θ 等于 45°。根据现有的 No. 3@ 10in 中－中的箍筋，梁的标称抗扭矩强度计算如下：

$$T_n=\frac{2\times0.85\times425\times0.11\times75}{10}\times1.0=596\text{in}-\text{kips}=49.7\text{ft}-\text{kips}$$

因为梁跨中部位的剪力是微不足道而可忽略不计的，所以可以假定这个部位的箍筋全部都用来抵抗扭矩。仍然取 $\phi=1.0$，则抗扭需供比为 $DCR=\frac{T_u}{\phi T_n}=\frac{68}{49.7}=1.37$。由于这个值小于 2.0 的容许 DCR 值，所以这现有的横向钢筋就已经足够了。

根据 ACI 318－02 第 11.6.5.2 条的规定，在需要配置抗扭钢筋的地方应按下式来提供横向封闭式箍筋的最小面积：

$$(A_v+2A_t)=0.75\sqrt{f'_c}\frac{b_ws}{f_{yv}}\geqslant\frac{50b_ws}{f_{yv}}$$

如上所述，梁跨中部位的剪力是微不足道而可忽略不计的，因此这所需的抗剪钢筋面积 $A_v=0$，则

$$2A_t=0.75\sqrt{5000}\times\frac{24\times10}{75,000}=0.17\text{in}^2，\ A_t=0.08\text{in}^2$$

No. 3 箍筋的单肢面积为 0.11in^2，大于所要求的最小面积 0.08in^2，因此所提供的箍筋是足够的。除了箍筋的最小面积以外，ACI 318－02 第 11.6.6.1 条还规定了横向抗扭钢筋的间距限度。按照第 11.6.6.1 条的规定，这横向钢筋的间距不应超过 $p_h/8$（11.8in）或 12in 两者之较小者。因此，在梁的端部仍如图 4－3 所示的那样提供 No. 3@ 10in 中－中的箍筋，而在其余部位还都要提供 No. 3@ 12in 中－中的箍筋。

纵向抗扭钢筋的设计

按照 ACI 318－02 第 11.6.3.7 条的规定，为抗扭而所需附加的纵向钢筋按下面的公式来确定：

$$A_l=\frac{A_t}{s}p_h\left(\frac{f_{yv}}{f_{yl}}\right)\cot^2\theta$$

上式中，f_{yv} 和 f_{yl} 分别代表了横向钢筋和纵向钢筋的屈服强度，θ 同样取成 45°。计算结果是，$\left(\frac{f_{yv}}{f_{yl}}\right)\cot^2\theta$ 的量等于 1.0，并按下面所列示的横向抗扭钢筋计算公式来计算 $\frac{A_t}{s}$：

$$\frac{A_t}{s}=\frac{T_n}{2A_of_{yv}\cot\theta}$$

上式中的 T_n 被设定为等于 T_u 除以 2.0 的 *DCR* 值（即 $T_n = T_u/2 = 68/2 = 34\text{ft} - \text{kips}$）

$$\frac{A_t}{s} = \frac{34 \times 12}{2 \times 0.85 \times 425 \times 75 \times 1.0} = 0.0075\text{in}^2/\text{in}$$

因此，

$$A_l = \frac{A_t}{s} p_h \left(\frac{f_{yv}}{f_{yl}}\right) \cot^2\theta = 0.0075 \times 82.5 \times 1.0 = 0.62\text{in}^2$$

另外，按照 ACI 318－02 第 11.6.5.3 条的规定，在需要配置纵向抗扭钢筋的地方，这所应提供的最小钢筋面积为：

$$A_{1,\min} = \frac{5\sqrt{f'_c}\, A_{cp}}{f_{yl}} - \left(\frac{A_t}{s}\right) p_h \frac{f_{yv}}{f_{yl}}$$

从中不难看出，纵向抗扭钢筋的最小配筋量是随着这因数 A_t/s 的增大而减小的。为此，取梁跨中部位的 A_t/s 值（即 No. 3 箍筋的间距为 12in 中－中）。

$$A_{l,\min} = \frac{5\sqrt{5000} \times 704}{75000} - \left(\frac{0.11}{12}\right) \times 82.5 = 2.56\text{in}^2 > 0.62\text{in}^2$$

因此，应按最小配筋量来提供纵向抗扭钢筋。

在最大扭矩的位置有 3 根 No. 7 的底部纵向钢筋和 5 根 No. 7 的顶部纵向钢筋。由于这 3 根 No. 7 的底部钢筋是需要用来抗弯的，所以只剩下 5 根 No. 7 的顶部钢筋（$A_{sprov} = 3.0\text{in}^2$）能被用来作为纵向抗扭钢筋。

按照 ACI 318－02 第 11.6.6.2 条的规定，应该将这些纵向抗扭钢筋沿着这封闭式箍筋的周边分布，其最大间距不得超过 12in。为了满足这条要求，则必需最少提供 8 根钢筋：分别位于顶部和底部的各 3 根等间距的钢筋和 2 根位于梁截面高度中部的钢筋（即腰筋）。这附加的纵向抗扭钢筋的质心应该与梁的截面形心恰好重合。因此，每一根钢筋的所需最小面积（假设等分）约为 0.32in^2（即 $2.56\text{in}^2/8$ 根钢筋）。修改现有构件的纵向钢筋如下（见图 4－36 和图 4－37）：

（1）在这截面高度的中部加设 2 根 No. 5 的钢筋（$A_{sprov} = 0.31\text{in}^2$，近似等于 0.32in^2）；

（2）将原先的 3 根 No. 7 底部钢筋改换成 3 根 No. 9 的钢筋。每根钢筋所提供的面积 1.0in^2 大于所要求的 0.92in^2 的钢筋面积［即 0.6in^2（抗弯）$+0.32\text{in}^2$（抗扭）］；

（3）用 3 根 No. 7 的顶部连续贯通钢筋来取代原先的 2 根。这是为了使梁的中部能满足最低要求（即纵向抗扭钢筋的最大间距不得超过 12in——译者注）。

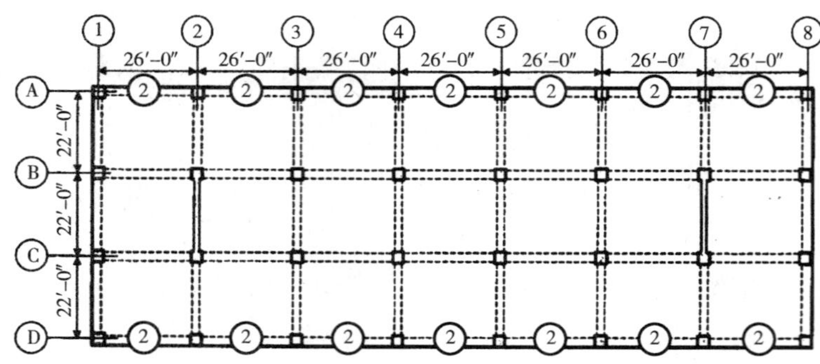

图 4－36　被重新抗扭设计梁的平面位置图（案例情况 1E）

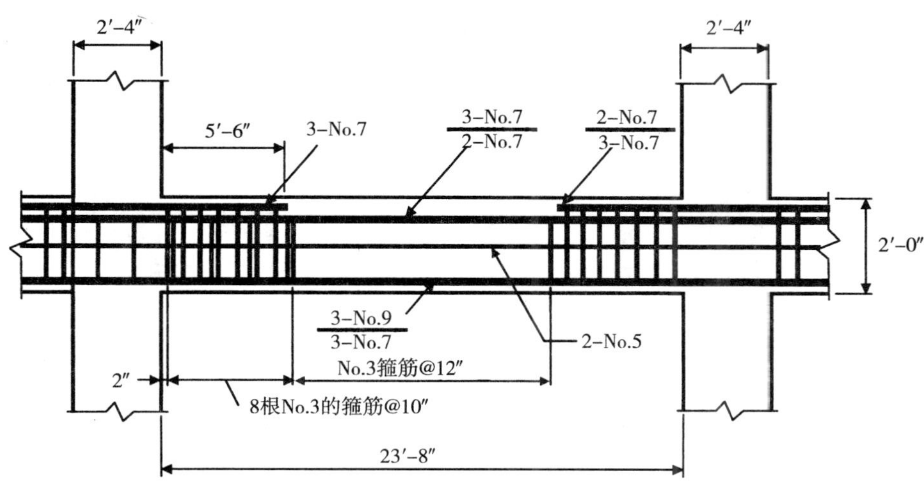

图 4－37　沿柱网轴线Ⓐ、Ⓓ符号②边梁的重新抗扭设计大样图（案例情况 1E）

第 11.6.6.2 条还明确规定，这些纵向抗扭钢筋的最小直径应该等于 0.042 倍的箍筋间距，但不能小于 No.3 的尺寸。用 12in 的箍筋间距来衡量，所要求的最小钢筋直径等于 0.5in（相当于 No.4 钢筋——译者注），所以这些所提供的钢筋都是满足要求的。

4.5.3.3.5 *柱子*

原先由④－Ⓓ柱所支承的荷载基本上被分摊给了与其毗邻的④－Ⓒ、③－Ⓓ和⑤－Ⓓ柱。对这些柱子进行轴向荷载和双向弯矩组合作用下的评估。用 ETABS 程序对柱子的强度进行检验，其中所有的系数 ϕ 都设定为 1.0。

图 4－38 和图 4－39 显示了这些柱子所承受轴向荷载和双向弯矩的需供比（*DCR*）值。$DCR \leqslant 2.0$ 表示柱子截面已具有足够的强度［4.5］，而 $DCR > 2.0$ 则说明这柱截面需要重新设计。现在所有的 *DCR* 值都小于 2.0。除此之外，还对这些同样的柱子作了抗剪切力的检验。与这些柱子的截面尺寸相比，剪力显得相当小。计算结果表明，所有的抗剪 *DCR* 值都远远小于 2.0。

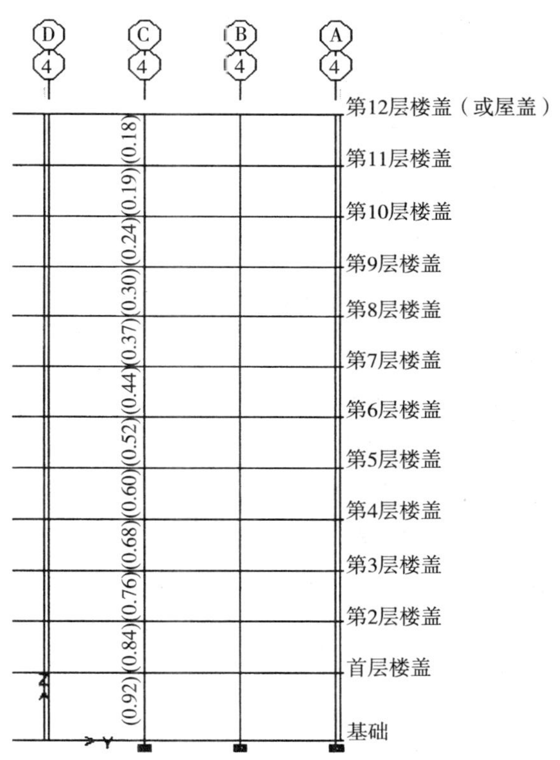

图 4－38　柱网轴线④上承受轴向荷载和双向弯矩组合作用的柱子 *DCR* 值（案例情况 1E）

4.5.3.4　临近短边中部的柱子失去（案例情况 2E）

4.5.3.4.1 *梁的抗弯*

在①－Ⓑ外柱去掉以后，根据三维空间分析来确定每一根梁的内力（即需求量）。为了保持稳定，这原先由①－Ⓑ柱所支承的荷载必须要有一个可替补的能传至基础的候补传力途径。在这种情况下，这沿柱网轴线①（位于Ⓐ与Ⓒ轴线之间）的周边梁和沿柱网轴线Ⓑ（位于①与②轴线之间）的内梁将

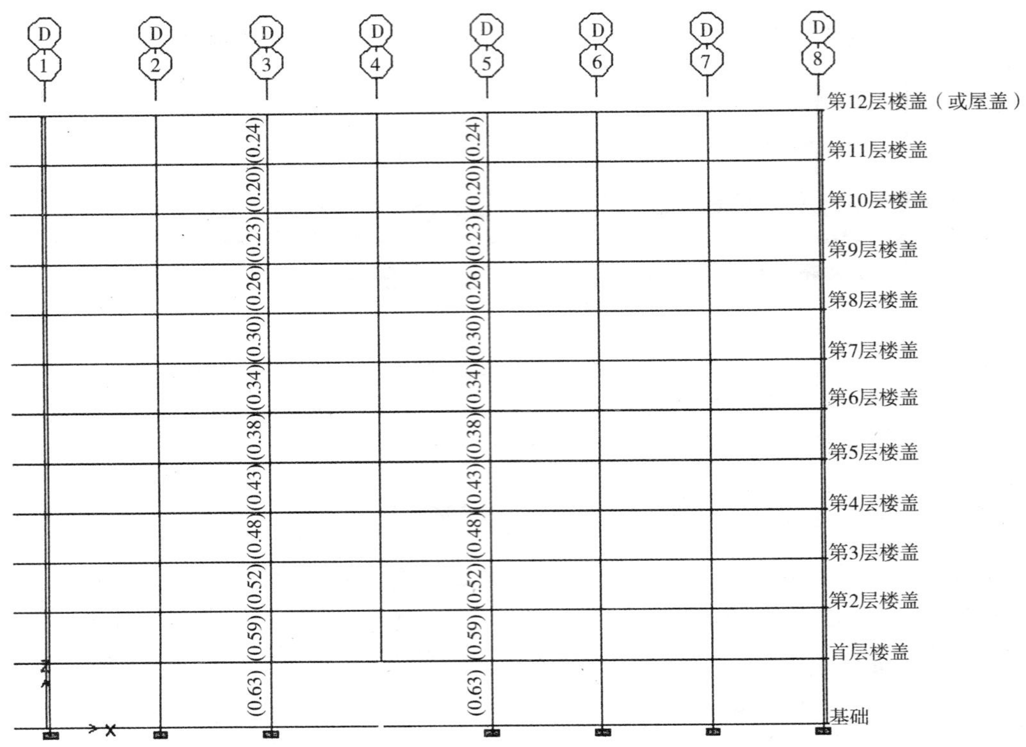

图 4 - 39　柱网轴线Ⓓ上承受轴向荷载和双向弯矩组合作用的柱子 *DCR* 值（案例情况 1E）

通过自身的抗弯来为跨越被去掉的柱子提供受力的机理。

为这建筑物整个高度范围内的所有沿柱网轴线①和Ⓑ的梁标绘弯矩图。将这些最大的弯矩需求量去与梁的有效设计抗弯强度（见 4.5.3.2 节）作对比。如案例情况 1E 那样，最大的容许 *DCR* 值为2.0。

第一次迭代分析

图 4 - 40 和图 4 - 41 显示了这渐次倒塌的第一次迭代分析的结果。这两个图分别显示了沿柱网轴线①和Ⓑ梁的最大弯矩。在这两个图上还显示了这 *DCR* 的值，其是用图 4 - 40 和图 4 - 41 上所标示的弯矩需求量去除以 4.5.3.2 节中所求得的设计抗弯强度而计算出

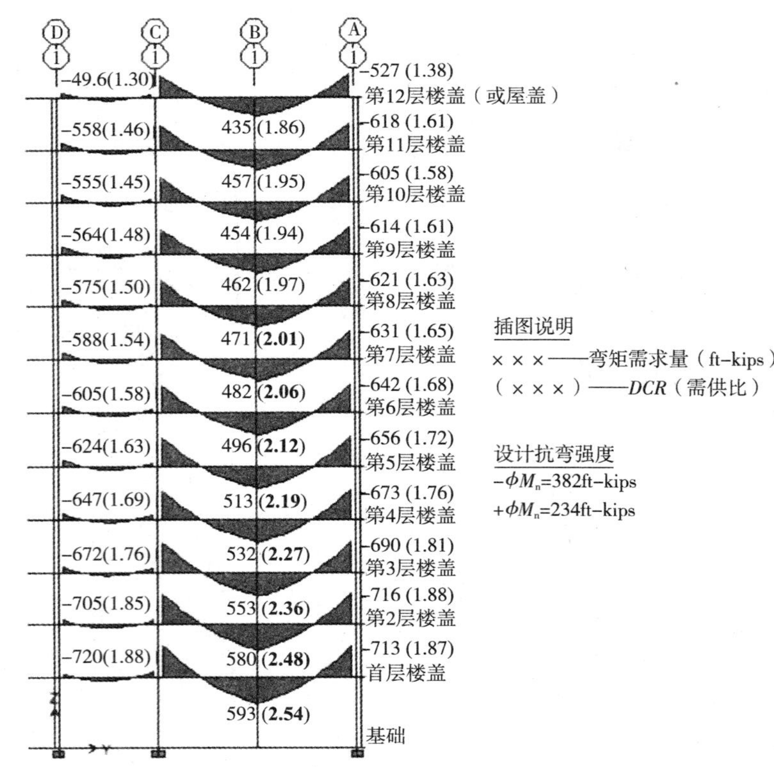

图 4 - 40　柱网轴线①梁第一次迭代分析的弯矩图与 *DCR* 值（案例情况 2E）

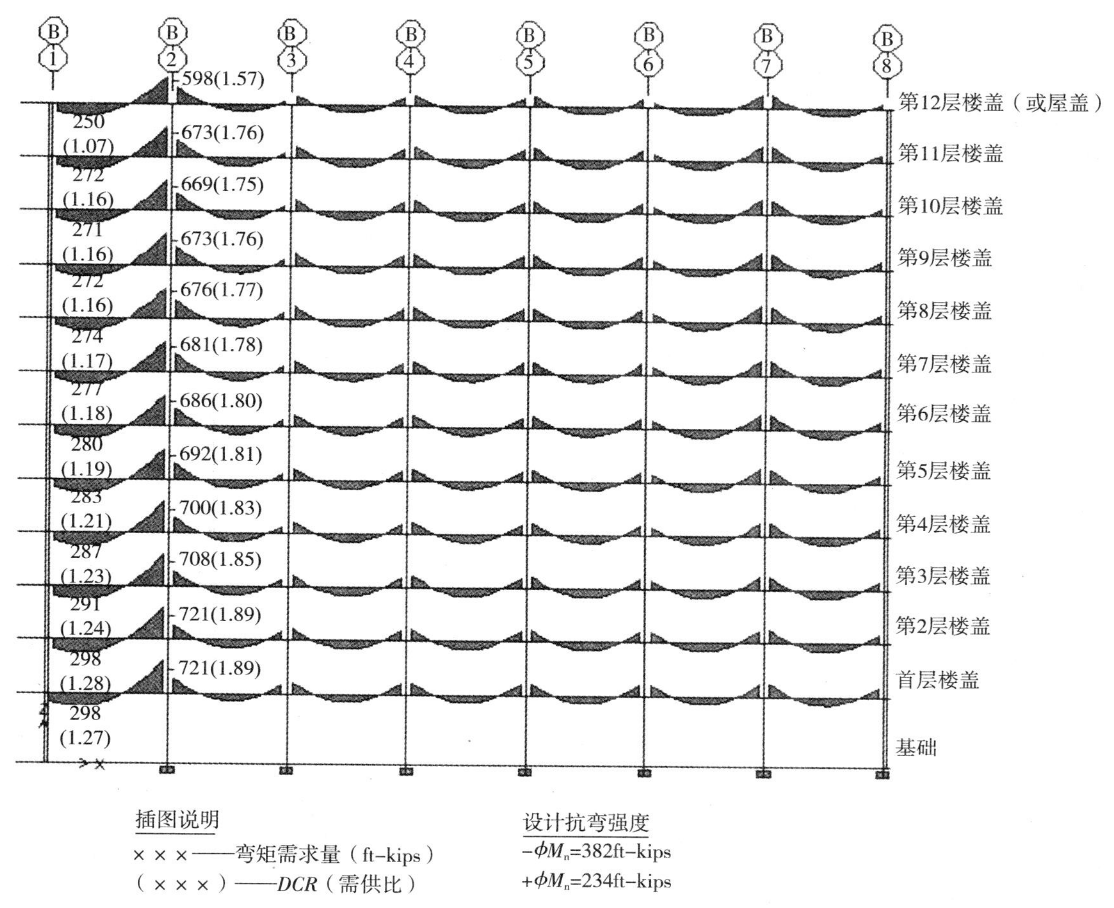

图 4－41　柱网轴线Ⓑ梁第一次迭代分析的弯矩图与 *DCR* 值（案例情况 2E）

来的。

沿柱网轴线①，这Ⓑ和Ⓒ轴线部位的最大梁弯矩都出现在首层楼盖上，而Ⓐ轴线部位（即建筑物的角部）的最大梁弯矩都出现在第 2 层的楼盖上。在这两个楼层的上方，随着建筑物的高度向上这梁的弯矩渐次减小。惟一的例外是在第 11 层的楼盖，那里的梁弯矩稍微有点增大，但到屋盖又重新减小。

沿柱网轴线Ⓑ梁的弯矩分布情况是和沿柱网轴线①梁的情况相似的，全部最大的正、负弯矩都出现在第 1、2 层的楼盖上。在这两个楼层的上方，沿着建筑物的高度向上梁的弯矩呈规则性地减小。惟一的例外也同样出现在这第 11 层的楼盖，那里的梁弯矩稍微有点增大，但到屋盖又再次减小。这弯矩的分配对分析的参数是很敏感的，诸如这构件的有效刚度和所假定的节点刚性等。

正如图 4－40 和图 4－41 所显示说明的那样，在第一次迭代分析后，这沿柱网轴线Ⓑ的所有梁的 *DCR* 值都小于 2.0 的容许值。而另一方面，沿柱网轴线①的被去掉柱子正上方的底部 8 层楼盖梁的抗正弯矩 *DCR* 值都大于 2.0。尽管在这 8 个位置都超过了容许的抗弯 *DCR* 值，但在这个阶段尚不能就此认定这些梁已经失效。这结构体系的整体连续性是允许产生弯矩重分配的。为了确定弯矩重新分配的大小，则要将塑性铰设置在分析模型中的 *DCR* > 2.0 的位置，并重新启动分析。

在这个例题中假定这些钢筋混凝土梁都是被细部设计成能进入非弹性变形阶段的。这对于正弯矩区域来讲是一个合理的假定，因为这底部纵向钢筋在柱子部位都是连续贯通的（或进行受拉搭接的。）

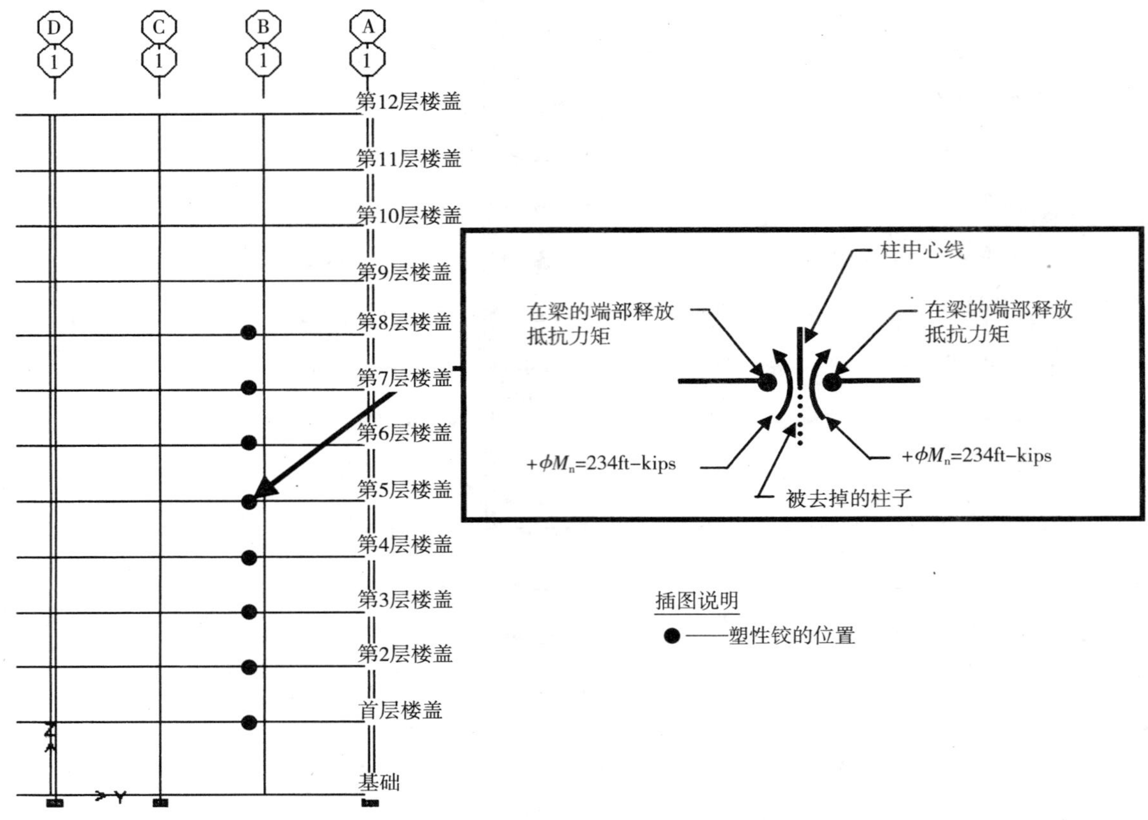

图 4－42　柱网轴线①框架梁第二次迭代分析的塑性铰位置（案例情况 2E）

第二和第三次迭代分析

在进行第二次迭代分析之前，通过在每一根架立于①－Ⓑ柱的梁端部释放抵抗力矩来将 8 个离散的塑性铰分别嵌入到原先的模型中去。在嵌入塑性铰的部位，还要加插一个大小等于梁的正设计抗弯强度的定值弯矩，这定值弯矩的方向应该与其所代表的弯矩作用方向一致。图 4－42 显示说明了第二次迭代分析时的这些塑性铰的布置情况。

除了这 8 个被添加的梁塑性铰外，这第二次迭代分析的模型都还是和第一次迭代分析的模型一模一样的。而且，在重新进行分析后，也是用同样的方式来评估分析结果的。计算了沿柱网轴线①和Ⓑ梁的 *DCR* 值，并将其与这最大容许值 2.0 作了比对。

在第二次迭代分析后，这具有 *DCR* 值大于 2.0 的部位数量增多。沿柱网轴线①，这原先并未超限的顶部四层楼盖（即从第 9 层到第 12 层的楼、屋盖）Ⓑ轴线处的抗正弯矩 *DCR* 值也都大于了 2.0。另外，第 11 层楼盖Ⓐ轴线处的抗负弯矩 *DCR* 值也大于 2.0。沿柱网轴线Ⓑ，从首层到第 11 层楼盖②轴线处的抗负弯矩 *DCR* 值统统都大于 2.0。在分析模型中的所有这些部位加设塑性铰并重新启动分析。

图 4－43 和图 4－44 显示了第三次迭代分析的弯矩需求量及其相应的 *DCR* 值。如图 4－43 显示说明的那样，沿柱网轴线①，位于Ⓐ和Ⓒ轴线之间的所有梁无论是在其两端还是在其跨中都含有大于 2.0 的 *DCR* 值。这就表明三铰挠曲机构已经形成及其随之所带来的破坏。按照 GSA 的处理方法，在分析上要将已失效的构件从模型中去掉，并将与这些被去掉构件有关的所有恒载与活荷载都重新分摊给与其毗连的开间，然后再用同样的方式重新进行分析。

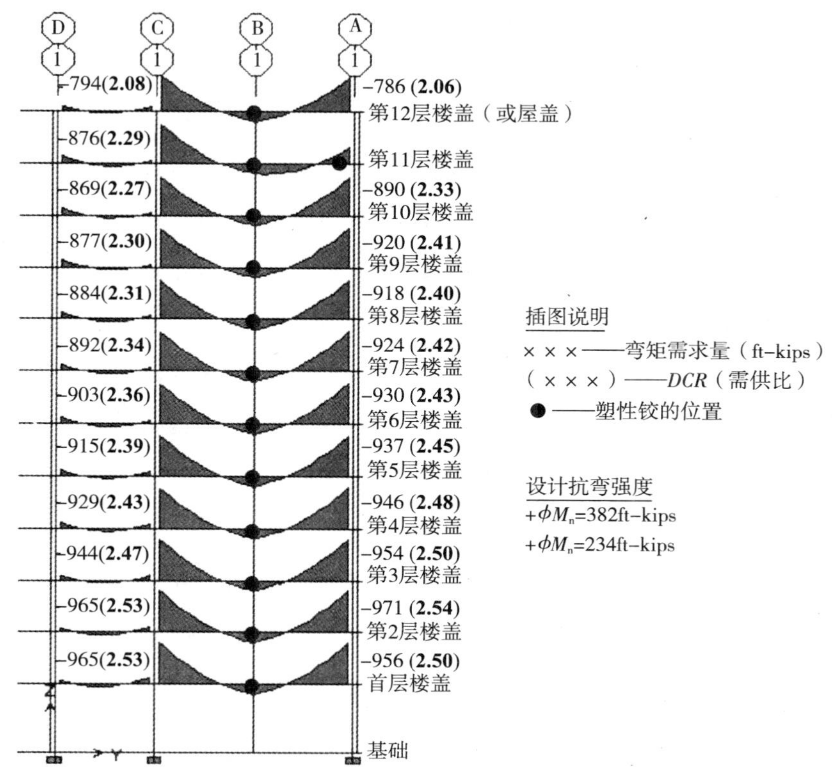

图 4－43　柱网轴线①梁第三次迭代分析的弯矩图与 *DCR* 值（案例情况 2E）

由于将这些已失效的梁从模型中去掉后所构成的倒塌范围已大于 GSA 导则所容许的要求（见 3.7 节）。为此，即可假定，这结构已具有很高的渐次倒塌风险。则分析就此中止，并对结构进行重新设计。图 4－45 显示了这塑性铰加添的整个过程。

4.5.3.4.2　*重新设计梁的抗弯强度*

有几种可将结构重新设计成能满足防止渐次倒塌要求条件的处理方法。如 3.10 节所表明的那样，通常可以通过下述的两种手段来达到重新设计的目的：1）在建筑物的整个高度范围内一致展开防止渐次倒塌的补强；2）对某些关键楼层进行集中补强。对这个例题来讲，打算采取在建筑物的整个高度范围内统一补强。梁抗弯强度的重新设计采取与案例情况 1E 所用的相同方法。

抗正弯矩强度的重新设计

沿柱网轴线①，这第一次迭代分析出来的最大正弯矩需求量是 593ft－kips。这个出现在被去掉柱子直接上方的首层楼盖上（见图 4－40）。此梁配的是 3 根 No. 7 的底部钢筋（见图 4－3）。现在，让我们用 3 根 No. 8 的钢筋来取代 3 根 No. 7 的钢筋。

取 3 根 No. 8 的钢筋，则 $A_{sprov}=2.37\text{in}^2$

$$a=\frac{A_s f_y}{0.85 f'_c b}=\frac{2.37\times 75}{0.85\times 5\times 24}=1.74\text{in}$$

$$+\phi M_n=\phi A_s f_y\left(d-\frac{a}{2}\right)=1\times 2.37\times 75\times\left(21.5-\frac{1.74}{2}\right)=3667\text{in}-\text{kips}=306\text{ft}-\text{kips}$$

$$DCR=\frac{M_u}{+\phi M_n}=\frac{593}{306}=1.94$$

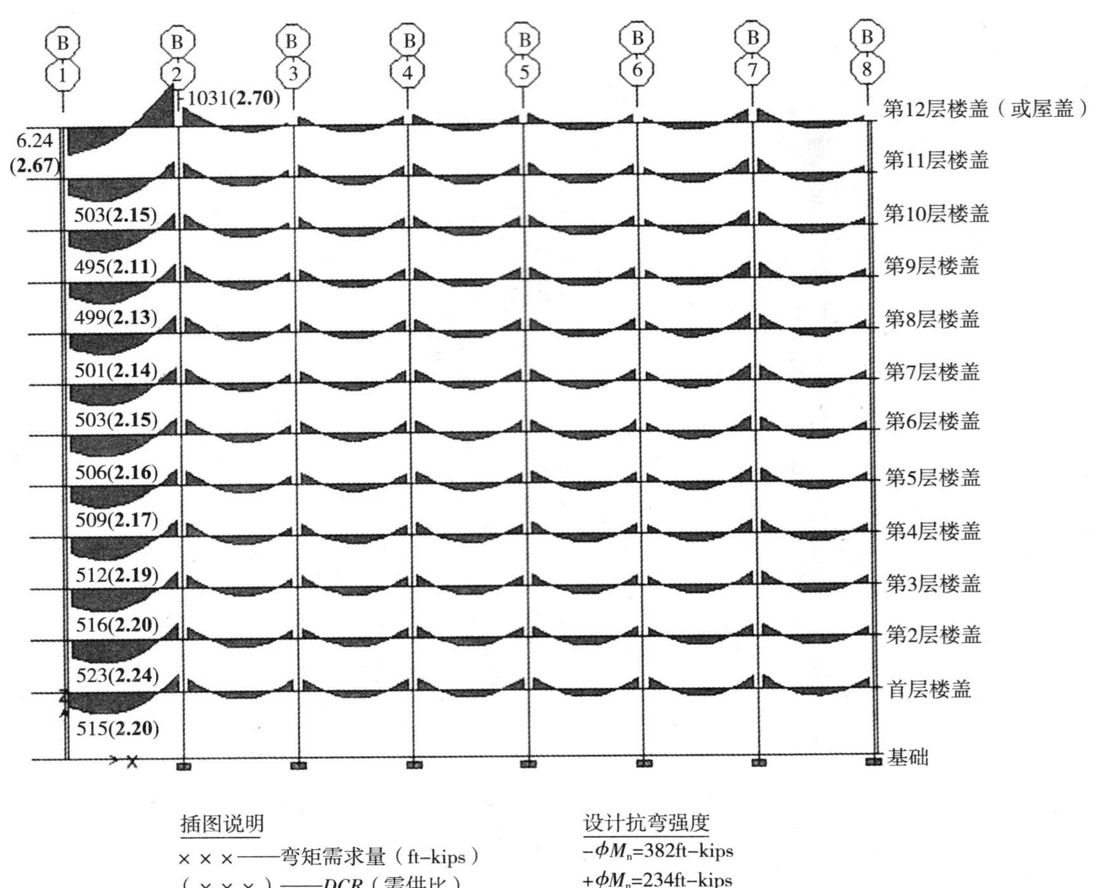

图 4－44　柱网轴线Ⓑ梁第三次迭代分析的弯矩图与 *DCR* 值（案例情况 2E）

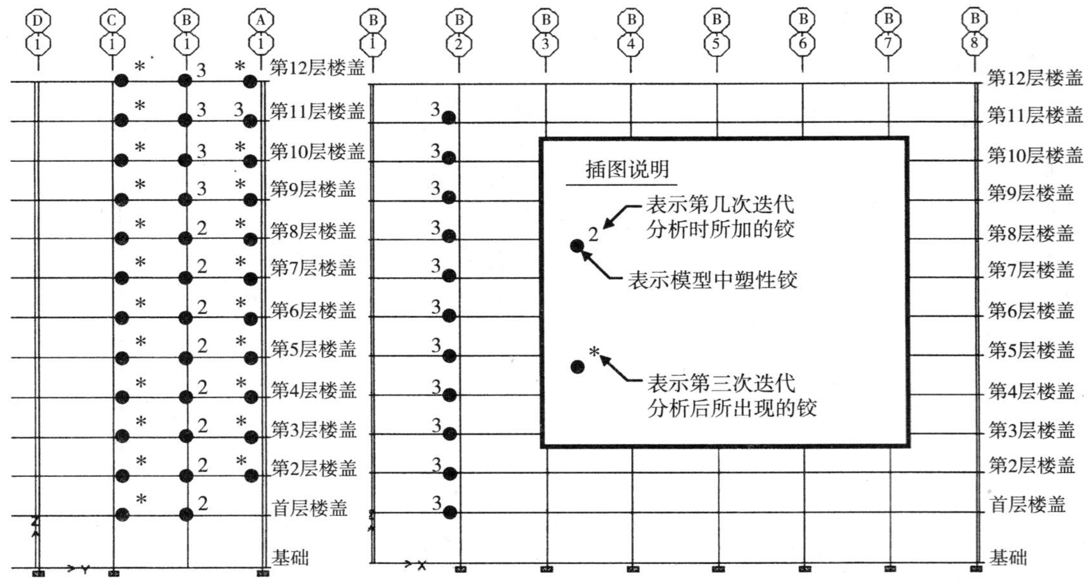

图 4－45　塑性铰加添的过程（案例情况 2E）

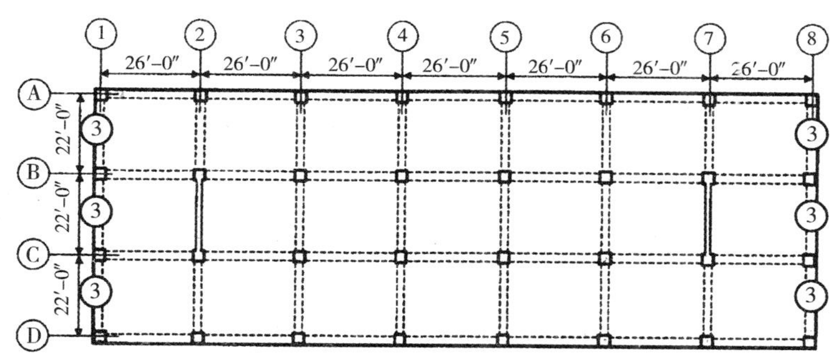

图 4-46　被重新抗弯设计梁的平面位置图（案例情况 2E）

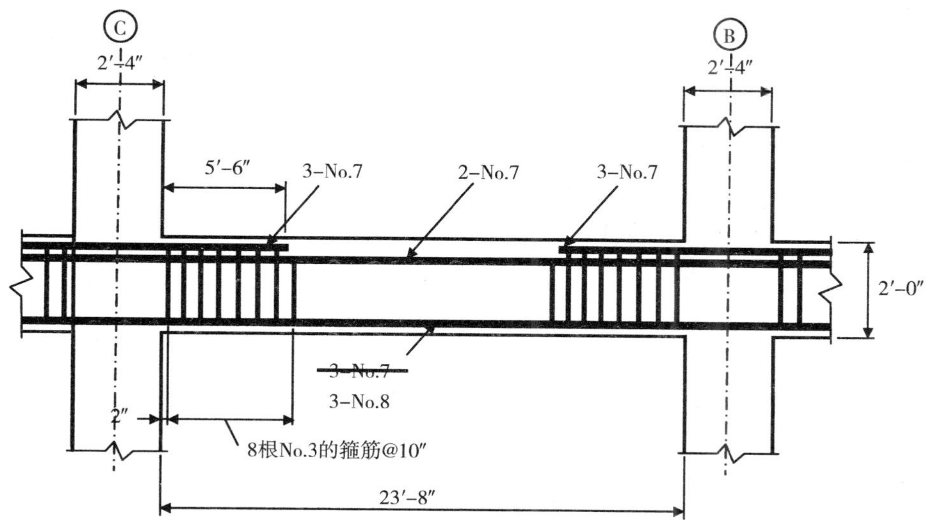

图 4-47　沿柱网轴线①和⑧符号③梁的重新抗弯设计大样图（案例情况 2E）

用 3 根 No. 8 的钢筋，最大弯矩部位的 *DCR* 值是 1.94，小于 2.0 的容许最大值，因此满足要求。在建筑物的整个高度范围内按图 4-46 所标示的位置都将这些梁的底部钢筋加大到 3 根 No. 8。这修改后的配筋详图见图 4-47。

沿柱网轴线Ⓑ，所有抗正弯矩的 *DCR* 值都小于 2.0，因此没有必要再重新设计。

抗负弯矩强度的重新设计

由于所有沿柱网轴线①和Ⓑ的抗负弯矩 *DCR* 值都小于 2.0，所以不需要再进行重新设计。

4.5.3.4.3 *梁的抗剪*

上一节仅把注意力集中在这梁的抗弯性能上。不过，在这分析中的每一个阶段还都必须要对这梁的抗剪能力进行检验。如果某根梁的抗剪容许 *DCR* 值被超出，则可以认定这根梁已经失效。和弯曲作用力（即弯矩）截然不同地是，这剪力是不能重新分配给结构的其他部件的。从分析模型中将这些已失效的梁去掉，并将所有与它们有关的恒载和活荷载都施加于毗连的开间。

由于在第一次迭代分析后已经重新设计这梁来满足了弯矩需求量的要求，所以在这个阶段还要对剪力的分布情况作评估。图 4-48 和图 4-49 显示了第一次迭代分析后的最大剪力需求量及其相应的 *DCR* 值。这 1.08 的全部最大抗剪需供比值分别出现在沿柱网轴线①的首层楼盖的距离Ⓐ和Ⓒ轴线柱表

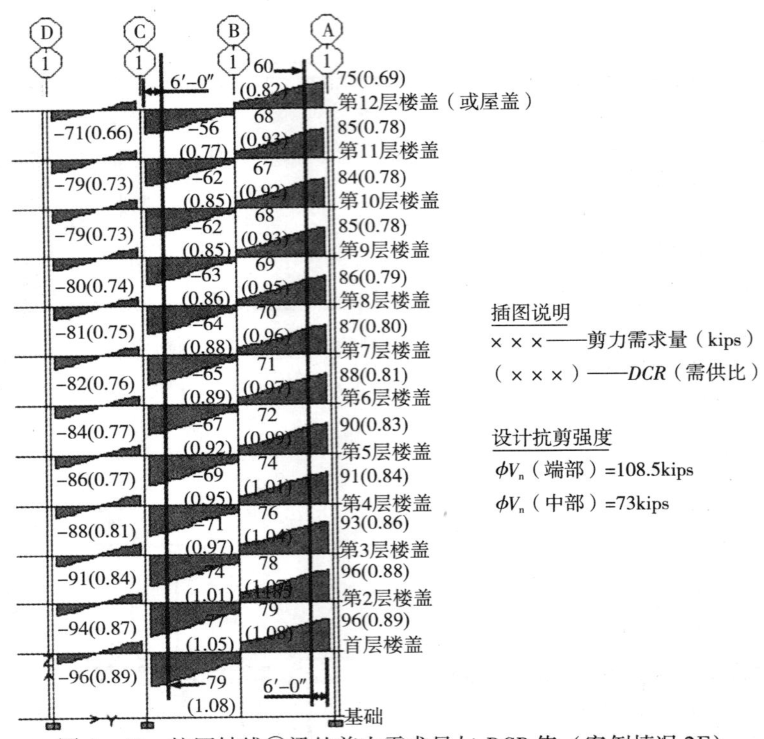

图 4－48　柱网轴线①梁的剪力需求量与 *DCR* 值（案例情况 2E）

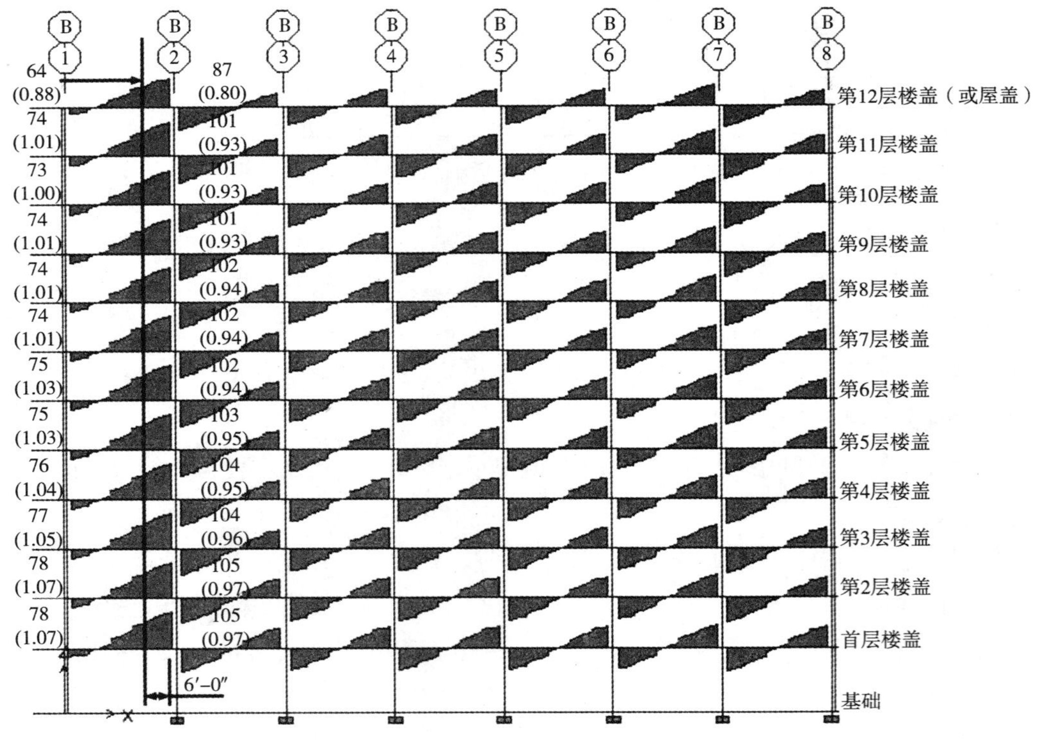

插图说明
× × ×——剪力需求量（kips）
（× × ×）——*DCR*（需供比）

设计抗剪强度
ϕV_n（端部）=108.5kips
ϕV_n（中部）=73kips

图 4－49　柱网轴线Ⓑ梁的剪力需求量与 *DCR* 值（案例情况 2E）

面 6ft 远的梁截面上。

对每一根梁的两个部位进行抗剪的 *DCR* 值评估：即梁的端部和距离柱表面 6ft（1.83m）远的梁截面部位。这离梁端 6ft 远的位置代表了是由完全没有箍筋的梁部位来抵抗这最大剪力需求量的。

保守地去评估柱表面处的最大剪力需求量。用这种简化方法是因为整个建筑结构的 *DCR* 值都远远地小于容许值 2.0。按照 ACI 318－02 第 11.1.3.1 条的规定，这些位于离柱表面 d（梁的截面有效高度）距离范围之内的截面都许可用与按距离为 d 所求出来的 V_u 值相同的剪力来进行设计。在这个例题中，即使去用第 11.1.3.1 条的规定来减小这些梁端的 *DCR* 值，但对其总的答案是没有任何影响的。除非发现有些梁的抗剪 *DCR* 值不合格，那就可以在进行重新设计之前先用这距离梁端 d 位置处的规范规定的最大剪力需求量来重新评估这需供比（*DCR*）。

4.5.3.4.4 *梁的抗扭*

GSA 导则并没有专门论及梁的抗扭这一主题。不过，业已发现，这作用在外边梁上的扭矩是要值得注意的，并应对其进行评估。图 4－50 显示说明了本例题中沿柱网轴线①外边梁所承受的扭矩。这最大扭矩 41ft－kips 出现在轴线Ⓒ和Ⓐ之间的被去掉柱子直接上方的首层楼盖梁的跨中。

沿柱网轴线①外边梁的扭矩出现是由这沿柱网轴线Ⓑ边跨梁所承受的大的不均衡正弯矩而造成的（见图 4－41）。这扭矩的大小是受梁自身的相对抗扭刚度影响的。在这个例题中，是保守地假设梁未曾开裂，并在分析模型中将抗扭刚度的修正系数取成了 1.0。外边梁的开裂裂缝势必会减小扭矩，并会将内力重新分配给结构的其他部件。抗扭设计按照 ACI 318－02 的规定进行评估。

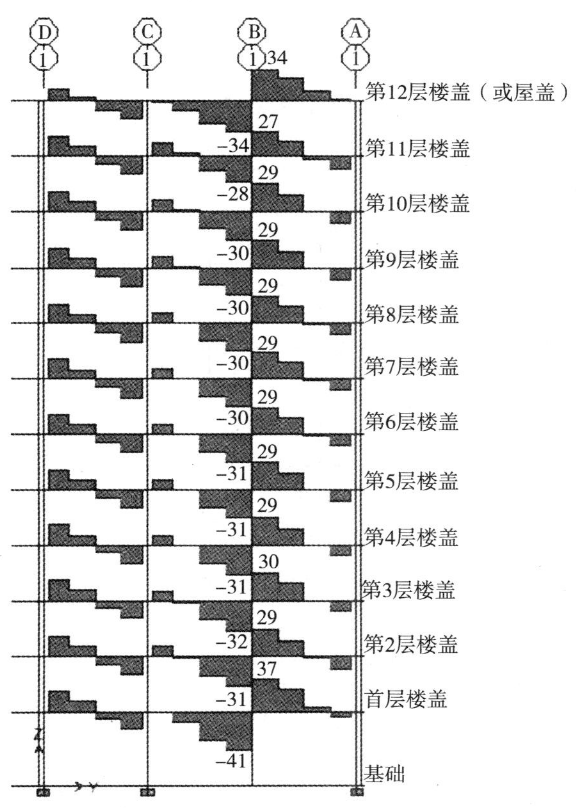

图 4－50　柱网轴线①梁的扭矩需求量（案例情况 2E）（ft－kips）

由于这建筑物外边梁的截面尺寸被假设成整栋楼都是一样的，所以对案例情况 1E 进行的抗扭分析结果是恰好适用于案例情况 2E 的。案例情况 2E 的最大扭矩（41ft－kips）大于案例情况 1E 中计算所得的临界扭矩（22. 8ft－kips），但仍小于最大设计扭矩（91. 3ft－kips）。像案例情况 1E 对梁的处理情况那样，通过对沿柱网轴线①的框架梁增设图 4－37 所示的钢筋来同时满足这对横向和纵向抗扭钢筋的需求。

4. 5. 3. 4. 5 *柱子*

原先由①－Ⓑ柱所支承的荷载基本上被分摊给了与其毗邻的①－Ⓐ、①－Ⓒ和②－Ⓑ柱。对这些柱子进行轴向荷载和双向弯矩组合作用下的评估。用 ETABS 程序对这些柱子的强度进行检验，其中所有的系数 ϕ 都设定为 1. 0。

图 4－51 和图 4－52 显示了这些柱子所承受轴向荷载和双向弯矩的需供比（*DCR*）值。*DCR*≤2. 0 表示柱子截面已具有足够的强度，而 *DCR*＞2. 0 则说明这柱截面需要重新设计。现在所有的 *DCR* 值都小于 2. 0。除此之外，还对这些同样的柱子作了抗剪切力的检验。与这些柱子的截面尺寸相比，剪力显得相当小。计算结果表明，所有的抗剪 *DCR* 值都远远小于 2. 0。

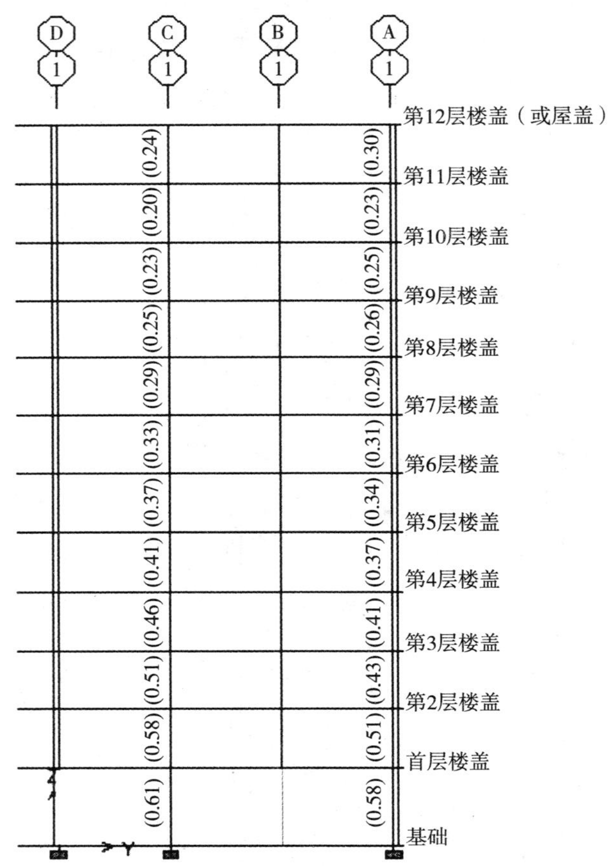

图 4－51　柱网轴线①上承受轴向荷载和双向弯矩组合作用的柱子 *DCR* 值（案例情况 2E）

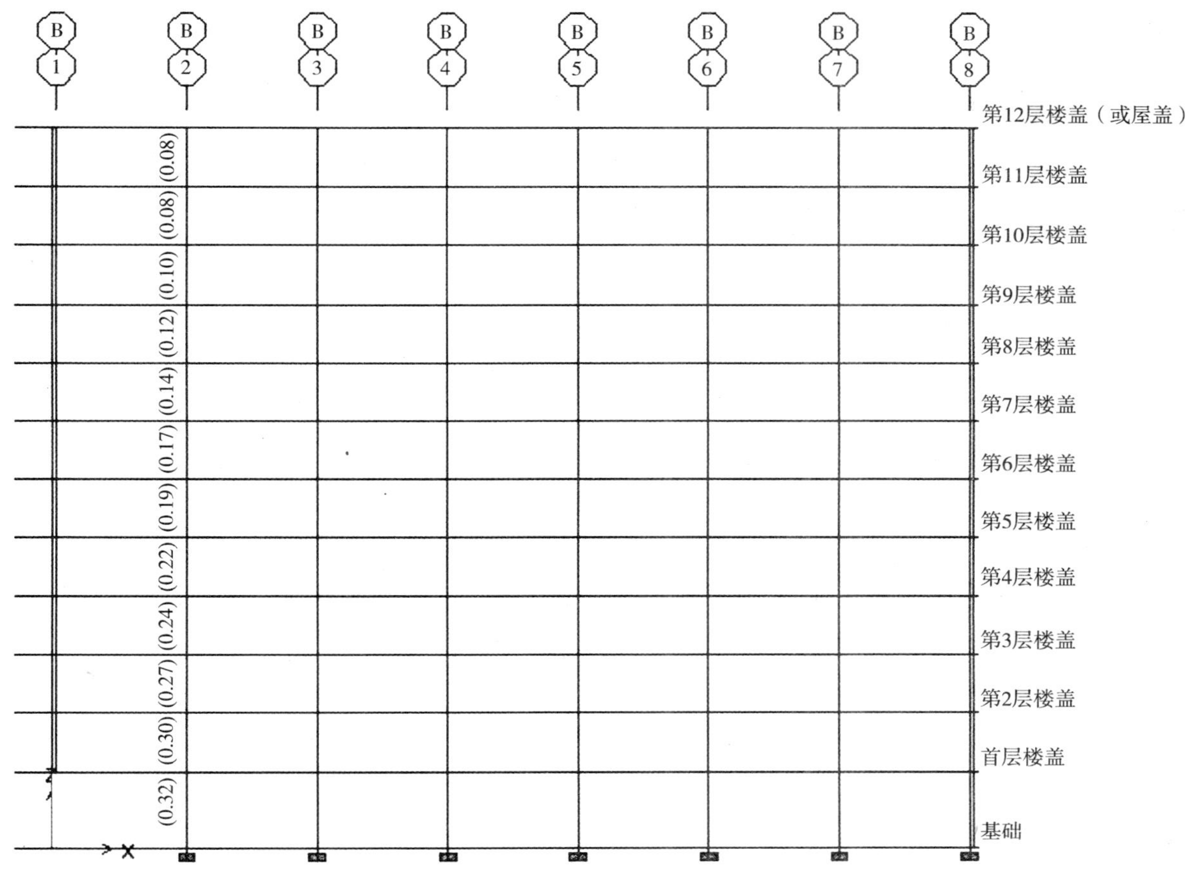

图 4 – 52　柱网轴线Ⓑ上承受轴向荷载和双向弯矩组合作用的柱子 *DCR* 值（案例情况 2E）

4. 5. 3. 5　角柱的失去（案例情况 3E）

4. 5. 3. 5. 1　*梁的抗弯*

在① – Ⓓ角柱去掉以后，根据三维空间分析来确定每一根梁的内力（即需求量）。为了保持稳定，这原先由① – Ⓓ柱所支承的荷载必须要有一个可替补的能传至基础的候补传力途径。在这种情况下，这沿柱网轴线①（位于Ⓒ与Ⓓ轴线之间）的周边梁和沿柱网轴线Ⓓ（位于①与②轴线之间）的周边梁将通过自身的抗弯来为跨越被去掉的柱子提供受力的机理。

为这建筑物整个高度范围内的所有沿柱网轴线①和Ⓓ的梁标绘弯矩图。将这些最大的弯矩需求量去与梁的有效设计抗弯强度（见 4. 5. 3. 2 节）作对比。如案例情况 1E 和 2E 那样，最大的容许 *DCR* 值为 2. 0。

第一次迭代分析

图 4 – 53 和图 4 – 54 显示了这渐次倒塌的第一次迭代分析的结果。这两个图分别显示了沿柱网轴线①和Ⓓ梁的最大弯矩。在这两个图上还显示了这 *DCR* 的值，其是用图 4 – 53 和图 4 – 54 上所标示的弯矩需求量去除以 4. 5. 3. 2 节中所求得的设计抗弯强度而计算出来的。

沿柱网轴线①，这梁的最大正弯矩出现在首层楼盖（位于Ⓓ轴线处），而梁的最大负弯矩却出现在第 2 层楼盖（位于Ⓒ轴线处）。在这两个楼层的上方，随着建筑物的高度向上梁的弯矩呈规则性地减小。惟一的例外是在第 11 层的楼盖，那里的梁弯矩稍微有点增大，而到屋盖又再次减小。

沿柱网轴线Ⓓ梁的弯矩分布情况是和沿柱网轴线①梁的情况有点相似的。全部最大的正弯矩和负弯矩都同时出现在第 2 层的楼盖上。在第 2 层楼盖的上方，随着建筑物的高度向上梁的弯矩呈规则性地减小。惟一的例外也同样出现在第 11 层的楼盖，那里的梁弯矩稍微有点增大，但到屋盖又重新减小。这弯矩的分配对分析的参数是很敏感的，诸如这构件的有效刚度和所假定的节点刚性等。

正如图 4－53 和图 4－54 所显示说明的那样，在第一次迭代分析后，这沿柱网轴线Ⓓ的所有梁的 *DCR* 值都小于 2.0 的容许值。而另一方面，沿柱网轴线①的被去掉柱子正上方的底部 5 层楼盖梁的抗正弯矩 *DCR* 值都大于 2.0。另外，第 2 层楼盖（位于Ⓒ轴线处）的抗负弯矩需供比也超出了容许的 *DCR* 值。

像案例情况 1E 和 2E 那样，在这个阶段，通常是要将塑性铰嵌入到这分析模型中的 6 个 *DCR* >2.0 的部位上去，并重新启动分析。不过，就本案例情况来讲，在用这种方式继续分析之前还要用在案例情况 2E 中为抗弯强度所加大的 3 根 No. 8 底部钢筋（见 4.5.3.4.2 节）取代现有的 3 根 No. 7 钢筋来重新计算这沿柱网轴线①梁的 *DCR* 值。

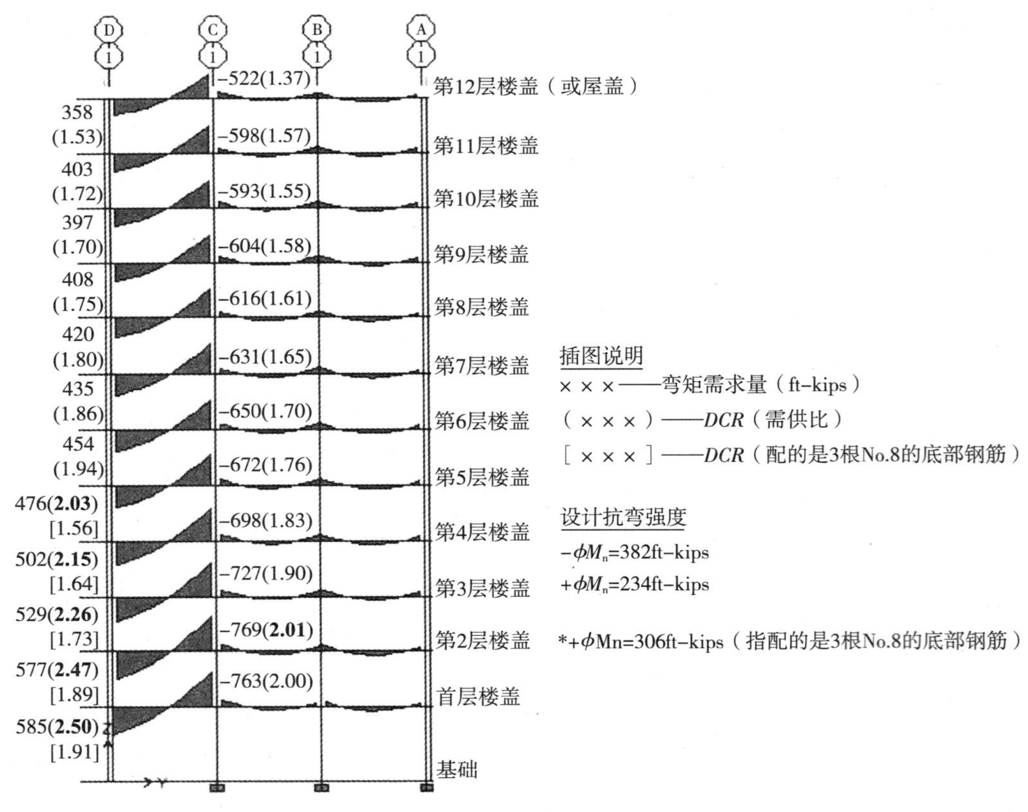

图 4－53　柱网轴线①梁的弯矩图与 *DCR* 值（案例情况 3E）

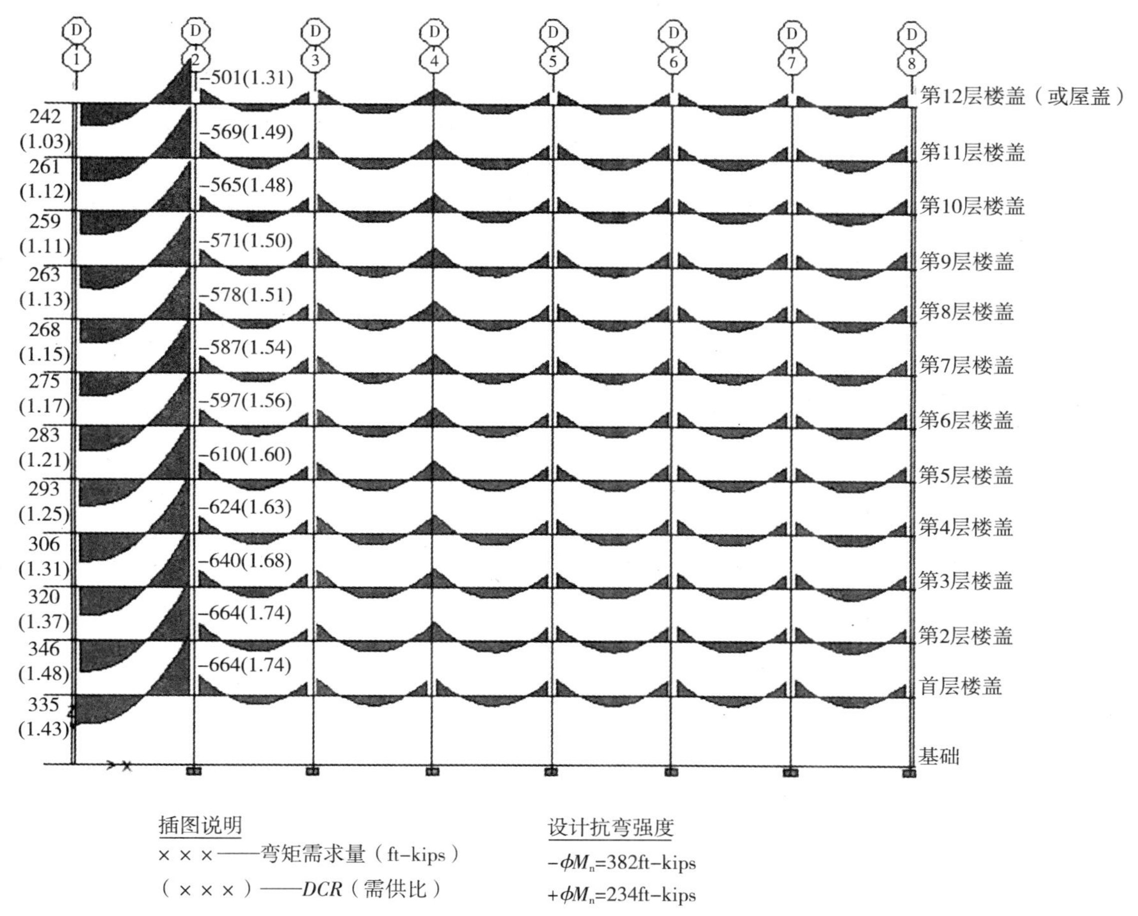

图 4－54　柱网轴线Ⓓ梁的弯矩图与 *DCR* 值（案例情况 3E）

如图 4－53 所标示的那样，正因为在这些沿柱网轴线①的梁内提供了 3 根 No. 8 的底部钢筋，则所有的 *DCR* 值都小于 2. 0 了。由于案例情况 2E 已经要求了这 3 根 No. 8 的钢筋，所以在案例情况 3E 中就根本没有必要再增加任何钢筋来阻抗渐次倒塌了。

最大抗负弯矩 *DCR* = 2. 01 出现在第 2 层楼盖的① – Ⓒ柱的位置。由于这个部位的 *DCR* 值（2. 01）大于 2. 0 的量值小于 1%，则可以认定这现有的钢筋已经满足要求了。

4. 5. 3. 5. 2　*梁的抗剪*

上一节仅把注意力集中在这梁的抗弯性能上。不过，在这分析中的每一个阶段还都必须要对这梁的抗剪能力进行检验。如果某根梁的这抗剪容许 *DCR* 值被超出，则可以认定这根梁已经失效。和弯曲作用力（即弯矩）截然不同的是，这剪力是不能重新分配给结构的其他部件的。从分析模型中将这些已失效的梁去掉，并将所有与它们有关的恒载和活荷载都施加于毗连的开间。

如图 4－55 和图 4－56 所标示的那样，第一次迭代分析后的梁抗剪 *DCR* 值都远远地小于 2. 0。最大抗剪 *DCR* 值 1. 14 出现在沿柱网轴线①的第 2 层楼盖的距离Ⓒ轴线柱表面 6ft 的梁截面上。

对每一根梁的两个部位进行抗剪的 *DCR* 值评估：即梁的端部和距离柱表面 6ft（1. 83m）远的梁截面部位。这离梁端 6ft 远的位置代表了是由完全没有箍筋的梁部位来抵抗这最大剪力需求量的。

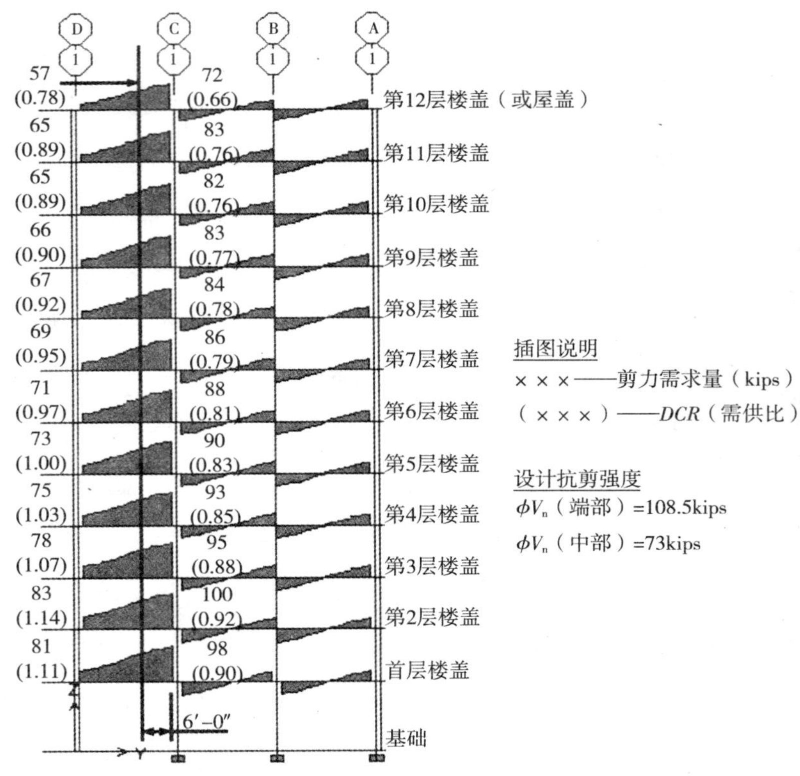

图 4 – 55　柱网轴线①梁的剪力需求量与 *DCR* 值（案例情况 3E）

保守地去评估柱表面处的最大剪力需求量。用这种简化的方式是因为整个建筑结构的 *DCR* 值都远远地小于容许值 2.0。按照 ACI 318 – 02 第 11.1.3.1 条的规定，这些位于离柱表面 d（梁的截面有效高度）距离范围之内的截面都许可用与按距离为 d 所求出来的 V_u 值相同的剪力来进行设计。在这个例题中，即使去用第 11.1.3.1 条的规定来减小这些梁端的 *DCR* 值，但对其总的答案是不会有任何效果的。除非发现有些梁的抗剪 *DCR* 值不合格，那就可以在进行重新设计之前先用这距离梁端 d 位置处的规范规定的最大剪力需求量来重新评估这需供比（*DCR*）。

4.5.3.5.3　*梁的抗扭*

GSA 导则并没有专门论及梁的抗扭这一主题。不过，业已发现，这作用在外边梁上的扭矩是要值得关注的，并应对其进行评估。图 4 – 57 和图 4 – 58 分别显示说明了本例题中沿柱网轴线Ⓓ和①外边梁所承受的扭矩。这最大扭矩 70ft – kips 出现在沿柱网轴线Ⓓ的被去掉柱子直接上方的首层楼盖梁的外端（即① – Ⓓ柱的部位）。

这沿柱网轴线①和Ⓓ外边梁末端的扭矩出现是由这些位于该建筑物角部的梁所持有大的不均衡正弯矩而造成的（见图 4 – 53 和图 4 – 54）。扭矩的大小是受梁自身的相对抗扭刚度影响的。在这个例题中，保守地假设梁未曾开裂，并在分析模型中将抗扭刚度的修正系数取成了 1.0。外边梁的开裂裂缝势必会减小扭矩，并会将内力重新分配给结构的其他部件。抗扭设计按照 ACI 318 – 02 的规定进行评估。

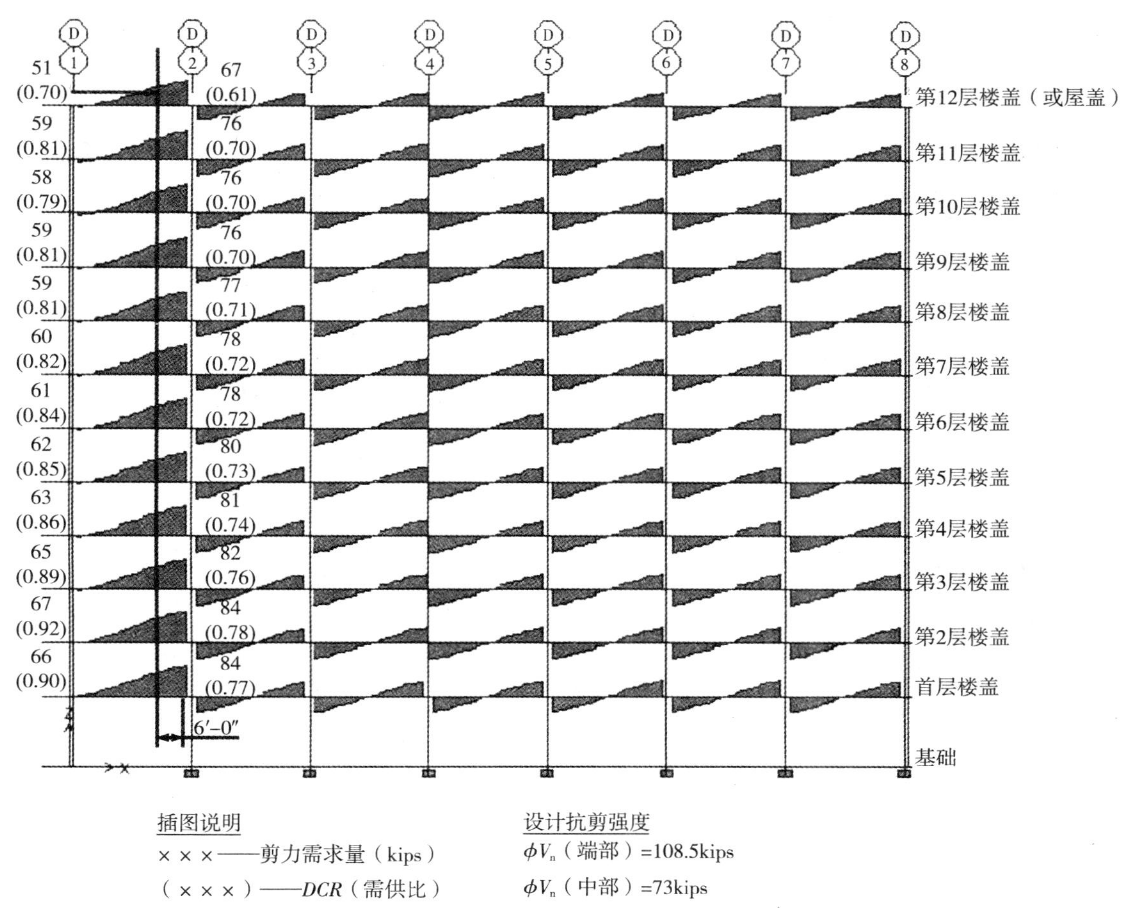

图 4－56　柱网轴线Ⓓ梁的剪力需求量与 *DCR* 值（案例情况 3E）

由于这建筑物外边梁的截面尺寸被假设成整栋楼都是一样的，所以对案例情况 1E 所进行的抗扭分析结果是恰好适用于案例情况 3E 的。案例情况 3E 的最大扭矩（70ft－kips）近似等于案例情况 1E 的最大扭矩值（68ft－kips）。像案例情况 1E 对外边梁的处理情况那样，通过对这角部边梁增设图 4－37 所示的钢筋来同时满足这对横向和纵向抗扭钢筋的要求。

4.5.3.5.4　*柱子*

原先由①－Ⓓ柱所支承的荷载基本上被分摊给了与其毗邻的①－Ⓒ和②－Ⓓ柱。对这些柱子进行轴向荷载和双向弯矩组合作用下的评估。用 ETABS 程序对这些柱子的强度进行检验，其中所有的系数 ϕ 都设定为 1.0。

图 4－59 和图 4－60 显示了这些柱子所承受轴向荷载和双向弯矩的需供比（*DCR*）值。*DCR*≤2.0 表示柱截面已具有足够的强度；而 *DCR*＞2.0 则说明这柱子截面需要重新设计。现在所有的 *DCR* 值都小于 2.0。除此之外，还对这些同样的柱子作了抗剪切力的检验。与这些柱子的截面尺寸相比，剪力显得相当小。计算结果表明，所有的抗剪 *DCR* 值都远远小于 2.0。

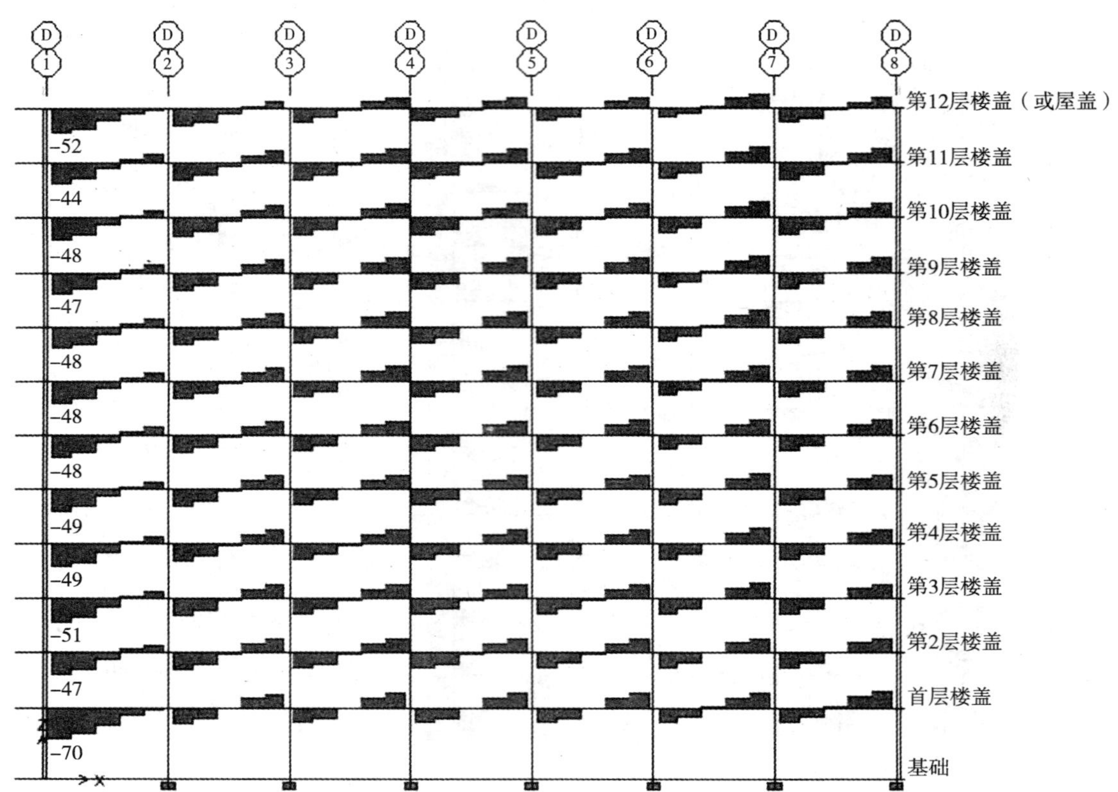

图 4－57　柱网轴线Ⓓ梁的扭矩需求量（案例情况 3E）（ft－kips）

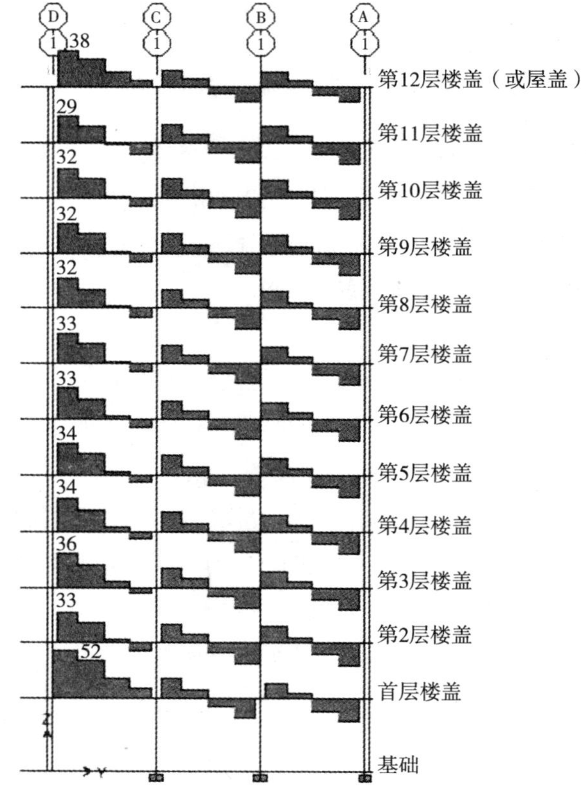

图 4－58　柱网轴线①梁的扭矩需求量（案例情况 3E）（ft－kips）

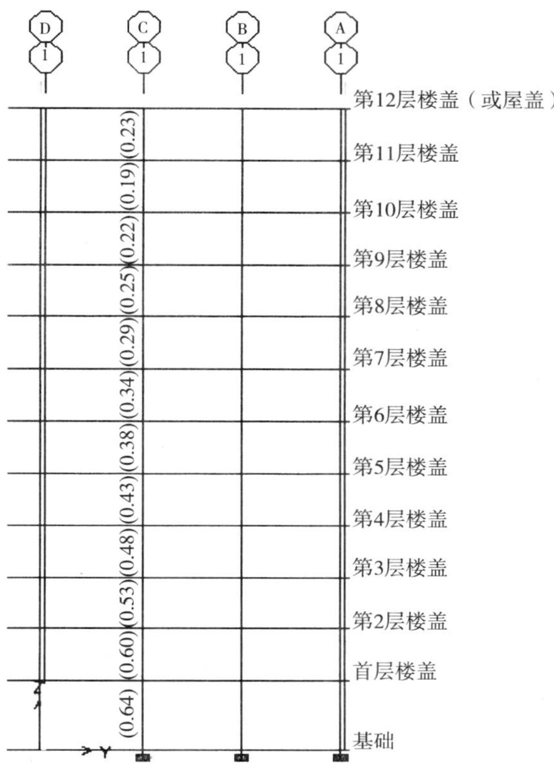

图 4－59　柱网轴线①上承受轴向荷载和双向弯矩组合作用的柱子 *DCR* 值（案例情况 3E）

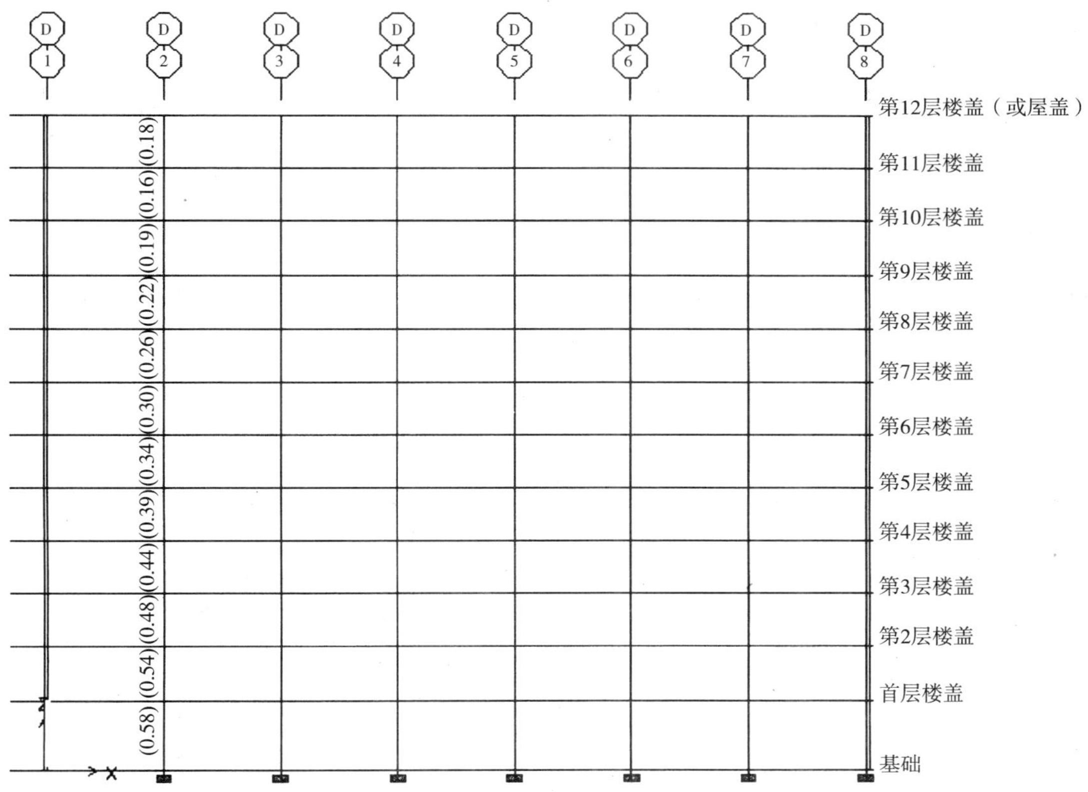

图 4－60　柱网轴线Ⓓ上承受轴向荷载和双向弯矩组合作用的柱子 *DCR* 值（案例情况 3E）

4.5.3.6 临近长边中部的柱子失去（案例情况 1E）——板被模拟

先前的例题没有考虑这楼板和屋面板在防止渐次倒塌分析中所应起到的作用。主要是为了简化分析。不过，不管怎样来模拟这结构，这板总是客观存在的，并对结构的整体性能是有影响的。考虑板的平面外刚度就能降低这梁的所有内力需求量。虽然 *DCR* 值大于 2.0，但这板所起的作用就能帮助减少或完全免除梁的补强。

如果在分析模型中包含了板，则必须对它们进行抗弯和抗剪能力的评估。检验板结构的方法是和检验梁的方法相类似的。在这个例题中，并不单独去评定板的强度，而是重点强调梁的设计。有关把钢筋混凝土板设计成作为候补传力途径结构的基本组成成分的详细论述参阅本书第 5 章的例子。

提供楼板钢筋的附加整体连续性一般来讲是完全可以抵御柱子失去后所产生的内力逆转的。尽管 GSA 导则对此没有具体的要求，但 DoD 导则却通过要求把所有的板都设计成能阻抗 $1.0D+0.5L$（D—恒载，L—活荷载）的净上举力来间接确保了这楼板钢筋的整体连续性。按这条标准设计的楼板通常都具有抵抗由失去柱子而造成内力逆转所需要的强度。

除了要模拟板以外，这个例题是与 4.5.3.3 节的案例情况 1E 一模一样的。只详细介绍这案例 1E 的情况是因为案例情况 2E 和 3E 的分析结果也都是和案例 1E 的情况相类似的。

4.5.3.6.1 *梁的抗弯*

在④－Ⓓ外柱去掉以后，根据三维空间分析来确定每一根梁的内力（即需求量）。为了保持稳定，这原先由④－Ⓓ柱所支承的荷载必须要有一个可替补的能传至基础的候补传力途径。在先前的案例情况 1E 中，那里的板没有被模拟（见 4.5.3.3 节），这沿柱网轴线Ⓓ（位于③与⑤轴线之间）的周边梁和沿柱网轴线④（位于Ⓒ与Ⓓ轴线之间）的内梁是通过自身的抗弯来为跨越被去掉的柱子提供受力机理的。可是，由于这楼板和屋面板的平面外刚度现在已经被模拟了，所以板也提供了抗弯。结果是在 4.5.3.3 节中仅由梁来抵抗的那部分弯矩需求量，现在板也共同参与了抵抗。

为这建筑物整个高度范围内的所有沿柱网轴线④和Ⓓ的梁柱绘剪力与弯矩图。将这些最大的内力需求量值去与这梁的有效设计强度作对比。

由于这个例题具有规则的结构造型，所以最大的 *DCR* 容许值为 2.0。对抗弯来讲，凡是 $DCR>2.0$ 的部位都要在分析模型中嵌入一个塑性铰来释放抵抗力矩。在每一个被嵌入塑性铰的部位，都要在这铰的两侧加插一对相等且反向的量值等于设计抗弯强度的弯矩。

对抗剪来讲，如果 $DCR>2.0$，则认定这梁已经失效。任何已经失效的梁都要从模型中给去掉，而且与其有关的恒载和活荷载也都要重新分摊给毗连开间里的其他构件。在嵌入切合的塑性铰和从模型中去掉已失效的构件后，分析重新启动，并重复前面的分析步骤直至没有任何需供比限值被超出。如果弯矩在整个建筑物都完全被重新分配之后，仍有一些需供比限值（位于容许倒塌的范围之外）被超出的话，则会有较大的渐次倒塌潜在可能。这时，必须对结构进行重新设计，以减少渐次倒塌的风险。

由于这钢筋混凝土楼板对整个抗渐次倒塌是起作用的，所以还必须要检验板的内力需求量。不过，在这个例题中并未对板的设计进行检验。有关用钢筋混凝土板来阻抗渐次倒塌的论述见第 5 章。

第一次迭代分析

图 4－61 和图 4－62 显示了这渐次倒塌的第一次迭代分析的结果。这两个图分别显示了沿柱网轴

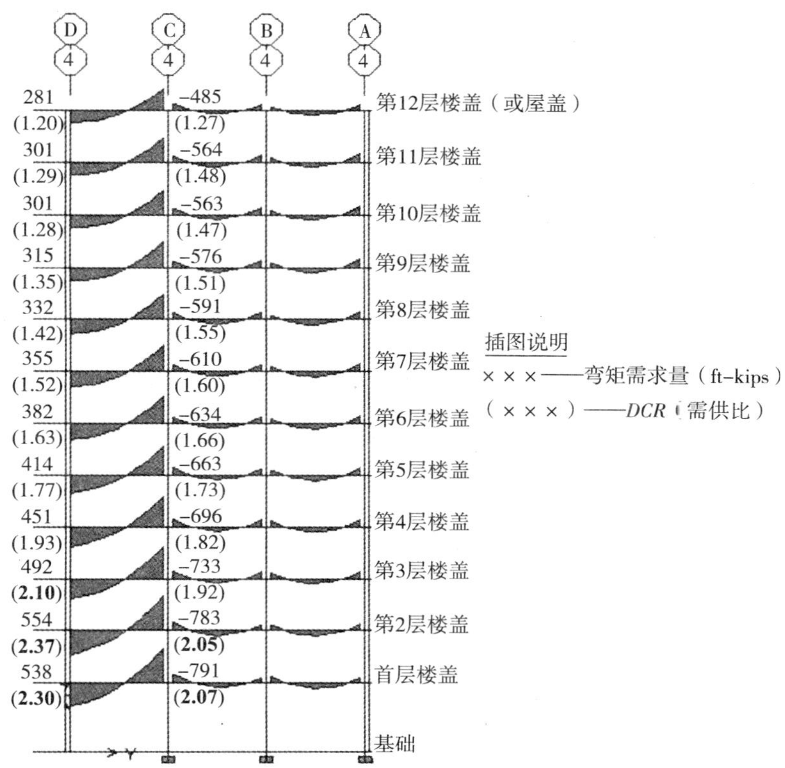

图4－61　柱网轴线④梁第一次迭代分析的弯矩图与 *DCR* 值（案例情况1E）——板被模拟

线④和Ⓓ梁的最大弯矩。在这两个图上还显示了需供比（DCR_s）的值，其是用图4－61和图4－62中所标示的弯矩需求量去除以4.5.3.2节中所求得的设计抗弯强度而计算出来的。在第一次的迭代分析中，梁的抗剪 *DCR* 值都小于2.0。

沿柱网轴线Ⓓ，梁的最大正、负弯矩都出现在首层楼盖，并随着建筑物的高度向上而渐次减小。沿柱网轴线④的弯矩初次分配也是相似的，不过，全部最大的正弯矩（位于Ⓓ轴线）却出现在第2层的楼盖上，而不是在首层楼盖。弯矩的分配对分析的参数是很敏感的，诸如这构件的有效刚度和所假定的节点刚性等。

这2.0的最大容许 *DCR* 值在几个部位被超越。如图4－61所标示的那样，沿柱网轴线④的3根梁都具有大于2.0的 *DCR* 值。这些都出现在这底部三层楼盖的梁端。而沿柱网轴线Ⓓ的第一次迭代分析的所有 *DCR* 值都小于2.0。

虽然这容许的 *DCR* 值在5个部位被超出，但在这个阶段尚不能认定这些梁已经失效。这结构体系的整体连续性是允许产生弯矩重分配的。为了确定弯矩重新分配的大小，则要将塑性铰设置在这分析模型中的 *DCR*＞2.0的部位，并重新启动分析。

在这个例题中假定这些钢筋混凝土梁都是被细部设计成能进入非弹性变形阶段的。这个对位于Ⓒ轴线的负弯矩来讲是一个合理的假定。因为这些部位的顶部纵向钢筋都是连续贯通梁柱节点的，所以这些钢筋能被充分地发挥作用。另外，在这些塑性铰的部位都配有间距密集的箍筋。

另一方面，这楼盖梁在其Ⓓ轴线的部位必须要有能力来构成在正弯矩作用下的塑性铰。在这种情

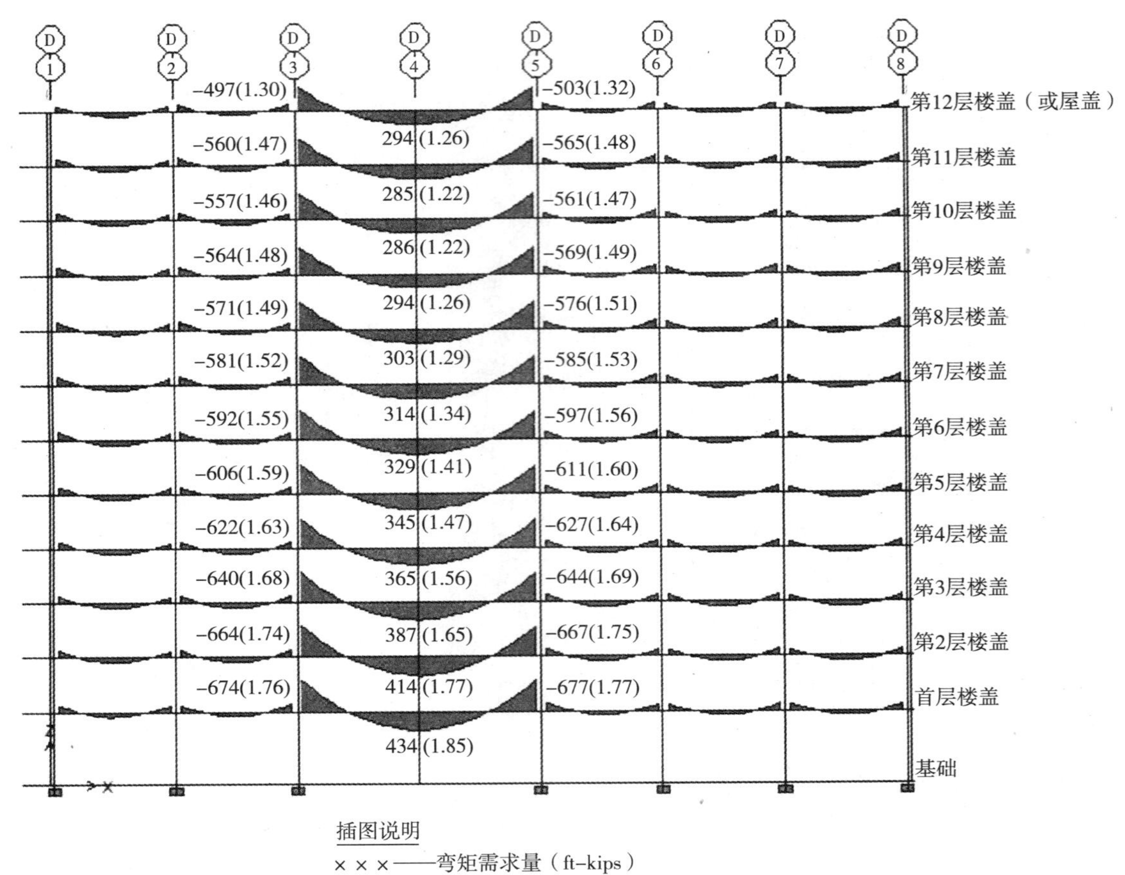

插图说明
×××——弯矩需求量（ft-kips）
（×××）——*DCR*（需供比）

图 4－62　柱网轴线Ⓓ梁第一次迭代分析的弯矩图和 *DCR* 值（案例情况 1E）——板被模拟

况下，底部钢筋是处于受拉状态，所以必须被足够地锚固在柱子里。每一根底部钢筋都应该一直贯通延伸至柱子的外侧面，并应在其末端配有标准的 ACI 弯钩。而且梁的这个部位还应该配置间距密集的箍筋来把握非弹性转动的限度，尽管这并不是 GSA 导则的特定要求。

第二～第四次迭代分析

在进行第二次迭代分析之前，将塑性铰嵌入到原先模型里那些 *DCR*＞2.0 的梁部位中去。通过在梁的端部释放抵抗力矩和加插一个大小等于梁的正或负设计抗弯强度的定值弯矩。定值弯矩的方向应该与其所代表的弯矩作用方向一致。图 4－63 显示说明了第二次迭代分析时的这些塑性铰的布置情况。

除了这 5 个被添加的梁塑性铰外，这第二次迭代分析的模型都是和第一次迭代分析的模型一模一样的。而且，在重新进行分析后，也是用同样的方式来评估分析的结果的。计算了沿柱网轴线④和Ⓓ梁的 *DCR* 值，并将其与最大容许值 2.0 作了比对。于是发现了一个新添的部位，即沿柱网轴线④的第 4 层楼盖梁的Ⓓ轴线处有一个不能容许的 *DCR* 值。这个部位的正弯矩需求量是 477ft－kips，即产生了 2.04 的 *DCR* 值。

在第 4 层的楼盖梁上加设一个塑性铰，再重复这相同的分析过程。在第三次迭代分析的结尾，又

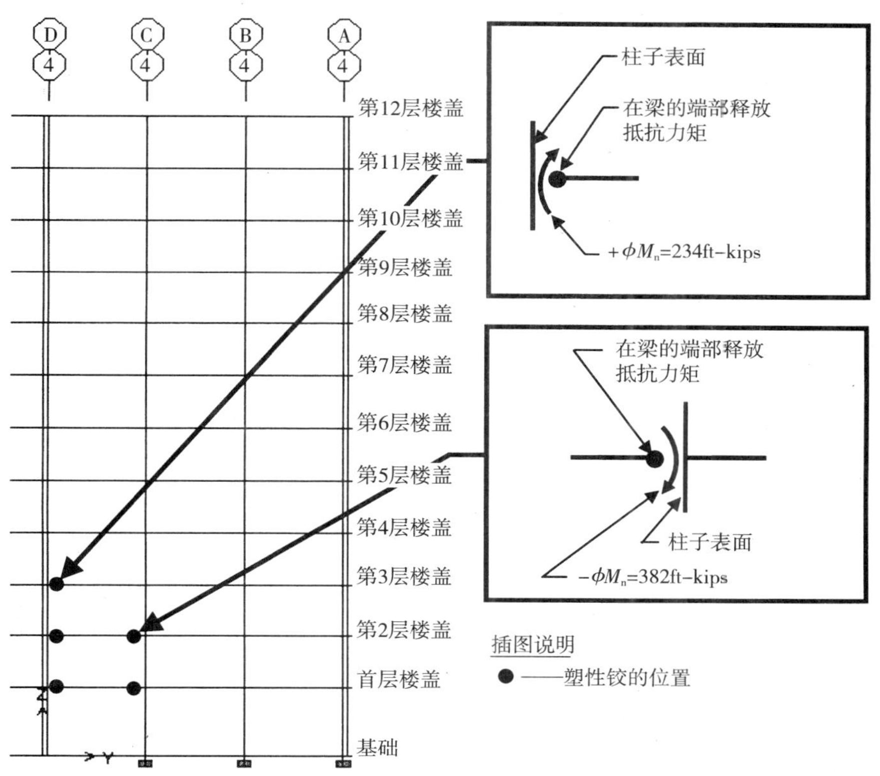

图4－63　第二次迭代分析的塑性铰位置（案例情况1E）——板被模拟

发现了一个新添的部位具有大于2.0的*DCR*值，这个是出现在沿柱网轴线Ⓓ的首层楼盖双跨梁的跨中。正弯矩为471ft－kips，则*DCR*＝2.01，图4－64显示说明了这个塑性铰的模拟假定。

在沿柱网轴线Ⓓ的首层楼盖梁里加设塑性铰后，则进行第四次渐次倒塌的迭代分析。分析结果显示了所有的*DCR*值都小于2.0的容许值。图4－65和图4－66提供了说明这四次迭代分析后梁的弯矩重分配的最终弯矩图。从这两个图中可清楚地看到所有的抗弯*DCR*值都小于2.0。

图4－67用图示的方法清晰地归纳了这四次迭代分析在模型中所加设的这些塑性铰的过程。尽管结构的这些部位会经历非弹性变形，但作为一个整体来讲，仅有很低的渐次倒塌潜在可能。

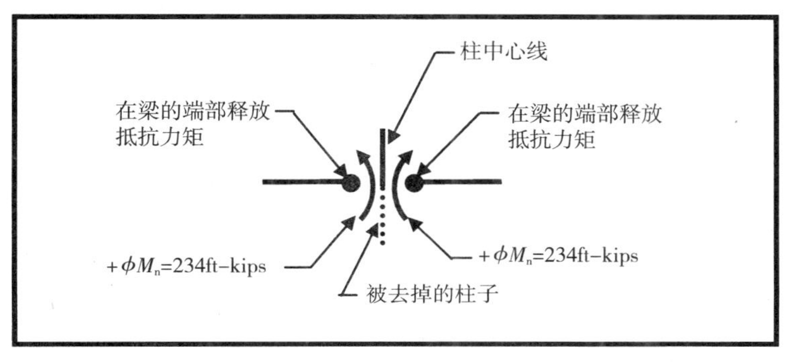

图4－64　双跨梁跨中部位塑性铰的模拟

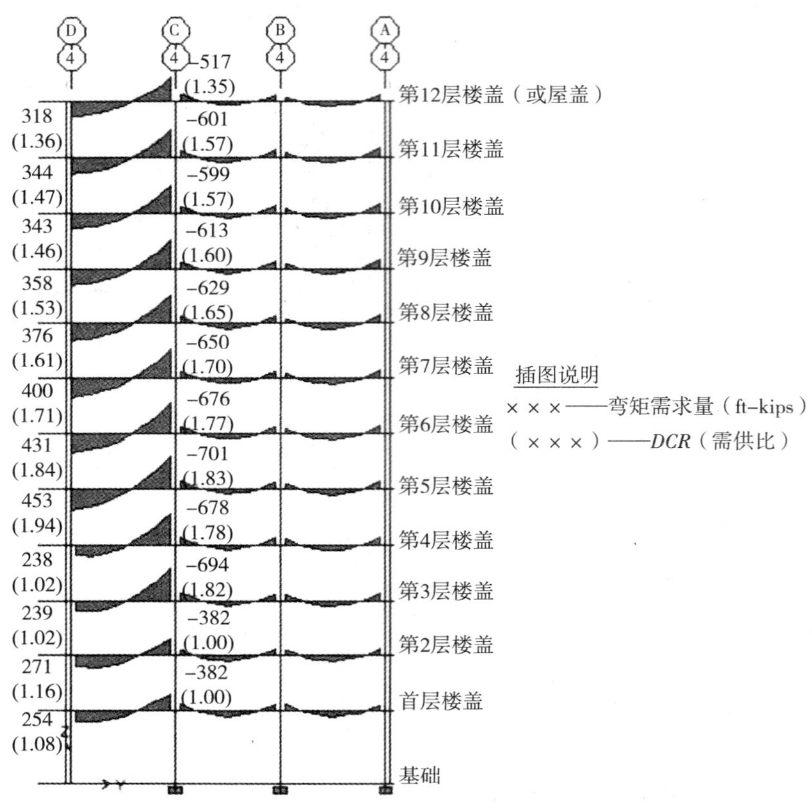

图 4－65　柱网轴线④梁第四次迭代分析的弯矩图和 *DCR* 值（案例情况 1E）——板被模拟

4.5.3.6.2　*梁的抗剪*

上一节仅把注意力集中在梁的抗弯性能上。不过，在这分析中的每一个阶段还都必须要对梁的抗剪能力进行检验。如果某根梁的抗剪容许值 *DCR* 被超出，则可以认定这根梁已经失效。和弯曲作用力（即弯矩）截然不同地是，这剪力是不能重新分配给结构的其他部件的。从分析模型中将这些已失效的梁去掉，并将所有与它们有关的恒载和活荷载都施加于毗连的开间。

在分析每一个阶段的末尾都对梁的抗剪能力作了检验。在每一个分析阶段后所得到的这些梁的抗剪 *DCR* 值都统统小于 2.0。图 4－68 和图 4－69 显示了第四次（也就是最后一次）迭代分析后的梁抗剪 *DCR* 值。对每一根梁的两个部位的剪力需求量进行评估：即梁的端部和距离柱表面 6ft（1.83m）远的梁截面部位。这离梁端 6ft 远的位置代表了是由完全没有箍筋的梁的这个部位来抵抗最大剪力需求量的。

保守地去评估柱表面处的最大剪力需求量。用这种简化的方式是因为整个建筑结构的 *DCR* 值都远远地小于 2.0 的容许值。根据 ACI 318－02 第 11.1.3.1 条的规定，这些位于离柱表面 d（梁的截面有效高度）距离范围之内的截面，都许可用与按距离为 d 所求出来的 V_u 值相同的剪力来进行设计。在这个例题中，即使去用这第 11.1.3.1 条的规定来减小这些梁端的 *DCR* 值，但对其总的答案是不会有任何影响的。除非发现有些梁的抗剪 *DCR* 值不合格，那就可以在进行重新设计之前先用这距离梁端 d 位置处的规范规定的最大剪力需求量来重新评估这需供比（*DCR*）。

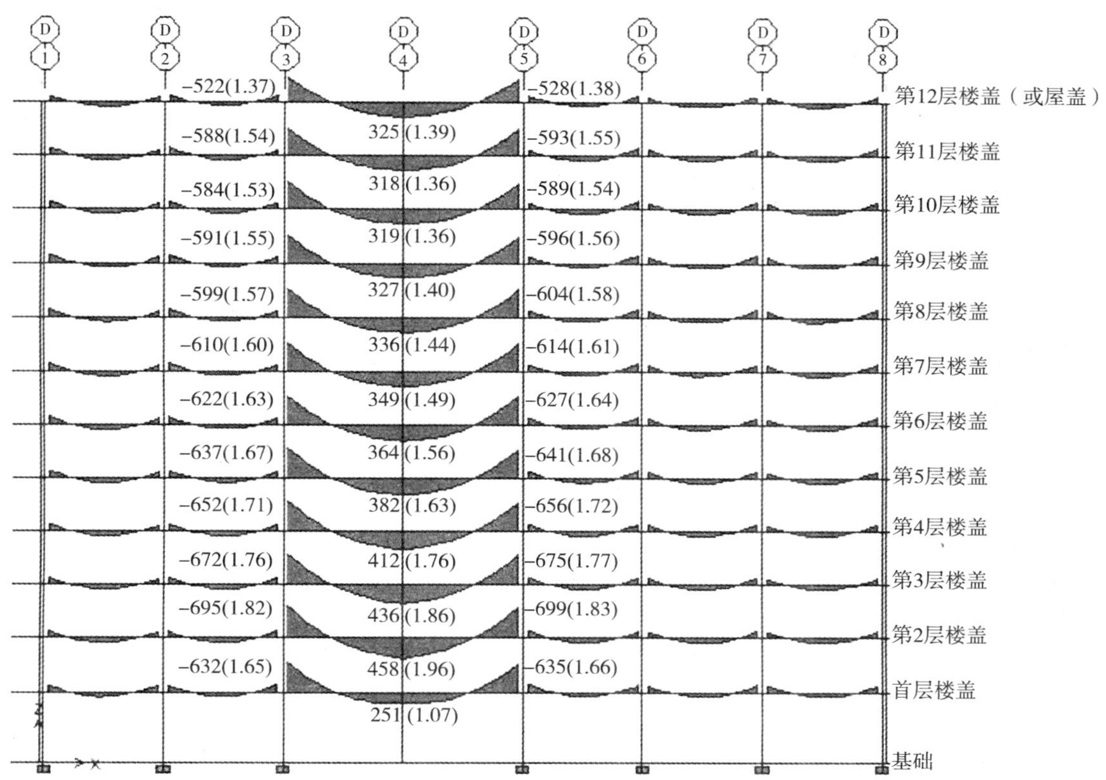

插图说明

×××——弯矩需求量（ft-kips）

（×××）——*DCR*（需供比）

图 4－66　柱网轴线Ⓓ梁第四次迭代分析的弯矩图和 *DCR* 值（案例情况 1E）——板被模拟

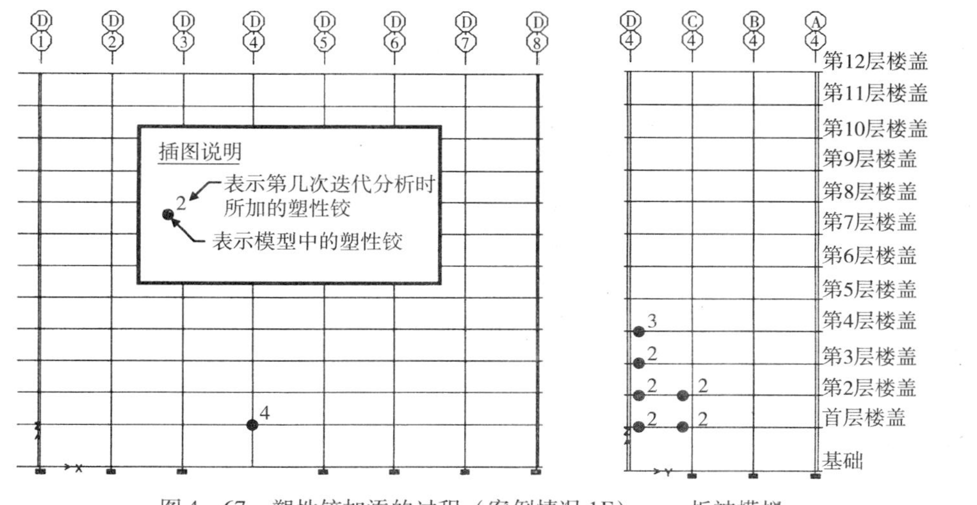

图 4－67　塑性铰加添的过程（案例情况 1E）——板被模拟

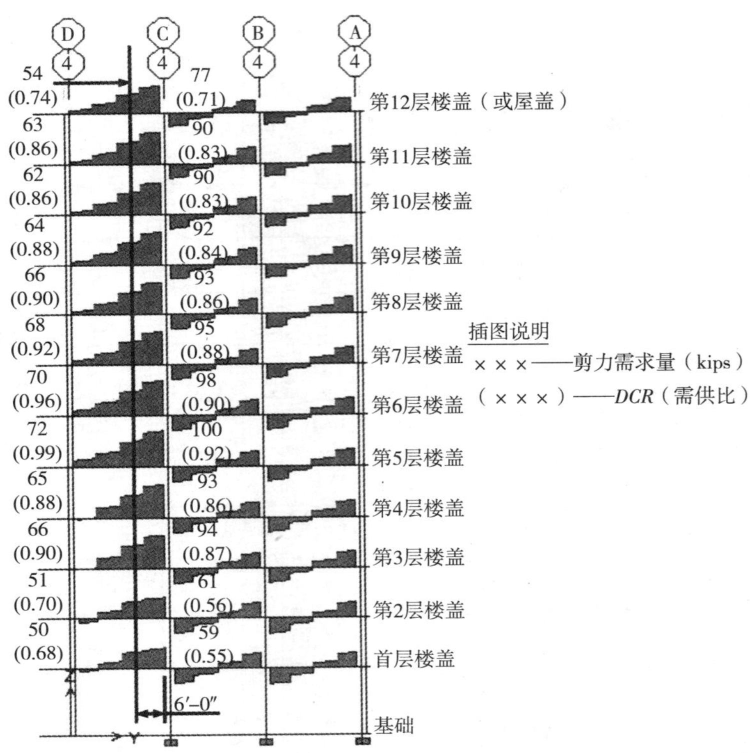

图4-68　柱网轴线④梁第四次迭代分析的剪力需求量和 *DCR* 值（案例情况1E）——板被模拟

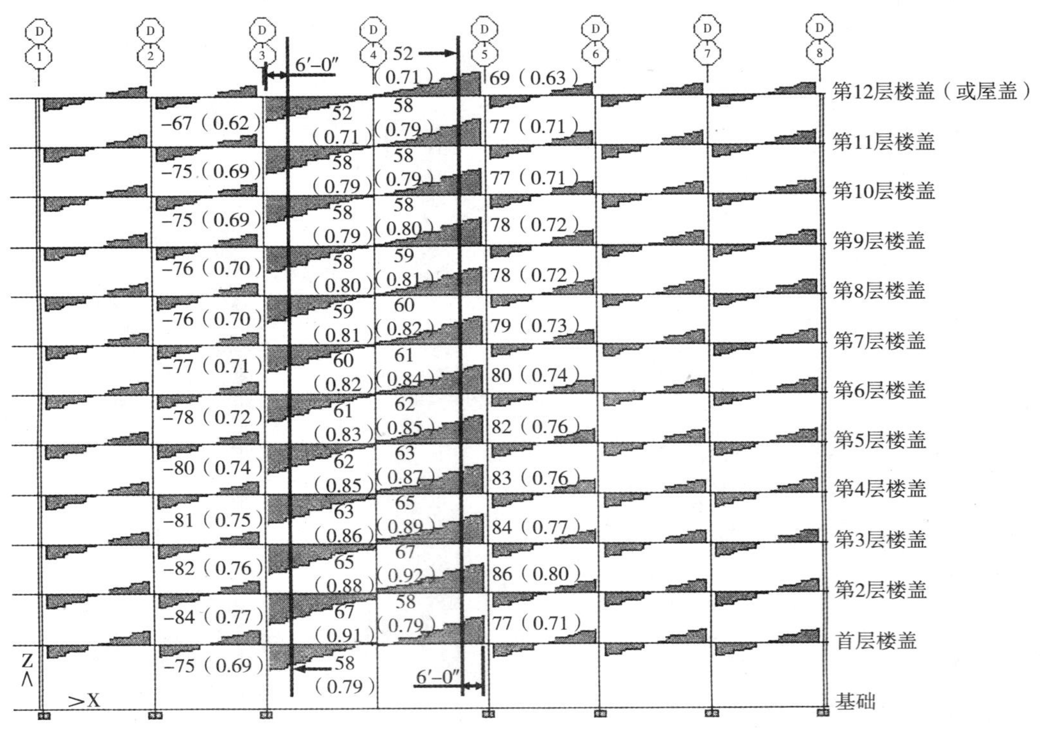

图4-69　柱网轴线Ⓓ梁第四次迭代分析的剪力需求量和 *DCR* 值（案例情况1E）——板被模拟

4.5.3.6.3 *将板作为结构构件来模拟的效果*

为了使本书中的这个例题完整，原本也需要对柱子进行检验。但检验柱子的手段是跟这不考虑板刚度的案例情况1E所用的方法（见4.5.3.3.5节）一模一样的。另一方面，由于这板的模拟并未明显地改变对柱子轴向荷载的分摊，所以对整个柱子的设计几乎不会带来多大的好处。

通过模拟板的刚度，原先按重力和侧向荷载所设计的梁就能足以满足这渐次倒塌控制的抗弯和抗剪要求了，而毋需再进行任何补强。不得不提醒地是，在模拟板的刚度时，还必须要用和梁一样的方式来对这板进行分析与设计。这种分析所增加的复杂细节总的来讲要比在梁的设计中所能获得的任何节省（如时间等）还更为重要。此外，如果发现板的强度不足，则需要对板的强度进行补强。在这个例题中未曾考虑板的设计，但在第5章会对此作全面的论述。

4.6 对抗震设计等级SDC D的分析（特种抗弯框架）

4.6.1 设计的资料与数据

这个例题的基本设计资料与数据都取自于《混凝土建筑物的抗震与抗风设计》一书，并列举如下：

（1）建筑物所在地点：加利福尼亚州旧金山。

（2）材料性能：

1）混凝土：$f'_c=4000$psi（27.6N/mm^2，为圆柱体抗压强度）；

$w_c=150$pcf（23.6kN/m^3）

2）钢筋：$f_y=60,000$psi（414.0N/mm^2）

（3）使用重力荷载：

1）活荷载：

①屋面=20psf（0.96kN/m^2）

②楼面=50psf（2.4kN/m^2）

2）附加恒载：

①屋盖=10psf（0.48kN/m^2）

②楼盖=30psf（1.44kN/m^2，其中20psf为永久性隔墙，10psf为吊顶等）

（4）抗震设计数据：

1）$S_s=1.50$g，$S_1=0.61$g

2）场地类别D

3）抗震功能分类I，$I_E=1.0$

（5）抗风设计数据：

1）基本风速=85mph（m/h）

2）暴露状况B

3）建筑物类型I，$I_w=1.0$

（6）构件尺寸：

1）板：8in（203mm）

2）梁：28in×26in（710mm×660mm）

3）内柱：30in×30in（760mm×760mm）

4）边柱：26in×26in（660mm×660mm）

5）墙厚：16in（406mm）

6）剪力墙的边缘构件：36in×36in（915mm×915mm）

用上述的设计数据对这建筑结构进行了抗重力、抗震和抗风的设计，为了进行这渐次倒塌的分析，采用了下面若干附加的设计要求条件。

材料性能

这道 SDC D 例题中所用的材料性能是和这 SDC A（普通抗弯框架）例题（见 4.5.1 节）中的那些材料性能一模一样的。

构件的刚度

这道 SDC D 例题中所用的构件有效刚度值是和这 SDC A（普通抗弯框架）例题（见 4.5.1 节）中的那些构件有效刚度的取值一模一样的。

现有的配筋详图

图 4－70 显示说明了这④－Ⓒ柱和⑤－Ⓒ柱之间的第 2 层楼盖梁的钢筋配置。在这例题建筑物中假设所有的梁都具有相同的配筋。

同样，图 4－71 也提供了这第 2 层楼Ⓒ－④柱子的钢筋配置大样图。这 30in×30in 的内柱配有 12 根 No. 10（$d=1.27''=32.26$mm）的纵向钢筋。假设这 26in×26in 外柱的配筋是和内柱的配筋一样的。由于外柱的横截面相对比较小，所以纵向钢筋面积所占混凝土毛面积的百分比从内柱的 1.69% 增大到 2.25%。这剪力墙的边缘构件配有 32 根 No. 11（$d=1.41$in$=35.81$mm）的纵向钢筋和 No. 4（$d=0.5$in$=12.7$mm）的箍筋（5 肢），间距 5in 中－中。

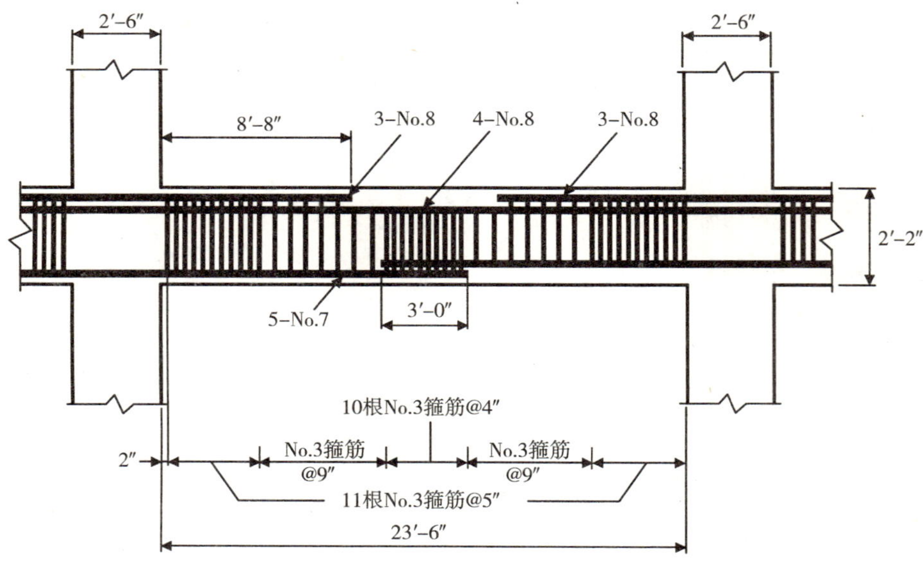

图 4－70　SDC D 的典型梁配筋详图

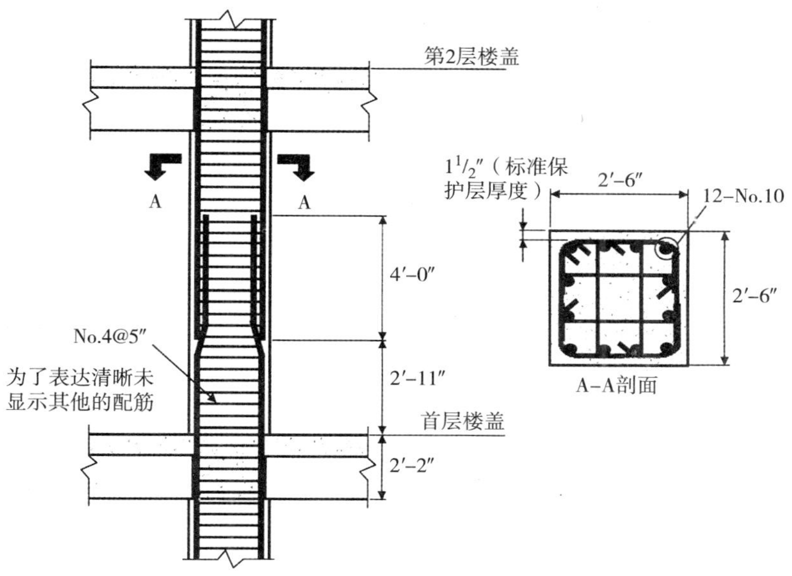

图 4-71　SDC D 的典型内柱配筋详图

4.6.2　DoD 的处理方法

4.6.2.1　抗拉束缚力的算例

用本书 2.4 节的公式来确定所需的束缚力。与这个例题直接有关的设计准则如下：

（1）D = 标准恒载 = 154psf，其中：

$$\left(\frac{8}{12}\times 150\right)+\left(\frac{28}{12}\times\frac{18}{12}\times\frac{1}{22}\times 150\right)+30=154\text{psf}$$

8″板　　28″×26″梁　　附加恒载（隔墙与吊顶）

（2）L = 标准活荷载 = 35psf（折减后的）

其中：按照 ASCE7-02 的公式（4-1）对活荷载进行折减。在公式（4-1）里，这活荷载的构件系数 K_{LL} 等于 2（见 ASCE7-02 的表 4-2 里的内梁一览），而附属面积 $A_T=26\times 22=572\text{ft}^2$。这折减后的活荷载计算如下。

$$L=L_0\left(0.25+\frac{15}{\sqrt{K_{LL}A_T}}\right)=50\left(0.25+\frac{15}{\sqrt{2\times 572}}\right)=35\text{psf}$$

（3）l_r = 束缚方向柱子之间的最大距离 = 22ft（南—北方向的束缚系材）；26ft（东—西方向的束缚系材）。

（4）F_t = 下列之较小者：

1）$(4.5+0.9n_o)=(4.5+0.9\times 12)=15.3\text{kips}$

式中　n_o = 楼层数量

2）13.5kips←取值

（5）h_s = 层间高度 = 16ft（保守地取成首层的高度）

（6）A_{trib}（内柱的附属面积）$=22\times26=572\text{ft}^2$

4.6.2.1.1 *内部束缚钢筋*

内部束缚钢筋必须要具备等于这用2.4.2节两个公式计算所得值之较大者的所需抗拉强度。

（1）$\frac{(1.0D+1.0L)}{156.6}\frac{l_r}{16.4}\frac{1.0}{3.3}F_t=\frac{(154+35)}{156.6}\times\frac{26}{16.4}\times\frac{1.0}{3.3}\times13.5=7.8\text{kips/ft}$←取值

（2）$\frac{1.0}{3.3}F_t=\frac{1.0}{3.3}\times13.5=4.1\text{kips/ft}$

内部束缚钢筋必须要抵抗7.8kips/ft×22ft=172kips的总拉力。通过将这总拉力去除以系数ϕ（对钢筋混凝土的束缚力等于0.75）和钢筋屈服强度（考虑了1.25的强度提高系数）的乘积来确定所需要的钢筋面积（见2.4.1节）。

$$A_s=\frac{T}{\phi f_y}=\frac{172}{0.75\times75}=3.06\text{in}^2$$

假设用内梁里的纵向钢筋来提供所需要的束缚力。这标准内梁总共有9根连续的纵向钢筋，其中有4根No.8的顶部钢筋和5根No.7的底部钢筋（见图4－70）。所有9根钢筋的总钢筋面积是6.16in^2，大于所需的钢筋面积，因此满足要求。

因为只需要3.06in^2面积的钢筋，所以没有必要将所有的9根钢筋全部都做成受拉的搭接接头和抗震弯钩。就这个例题而言，采取由这5根No.7的底部钢筋（$A_{sprov}=3.0\text{in}^2\approx3.06\text{in}^2$）来提供内部束缚力。当然，也可以由这4根No.8的顶部钢筋（$A_{sprov}=3.16\text{in}^2$）或由顶部和底部钢筋的组合来提供内部束缚力。这5根No.7底部钢筋的受拉搭接接头应该是5ft长，而且这些钢筋的末端都必须带有抗震弯钩（见SDC A例题——4.5.2.1.1节）。

内部束缚系材的间隔距离必须不能大于$1.5l_r$，由于这些内部束缚钢筋都设置在每一个柱网轴线上的框架梁内，所以所提供的间距为l_r，小于$1.5l_r$的容许间距。

在这沿柱网轴线②和⑦的内部剪力墙的部位，内梁及其5根No.7的纵向钢筋是不连续贯通的。必须借助剪力墙或楼板内的钢筋来给这中间跨提供抗拉束缚。要是用墙筋的话，这束缚钢筋必须设置在楼板上下各1.6ft（490mm）的这段高度范围内。已被提供的水平墙筋在每一面都是No.5@10in（相当于Φ15.9@254）中－中。如图4－6所显示说明的那样，总共有5排钢筋能对这内部抗拉束缚起到作用：板上下方的各2排和板厚内的1排。5排乘以每排的2根钢筋则共提供了10根No.5的钢筋，也即等于3.1in^2的钢筋面积，大于所要求的3.06in^2的面积。墙里的水平钢筋应该锚固在该剪力墙的边缘构件内，就像梁的纵向钢筋的锚固要求的那样（见图4－5）。

4.6.2.1.2 *周边外围束缚钢筋*

这些设置在该建筑物外边缘3.9ft（1.19m）宽度范围之内的周边外围束缚钢筋应该能提供至少$1.0Ft=1.0\times13.5=13.5$kips（60.0kN）的设计束缚力。通过将这束缚力除以系数ϕ（对于钢筋混凝土的束缚力等于0.75）和钢筋屈服强度（考虑了1.25的强度提高系数）的乘积来确定所需要的钢筋面积。

$$A_s=\frac{T}{\phi f_y}=\frac{13.5}{0.75\times75}=0.24\text{in}^2$$

假设由周边框架梁里的纵向钢筋来提供所需要的束缚力。这标准周边梁总共有9根连续贯通的纵向钢筋，其中有 4 根 No. 8 的顶部钢筋和 5 根 No. 7 的底部钢筋。这 9 根钢筋所提供的钢筋面积是 $6.16in^2$，大于所需要的钢筋面积，因此满足要求。因为所需要的钢筋仅为 $0.24in^2$，所以没有必要将所有的连续贯通钢筋全部都做成受拉的搭接接头和在建筑物的角部进行抗震锚固（如 DoD 导则第 4－2.4 条所要求的那样）。

4.6.2.1.3　*对外柱的水平束缚钢筋*

每一根外柱都必须用能提供抗拉强度等于下列较大者的水平束缚钢筋来将其系拴在这整体结构之中：

（1）取较小者：

1）$2.0F_t = 2.0 \times 13.5 = 27\text{kips}$

2）$\left(\dfrac{h_s}{8.2}\right)F_t = \left(\dfrac{16}{8.2}\right) \times 13.5 = 26.3\text{kips}$

（2）该柱所承担最大竖向设计荷载的 3%。用 2003 IBC（国际建筑规范）规定的荷载组合条件来确定这最大竖向设计荷载。就这个例题来讲，保守地假定屋面活荷载是和标准楼层的活荷载一样的。最不利的案例情况是位于首层的一根外柱。

设计荷载的组合：

$$1.2D + 1.6L = 1.2 \times 154 + 1.6 \times 20 = 217\text{psf}$$

式中的 20psf（$0.96kN/m^2$）活荷载是根据 ASCE 7－02 第 4.8.1 条的规定考虑了 60% 的最大容许活荷载折减。

附属面积：$A_t = 26 \times \dfrac{22}{2} = 286ft^2$

所需束缚力：

$$= 0.03 \times \left[(12 \times 286 \times 217) \quad + 1.2\left(\frac{30}{12} \times \frac{30}{12} \times 148 \times 150\right)\right] \times \frac{1}{1000}$$

楼面荷载（指 $(12 \times 286 \times 217)$）　　柱子自重（指 $1.2(\ldots)$ 项）

$= 27.3\text{kips}$←取值

通过将这束缚力除以系数 ϕ（对于钢筋混凝土的束缚力等于 0.75）和钢筋屈服强度（考虑了 1.25 的强度提高系数）的乘积来确定所需要的钢筋面积。

$$A_s = \frac{T}{\phi f_y} = \frac{27.3}{0.75 \times 75} = 0.49in^2$$

用内梁的纵向钢筋来提供对外柱的水平束缚力。这标准内梁总共有 9 根连续贯通的纵向钢筋，其中有 4 根 No. 8 的顶部钢筋和 5 根 No. 7 的底部钢筋，这 9 根钢筋所提供的钢筋面积是 $6.16in^2$，大于所需要的钢筋面积，因此足够。因为所需要的钢筋面积仅为 $0.49in^2$，所以没有必要将所有的连续贯通钢筋全部都做成受拉的搭接接头和抗震锚定在周边外围的束缚钢筋上（如 DoD 导则第 4－2.4 条所要求的那样）。

4.6.2.1.4　*对角柱的水平束缚钢筋*

必须在两个正交方向用框架梁里的水平束缚钢筋将每一根角柱系拴在这整体结构之中。这每一道束缚钢筋所需的抗拉强度是和对外柱的水平束缚钢筋所需的抗拉强度一样的。由于和标准外柱与角柱构成框架的梁也都是一样的，所以对角柱的检验是和对外柱的水平束缚钢筋的检验一模一样的。

4.6.2.1.5 *竖向束缚钢筋*

柱子和墙里的竖向束缚钢筋所应具有的最小抗拉强度应该等于任何一个楼层柱或墙其各自所承担的最大竖向设计荷载。用 2003 IBC 所规定的荷载组合条件来确定这最大的竖向设计荷载。

设计荷载的组合：$1.2D+1.6L=1.2\times154+1.6\times35=241\text{psf}$

束缚力：附属面积 $A_{\text{trib}}(1.2D+1.6L)=572\times241\times\frac{1}{1000}=138\text{kips}$

上述的束缚力是针对某根内柱所计算的。由于所有的柱子都被假设成具有相同的纵向钢筋，所以这个束缚力对所有案例情况来讲是偏于保守的。通过将这束缚力除以系数 ϕ（对钢筋混凝土的束缚力等于0.75）和钢筋屈服强度（考虑了1.25的强度提高系数）的乘积来确定所需要的钢筋面积。

$$A_s=\frac{T}{\phi f_y}=\frac{138}{0.75\times75}=2.45\text{in}^2$$

由柱子里的纵向钢筋来提供竖向束缚力。这标准柱有 12 根 No. 10 的纵向钢筋，则总的钢筋面积等于 15.24in^2。只需要 2 根 No. 10 的钢筋（$A_s=2.54\text{in}^2$）就能获得竖向束缚力。

如图 4-71 所显示说明的那样，柱子的纵向钢筋有一个 4ft 长的搭接接头，其中心部位设于这层楼面上方的 4ft 11in 处。要能充分发挥这 2 根 No. 10 钢筋的全部抗拉强度，这搭接接头长度需要 5ft 8in（见抗震设计等级 SDC A 的例题——4.5.2.1.5 节）。搭接接头的位置接近这层间高度的⅓，因此是符合要求的。

4.6.2.1.6 *所需束缚力的归纳*

根据把这个例题建筑物归属于低防御等级（LLOP）的假定，渐次倒塌的分析在这个阶段可就此告一段落。如表 4-7 例题建筑物（SDC A）束缚力一览表所归纳总结的那样，所有需要的束缚力都已自备，而毋需再对原始设计（即抗重力、抗震与抗风设计）添加任何增补钢筋。而最主要的关注是如何通过合理的连接与锚固来确保这抗拉束缚钢筋的整体连续性。按照 ACI 318-02 规定的 1 类（Type 1）或 2 类（Type 2）受力接头来对抗拉束缚钢筋进行搭接、焊接或机械连接。除了 DoD 导则所要求的这些规定以外，还应该用 ACI 318-02 第 21 章所规定的抗震弯钩和 ACI 318-02 第 21.5.4 条明确规定的抗震锚固长度来锚固这束缚钢筋。

例题建筑物（SDC D）束缚力一览表 **表 4-7**

束缚类型	所需束缚力（kips）	所需钢筋面积（in^2）	可用钢筋面积（in^2）	$TF_{\text{prov}}>TF_{\text{req}}$
内部	172.0	3.06	6.16[a]	是
周边	13.5	0.24	6.16[a]	是
对柱子的水平	27.3	0.49	6.16[a]	是
对角柱的水平	27.3	0.49	6.16[a]	是
竖向	138.0	2.45	15.24[a]	是

注：a——不需要对所有的钢筋都提供全受拉搭接接头和抗震弯钩。

附注：其中 TF_{prov}——所提供的束缚力；

TF_{req}——所需要的束缚力。

4.6.2.2 候补传力途径算例——内柱失去（案例情况 1I）

4.6.2.2.1 *综述*

正如刚才设计分析的那样，这例题建筑物能满足所有最低限度束缚力的要求。对于低防御等级

（LLOP）来讲，已不需要再作进一步的分析了，不过，为了显示说明 DoD 的候补传力途径处理方法的应用，则让我们来评估一根内柱的失去。

这候补传力途径法取用于两种情况：1）当一根柱子或者一道墙不满足竖向束缚力要求时，则可以进行候补传力途径的设计与分析来证明这结构是能跨越这个不符合要求的构件的；2）当某结构被指定为中防御等级（MLOP）或高防御等级（HLOP）时。在第 2 种情况里，只有对那些可能存在内部威胁的场所（诸如地下停车库或空旷的首层公共场所）才需要去考虑内部构件的失去。在下面的算例中，用候补传力途径方法来评估这首层④－Ⓒ内柱的失去。

同 ETABS（Extended 3D Analysis of Building Systems）Plus Version 8.4.7［4.6］程序来模拟结构，并进行三维线性静力分析。在渐次倒塌的分析中仅考虑了抗侧力构件。尽管这个假定稍微有点保守，但这么做是出于两种原因。

首先，由于只考虑抗侧力构件，分析就可以被简化。这对于正规的设计事务所来讲是很重要的，因为这渐次倒塌分析要求的加插总是不会同时给予延长设计时间和/或外加补偿的。其次，在建立三维计算机模型来进行抗震和抗风的分析时，大多数设计事务所都仅模拟的是这些抗侧力构件。所以用这些同一模型来进行渐次倒塌的分析终归是能有效地节省时间的。

这些抗侧力构件是由特种钢筋混凝土抗弯框架和内部的特种剪力墙所组成。把混凝土楼板模拟成具有抗拉性状的薄膜类型，其中仅提供该构件平面内的薄膜刚度。尽管附加的重力荷载（包括板的自重）可以被传递，但这板对抵抗平面外的荷载起不了什么作用。另外，还将楼板假设成能起到刚性水平隔板的作用。根据 DoD 导则的要求，在 ETABS 程序的模拟分析中还考虑了 $P-\Delta$ 效应。

4.6.2.2.2　*梁的强度（按重力、风力和地震力设计的）*

在抗弯框架的结构体系中，这跨越某一被去掉的柱子的主要结构受力机理是梁的抗弯。④－Ⓒ柱的失去使这些沿柱网轴线④（Ⓑ与Ⓓ轴线之间）的梁和沿柱网轴线Ⓒ（③与⑤轴线之间）的梁的跨度加大了一倍。在被去掉柱子的部位，这些梁承受着一种与原先完全相反的弯矩，即从负弯矩变成了正弯矩。这受弯的候补传力途径的满足与否取决于这些梁的抗弯强度。正确合理的配筋细部设计是最关键的，尤其是在那些弯矩有潜在可能逆转的部位。

在这一节的后续部分，将对这些现有梁的抗弯和抗剪强度进行计算。正如前面所指出的那样，在整个建筑物高度范围内的每一层楼盖梁的截面尺寸大小及其配筋构造都是一模一样的。所以，仅需确定一种梁的强度就可以了。

计算标准梁支座处的抗负弯矩强度，即最大负弯矩需求量部位的抗负弯矩强度。由于底部纵向钢筋是通长不变的，所以抗正弯矩的强度也是沿梁长而不变的。为了简易，先用矩形横截面来确定梁的强度，要是算下来的抗正弯矩强度不够的话，再考虑用 T 形梁截面来提高截面的强度。

除了抗弯强度以外，还要计算梁的抗剪强度。确定沿梁长的两个不同箍筋间距部位的抗剪强度。图 4－70 提供了梁的标准配筋详图。

负设计抗弯强度 $-\phi M_n$ 的计算（支座处）

在确定设计抗弯强度时，这钢筋的屈服强度 f_y 和混凝土的抗压强度 f'_c 都是被乘了 1.25 的强度提高系数的。根据 DoD 的规定，系数 ϕ 对抗弯来讲取 0.9（ACI 318－02）。

7 根 No.8 钢筋，$A_s=5.53\text{in}^2$，$d=23.5\text{in}$

$$a=\frac{A_s f_y}{0.85bf'_c}=\frac{5.53\times75}{0.85\times28\times5}=3.49\text{in}$$

$$-\phi M_n=\phi A_s f_y\left(d-\frac{a}{2}\right)=0.9\times5.53\times75\times\left(23.5-\frac{3.49}{2}\right)=8121\text{in}-\text{kips}=677\text{ft}-\text{kips}$$

正设计抗弯强度 $+\phi M_n$ 的计算（整跨）

在确定设计抗弯强度时，这钢筋的屈服强度 f_y 和混凝土的抗压强度 f'_c 都是被乘了 1.25 的强度提高系数的。根据 DoD 的规定，系数 ϕ 对抗弯来讲取 0.9（ACI318－02）。

5 根 No. 7 钢筋，$A_s=3.0\text{in}$，$d=23.5\text{in}$

$$a=\frac{A_s f_y}{0.85bf'_c}=\frac{3.0\times75}{0.85\times28\times5}=1.89\text{in}$$

$$+\phi M_n=\phi A_s f_y\left(d-\frac{a}{2}\right)=0.9\times3.0\times75\times\left(23.5-\frac{1.89}{2}\right)=4567\text{in}-\text{kips}=381\text{ft}-\text{kips}$$

设计抗剪强度 ϕV_n 的计算

钢筋混凝土梁的抗剪强度是由混凝土和抗剪钢筋各自分别所起的抵抗作用 V_c 与 V_s 组成的。在这个例题中，箍筋的间距沿梁的整个长度是变化的。在梁的每一个端部的 4ft－4in 范围内都提供了 No. 3@5in 中－中的箍筋。除了跨中，梁的其他剩余部位配有 No. 3@9in 中－中的箍筋。在跨中的纵向钢筋搭接接头的长度范围内提供了更为密集间距的箍筋（即 No. 3@4in 中－中的箍筋）以满足 ACI 318－02 第 21. 3. 2. 3 条的特种抗弯框架要求。保守地不考虑由搭接接头处较密集间距箍筋所加大的抗剪强度，仅确定两个部位的抗剪强度：梁的端部（配有 No. 3@5 的中－中的箍筋）和梁的中部（配有 No. 3@9in 中－中的箍筋）。

在确定设计抗剪强度时，这钢筋的屈服强度 f_y 和混凝土的抗压强度 f'_c 都是被乘了 1.25 的强度提高系数的。根据 DoD 的规定，系数 ϕ 对抗剪来讲取 0.75（ACI 318－02）。

梁端的 ϕV_n（No. 3@5in 中－中的箍筋）

$$\phi V_n=\phi\ (V_c+V_s)$$

$$V_c=2\sqrt{f'_c}b_w d=2\sqrt{5000}\times28\times23.5/1000=93.1\text{kips}$$

$$V_s=\frac{A_v f_y d}{s}=\frac{0.22\times75\times23.5}{5}=77.6\text{kips}$$

$$\phi(V_c+V_s)=0.75(93.1+77.6)=128.0\text{kips}$$

梁中部的 ϕV_n（No. 3@9in 中－中的箍筋）

$$\phi V_n=\phi(V_c+V_s)$$

$$V_c=2\sqrt{f'_c}b_w d=2\sqrt{5000}\times28\times23.5/1000=93.1\text{kips}$$

$$V_s=\frac{A_v f_y d}{s}=\frac{0.22\times75\times23.5}{9}=43.1\text{kips}$$

$$\phi(V_c+V_s)=0.75(93.1+43.1)=102.2\text{kips}$$

4. 6. 2. 2. 3 *荷载组合*

这个例题的荷载组合要求条件是和被指定为抗震设计等级（SDC）A 的建筑结构的荷载组合要求条件一模一样的。见 4. 5. 2. 2. 3 节之详细论述。

4.6.2.2.4 *梁的抗弯*

在④-Ⓒ内柱去掉以后，根据三维空间分析来确定每一个结构构件的内力（即需求量）。为了保持稳定，这原先由④-Ⓒ柱所支承的荷载必须要有一个可替补的能传至基础的候补传力途径。在这种情况下，沿柱网轴线④（位于Ⓑ与Ⓓ轴线之间）的和沿柱网轴线Ⓒ（位于③与⑤轴线之间）的双跨梁将通过自身的抗弯来为跨越被去掉的柱子提供受力的机理。

为这建筑物整个高度范围内的所有沿柱网轴线④和Ⓒ的梁标绘剪力与弯矩图。将这些最大的内力需求量值与有效设计强度（见4.6.2.2.2节）作对比，以确定这些构件是否满足要求。图4-72和图4-73分别显示了这沿柱网轴线④和Ⓒ梁的弯矩需求量。在图上所标示的数值代表了在所有荷载工况下的绝对最大正、负弯矩的包络。

因为沿柱网轴线④的梁比较短，因此相对比较刚，所以它们承担着较大比例的弯矩需求量。这全部最大的正弯矩1077ft-kips出现在首层的楼盖上。正弯矩的量值是随着建筑物的高度向上而逐渐减小的。这整个最大的负弯矩1328ft-kips出现在首层楼盖的④-Ⓑ位置。和正弯矩的情况一样，负弯矩也是顺着建筑物的高度向上而倾向于减小。

从图4-72和图4-73中不难看出，在所有的部位，这弯矩需求量都明显地大于设计抗弯强度（尽管在DoD导则中没有专门单独明确地说明这方面的衡量标准，但DoD导则的验收标准是基于不超过1.0的需供比）。对每一根双跨的梁来讲，在其跨中和每一个端部的设计抗弯强度都被超出，则形成了一种三铰破坏的机构。预计的倒塌面积，每层四个开间，已完全超过了容许的范围，则需要重新设计。

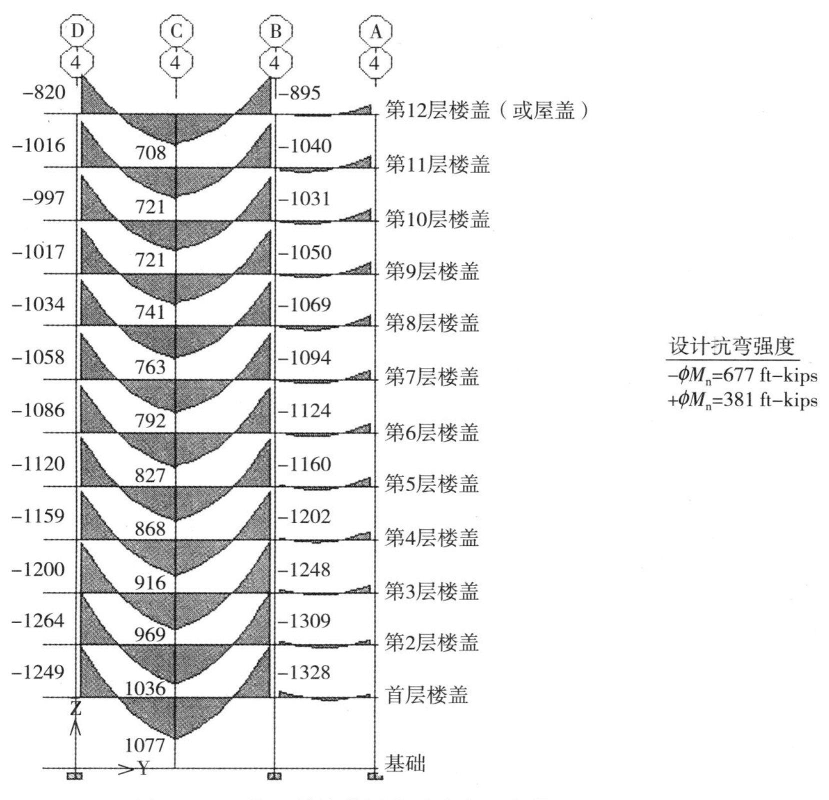

图4-72　柱网轴线④梁的最大弯矩包络图（ft-kips）

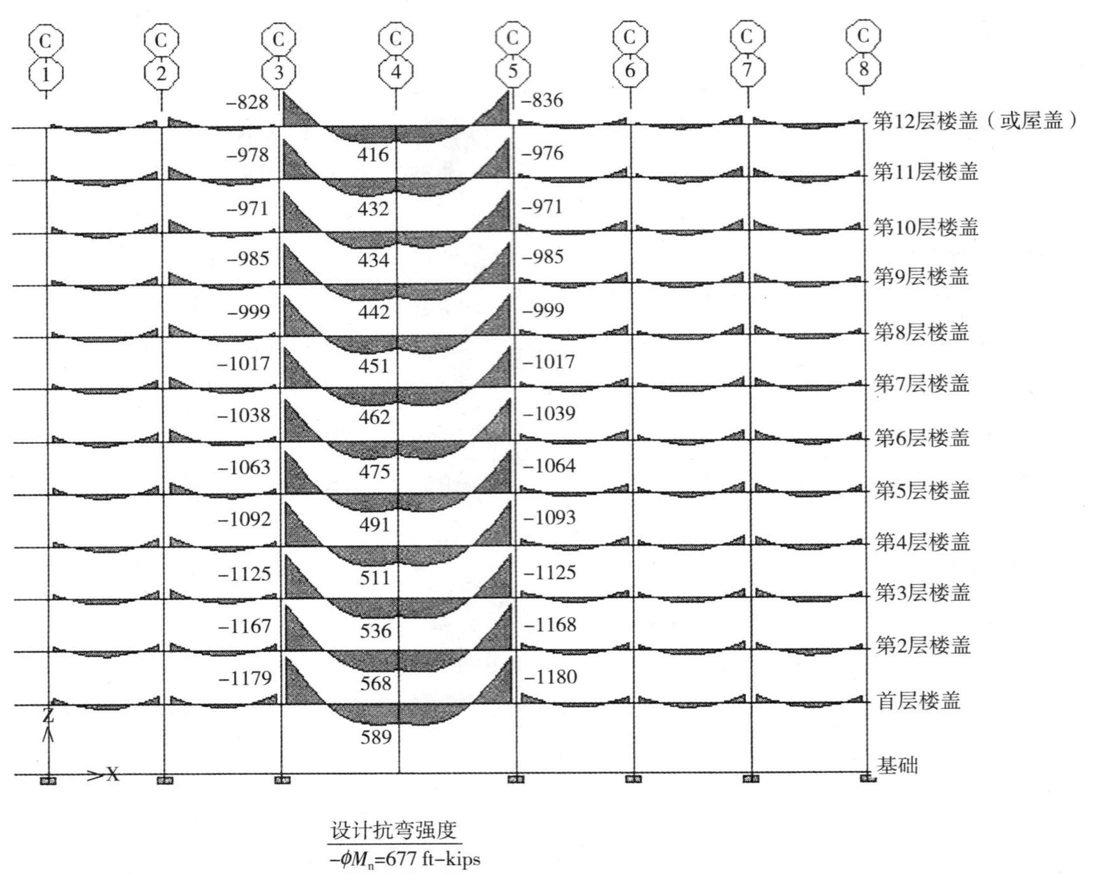

图 4－73　柱网轴线Ⓒ梁的最大弯矩包络图（ft－kips）

加大抗弯钢筋的重新设计

作为刚开始重新设计的一种选择，采取保持梁的截面尺寸不变，仅调整纵向钢筋的配筋量。虽然是一种简易的可供选择的方法，但并非总是切实可行的，因为梁就此可能会变成超筋或造成施工难度太大。由于构件的截面尺寸没有改变，所以这原先的分析仍然是有用的。

为了检验这种选择的可行性，则对这沿柱网轴线④的首层楼盖梁进行重新设计，以确定为抵抗最大负弯矩 1328ft－kips 而所需要的配筋量。

作为初次尝试，选用 8 根 No. 11（Φ 35. 8）的钢筋，所提供的钢筋总面积 A_{sprov} = 12. 48in^2；d = 23. 5in。

$$a=\frac{A_s f_y}{0.85 b f_c'}=\frac{12.48\times 75}{0.85\times 28\times 5}=7.87\text{in}$$

$$-\phi M_n=\phi A_s f_y\left(d-\frac{a}{2}\right)=0.9\times 12.48\times 75\times\left(23.5-\frac{7.87}{2}\right)=16,482\text{in}-\text{kips}=1373\text{ft}-\text{kips}$$

由于设计抗弯强度（1373ft－kips）大于弯矩需求量（1328ft－kips），所以这 8 根 No. 11 的钢筋是满足要求的。

还必须要检验这受拉钢筋的拉应变。在 ACI 318 的 2002 年版本出台之前，最大配筋率被限定为 0. 75ρ_b（其中 ρ_b 为引致均衡应变状态产生的配筋率，见 ACI 318 之第 10. 3. 2 条——译者注），其可导致形成 0. 00376 相应于标称强度（即所规定的钢筋屈服强度 f_y——译者注）的净拉应变。在 2002 年的规范中，这 0. 75ρ_b 的限值被去掉，取而代之的是最小净拉应变。按照第 10. 3. 5 条的要求，对于轴向荷载小于 0. 10$f_c A_g$ 的非预应力受弯构件，相应于标称强度的净拉应变 ε_t 应不小于 0. 04。

由于这是一个配筋量很大的截面，所以在确定净拉应变时也充分地考虑了这受压钢筋所能起到的作用。假定底部钢筋被充分地嵌固于节点之内以能起到受压钢筋的作用。这沿柱网轴线④的首层楼盖梁的所需底部钢筋为 6 根 No. 11 的钢筋（见表 4 – 8）。

为了确定受拉钢筋的应变，则作横截面上的应变分布图（见图 4 – 74）。第一步是要确定受压钢筋是否屈服，用引自 MacGregor 的《Reinforced Concrete Mechanics and Design》［4. 10］的下述公式来完成这个验算：

$$\frac{d'}{a} > \frac{1}{\beta_1}\left(1 - \frac{f_y}{87,\ 000}\right)$$

式中 β_1 按 ACI 318 – 02 第 10. 2. 7. 3 条的规定取值。

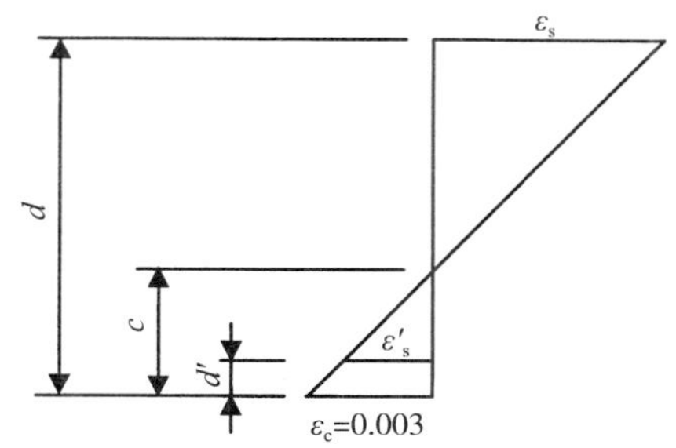

图 4 – 74　梁最大负弯矩截面上的应变分布图

要是计算结果满足这个公式的要求，则说明受压钢筋没有屈服。为了确定这 d'/a 比值，将这梁概念性地分解成两根梁，第 1 根梁是由受压钢筋（即 6 根 No. 11 的底部钢筋）和与其数量相等的 6 根 No. 11 的顶部钢筋所组成。在这根梁里，受压钢筋和受拉钢筋的受力大小是相等的。第 2 根梁是由剩余的受拉钢筋（即 2 根 No. 11 的顶部钢筋）和混凝土梁肋所组成。然后再用第 2 根梁来确定混凝土受压区的高度 a。

$$a = \frac{A_s f_y}{0.85 b f_c'} = \frac{2 \times 1.56 \times 75}{0.85 \times 28 \times 5} = 1.97\text{in}$$

将 a 值代入上面的公式，则形成：

$$\frac{d'}{a} = \frac{2.5}{1.97} = 1.27 \text{ 和} \frac{1}{\beta_1}\left(1 - \frac{f_y}{87000}\right) = \frac{1}{0.8}\left(1 - \frac{75000}{87000}\right) = 0.17$$

由于 1. 27 > 0. 17，所以这受压钢筋没有屈服。根据这个情况，则可以用下面的二次方程式（也是引自 MacGregor 的那本书）来计算实际梁的受压区高度。

$$(0.85 f'_c b) a^2 + (0.003 E_s A_s' - A_s f_y) a - (0.003 E_s A_s' \beta_1 d') = 0$$

代入各项参数，这个方程式化解为：

$$119a^2 - 121.7a - 1628.6 = 0$$

解二次方程式得 $a = 4.25$in

从受压区的最外边缘纤维到中和轴的距离为：

$$c = \frac{a}{\beta_1} = \frac{4.25}{0.8} = 5.31\text{in}$$

最后，根据相似三角形的原理（见图4－74）：

$$\frac{\varepsilon_s}{d-c}=\frac{\varepsilon_c}{c},\ \varepsilon_s=\frac{\varepsilon_c(d-c)}{c}=\frac{0.003\times(23.5-5.31)}{5.31}=0.010$$

净拉应变0.010大于最小容许拉应变0.004。此外，由于这净拉应变大于0.005，所以认定这截面是由受拉来控制的（见ACI 318－02第9.3.2.1条），而且用于确定设计抗弯强度的0.9系数取值也是合适的。

这上面梁的设计仅代表了该建筑物中任何梁有可能所需要的纵向钢筋的最大配筋量。对所有重新设计的梁都按这个钢筋数量来配置是不明智的。随着弯矩需求量的减小，纵向钢筋的数量也可随之减少。就这个例题而言，对这些沿柱网轴线④和Ⓒ的梁是分别按每四层为一组来单独修改和确定梁的配筋设计的。表4－8归纳了对这些重新设计梁的抗弯钢筋要求。

重新设计的抗弯钢筋一览表——案例情况1I（SDC D）　　表4－8

位置	楼层	最大负弯矩（ft·kips）	所需钢筋面积（in^2）	顶部钢筋	最大正弯矩（ft·kips）	所需钢筋面积（in^2）	底部钢筋
沿柱网轴线④	1～4	1328	11.97	8根No.11	1077	9.31	6根No.11
	5～8	1160	10.16	8根No.10	868	7.28	6根No.10
	9～12	1050	9.04	6根No.11	741	6.11	5根No.10
沿柱网轴线Ⓒ	1～4	1180	10.37	7根No.11	589	4.76	5根No.9
	5～8	1064	9.18	6根No.11	491	3.92	4根No.9
	9～12	984	8.40	7根No.10	442	3.51	4根No.9

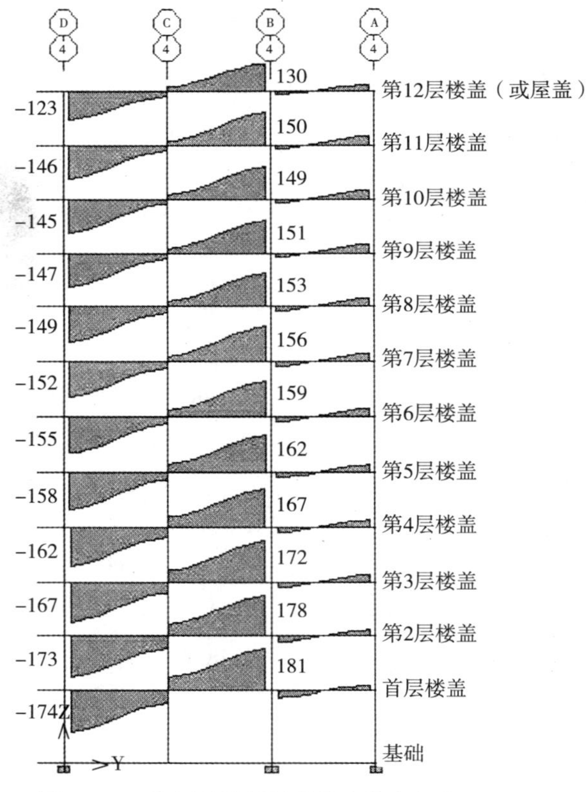

图4－75　柱网轴线④梁的最大剪力包络图（kips）

4.6.2.2.5 *梁的抗剪*

用和抗弯分析相类似的方式来评估梁的抗剪能力。图 4－75 和图 4－76 分别显示说明了沿柱网轴线④和Ⓒ梁的剪力分布情况。这两个图上所标示的数值代表了在所有荷载工况下位于柱表面部位的绝对最大剪力需求量的包络。凡需求量超过设计抗剪强度的部位都要增添附加的抗剪钢筋。

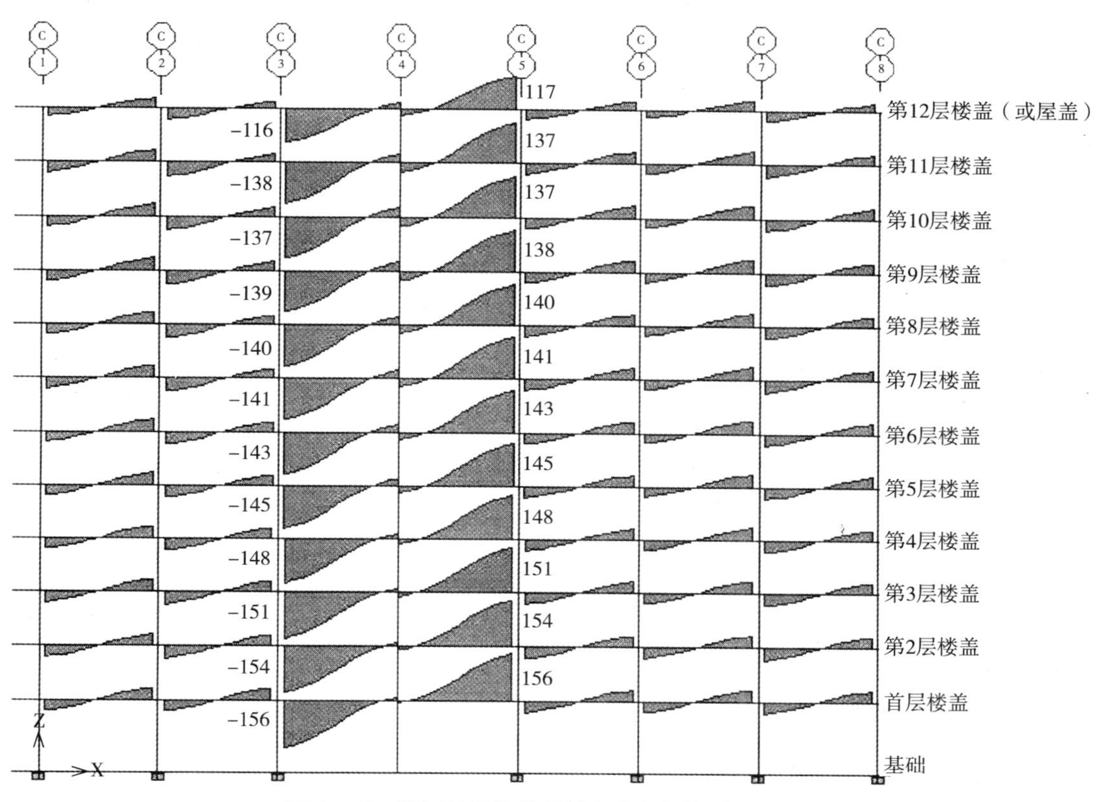

图 4－76　柱网轴线Ⓒ梁的最大剪力包络图（kips）

对每一根梁的两个部位进行抗剪设计：在距离柱表面为 d 的部位和跨度的 1/4 部位。采取在从梁端到跨度的 1/4 部位这段距离内，按距离柱表面为 d 的这个部位所设计确定的箍筋来配置，而梁的其他剩余部分均按 1/4 部位所设计确定的箍筋来配置。表 4－9 是这些重新设计梁的抗剪钢筋的归纳。

重新设计的抗剪钢筋一览表——案例情况 1I（SDC D）　　表 4－9

位置	楼层	距离柱表面 d			距离柱表面¼跨度		
		最大剪力（kips）	A_v/S (in^2/in)	所提供的箍筋	最大剪力（kips）	A_v/S (in^2/in)	所提供的箍筋
沿柱网轴线④	1～4	174	0.079	No. 4@5in	162	0.070	No. 4@5in
	5～8	156	0.065	No. 4@6in	144	0.056	No. 4@7in
	9～12	144	0.056	No. 4@7in	132	0.047	No. 4@8in
沿柱网轴线Ⓒ	1～4	149	0.06	No. 4@6in	131	0.046	No. 4@8in
	5～8	138	0.052	No. 4@7in	120	0.038	No. 4@10in
	9～12	132	0.047	No. 4@8in	113	0.033	No. 4@12in

在表 4-9 中，A_v/s 比表示梁所需要的抗剪钢筋的面积（in^2/in）。A_v/S 被确定如下：

$$\phi V_n \geq V_u \text{ 和 } \phi V_n = \phi(V_c + V_s)$$

因此，$V_u = \phi(V_c + V_s)$

用 $\frac{A_v f_y d}{s}$ 来取代 V_s，并将其代入上式分解：

$$\frac{A_v}{s} = \left(\frac{V_u}{\phi} - V_c\right)\frac{1}{f_y d} = \left(\frac{V_u}{0.75} - 93.1\right)\frac{1}{75 \times 23.5} = \frac{V_u}{1322} - 0.0528$$

式中 V_u 之单位为 kips。

4.6.2.2.6 *柱子*

这原先由④-Ⓒ柱所支承的荷载被分摊给了这些与其毗邻的柱子，主要是③-Ⓒ柱、④-Ⓑ柱、④-Ⓓ柱和⑤-Ⓒ柱。对这些柱子进行轴向荷载和双向弯矩组合作用下的评估。系数 ϕ 按 ACI 318-02 的规定取值，即对配有螺旋式箍筋的偏心受压构件取 $\phi=0.7$；对配有矩形箍筋的偏心受压构件取 $\phi=0.65$。用 ETABS 程序对柱子的强度进行检验。

图 4-77 和图 4-78 给出了对轴向荷载和双向弯矩组合作用的需供比。需供比 $DCR \leq 1.0$ 表示柱子强度满足要求，而 $DCR > 1.0$，则说明该构件需要重新设计。沿柱网轴线④有 9 处的需供比大于 1.0，它们分别位于Ⓓ轴线的底部 5 层和Ⓑ轴线的底部 4 层。沿柱网轴线Ⓒ有 5 处的需供比大于 1.0，这些分别位于③轴线的底部 2 层和⑤轴线的底部 3 层。

图 4-77 和图 4-78 所显示的分析结果是和这被指定为抗震设计等级（SDC）A 的结构例题的分

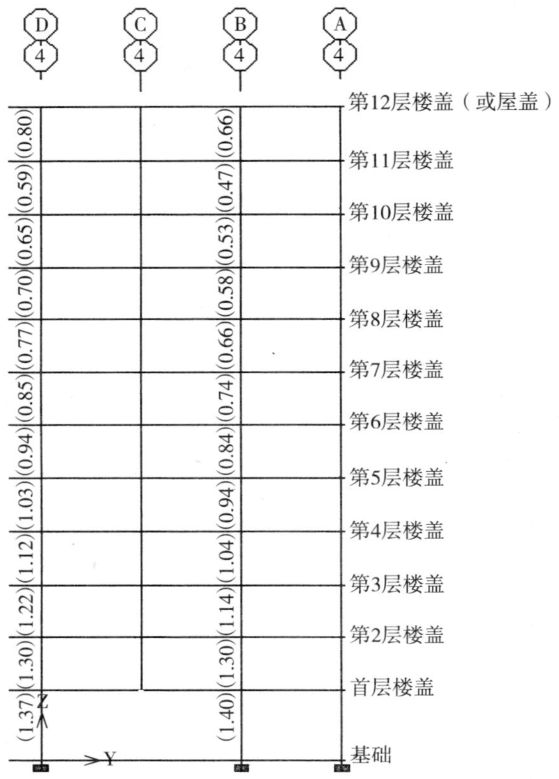

图 4-77　柱网轴线④上承受轴向荷载和双向弯矩组合作用的柱子需供比

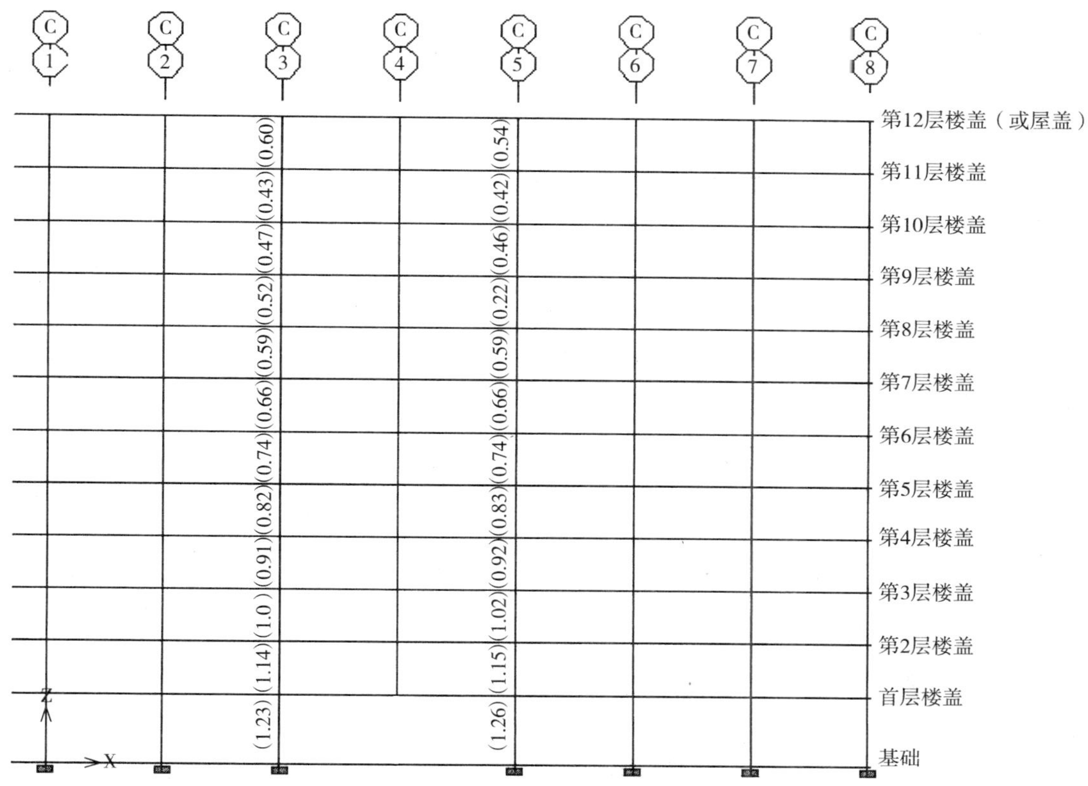

图4－78　柱网轴线Ⓒ上承受轴向荷载和双向弯矩组合作用的柱子需供比

析结果相似的（见4.5.2.2.5节）。对这被指定为SDC A的建筑物，其底部4个楼层的④－Ⓑ柱、④－Ⓓ柱、③－Ⓒ柱和⑤－Ⓒ柱的截面尺寸都已被加大。在这个例题中也会采用类似的补强，详见4.5.2.2.6.3节关于SDC A例题的柱子重新设计。

4.6.2.2.7　*变形限度*

这个例题的最大变形是和被指定为SDC A的结构最大变形几乎一样的，因此满足DoD的验收标准，见4.5.2.2.6.4节的详细论述。

4.6.3　GSA的处理方法

4.6.3.1　综述

与DoD设计方法不同的是，GSA的处理方法是不受这被指定的防御等级（LOP）支配的，一律都用这候补传力途径法来分析所有未被免检的建筑物。用下面的算例来说明GSA设计方法对这同一例题建筑物的应用。

就GSA的这个例题，其对4.4节中所表明的每一种外柱失去的案例情况都进行个别分析。仅模拟了抗侧力构件，尽管这个假定稍微有点保守，但这么做是出于两种原因：

首先，由于只考虑抗侧力构件，分析就可以被简化。这对于正规的设计事务所来讲是很重要的，因为这渐次倒塌分析要求的加插总是不会同时给予延长设计时间和/或外加补偿的。其次，在建立三维计算机模型来进行抗震和抗风的分析时，大多数设计事务所都仅模拟的是这些抗侧力构件。所以用这些同一模型来进行渐次倒塌的分析终归是能有效节省时间的。

这些抗侧力构件是由特种钢筋混凝土抗弯框架和内部的特种剪力墙所组成。在这分析模型中含有混凝土楼板，但仅作为一种计入它的自重和传递附加荷载的工具。并将其模拟成仅具有平面内刚度的薄膜构件。

所有的柱子都被模拟成带有固端的基础底座。此外，在 ETABS 程序的分析里面没有考虑 $P-\Delta$ 效应。由于在这渐次倒塌的分析中不存在任何侧向荷载，其侧向变形是很小的，所以这是一个有道理的假定。不过，为了进行比较，还是对这同一模型进行了包含 $P-\Delta$ 效应的分析。结果发现任何的差异都是微不足道的。

在 GSA 导则中所使用的荷载组合要求条件没有 DoD 导则所采用的那么复杂。与 DoD 导则不同的是，只考虑恒载和活荷载。对结构的所有开间都使用的是 $2(D+0.25L)$ 的设计竖向荷载工况。

4.6.3.2 梁的强度（按重力、地震力和风力设计的）

对抗弯框架结构来讲，这跨越某一被去掉的柱子的基本结构受力机理是梁的抗弯。例如，在案例 1E 的情况中，使这沿柱网轴线Ⓓ（位于③与⑤轴线之间）的梁的跨度整整加大了一倍。在这被去掉柱子的部位，这些梁承受着一种与原先完全相反的弯矩，即从负弯矩变成了正弯矩。候补受弯的传力途径满足与否取决于这些梁的抗弯强度。这正确合理的钢筋细部设计是最关键的，尤其是在那些弯矩有潜在可能逆转的部位。

在这一节的后续部分，将对这些现有梁的抗弯和抗剪强度进行计算。正如前面所指出的那样，在这整个建筑物高度范围内的每一层楼盖梁的截面尺寸大小及其配筋构造都是一模一样的。所以，仅需确定一种梁的强度就可以了。

计算标准梁支座处的抗负弯矩强度，即最大负弯矩需求量部位的抗负弯矩强度。由于底部纵向钢筋是通长不变的，所以抗正弯矩的强度也是沿梁长而不变的。除了抗弯强度外，还要计算梁的抗剪强度。确定沿梁的长度的两个不同箍筋间距部位的抗剪强度。图 4－70 提供了梁的标准配筋详图。

负设计抗弯强度 $-\phi M_n$ 的计算（支座处）

在确定设计抗弯强度时，这钢筋的屈服强度 f_y 和混凝土的抗压强度 f'_c 都是被乘了 1.25 的强度提高系数的。根据 GSA 的规定，系数 ϕ 对抗弯来讲取 1.0。

7 根 No.8 钢筋，$A_s=5.53\text{in}^2$，$d=23.5\text{in}$

$$a=\frac{A_s f_y}{0.85bf'_c}=\frac{5.53\times75}{0.85\times28\times5}=3.49\text{in}$$

$$-\phi M_n=\phi A_s f_y\left(d-\frac{a}{2}\right)=1\times5.53\times75\left(23.5-\frac{3.49}{2}\right)=9023\text{in}-\text{kips}=752\text{ft}-\text{kips}$$

正设计抗弯强度 $+\phi M_n$ 的计算（整跨）

在确定设计抗弯强度时，这钢筋的屈服强度 f_y 和混凝土的抗压强度 f'_c 都是被乘了强度提高系数 1.25。根据 GSA 的规定，系数 ϕ 对抗弯来讲取 1.0。

5 根 No.7 钢筋，$A_s=3.0\text{in}^2$，$d=23.5\text{in}$

$$a=\frac{A_s f_y}{0.85bf_c}=\frac{3.0\times75}{0.85\times28\times5}=1.89\text{in}$$

$$+\phi M_n = \phi A_s f_y\left(d-\frac{a}{2}\right) = 1\times3.0\times75\times\left(23.5-\frac{1.89}{2}\right) = 5075\text{in}-\text{kips} = 423\text{ft}-\text{kips}$$

设计抗剪强度 ϕV_n 的计算

钢筋混凝土梁的抗剪强度是由混凝土和抗剪钢筋各自分别所起的抵抗作用 V_c 与 V_s 组成的。在这个例题中，箍筋的间距沿梁的整个长度是变化的。在梁的每一个端部的 4tf－4in 范围内都提供了 No. 3@5in 中－中的箍筋。除了跨中，梁的其他剩余部位配有 No. 3@9in 中－中的箍筋。在跨中的纵向钢筋搭接接头的长度范围内提供了更为密集间距的箍筋（即 No. 3@4in 中－中的箍筋）以满足 ACI 318－02 第 21. 3. 2. 3 条的特种抗弯框架要求。保守地不考虑由搭接接头处较密集间距箍筋所加大的抗剪强度，仅确定两个部位的抗剪强度：梁的端部（配有 No. 3@5in 中－中的箍筋）和梁的中部（配有 No. 3@9in 中－中的箍筋）。

在确定设计抗剪强度时，这钢筋的屈服强度 f_y 和混凝土的抗压强度 f'_c 都是被乘了 1. 25 的强度提高系数的。根据 GSA 的规定，系数 ϕ 对抗剪来讲取 1. 0。

梁端的 ϕV_n（No. 3@5in 中－中的箍筋）

$$\phi V_n = \phi(V_c + V_s)$$

$$V_c = 2\sqrt{f'_c}b_w d = 2\sqrt{5000}\times28\times23.5/1000 = 93.1\text{kips}$$

$$V_s = \frac{A_s f_y d}{s} = \frac{0.22\times75\times23.5}{5} = 77.6\text{kips}$$

$$\phi(V_c + V_s) = 1.0\times(93.1+77.6) = 170.7\text{kips}$$

梁中部的 ϕV_n（No. 3@9in 中－中的箍筋）

$$\phi V_n = \phi(V_c + V_s)$$

$$V_c = 2\sqrt{f'_c}b_w d = 2\sqrt{5000}\times28\times23.5/1000 = 93.1\text{kips}$$

$$V_s = \frac{A_s f_y d}{\text{s}} = \frac{0.22\times75\times23.5}{9} = 43.1\text{kips}$$

$$\phi(V_c + V_s) = 1.0\times(93.1+43.1) = 136.2\text{kips}$$

4. 6. 3. 3　临近长边中部的柱子失去（案例情况 1E）

在④－Ⓓ外柱去掉以后，根据三维空间分析来确定每一个结构构件的内力（即需求量）。为了保持稳定，这原先由④－Ⓓ柱所支承的荷载必须要有一个可替补的能传至基础的候补传力途径。在这种情况下，这沿柱网轴线Ⓓ（位于③与⑤轴线之间）的周边梁和沿柱网轴线④（位于Ⓒ与Ⓓ轴线之间）的内梁将通过自身的抗弯来为跨越被去掉的柱子提供受力的机理。

为这建筑物整个高度范围内的所有沿柱网轴线④和Ⓓ的梁标绘剪力与弯矩图。将这些最大的内力需求量值去与梁的有效设计强度（见 4. 6. 3. 2 节）作对比以检验可接受性。由于这个例题具有规则的结构造型，所以这最大的需供比（*DCR*）容许值为 2. 0。

4. 6. 3. 3. 1　*梁的抗弯*

图 4－79 和图 4－80 显示了渐次倒塌分析的结果。这两个图分别显示了沿柱网轴线Ⓓ和④梁的最大弯矩。在这两个图上还同时标示了相应的需供比值，其是用图 4－79 和图 4－80 中所标示的弯矩需求量去除以 4. 6. 3. 2 节所求得的设计抗弯强度而计算出来的。

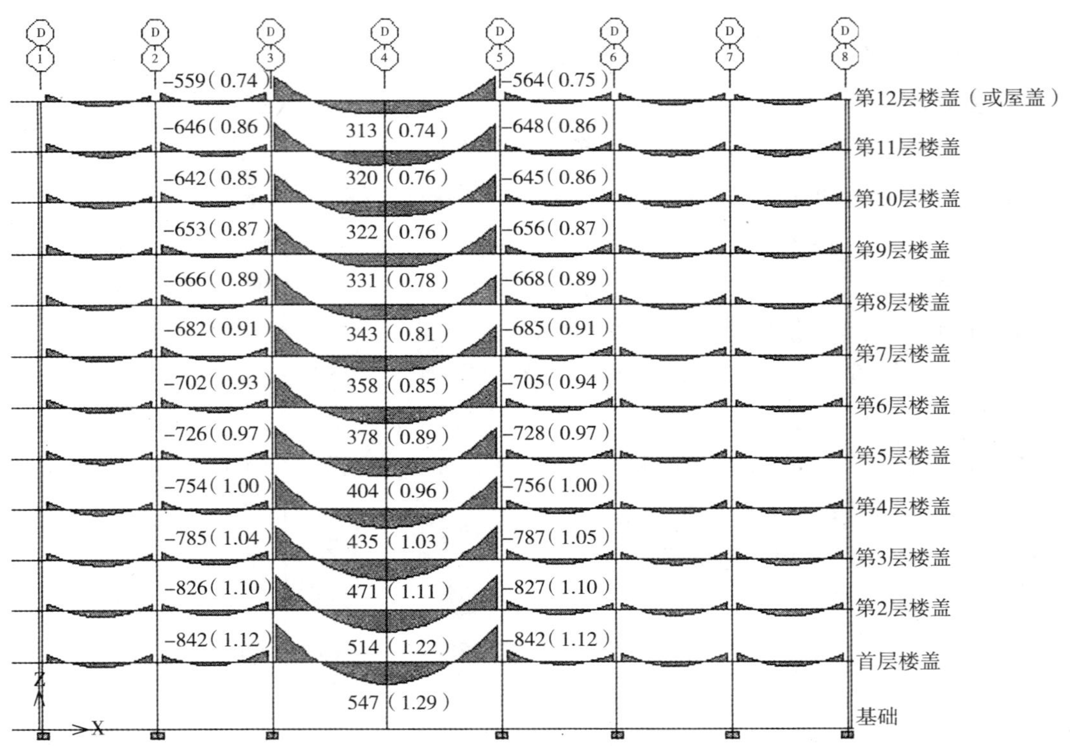

图 4－79　柱网轴线Ⓓ梁的弯矩图与 *DCR* 值（案例情况 1E）

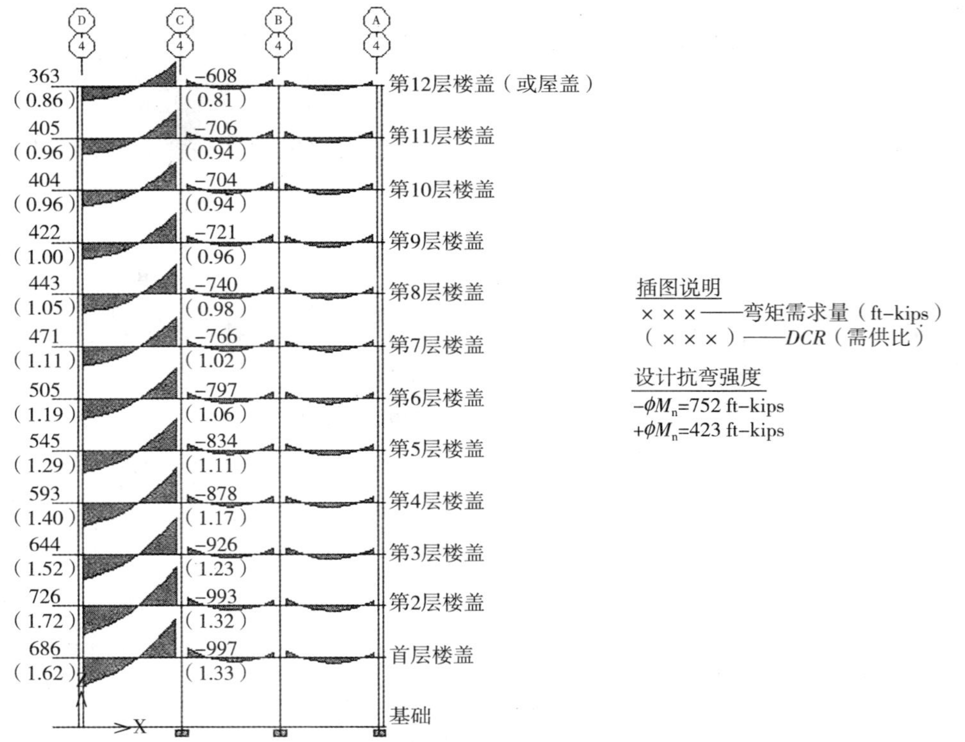

图 4－80　柱网轴线④梁的弯矩图与 *DCR* 值（案例情况 1E）

沿柱网轴线Ⓓ，这梁的最大正、负弯矩都出现在首层楼盖。在这个楼层的上方，随着建筑物的高度向上梁的弯矩就倾向于减小。例外的是第 11 层楼盖梁的③与⑤轴线处的负弯矩。这两处的弯矩都稍大于第 10 层楼盖梁的负弯矩，但到屋盖又重新减小。

沿柱网轴线④的弯矩分配是和沿柱网轴线Ⓓ相似的，惟一的例外是这最大的正弯矩出现在第 2 层的楼盖上。在第 2 层楼盖的上方，随着建筑物的高度向上，梁的弯矩就逐渐减小。惟一的例外是在第 11 层楼盖，那里的梁弯矩都稍大于第 10 层楼盖梁的弯矩，但到屋盖又再次减小。弯矩的分配对分析的参数是很敏感的，诸如这构件的有效刚度和所假定的节点刚性等。

正如图 4－79 和图 4－80 所显示说明的那样，所有的抗弯需供比（*DCR*）值都小于 2.0 的容许值。因此，为 SDC D 所设计的梁的抗弯强度已足以满足渐次倒塌控制的要求。为了使这个分析完整，还要检验梁的抗剪与抗扭和柱子的强度。

4.6.3.3.2　*梁的抗剪*

评估两个部位的剪力需求量及其相应的 *DCR* 值：即这梁的端部和距离柱表面 4ft－4in 远的部位。这离梁端 4ft－4in 远的位置代表了箍筋间距从 5in 过渡到 9in 的交界部位。如图 4－81 和图 4－82 所显示说明的那样，这些梁的抗剪 *DCR* 值都远远地小于 2.0。

保守地去评估柱表面处的最大剪力需求量。用这种简化方法是因为整个建筑结构的 *DCR* 值都远远地小于 2.0 的容许值。按照 ACI 318－02 第 11.1.3.1 条的规定，这些位于离柱表面 d（梁的截面有效

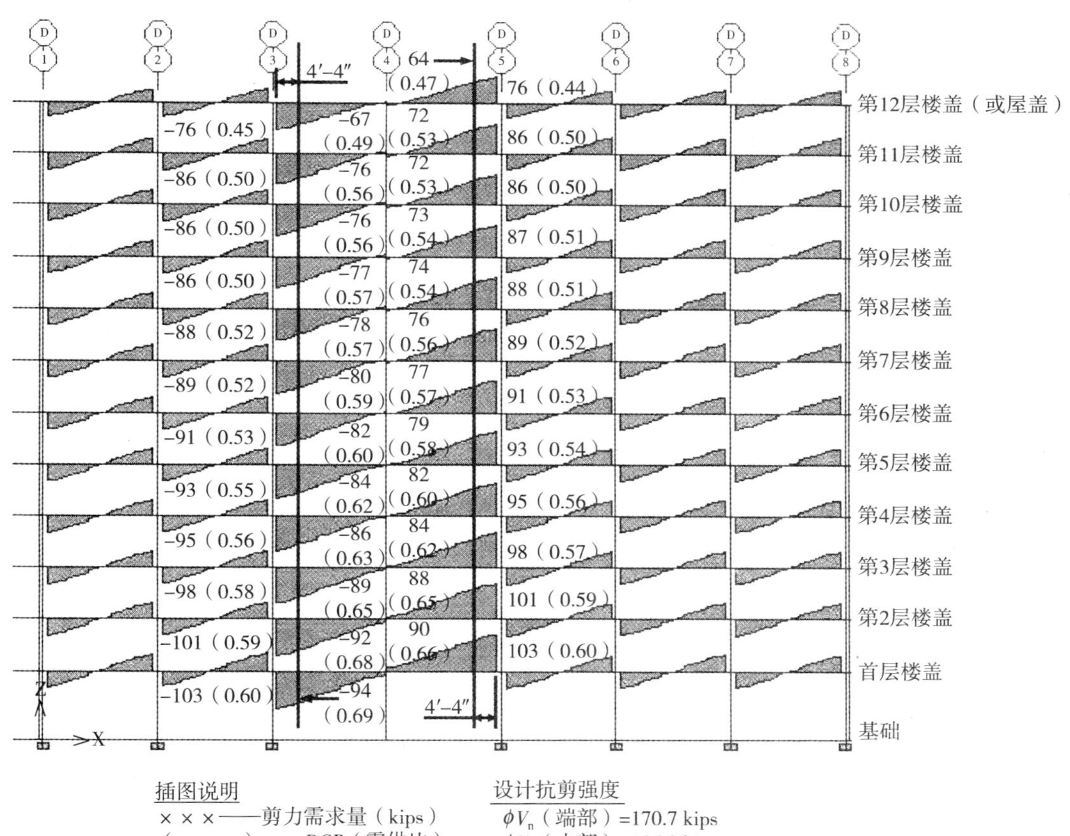

图 4－81　柱网轴线Ⓓ梁的剪力需求量与 *DCR* 值（案例情况 1E）

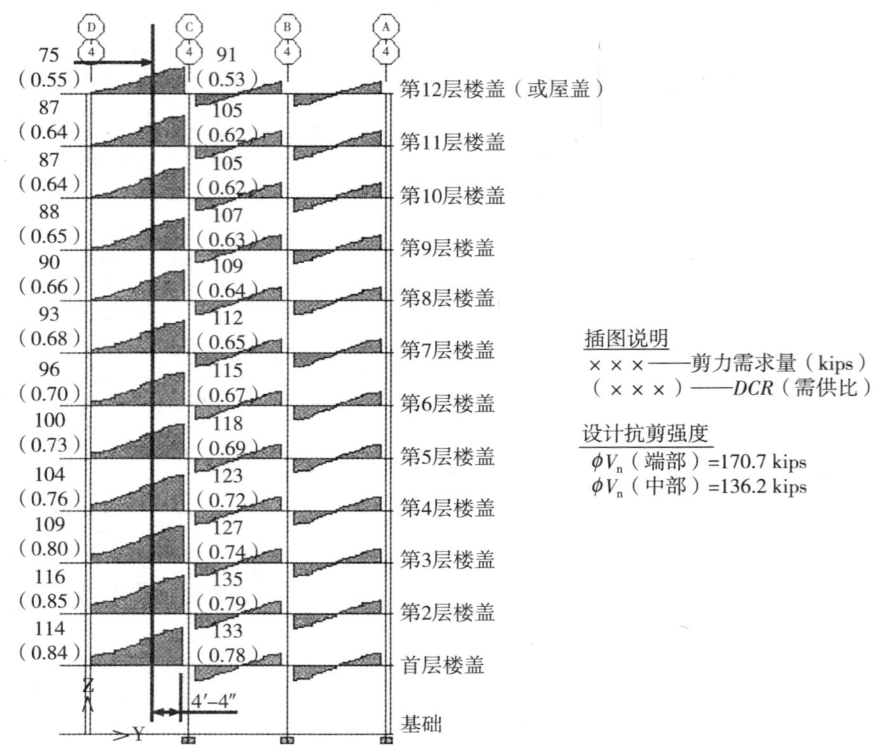

图 4－82　柱网轴线④梁的剪力需求量与 *DCR* 值（案例情况 1E）

高度）距离范围之内的截面都许可用与按距离为 d 所求出来的 V_u 值相同的剪力来进行设计。在这个例题中，即使去用第 11.1.3.1 条的规定来减小这些梁端的 *DCR* 值，但对其总的答案是没有任何影响的。除非发现有些梁的抗剪 *DCR* 值不合格，那就可以在进行重新设计之前先用距离梁端 d 位置处的规范规定的最大剪力需求量来重新评估这需供比（*DCR*）。

梁的剪力在整个建筑物高度范围内的分布情况是和弯矩的分布情况一样的。沿柱网轴线Ⓓ梁的最大剪力出现在首层楼盖，并随着建筑物的高度向上而减小。沿柱网轴线④，剪力也是随建筑物的高度向上而减小的，但梁最大的剪力却出现在第 2 层楼盖，而不是首层。这 0.85 的全部最大的抗剪 DCR 值出现在沿柱网轴线④的第 2 层楼盖梁的距离Ⓒ轴线柱表面 4ft－4in 的这个部位。

4.6.3.3.3　*梁的抗扭*

GSA 导则并没有专门论及梁的抗扭这一主题。不过，业已发现，这作用在外边梁上的扭矩是要值得注意的，并应对其进行评估。图4－83显示说明了本例题中沿柱网轴线Ⓓ外边梁所承受的扭矩。这最大扭矩 102ft－kips 出现在轴线③和⑤之间的被去掉柱子直接上方的首层楼盖梁的跨中。

外边梁扭矩的产生是由这沿柱网轴线④边跨梁所持有大的不均衡正弯矩造成的（见图 4－80）。这扭矩的大小是受梁自身的相对抗扭刚度影响的。在这个例题中，保守地假设梁未曾开裂，并在分析模型中将这抗扭刚度的修正系数取成了 1.0。外边梁的开裂裂缝势必会减小扭矩，并会将内力重新分配给结构的其他部件。抗扭设计按照 ACI 318－02 的规定进行评估。

临界扭矩

根据 ACI 318－02 第 11.6.1 条的规定，当最大的设计扭矩 T_u 小于 $\phi\sqrt{f'_c}\left(A_{cp}^2/P_{cp}\right)$ 时就可以忽略

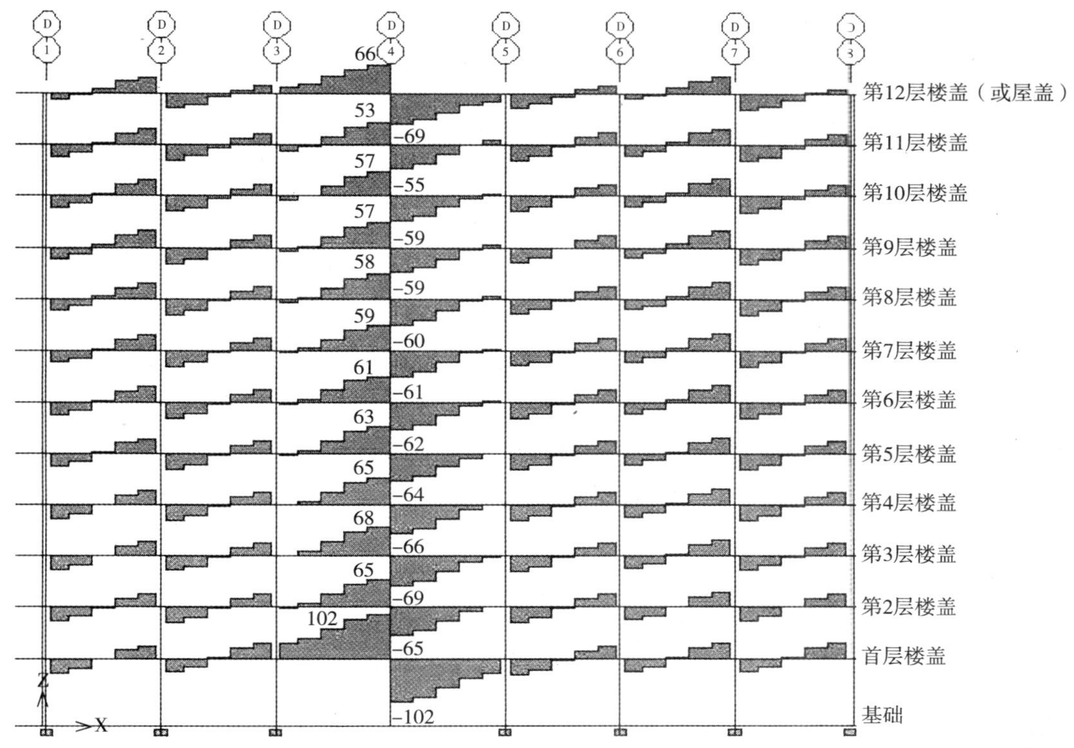

图 4－83　柱网轴线Ⓓ梁的扭矩需求量（案例情况 1E）（ft－kips）

这扭转效应（就非预应力构件而言）。在这个式子中，p_{cp}是混凝土横截面的外周边长度，A_{cp}是混凝土横截面外周边所封闭的面积。在计算p_{cp}和A_{cp}时所取的有效翼缘板的宽度应该符合 ACI 318－02 第 13.2.4 条的规定要求。但要提醒的是，如果一根带有翼缘板的梁（即 T 形梁或 ┏形梁）的计算参数A_{cp}^2/p_{cp}小于这不考虑翼缘板的同一梁（即矩形梁）的这个参数计算值的话，则可以忽略外伸的翼缘板。按照第 13.2.4 条的规定，这翼缘板外伸的宽度应该等于梁在其板上或板下突出部分的截面高度，无论哪个比较大，但都不能大于板厚的 4 倍。图 4－84 显示了这外边梁翼缘板的外伸宽度。

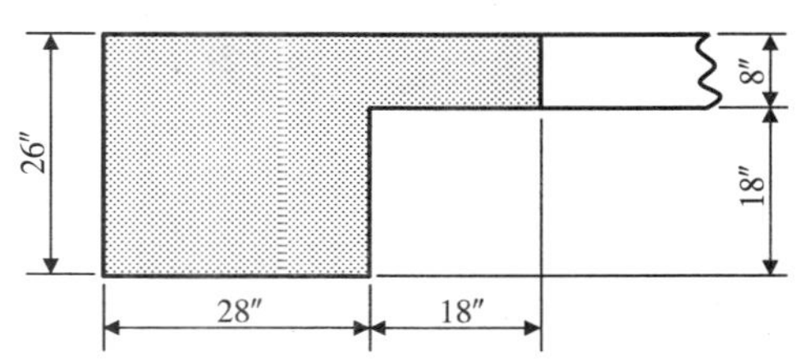

图 4－84　抗扭设计的翼缘板宽度

临界扭矩参数的计算　　**表 4－10**

考虑翼缘板（┏形）	不考虑翼缘板（矩形）
$A_{cp}=(28\times26)+(18\times8)=872\text{in}^2$	$A_{cp}=(28\times26)=728\text{in}^2$
$p_{cp}=2(28+26+18)=144\text{in}$	$p_{cp}=2(28+26)=108\text{in}$
$\dfrac{A_{cp}^2}{p_{cp}}=\dfrac{(872)^2}{144}=5280\text{in}^3$（取值）	$\dfrac{A_{cp}^2}{p_{cp}}=\dfrac{(728)^2}{108}=4907\text{in}^3$

根据表 4－10 的计算结果，按考虑外伸翼缘板所起的作用来计算临界扭矩：

$$\phi\sqrt{f'_c}\left(\frac{A_{cp}^2}{p_{cp}}\right)=1.0\sqrt{5000}\times5280=373,400\text{in}-\text{lbs}=31.1\text{ft}-\text{kips}$$

由于这最大扭矩需求量 102ft - kips 大于临界扭矩，所以在设计中必须要考虑抗扭的问题。

最大设计扭矩

在超静定结构里面，某构件所承受的扭矩会因其自身的开裂裂缝所形成的内力重分配而导致减小。ACI 318 - 02 第 11. 6. 2. 2 条规定容许将最大的设计扭矩（就非预应力构件而言）减小到 4 倍的临界扭矩：

$$\phi 4\sqrt{f'_c}\left(\frac{A_{cp}^2}{p_{cp}}\right) = 1.0 \times 4 \times \sqrt{5000} \times 5280 = 1,493,500\text{in} - \text{lbs} = 124.5\text{ft} - \text{kips}$$

这根据弹性分析确定的最大扭矩需求量（102ft - kips）是介于临界扭矩（31. 1ft - kips）和最大设计扭矩（124. 5ft - kips）之间。因此，按抵抗预测的扭矩需求量来设计抗扭钢筋。

检验横截面的尺寸

ACI 318 - 02 第 11. 6. 3. 1 条是根据由剪力和扭矩两者共同产生的剪应力来限定这构件横截面尺寸的大小的。对于实腹构件的截面必须满足下列的关系式：

$$\sqrt{\left(\frac{V_u}{b_w d}\right)^2 + \left(\frac{T_u p_h}{1.7A_{oh}^2}\right)^2} \leqslant \phi\left(\frac{V_c}{b_w d} + 8\sqrt{f'_c}\right)$$

在该式中，p_h 是最外边缘的封闭式横向抗扭钢筋中心线的周长，A_{oh}是由最外边缘封闭式横向抗扭钢筋的中心线所圈围的面积。在确定 p_h 和 A_{oh}时，箍筋的保护层厚度在梁的所有表面都取成 1. 5in。p_h 和 A_{oh}的数值计算如下：

$$p_h = 2\left[\left(28 - 2\left(1.5 + \frac{0.375}{2}\right)\right) + \left(26 - 2\left(1.5 + \frac{0.375}{2}\right)\right)\right] = 94.5\text{in}$$

$$A_{oh} = \left[28 - 2\left(1.5 + \frac{0.375}{2}\right)\right] \times \left[26 - 2\left(1.5 + \frac{0.375}{2}\right)\right] = 557\text{in}^2$$

在两个部位来评估这横截面：双跨梁的中点（即最大扭矩所在的截面）和梁的端部（即最大剪力所在的截面）。

跨中：$T_n = 102\text{ft} - \text{kips}$，$V_n = 10\text{kips}$

$$\sqrt{\left(\frac{10,\ 000}{28 \times 23.5}\right)^2 + \left(\frac{1,\ 224,\ 000 \times 94.5}{1.7 \times (557)^2}\right)^2} \leqslant 1.0\ (2\sqrt{5000} + 8\sqrt{5000})$$

（上式的单位为磅/英寸^2。其中 1，224，000 = 102 × 12 × 1000——译者注。）

计算结果：220psi < 707psi。因此，跨中部位的横截面尺寸是足够的。

端部：$T_u = 36\text{ft} - \text{kips}$，$V_u = 104\text{kips}$

$$\sqrt{\left(\frac{104,\ 000}{28 \times 23.5}\right)^2 + \left(\frac{432,\ 000 \times 94.5}{1.7 \times 557^2}\right)^2} \leqslant 1.0\ (2\sqrt{5000} + 8\sqrt{5000})$$

计算结果：176psi < 707psi。因此，端部的横截面尺寸也是足够的。

横向抗扭钢筋的设计

根据 ACI 318 - 02 第 11. 6. 3. 5 条和第 11. 6. 3. 6 条的规定，所需的横向抗扭钢筋应按下面的公式来确定：

$$\phi T_n \geqslant T_u,\ \text{式中}\ T_n = \frac{2A_o A_t f_{yv}}{s}\cot\theta$$

在上面的式子里，A_o 是剪力流所覆盖的毛面积。除非用分析来确定，否则允许将 A_o 取成等于 $0.85A_{oh}$。而且，对于非预应力构件还许可假定 $\theta = 45°$。就本例题来讲，按最保守的情况，即取 No. 3@9in 中－中的箍筋来进行计算，则此梁的标称抗扭强度计算如下：

$$T_n = \frac{2 \times 0.85 \times 557 \times 0.11 \times 75}{9} \times 1.0 = 868\text{in}-\text{kips} = 72.3\text{ft}-\text{kips}$$

因为梁跨中部位的剪力是微不足道而可忽略不计的，所以可以假定这个部位的箍筋全部都用来抵抗扭矩。仍然取 $\phi = 1.0$，则这抗扭需供比为 $DCR = \frac{T_u}{\phi T_n} = \frac{102}{72.3} = 1.41$。由于这个值小于 2.0 的容许 DCR 值，所以现有的横向钢筋就已经足够了。

根据 ACI 318－02 第 11.6.5.2 条的规定，在需要配置抗扭钢筋的地方应按下式来提供横向封闭式箍筋的最小面积：

$$(A_V + 2A_t) = 0.75\sqrt{f'_c}\frac{b_w s}{f_{yv}} \geqslant \frac{50 b_w s}{f_{yv}}$$

如上所述，梁跨中部位的剪力是微不足道而可忽略不计的，因此所需的抗剪钢筋面积 $A_v = 0$，则

$$2A_t = 0.75\sqrt{5000} \times \frac{28 \times 9}{75,000} = 0.18\text{in}^2,\ A_t = 0.09\text{in}^2$$

No. 3 箍筋的单肢面积为 0.11in²，大于这所要求的最小面积 0.09in²，因此所提供的箍筋是足够的。除了箍筋的最小面积以外，ACI 318－02 第 11.6.6.1 条还规定了这横向抗扭钢筋的间距限度。根据第 11.6.6.1 条的规定，这横向钢筋的间距不应超过 $p_h/8$（11.8in）或 12in 两者之较小者。因为梁的整个长度范围内的最大箍筋间距才有 9in，所以满足这些限值的要求。

纵向抗扭钢筋的设计

按照 ACI 318－02 第 11.6.3.7 条的规定，为抗扭而所需附加的纵向钢筋按下面的公式来确定：

$$A_l = \frac{A_t}{s} p_h \left(\frac{f_{yv}}{f_{yl}}\right) \cot^2\theta$$

在上面的式子里，f_{yv} 和 f_{yl} 分别代表了横向钢筋和纵向钢筋的屈服强度，θ 同样取成 45°。计算结果是，$\left(\frac{f_{yv}}{f_{yl}}\right)\cot^2\theta$ 的量等于 1.0，并按下面所列示的横向抗扭钢筋计算公式来算这项 $\frac{A_t}{s}$：

$$\frac{A_t}{s} = \frac{T_n}{2A_o f_{yv} \cot\theta}$$

上式中的 T_n 被设定为等于 T_u 除以 DCR 值 2.0（即 $T_n = 102/2 = 51\text{ft}-\text{kips}$）。

$$\frac{A_t}{s} = \frac{51 \times 12}{2 \times 0.85 \times 557 \times 75 \times 1.0} = 0.0086\text{in}^2/\text{in}$$

因此，

$$A_l = \frac{A_t}{s} p_n \left(\frac{f_{yv}}{f_{yl}}\right) \cot^2\theta = 0.0086 \times 94.5 \times 1.0 = 0.81\text{in}^2$$

另外，按照 ACI 318－02 第 11.6.5.3 条的规定，在需要配置纵向抗扭钢筋的地方，这所应提供的最小钢筋面积为：

$$A_{l,\min} = \frac{5\sqrt{f'_c} A_{cp}}{f_{yl}} - \left(\frac{A_t}{s}\right) p_h \frac{f_{yv}}{f_{yl}}$$

从中不难看出，纵向抗扭钢筋的最小配筋量是随着因数 A_t/s 的增大而减小的。为此，取梁中部位置的 A_t/s 值（即那里 No. 3 箍筋的间距为 9in 中－中）。

$$A_{l,\min}=\frac{5\sqrt{5000}\times 872}{75,000}-\left(\frac{0.11}{9}\right)\times 94.5=2.96\text{in}^2>0.81\text{in}^2$$

因此，按这最小配筋量来提供纵向抗扭钢筋。

在这最大扭矩的截面上有 5 根 No. 7 的底部纵向钢筋和 7 根 No. 8 的顶部纵向钢筋。由于这也是最大正弯矩的所在截面，所以部分的上述钢筋需要用来抗弯。为了确定能满足 GSA 的抗弯验收标准的所需最小钢筋面积，用这个部位的正弯矩需求量去除以 2.0 的 *DCR* 值（即：547/2 =273.5ft－kips）。则需要用等于 1.91in^2 的底部钢筋面积来抵抗 273.5ft－kips 的弯矩。然后用这剩余的纵向钢筋来抵抗扭矩。

$$A_{s总}=A_{s底部}+A_{s顶部}=3.0+5.53=8.53\text{in}^2$$

可用来作为纵向抗扭钢筋的数量等于 6.62in^2（8.53－1.91）。由于 6.62in^2 >2.96in^2，这所提供的钢筋数量是满足抗扭要求的。

另外，必须检验纵向钢筋的间距。按照 ACI 318－02 第 11.6.6.2 条的规定，应该将这些纵向抗扭钢筋沿着封闭式箍筋的周边分布，其最大间距不得超过 12in。为了满足这条要求，则必须最少提供 8 根钢筋：分别位于顶部和底部的各 3 根等向矩的钢筋和 2 根位于梁截面高度中部的腰筋。梁的现有顶部和底部钢筋的间距是满足要求的，但沿这两个侧面却没有满足。为此，在截面高度的中部添加了 2 根腰筋。由于现有的钢筋面积已经大于所要求的，截面高度中部的附加腰筋应该取第 11.6.6.2 条所规定容许的最小尺寸。

第 11.6.6.2 条明确规定，钢筋的最小直径应该等于 0.042 倍的箍筋间距，但不应小于 No. 3 的直径。用 9in 的箍筋间距来计算，则最小的钢筋直径等于 0.38in，选用 No. 4 的腰筋就能满足要求了。

4.6.3.3.4 *柱子*

这原先由④－Ⓓ柱所支承的荷载基本上被分摊给了与其毗邻的④－Ⓒ、③－Ⓓ和⑤－Ⓓ柱。对这些柱子进行轴力和双向弯矩组合作用下的评估。用 ETABS 程序对这些柱子的强度进行检验，其中所有的系数 ϕ 都设定为 1.0。

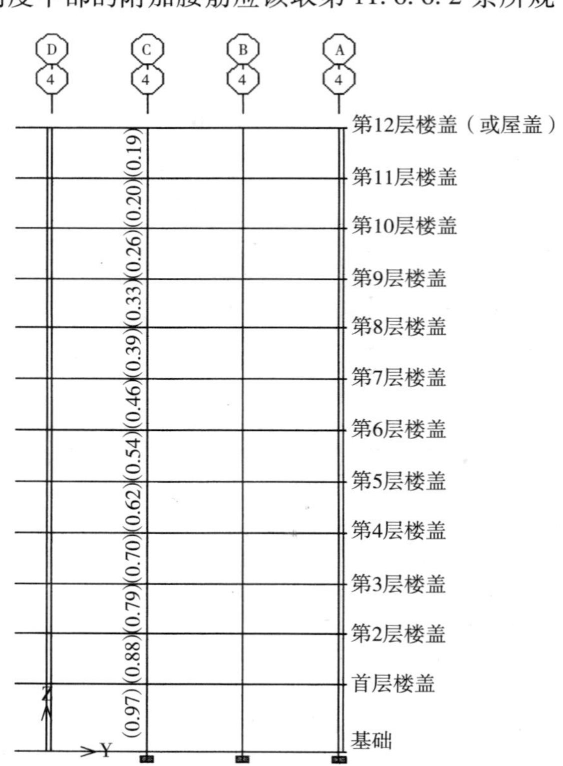

图 4－85　柱网轴线④上承受轴向荷载和双向弯矩组合作用的柱子 *DCR* 值（案例情况 1E）

图 4－85 和图 4－86 显示了这些柱子所承受轴向荷载和双向弯矩的需供比（*DCR*）值。*DCR*≤2.0 表明柱子的截面已具有足够的强度，而 *DCR* >2.0 则说明柱截面需要重新设计。现在所有的 *DCR* 值都小于 2.0。图 4－87提供了这 30in ×30in 内柱和 26in ×26in 外柱的轴力—弯矩关系图，并在关系图上标注了这些带有最大 *DCR* 值的柱子。

除此之外，还对上述的这些柱子作了抗剪切力的检

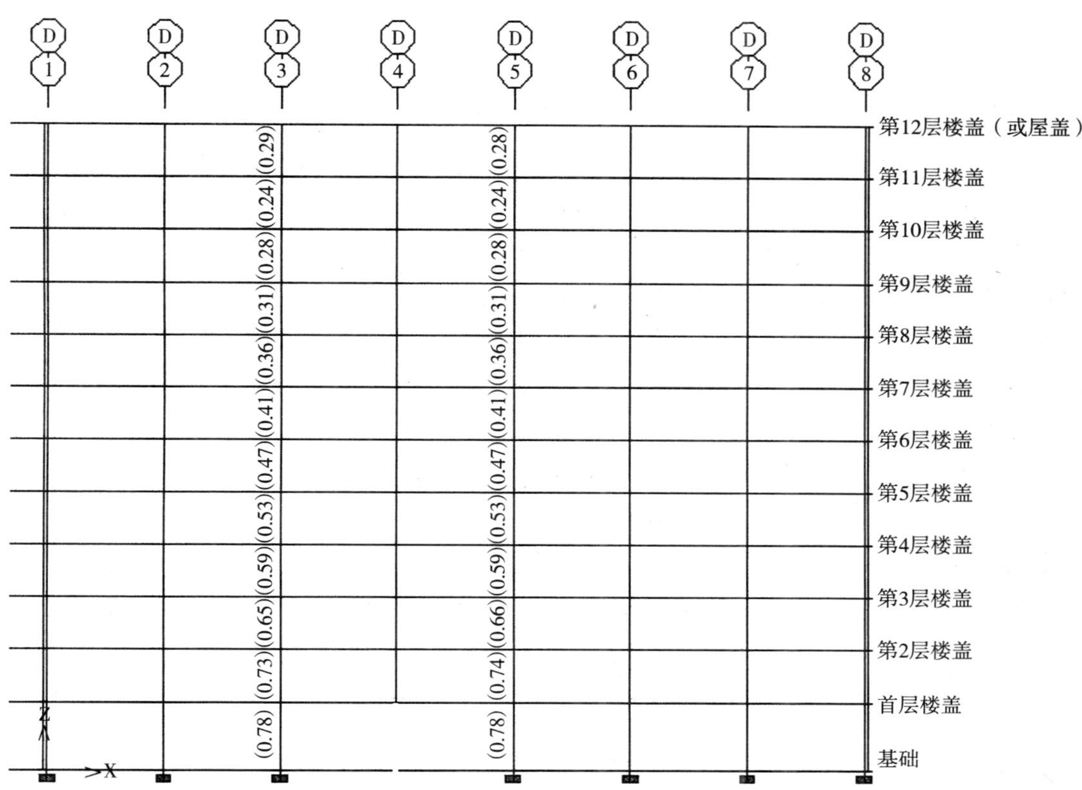

图 4－86　柱网轴线Ⓓ上承受轴向荷载和双向弯矩组合作用的柱子 *DCR* 值（案例情况 1E）

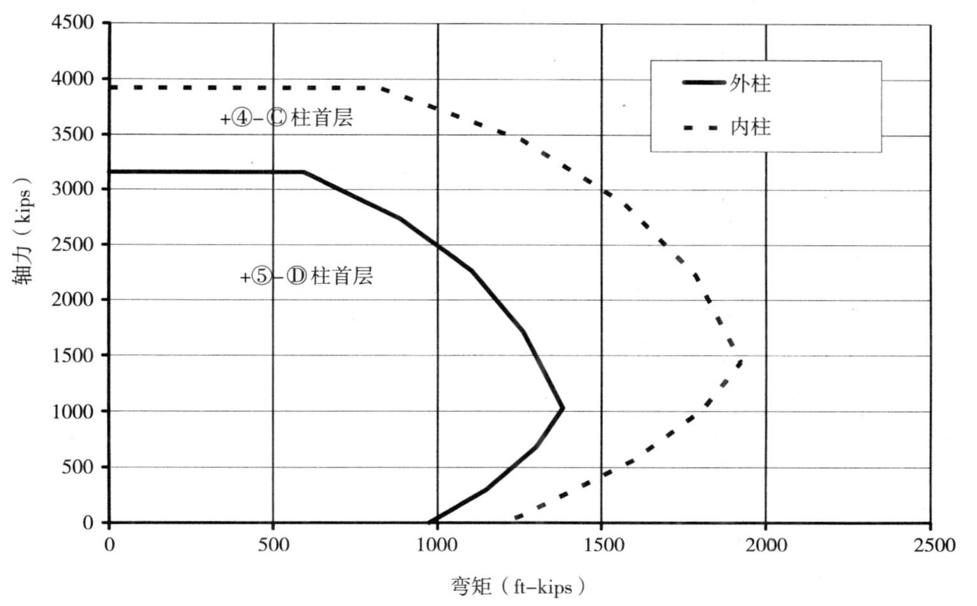

图 4－87　标准柱子的轴力－弯矩关系图（案例情况 1E）

验。与这些柱子的截面尺寸相比，剪力显得相当小。计算结果表明，所有的抗剪 *DCR* 值都小于 2.0。

4.6.3.4　临近短边中部的柱子失去（案例情况 2E）

在①－Ⓑ外柱去掉以后，根据三维空间分析来确定每一根梁的内力（即需求量）。为了保持稳定，这原先由①－Ⓑ柱所支承的荷载必须要有一个可替补的能传至基础的候补传力途径。在这种情况下，沿柱网轴线①（位于Ⓐ与Ⓒ轴线之间）的周边梁和沿柱网轴线Ⓑ（位于①与②轴线之间）的内梁将通过自身的抗弯来为跨越这被去掉的柱子提供受力的机理。

为这建筑物整个高度范围内的所有沿柱网轴线①和Ⓑ的梁标绘弯矩图。将这些最大的弯矩需求量去与梁的有效设计抗弯强度作对比。如案例情况 1E 那样，最大的容许 *DCR* 值为 2.0。

4.6.3.4.1　*梁的抗弯*

图 4－88 和图 4－89 显示了这渐次倒塌分析的结果。这两个图分别显示了沿柱网轴线①和Ⓑ梁的最大弯矩。在这两个图上还显示了 *DCR* 的值，其是用图 4－88 和图 4－89 上所标示的弯矩需求量去除以 4.6.3.2 节中所求得的设计抗弯强度而计算出来的。

沿柱网轴线①，这Ⓑ和Ⓒ轴线部位的最大梁弯矩都出现在首层楼盖上，而Ⓐ轴线部位（即建筑物的角部）的最大梁弯矩却出现在第 2 层的楼盖上。在这两个楼层的上方，随着建筑物的高度向上梁的弯矩渐次减小。惟一的例外是在第 11 层的楼盖，那里的梁弯矩稍微有点增大，但到屋盖又重新减小。

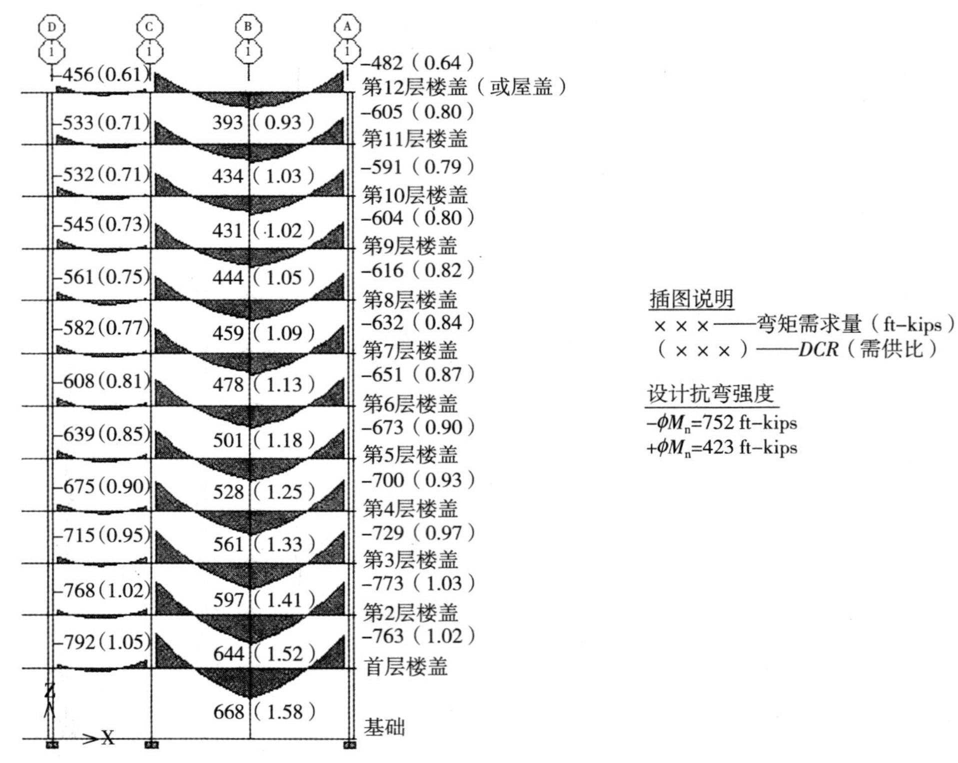

图 4－88　柱网轴线①梁的弯矩图与 *DCR* 值（案例情况 2E）

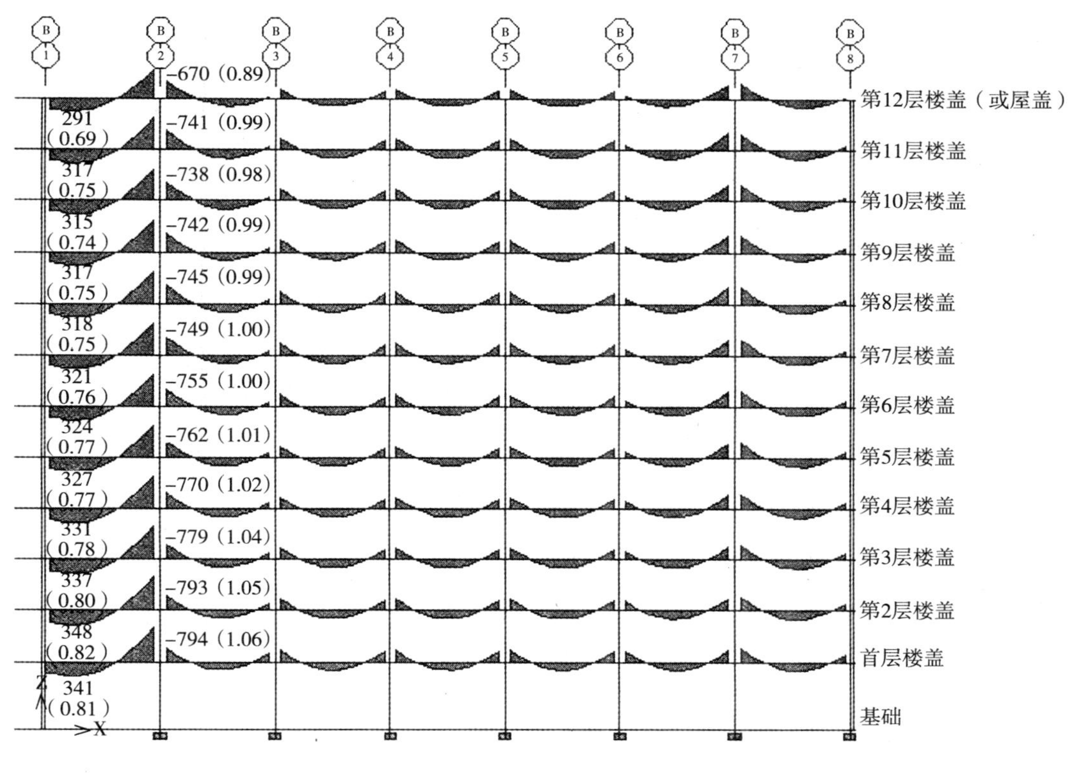

插图说明
×××——弯矩需求量（ft–kips）
（×××）——*DCR*（需供比）

设计抗弯强度
$-\phi M_n$=752 ft–kips
$+\phi M_n$=423 ft–kips

图 4－89　柱网轴线Ⓑ梁的弯矩图与 *DCR* 值（案例情况 2E）

沿柱网轴线Ⓑ梁的弯矩分布情况是和沿柱网轴线①梁的情况相似的，这最大的正弯矩出现在第 2 层楼盖，而最大的负弯矩出现在首层楼盖。在这两个楼层的上方，随着建筑物的高度向上梁的弯矩呈规则性地减小。唯 一的例外也同样出现在第 11 层的楼盖，那里的梁弯矩稍微有点增大，但到屋盖又再次减小。弯矩的分配对分析的参数是很敏感的，诸如这构件的有效刚度和所假定的节点刚性等。

正如图 4－88 和图 4－89 所显示说明的那样，所有的抗弯 *DCR* 值都小于 2.0 的容许值。因此，这按抗震设计等级（SDC）D 所设计的梁的抗弯强度是足以满足防止渐次倒塌的要求的。作为完整的分析，还要对梁的抗剪和抗扭以及柱子的强度进行检验。

4.6.3.4.2　*梁的抗剪*

评估两个部位的剪力需求量及其相应的 *DCR* 值：即梁的端部和距离柱表面 4ft－4in 远的部位。这离梁端 4ft－4in 远的位置代表了箍筋间距从 5in 过渡到 9in 的交界部位。如图 4－90 和图 4－91 所标示的那样，这些梁的抗剪 *DCR* 值都远远地小于 2.0。

保守地去评估柱表面处的最大剪力需求量。用这种简化的方法是因为这整个建筑结构的 *DCR* 值都远远地小于 2.0 的容许值。按照 ACI 318－02 第 11.1.3.1 条的规定，这些位于离柱表面 d（梁的截面有效高度）距离范围之内的截面都许可用与按距离为 d 所求出来的 V_u 值相同的剪力来进行设计。在这个例题中，即使去用第 11.1.3.1 条的规定来减小这些梁端的 *DCR* 值，但对其总的答案是不会有任何效果的。除非发现有些梁的抗剪 *DCR* 值不合格了，那就可以在进行重新设计之前先用距离梁端 d 位置

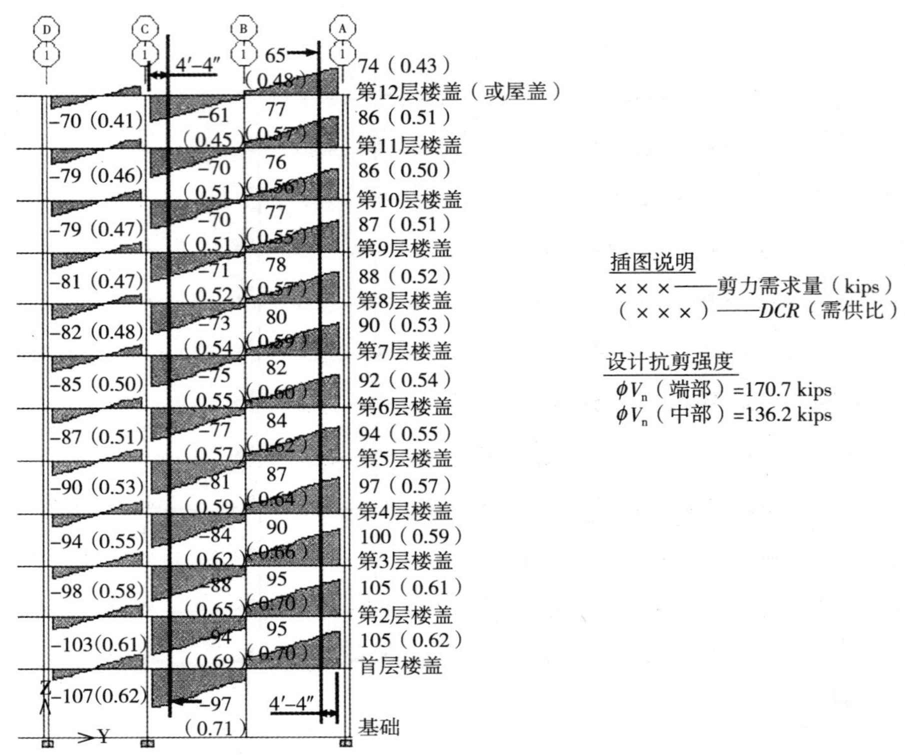

图 4－90　柱网轴线①梁的剪力需求量与 *DCR* 值（案例情况 2E）

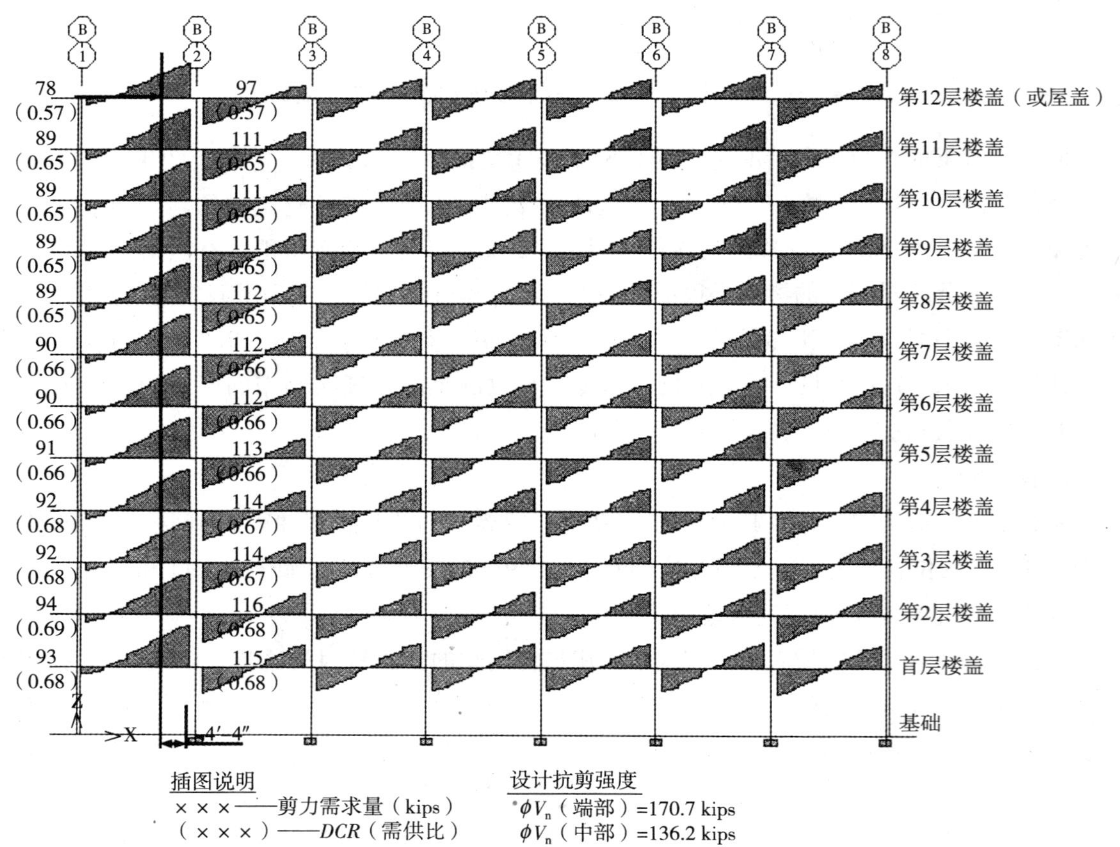

插图说明

×××——剪力需求量（kips）

（×××）——DCR（需供比）

设计抗剪强度

ϕV_n（端部）=170.7 kips

ϕV_n（中部）=136.2 kips

图 4－91　柱网轴线Ⓑ梁的剪力需求量与 *DCR* 值（案例情况 2E）

处的规范规定的最大剪力需求量来重新评估这需供比（*DCR*）。

梁的剪力在整个建筑物高度范围内的分布方式是和弯矩的分布方式一样的。沿柱网轴线①梁的最大剪力出现于首层楼盖，并随着建筑物的高度向上而减小。沿柱网轴线Ⓑ、剪力也是随着高度向上而减小的，但梁的最大剪力却出现在第 2 层楼盖，而不是首层。这 0.71 的全部最大的抗剪 *DCR* 值出现在沿柱网轴线①的首层楼盖梁的距离Ⓒ轴线柱表面 4ft－4in 的这个部位。

4.6.3.4.3　*梁的抗扭*

GSA 导则并没有专门论及梁的抗扭这一主题。不过，业已发现，这作月在外边梁上的扭矩是要值得注意的，并应对其进行评估。图 4－92 显示说明了本例题中沿柱网轴线①外边梁所承受的扭矩。最大扭矩 62ft－kips 出现在这被去掉柱子直接上方的首层楼盖双跨梁的跨中。

外边梁扭矩的产生是由这沿柱网轴线Ⓑ边跨梁所持有大的不均衡正弯矩造成的（见图 4－89）。扭矩的大小是受梁自身的相对抗扭刚度影响的。在这个例题中，保守地假设梁未曾开裂，并在分析模型中将抗扭刚度的修正系数取成了 1.0。外边梁的开裂裂缝势必会减小扭矩，并会将内力重新分配给结构的其他部件。抗扭设计按照 ACI 318－02 的规定进行评估。

由于整栋楼的外边梁的截面尺寸都被假设成是一样的，所以这对案例情况 1E 所进行的抗扭分析的结果是完全适用于案例情况 2E 的。这案例情况 2E 的最大扭矩（62ft－kips）大于临界扭矩（31.1 ft－kips），但小于最大设计扭矩（124.5ft－kips）。像案例情况 1E 那样，这现有钢筋已经满足了横向和纵向抗扭钢筋的要求，只需要在梁的截面高度的中部添加 2 根 No. 4 的纵向抗扭腰筋来满足纵向钢筋间距

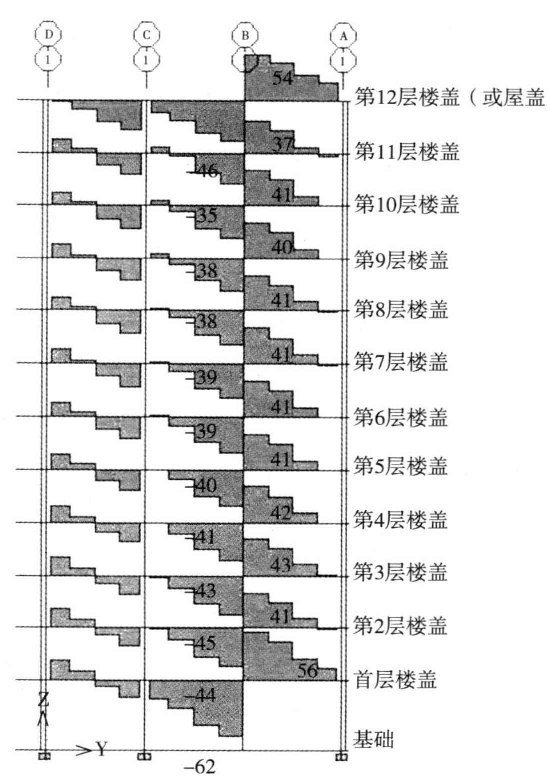

图 4－92　柱网轴线①梁的扭矩需求量（案例情况 2E）（ft－kips）

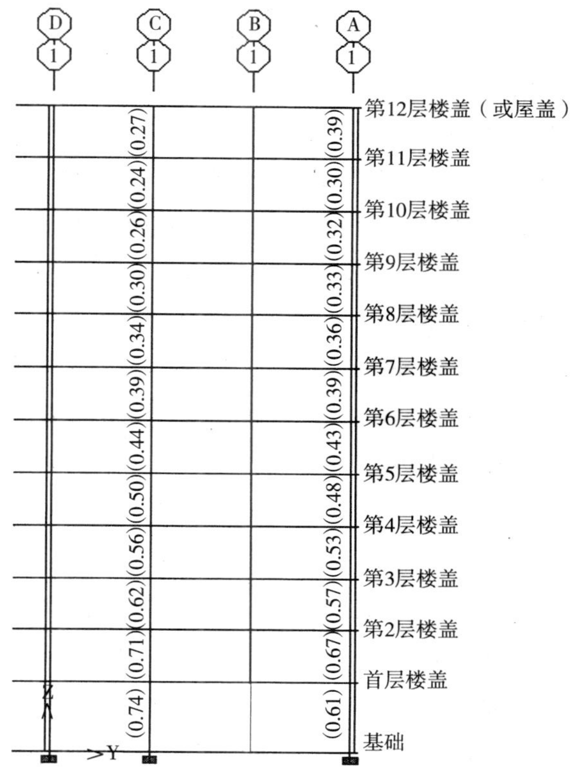

图 4－93　柱网轴线①上承受轴向荷载和双向弯矩组合作用的柱子 *DCR* 值（案例情况 2E）

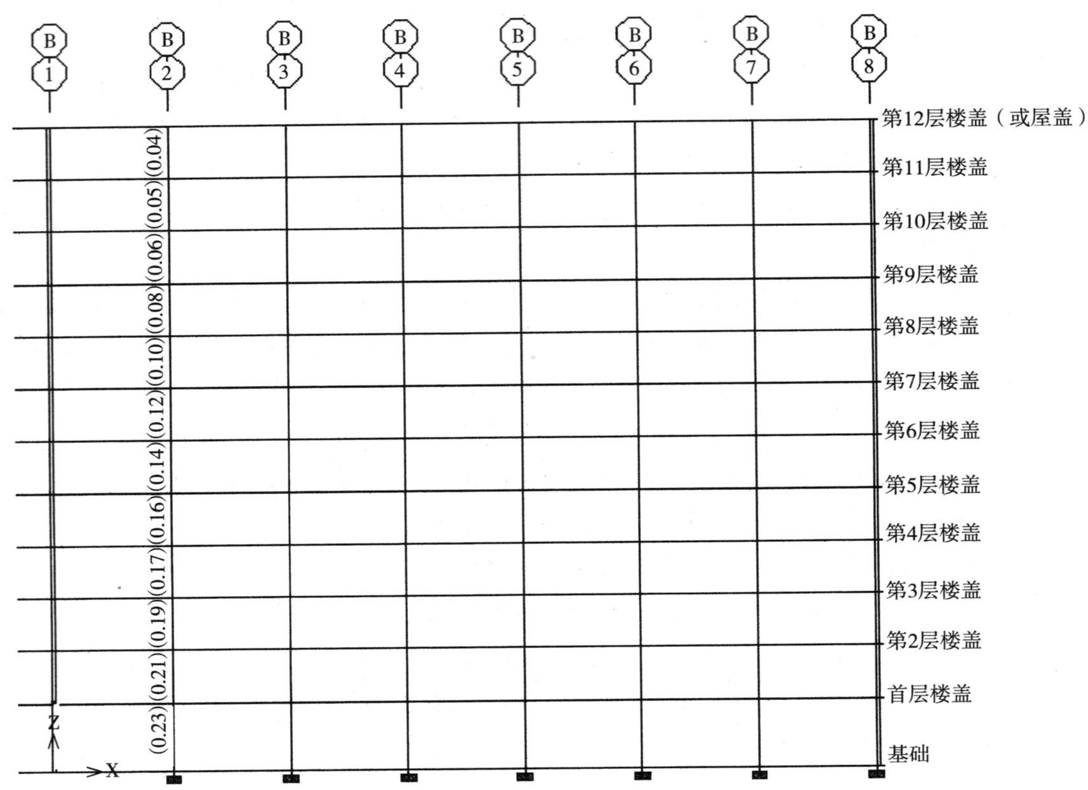

图 4－94　柱网轴线Ⓑ上承受轴向荷载和双向弯矩组合作用的柱子 *DCR* 值（案例情况 2E）

的要求即可。

4.6.3.4.4　*柱子*

这原先由①－Ⓑ柱所支承的荷载基本上被分摊给了与其毗邻的①－Ⓐ、①－Ⓒ和②－Ⓑ柱。对这些柱子进行轴力和双向弯矩组合作用下的评估。用 ETABS 程序对这些柱子的强度进行检验，其中所有的系数 ϕ 都设定为 1.0。

图 4－93 和图 4－94 显示了这些柱了所承受轴向荷载和双向弯矩的 *DCR* 值。$DCR \leqslant 2.0$ 表明柱子的截面已具有足够的强度，而 $DCR > 2.0$ 则说明柱截面需要重新设计。现在所有的 *DCR* 值都小于 2.0。除此之外，还对上述的这些柱子作了抗剪切力的检验。与这些柱子的截面尺寸相比，这剪力显得相当小。计算结果表明，所有的抗剪 *DCR* 值都远远地小于 2.0。

4.6.3.5　角柱的失去（案例情况 3E）

在①－Ⓓ角柱去掉以后，根据三维空间分析来确定每一根梁的内力（即需求量）。为了保持稳定，这原先由①－Ⓓ柱所支承的荷载必须要有一个可替补的能传至基础的候补传力途径。在这种情况下，这沿柱网轴线①（位于Ⓒ与Ⓓ轴线之间）的周边梁和沿柱网轴线Ⓓ（位于①与②轴线之间）的周边梁将通过自身的抗弯来为跨越这被去掉的柱子提供受力的机理。

为这建筑物整个高度范围内的所有沿柱网轴线①和Ⓓ的梁标绘弯矩图。将这些最大的弯矩需求量去与相对应的设计抗弯强度作对比。如案例情况 1E 和 2E 那样，最大的容许 *DCR* 值为 2.0。

4.6.3.5.1　*梁的抗弯*

图 4－95 和图 4－96 显示了这渐次倒塌分析的结果。这两个图分别显示了沿柱网轴线Ⓓ和①梁的最大弯矩。在这两个图上还列出了相应的 *DCR* 值，其是用图 4－95 和图 4－96 上所标示的弯矩需求量去除以 4.6.3.2 节中所求得的设计抗弯强度而计算出来的。

沿柱网轴线①，这梁的最大正、负弯矩都出现于第 2 层楼盖。在这个楼层的上方，随着建筑物的高度向上梁的弯矩逐渐减小。惟一的例外是在第 11 层的楼盖，那里的梁弯矩稍有增大，而到屋盖又再次减小。

沿柱网轴线Ⓓ梁的弯矩分布情况是和沿柱网轴线①梁的情况相似的。最大的正、负弯矩也都出现在第 2 层楼盖上。在第 2 层楼盖的上方，随着建筑物的高度向上梁的弯矩逐渐减小。惟一的例外也同样是在第 11 层的楼盖，那里的梁弯矩稍有增大，但到屋盖又重新减小。弯矩的分配对分析的参数是很敏感的，诸如这构件的有效刚度和所假定的节点刚性等。

从图 4－95 和图 4－96 里可清楚看出，在第一次分析后，所有的抗弯 *DCR* 值都小于 2.0 的容许值。因此，这按抗震设计等级（SDC）D 所设计的梁的抗弯强度是足以满足防止渐次倒塌的要求的。作为完整的分析，还要对梁的抗剪和抗扭以及柱子的强度进行检验。

4.6.3.5.2　*梁的抗剪*

评估两个部位的剪力需求量及其相应的 *DCR* 值，即梁的端部和距离每一根柱子的表面 4ft－4in 远的部位。这离梁端 4ft－4in 远的位置代表了箍筋间距从 5in 过渡到 9in 的交界部位。如图 4－97 和图

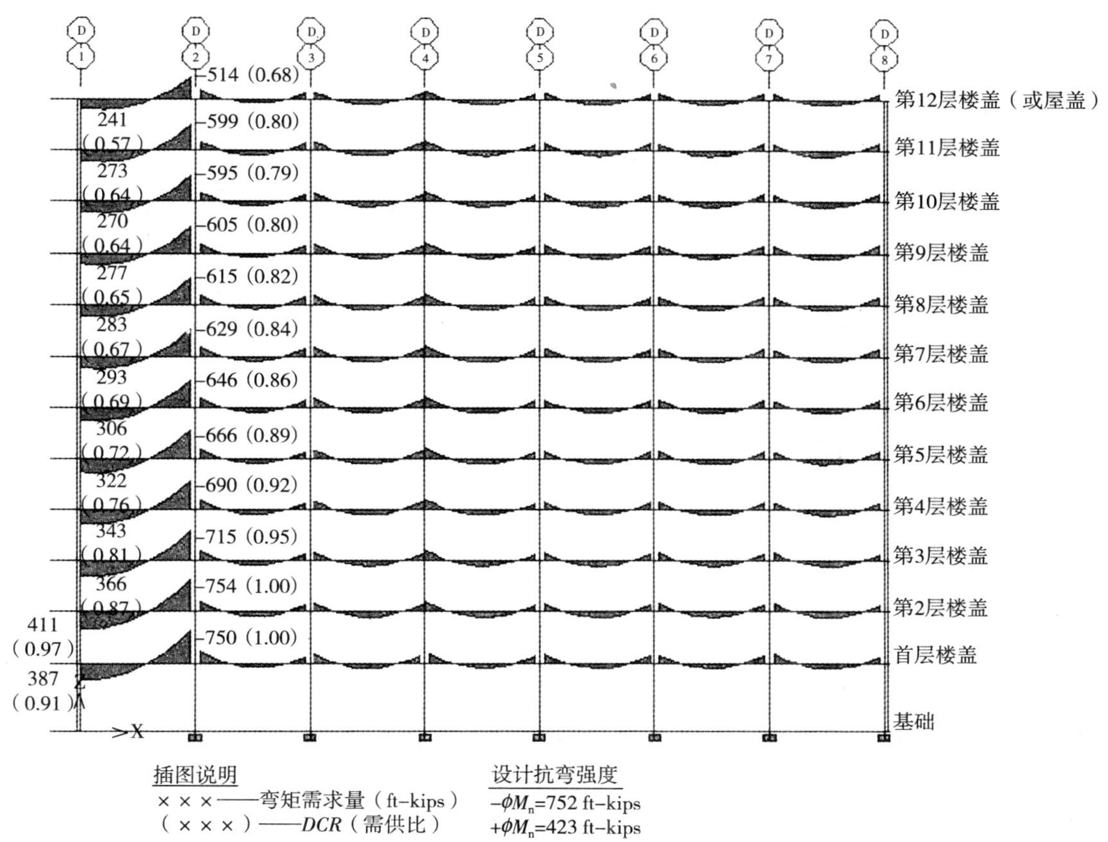

图 4－95　柱网轴线Ⓓ梁的弯矩图与 *DCR* 值（案例情况 3E）

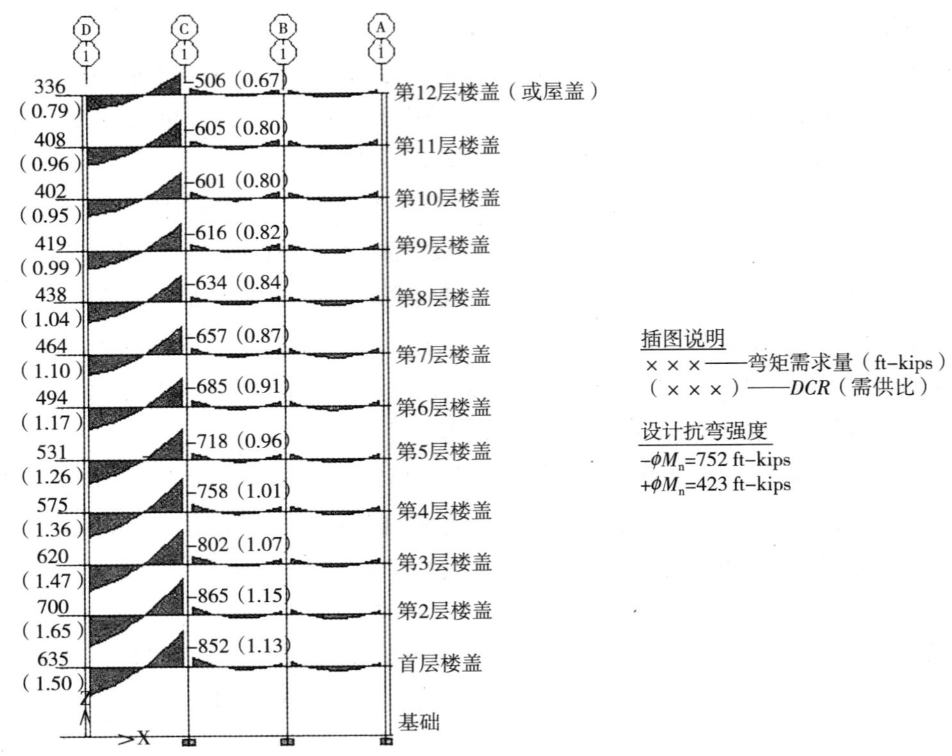

图 4－96　柱网轴线①梁的弯矩图与 *DCR* 值（案例情况 3E）

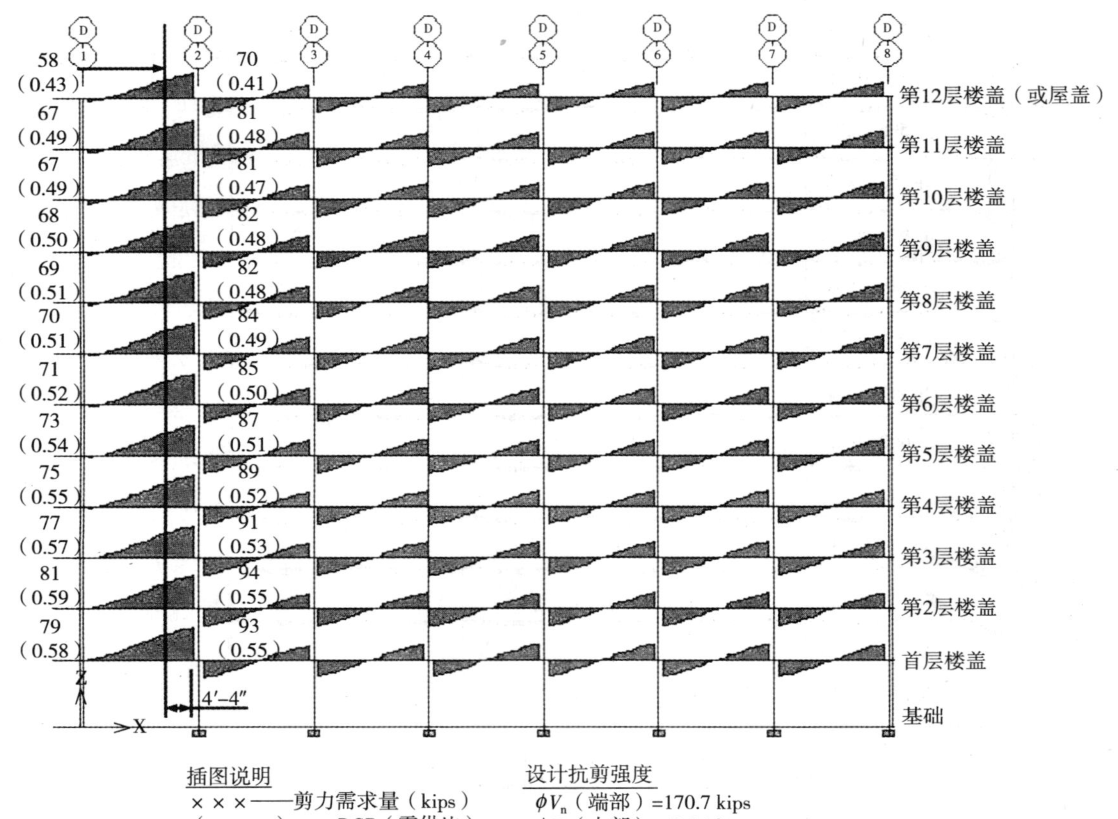

图 4－97　柱网轴线Ⓓ梁的剪力需求量与 *DCR* 值（案例情况 3E）

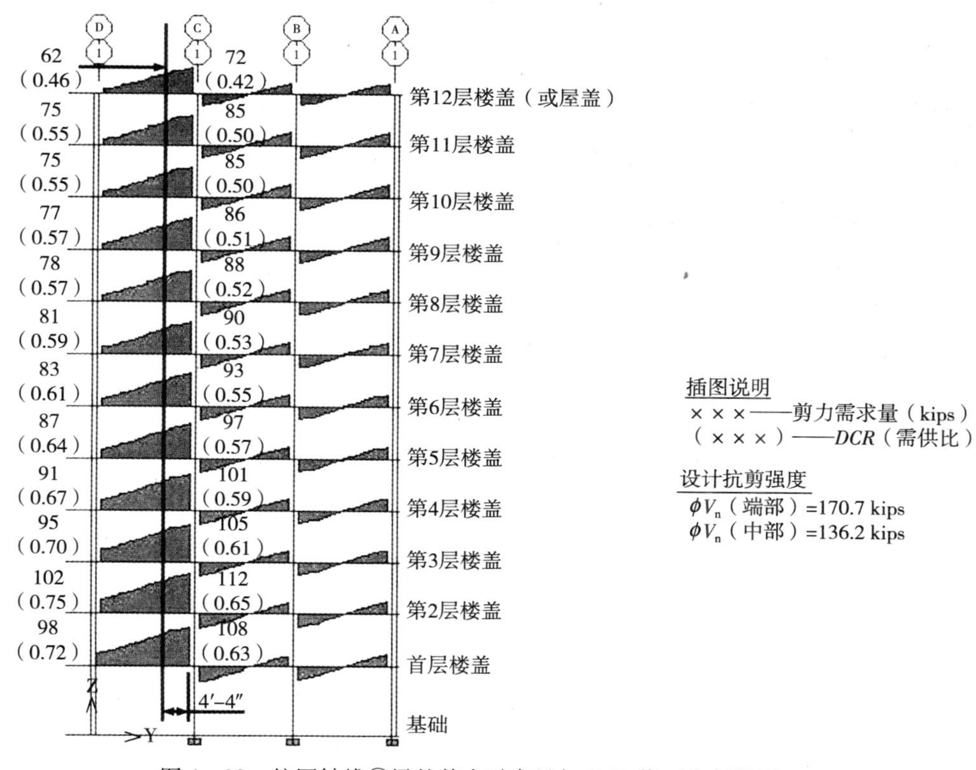

图4－98　柱网轴线①梁的剪力需求量与 *DCR* 值（案例情况3E）

4－98所显示的那样，这些梁的抗剪 *DCR* 值都远远地小于2.0。

保守地去评估柱表面处的最大剪力需求量。用这种简化的方法是因为这整个建筑结构的 *DCR* 值都远远地小于2.0的容许值。按照 ACI 318－02 第11.1.3.1条的规定，这些位于离柱表面 d（梁的截面有效高度）距离范围之内的截面都许可用与按距离为 d 所求出来的 V_u 值相同的剪力来进行设计。在这个例题中，即使去用第11.1.3.1条的规定来减小这些梁端的 *DCR* 值，但对其总的答案是不会有任何影响的。除非发现有些梁的抗剪 *DCR* 值不合格了，那就可以在进行重新设计之前先用距离梁端 d 位置处的规范规定的最大剪力需求量来重新评估这需供比（*DCR*）。

梁的剪力在整个建筑物高度范围内的分布方式是和弯矩的分布方式一样的。沿柱网轴线①和Ⓓ梁的最大剪力都出现在第2层楼盖，并随着建筑物的高度向上而减小。全部最大的抗剪 *DCR* 值（0.75）出现在沿柱网轴线①的第2层楼盖梁距离Ⓒ轴线柱表面4ft－4in的这个部位。

4.6.3.5.3　*梁的抗扭*

GSA导则并没有专门论及梁的抗扭这一主题。不过，业已发现，作用在外边梁上的扭矩是要值得注意的，并应对其进行评估。图4－99和图4－100分别显示说明了本例题中沿柱网轴线Ⓓ和①外边梁所承受的扭矩。这107ft－kips的最大扭矩出现在沿柱网轴线Ⓓ的被去掉柱子直接上方的首层楼盖梁的外端（即①－Ⓓ柱的部位）。

外边梁扭矩的产生是由这沿柱网轴线①和Ⓓ边跨梁所持有大的不均衡正弯矩而造成的（见图4－95和图4－96）。扭矩的大小是受梁自身的相对抗扭刚度影响的。在这个例题中，保守地假设梁未曾开裂，并在分析模型中将抗扭刚度的修正系数取成了1.0。外边梁的开裂裂缝势必会减小扭矩，并会将内力

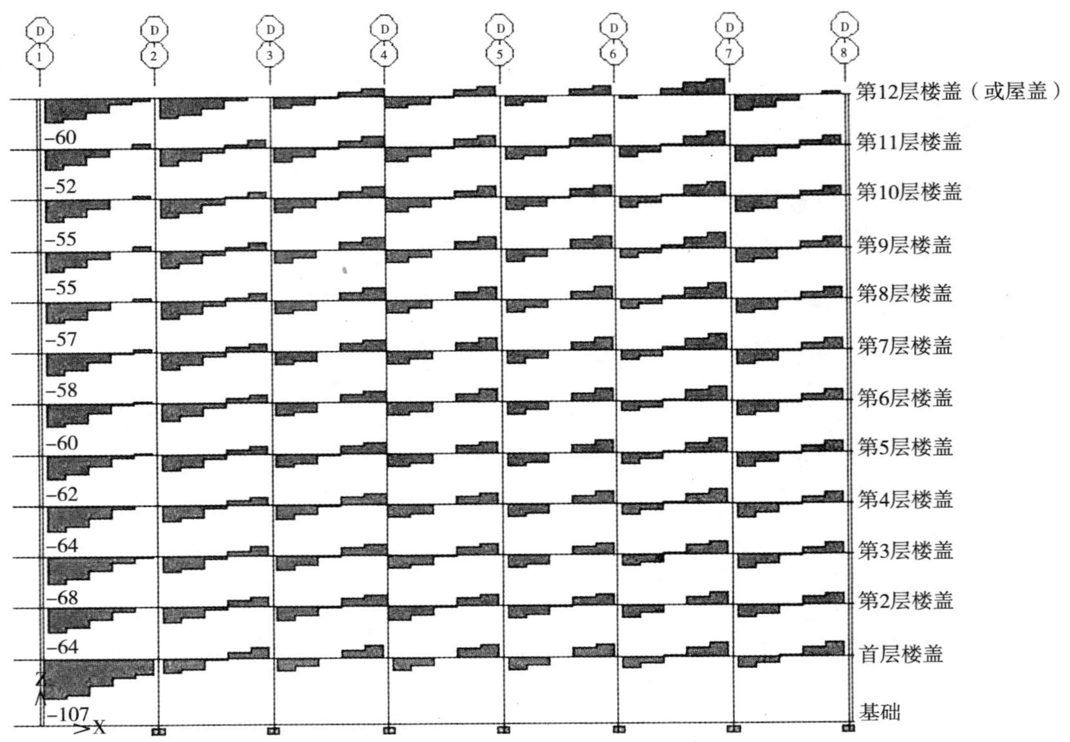

图 4－99　柱网轴线Ⓓ梁的扭矩需求量（案例情况 3E）（ft－kips）

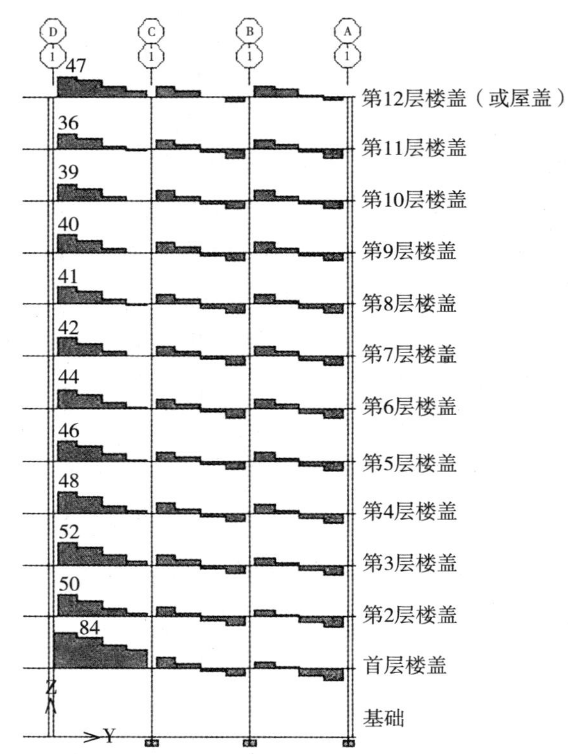

图 4－100　柱网轴线①梁的扭矩需求量（案例情况 3E）（ft－kips）

重新分配给结构的其他部件。抗扭设计按照 ACI 318－02 的规定进行评估。

因为这整栋楼的外边梁的截面尺寸都被假设成是一样的，所以这对案例情况 1E 所进行的抗扭分析的结果是完全适用于案例情况 3E 的。由于案例情况 3E 的最大扭矩（107ft－kips）是几乎等于案例情况 1E 的最大扭矩（102ft－kips），所以现有钢筋已经满足了横向和纵向抗扭钢筋的要求。只需要在梁的截面高度的中部添加 2 根 No. 4 的纵向抗扭腰筋来满足纵向钢筋间距的要求即可（见 4. 6. 3. 3. 3 节）。

4. 6. 3. 5. 4 *柱子*

这原先由①－Ⓓ柱所支承的荷载基本上被分摊给了与其毗邻的①－Ⓒ和②－Ⓓ柱。对这些柱子进行轴向荷载和双向弯矩组合作用下的评估。用 ETABS 程序对这些柱子的强度进行检验，其中所有的系数 ϕ 都设定为 1. 0。图 4－101 显示了这些柱子所承受轴向荷载和双向弯矩的需供比（*DCR*）值。

所有抵抗轴向荷载和双向弯矩组合作用的需供比（*DCR*）都低于容许值 2. 0。这最大的 *DCR* 值都分别出现在位于①－Ⓒ和②－Ⓓ的首层柱上。除此之外，还对上述这些柱子作了抗剪切力的检验。与这些柱子的截面尺寸相比，这剪力显得相当小。计算结果表明，所有的抗剪 *DCR* 值都小于 2. 0。

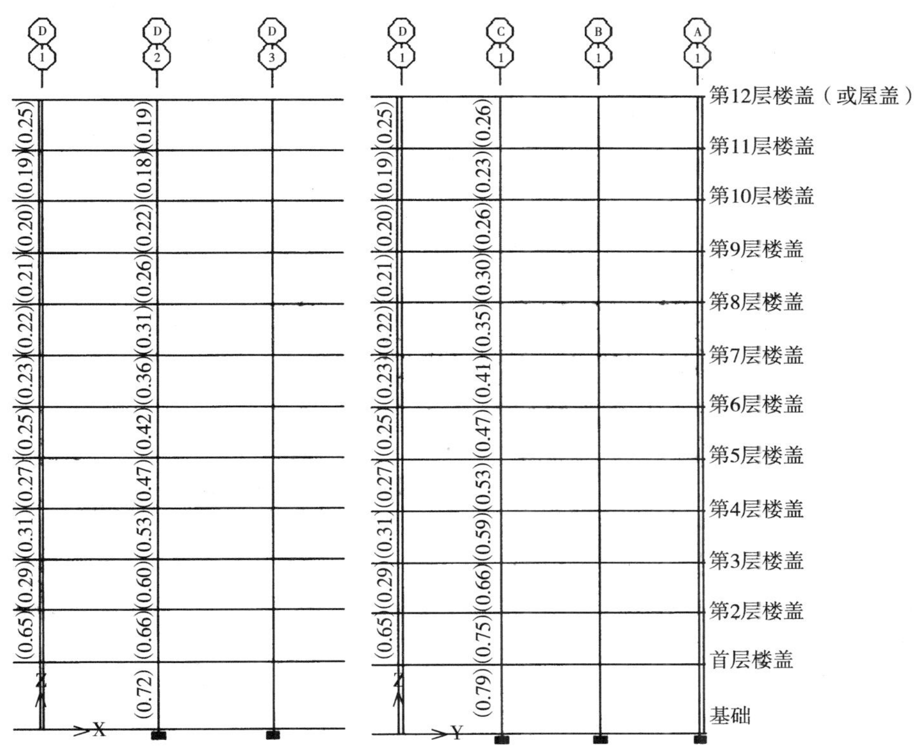

图 4－101　柱网轴线Ⓓ和①上承受轴向荷载和双向弯矩组合作用的 *DCR* 值（案例情况 3E）

4. 7　参考文献

4.1　International Code Council, *International Building Code*, Falls Church, VA, 2000.

4.2　International Code Council, *International Building Code*, Falls Church, VA, 2003.

4.3 Ghosh, S.K., and Fanella, D.A., *Seismic and Wind Design of Concrete Buildings,* Portland Cement Association,Skokie,IL,2003.

4.4 Department of Defense, *Design of Buildings to Resist Progressive Collapse*, Unified Facilities Criteria（UFC）4-023-03, 25 January 2005.

4.5 General Services Administration, *Progressive Collapse Analysis and Design Guidelines for New Federal Office Buildings and Major Modernization Projects*, GSA. IBC, June 2003.

4.6 ETABS Plus Version 8.4.7, *Extended 3-D Analysis of Building Systems*, Computers and Structures, Inc., Berkeley, CA.

4.7 American Concrete Institute, *Building Code Requirements for Structural Concrete（ACI 318-05）and Commentary（ACI 318R-05）*, Farmington Hills, MI, 2002.

4.8 Federal Emergency Management Agency, *NEHRP Guidelines for the Seismic Rehabilitation of Buildings,* FEMA-273, October 1997.

4.9 American Society of Civil Engineers, *ASCE Standard Minimum Design Loads for Buildings and Other Structures*, ASCE 7-02, Reston, VA, 2003.

4.10 MacGregor, J.G., *Reinforced Concrete Mechanics and Design*, Prentice Hall, Englewood Cliffs, New Jersey, 1988.

第5章　板柱—核心筒结构体系住宅楼

5.1　概述

根据2003 IBC（国际建筑规范）表1617.6［5.1］的规定，框架—剪力墙结构体系可以用来作为低抗震设计等级（SDC），即SDC A和SDC B的抗地震力（seismic-force-resisting）结构。尽管这个一览表本来是专门用于这“精简设计”（Simplified Design）的；而且虽然在ASCE 7－02［5.2］的相关表9.5.2.2中并没有包含框架—剪力墙结构体系，但是对这些被指定为SDC A和SDC B的建筑物来讲，用这种结构体系还是相当合理的［5.3］。在这种结构体系里，这剪力墙和梁—柱式（或板—柱式）框架是按照它们侧向刚度的比例来分摊抗侧力的。对设计为框架—剪力墙，并被指定为SDC C、D和E的结构来讲，必须要求用建筑框架体系（building frame system）或双重抗侧力体系。这建筑框架体系有一套基本上完整的用来抵抗重力荷载的空间框架和用来抵抗侧向力的剪力墙。尽管空间框架明确地不按抗侧力来设计（即按百分百的竖向荷载来设计），但这些被指定为SDC D及其以上的梁—柱式或板—柱式框架都必须要满足2003 IBC的变形限度要求。

《混凝土建筑物的抗震与抗风设计》［5.3］这本书里包含有抗震设计等级分别为SDC A、B、C、D与E的框架—剪力墙体系和建筑框架体系的工程实例。对所有的工程实例来讲，都是由平板结构体系（即没有任何梁、平托板或柱帽的直接支承在柱子上的等厚混凝土板）来提供抗重力荷载的。在这种结构体系里，这跨越某一被去掉的柱子的主要结构受力机理是双向平板的自身抗弯。

本章对一座被指定为抗震设计等级为A（SDC A）的板柱—核心筒结构进行抗渐次倒塌的评估。用DoD（束缚力法）［5.4］和GSA（候补传力途径法）［5.5］的处理方法来进行完整的渐次倒塌分析。除此之外，还按DoD导则所规定的板上举力来设计标准开间。

与抗弯框架结构体系的案例情况（见第4章）不同的是，这建筑框架体系里的板—柱式框架的抗渐次倒塌是不一定随抗震设计等级的提高而加大的。主要原因是，这被指定为SDC C、D和E的板—柱式框架也都是仅按抗重力荷载来设计，而不是按侧力来设计的。因此，对这些采用建筑框架体系，并分别被指定为SDC B、C、D或E的平板结构建筑物的渐次倒塌分析的结果都是相似的。

对DoD的抗拉束缚检验假设这例题建筑物是被指定为低防御等级（LLOP）。此外，对候补传力途径的分析仅考虑外部构件的失去。对于这种类型的住宅楼来讲，这两个假定都是符合实际的。

现举的这个例题是要根据DoD和GSA两个导则的要求条件来评估一栋9层住宅楼的渐次倒塌潜在可能性。这栋建筑物的结构是按照2000 IBC［5.6］所规定的重力、风力和地震力［按照IBC公式(16－49)取每个楼层重量的1%］的组合作用来进行设计和出施工详图的。应该说明的是，既然把这个例题更新成能满足2003 IBC的要求条件是不会对现有的总体结构设计产生较大变更的影响的，所以本章所提供的渐次倒塌控制分析一般来说就都能同时适应2000 IBC和2003 IBC这两个规范的。这细部设计的资料是从《混凝土建筑物的抗震与抗风设计》[5.3] 书中的3.2节搜集来的。除此之外，在这个例题中所应用的结构特征和设计的要求条件也都跟那些在上述参考文献中能找得到的是一模一样的。为了简单明了，这板、柱子和墙（即筒壁）的横截面与配筋构造在整个建筑物的高度范围内都是按固定不变来考虑的。

5.2 设计的资料与数据

图5-1显示了这9层住宅楼的平面图与立面图。在东—西方向有6跨24ft（7.32m）的开间，而在南—北方向有3个跨度为22ft（6.7m）的开间。标准层的层间高度为10ft（3.05m），仅首层为14ft（4.27m）高。

所有的板都是统一等厚的，而无平托板或柱帽。板的配筋是根据重力、风力和地震力［按照IBC公式（16-49）取每个楼层重量的1%］的组合作用在第4层楼盖所产生的内力（即由风荷载所产生的最大弯矩部位）来确定的。并假定其他楼层与屋顶的板厚与配筋也都是和这第4层计算所需的一模一样的。

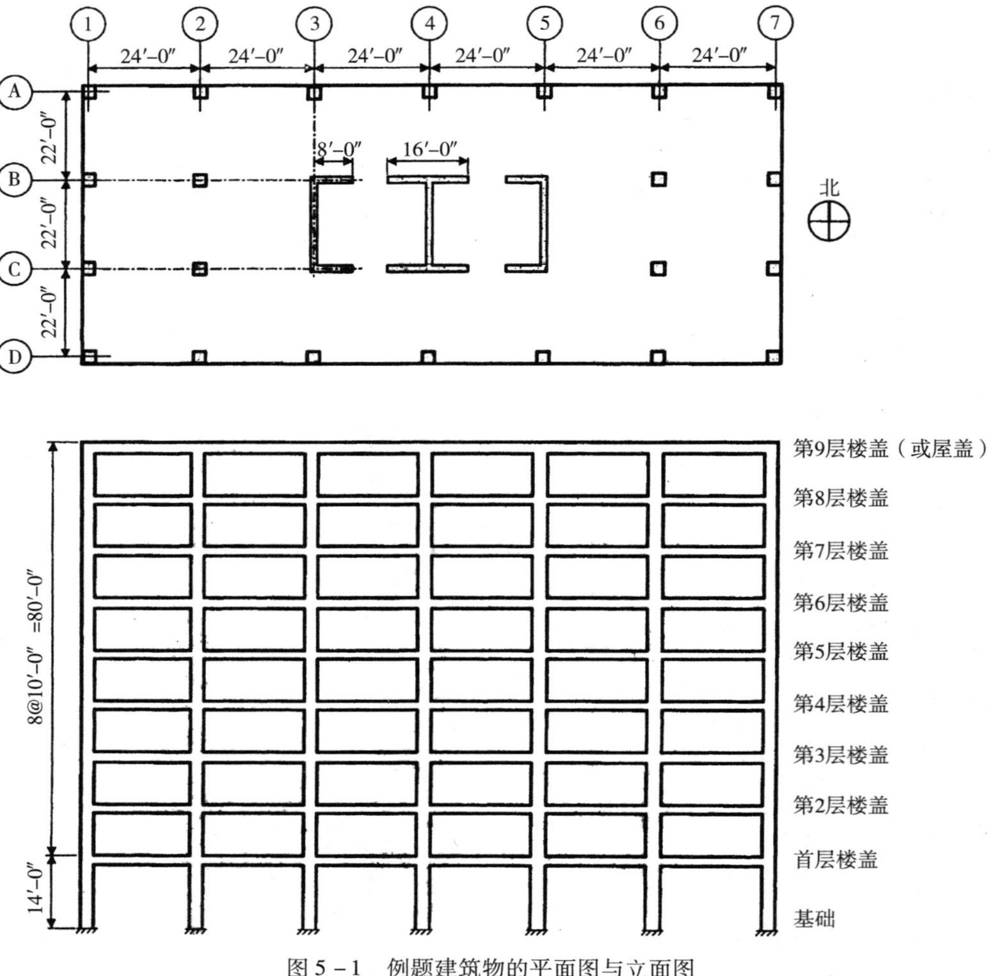

图5-1 例题建筑物的平面图与立面图

这例题建筑物的基本设计资料与数据都取自于《混凝土建筑物的抗震与抗风设计》[5.3]，并列举如下：

（1）建筑物所在地点：佛罗里达州迈阿密。

（2）材料性能：

1）混凝土：$f'_c=4000$psi（27.6N/mm^2，为圆柱体抗压强度）；$w_c=150$pcf(23.6kN/m^3)

2）钢筋：$f_y=60,000$psi（414.0N/mm^2）

（3）使用重力荷载：

1）活荷载：

①屋面＝20psf（0.96kN/m^2）

②楼面＝50psf（2.4kN/m^2）

2）附加恒载：

①屋盖＝10psf（0.48kN/m^2）

②楼盖＝30psf（1.44kN/m^2，其中20psf为永久性隔墙，10psf为吊顶等）

（4）抗震设计数据：

1）$S_s=0.065$g，$S_1=0.024$g

2）场地类别D

3）抗震功能分类I，$I_E=1.0$

（5）抗风设计数据：

1）基本风速＝145mph（m/h）

2）暴露状况B

3）建筑物类型I，$I_w=1.0$

（6）构件尺寸：

1）板：9in（229mm）厚

2）柱：22in×22in（560mm×560mm）

3）墙厚：南—北方向8in（203mm），

东—西方向12in（305mm）。

5.3　现有的配筋详图

图5－1所显示的这栋9层住宅楼是按重力、风力和地震力[按照IBC公式（16－49）取每个楼层重量的1%]的组合作用来设计的。图5－2和图5－3复制了这些相关的配筋详图。完整的论述见《混凝土建筑物的抗震与抗风设计》[5.3]。

墙

标准墙的配筋为：

8in墙，每面No.4@12in（Φ12.7@305）中－中（竖向）

每面No.4@18in（Φ12.7@457）中－中（水平）

12in 墙：配筋和 8in 墙的一模一样。

位置			M_u（ft - kips）	b（in）	A_s^*（in²）	配筋*
边跨	柱上板带	外端负弯矩	-91.3	132	2.66	9 - No. 5[a]
		正弯矩	108.9	132	3.17	11 - No. 5
		内端负弯矩	-186.2	132	5.61	19 - No. 5[b]
	跨中板带	外端负弯矩	0	132	2.14	8 - No. 5
		正弯矩	73.7	132	2.15	8 - No. 5
		内端负弯矩	-59.7	132	2.14	8 - No. 5
内跨	柱上板带	正弯矩	73.7	132	2.15	8 - No. 5
		负弯矩	-172.0	132	5.12	17 - No. 5
	跨中板带	正弯矩	49.2	132	2.14	8 - No. 5
		负弯矩	-56.2	132	2.14	8 - No. 5

* 最小配筋面积 $A_s = 0.0018bh = 0.0018 \times 132 \times 9 = 2.14\text{in}^2$（ACI 318 - 02 第 13.3.1 条）。
最大钢筋间距 $= 2h = 18\text{in}$，由于 $b = 132\text{in}$，132/18 = 7.3 个间隔，所以取 8 根钢筋。
（a）鉴于细部设计的原因，实际上提供了 12 根 No. 5 的钢筋。
（b）鉴于细部设计的原因，实际上提供了 20 根 No. 5 的钢筋。

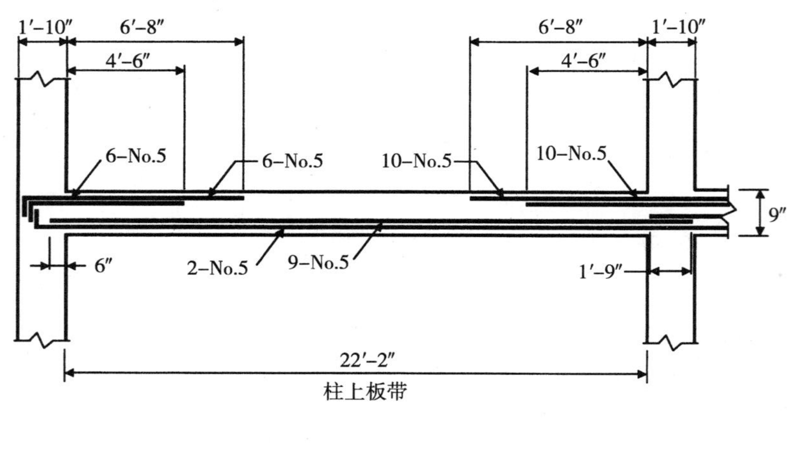

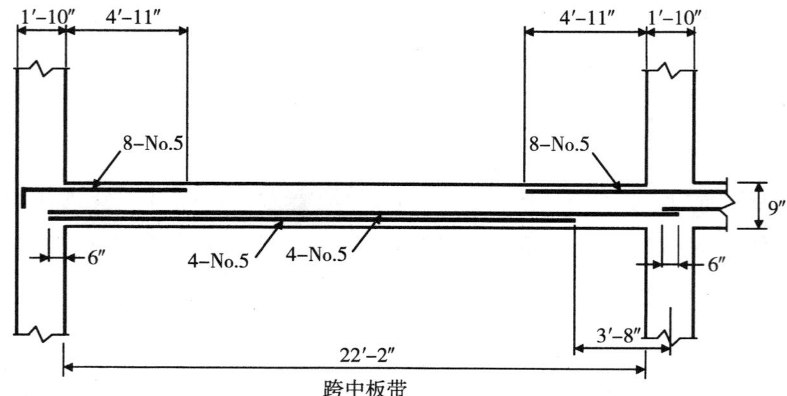

图 5 - 2　例题建筑物现有平板的配筋详图

5.4　DoD 的处理方法

这 DoD 处理渐次倒塌控制的方法是随建筑物被指定的防御等级（LOP）而变化的。有两种分析的方法——抗拉束缚法和候补传力途径法，但两者是通过不同的结构反应模式来达到阻抗渐次倒塌的目的。对整体进行抗拉束缚可以借助在倒塌之前所发挥的悬链作用来补强结构的整体性。而恰恰相反的是，这候补传力途径法是提供足以跨越被假设去掉构件的抗弯承载能力。无论是被指定为极低防御等级（VLLOP）还是低防御等级（LLOP）的建筑结构都只需要满足这抗拉束缚力的要求就可以了。而被指定为中防御等级（MLOP）和高防御等级（HLOP）的建筑结构都必须要同时满足这抗拉束缚和候补传力途径两者的要求。

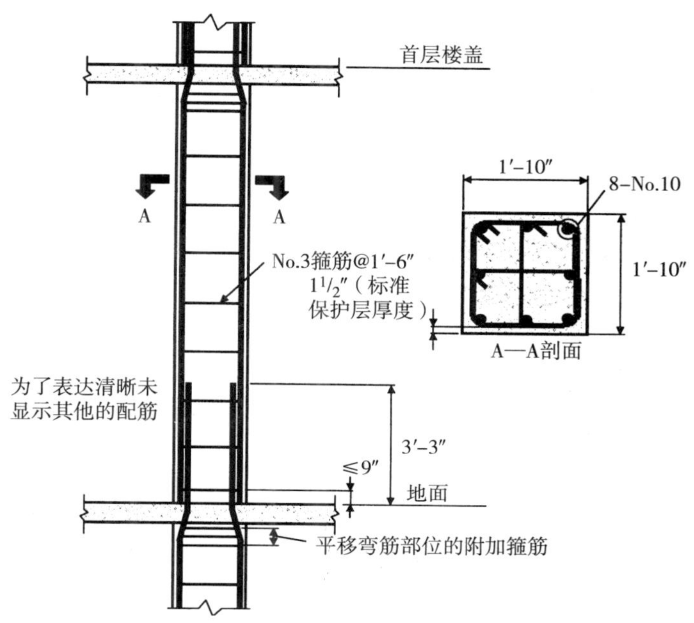

图 5－3　例题建筑物现有柱子的配筋详图

这大多数的 DoD 设施不是被指定为 VLLOP 就是被指定为 LLOP，因此，只需要对它们执行抗拉束缚的方法即可。这钢筋混凝土建筑物中的抗拉束缚系材均由板、梁、柱和墙里的钢筋所组成。一般来讲，这是借助那些为抵抗其他的力（如抗剪与抗弯）所已提供的钢筋来全部或部分地满足束缚力的要求的。在用这种束缚钢筋的地方，通过正确合理的钢筋连接与锚固来确保整体连续性是最关键重要的。

对第一个算例，假定这建筑结构已被指定为低防御等级（LLOP），因此只需要对其进行抗拉束缚方法的分析。

5.4.1　抗拉束缚力的算例

用本书 2.4 节的公式来确定所需要的束缚力。与这个例题直接有关的设计要求条件如下：

（1）D = 标准恒载 = 142.5psf，其中：

$$\left(\frac{9}{12}\times 150\right)+30=142.5\ \text{psf}$$

9 in 的板　附加恒载（隔墙与吊顶）

（2）L = 标准活荷载 = 45psf（折减后的）。其中：按照 ASCE 7－02 的公式（4－1）对活荷载进行折减。在公式（4－1）里，这活荷载的构件系数 K_{LL} 对双向平板等于 1.0（见 ASCE 7－02 的表 4－2），而附属面积 A_T 是 528ft²。则折减后的活荷载计算如下：

$$L=L_o\left(0.25+\frac{15}{\sqrt{K_{LL}A_T}}\right)=50\left(0.25+\frac{15}{\sqrt{1\times 528}}\right)=45\text{psf}$$

（3）l_r = 束缚方向柱子之间的最大距离 = 22ft（南—北方向的束缚系材）；24ft（东—西方向的束缚系材）。

(4) F_t = 下列之较小者：

1) $(4.5+0.9n_o)=(4.5+0.9\times 9)=12.6$kips←取值

式中 n_o = 楼层数量

2) 13.5kips

(5) h_s = 层间高度 = 14ft（保守地取成首层的高度）。

(6) A_{trib}（内柱的附属面积）$=22\times 24=528\text{ft}^2$

5.4.1.1 内部束缚钢筋

这内部束缚钢筋必须要具有等于用2.4.2节两个公式计算所得值之较大者的所需抗拉强度。

1) $\dfrac{(1.0D+1.0L)}{156.6}\dfrac{l_r}{16.4}\dfrac{1.0}{3.3}F_t=\dfrac{(142.5+45)}{156.6}\times\dfrac{24}{16.4}\times\dfrac{1.0}{3.3}\times 12.6=6.7$kips/ft←取值

2) $\dfrac{1.0}{3.3}F_t=\dfrac{1.0}{3.3}\times 12.6=3.8$kips/ft

内部束缚钢筋必须抵抗6.7kips/ft×22ft=147.4kips的总拉力。通过将总拉力除以系数ϕ（对钢筋混凝土的束缚力等于0.75）和钢筋屈服强度（考虑了1.25的强度提高系数）的乘积来确定所需要的钢筋面积。

$$A_s=\frac{T}{\phi f_y}=\frac{147.4}{0.75\times 75}=2.62\text{in}^2$$

假设用柱上板带里的钢筋来提供所需要的束缚力。图5-2显示了一个内部的设计柱上板带边跨的为抵抗重力、风力和地震力［按照IBC公式（16-49）取每个楼层重量的1%］所需要的标准配筋详图。如ACI 318-02第13.3.8.5条［5.7］所要求的那样，在柱上板带里的所有底部钢筋都应该是连续贯通的或用A级（Class A）接头来连接。而且，其中的两根底部钢筋必须要被设置在这柱子的核心区内。正因为这个理由，才在这个例题中选用底部钢筋来提供内部束缚力。

这柱上板带里配筋量最小的（8根No.5底部钢筋，$A_s=2.48\text{in}^2$）是位于内跨。所提供的钢筋面积要比内部束缚力所需要的少了0.14in^2。有几种可供选择的方案来提供这个所需添加的钢筋面积。

第1种选择：在内跨的柱上板带里提供9根No.5的底部钢筋（$A_s=2.79\text{in}^2$）。这样就应该在现有的8根钢筋中再加上1根No.5的连续底部钢筋。边跨已有11根No.5的底部钢筋，足够了。

第2种选择：用部分跨中板带的底部钢筋来作为束缚钢筋。但这跨中板带束缚钢筋的整体连续性和锚固必须要满足UFC 4-023-03第4-2.4条的规定［5.4］。第4-2.4条要求必须用ACI 318-02第21章所规定的抗震弯钩和ACI 318-02第21.5.4条明确规定的抗震锚固长度来将这束缚钢筋与其他的束缚钢筋固定连接在一起。

第3种选择：将足够数量的柱上板带顶部钢筋做成连续贯通的。由于DoD的防止渐次倒塌准则要求楼板能抵挡得住$1.0D+0.5L$的净上举力，所以有些顶部钢筋可能已经是设计成连续的了（见5.4.2.1节）。要提醒的是，用那些没有被带有135°弯钩的U形箍筋来箍住制约的连续顶部钢筋作为束缚系材可能是无效的（见ACI 318-02第7.13.2.3条和第7.13.2.4条）。

内部束缚系材的间距必须不大于$1.5l_r$。由于内部束缚钢筋是均匀分布在所有的柱上板带里，所以其间距小于$1.5l_r$的容许间距。

在这建筑物的中央（柱网轴线③、⑤和Ⓑ、Ⓒ之间），这楼板及其相关的柱上板带都会因电梯/楼梯井筒所需要的通道而中断。假设这柱上板带中断部分的束缚力由这些剪力墙里的钢筋来提供。对剪力墙来讲，束缚钢筋必须设置在楼板上下各 1.6ft（490mm）的这段高度范围之内。这些剪力墙里面的束缚钢筋按下列的三种类型来设计：

类型 1：沿柱网轴线③和⑤，这 8in 厚的剪力墙里的水平钢筋是由每一面的 No.4@18in 中－中组成的。根据这个间距，最多也只有 3 排钢筋位于楼板上下各 1.6ft 的这段高度范围内。3 排钢筋乘以每排的 2 根钢筋得总共 6 根 No.4 的钢筋（$A_s=1.2\text{in}^2$）。由于有一半的柱上板带钢筋被中断，所以总共需要 1.31in^2，即 2.62/2 的钢筋。通过减小这段高度范围内的钢筋间距来弥补钢筋面积的差值（见图 5－4）。

类型 2：沿柱网轴线④，这 8in 厚的剪力墙里的水平钢筋也是由每一面的 No.4@18in 中－中组成，根据这个间距，最多也只有 3 排钢筋位于楼板上下各 1.6ft 的这段高度范围内。3 排钢筋乘以每排的 2 根钢筋得总共 6 根 No.4 的钢筋（$A_s=1.2\text{in}^2$）。由于整个柱上板带都被中断，所以总共需求 2.62in^2 的墙里钢筋。通过减小楼板上下各 1.6ft 这段高度范围内 No.4 水平钢筋的间距来提供这所需的钢筋面积（见图 5－4）。

类型 3：沿柱网轴线Ⓑ和Ⓒ，这 12in 厚的剪力墙里的水平钢筋也是由每一面的 No.4@18in 中－中组成。与沿柱网轴线③和⑤剪力墙的情况不同的是，沿柱网轴线Ⓑ和Ⓒ的剪力墙由于开门洞而部分中

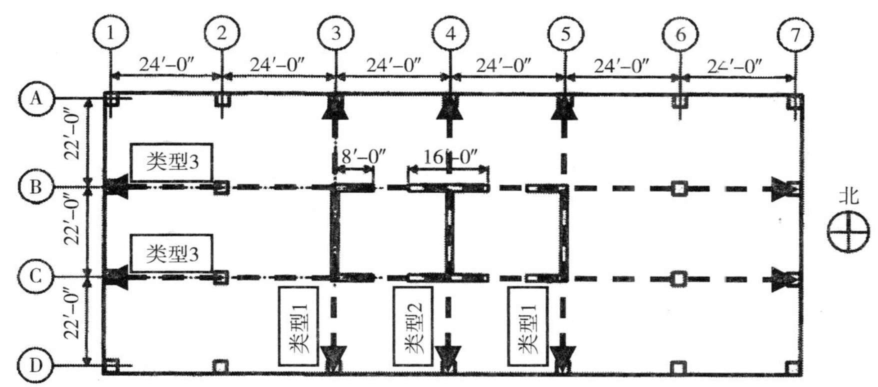

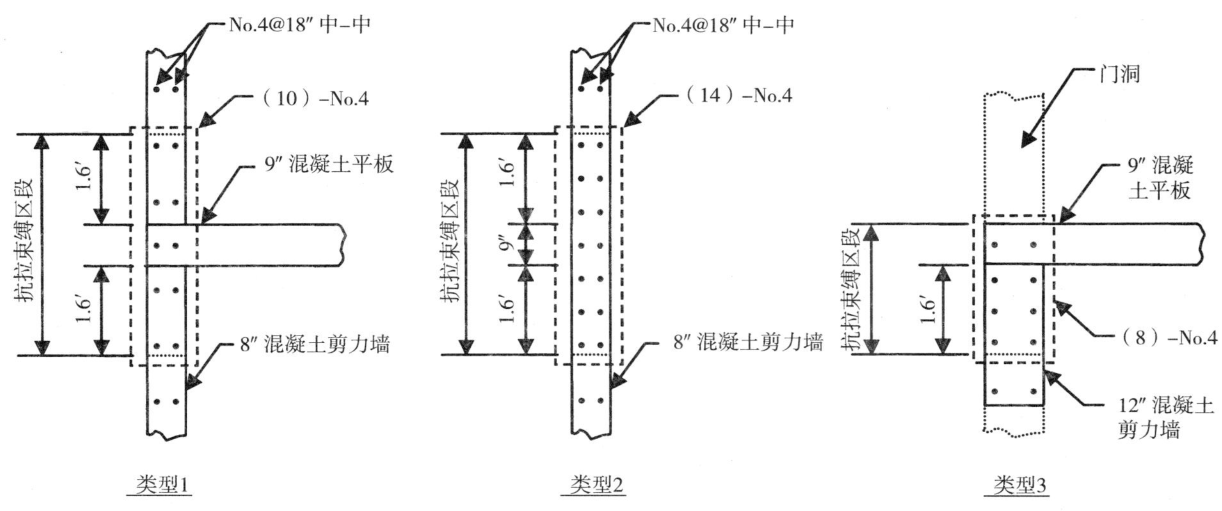

图 5－4　剪力墙里的内部束缚钢筋

断。在这种情况下，不得不只在板下方 1.6ft 的这个区段内（即在门洞的过梁或连梁里）来提供内部束缚钢筋。总共需要 1.31in^2 的钢筋数量（见图 5－4）。

按照 UFC 4－023－03 第 4－2.4 条［5.4］的要求，所有在内部剪力墙终止的内部束缚钢筋都必须用抗震弯钩将其锚固在剪力墙内。

5.4.1.2　周边外围束缚钢筋

这些设置在该建筑物外边缘 3.9ft（1.19m）宽度范围内的周边外围束缚钢筋应该能提供至少 $1.0F_t = 1.0 \times 12.6 = 12.6$kips 的设计束缚力。通过将这束缚力除以系数 ϕ（对钢筋混凝土的束缚力等于 0.75）和钢筋屈服强度（考虑了 1.25 的强度提高系数）的乘积来确定所需要的钢筋面积。

$$A_s = \frac{T}{\phi f_y} = \frac{12.6}{0.75 \times 75} = 0.22\text{in}^2$$

假设由板边缘部位的底部钢筋来提供这所需要的束缚力。在这板的 3.9ft 宽的外边缘范围内最少有 3 根 No.5 的底部钢筋（其中有 2 根穿过柱子的核心区，另 1 根距离柱表面接近 18in），提供了等于 0.93in^2 的钢筋面积（见图 5－5）。这就大大地超过了所需要的 0.22in^2 的钢筋面积。

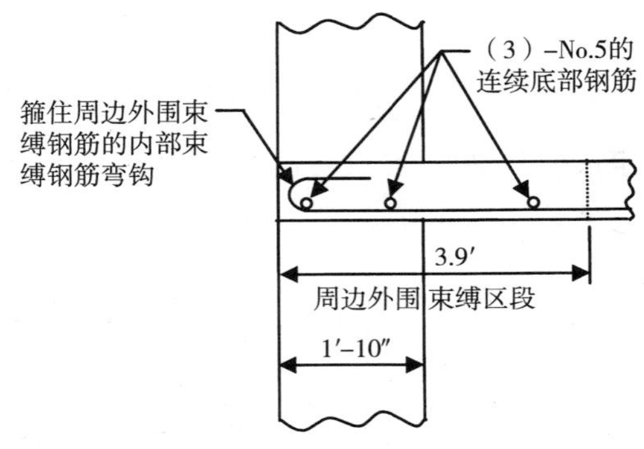

图 5－5　例题建筑物的周边外围束缚钢筋

5.4.1.3　对外柱的水平束缚钢筋

每一根外柱都必须用能提供抗拉强度等于下列较大者的水平束缚钢筋来将其系拴在这整体结构之中：

（1）取较小者：

1）$2.0F_t = 2.0 \times 12.6 = 25.2$kips

2）$\left(\frac{h_s}{8.2}\right)F_t = \left(\frac{14}{8.2}\right) \times 12.6 = 21.5$kips←取值

（2）该柱所承担最大竖向设计荷载的 3%。

用 2003 IBC 规定的荷载组合条件来确定最大竖向设计荷载。就这个例题来讲，保守地假定屋面活荷载和标准楼层的活荷载是一样的。这最不利的案例情况是位于首层的一根外柱。

设计荷载的组合：

$$1.2D + 1.6L = 1.2 \times 142.5 + 1.6 \times 20 = 203\text{psf}$$

式中的 20psf（0.96kN/m^2）活荷载是根据 ASCE 7－02 第 4.8.1 条的规定考虑了最大的容许活荷载折减（即 60%）确定的。

附属面积：$A_t = 24 \times \frac{22}{2} = 264\text{ft}^2$

所需束缚力：

$$= 0.03 \times \left[(9 \times 264 \times 203) + 1.2 \times \left(\frac{22}{12} \times \frac{22}{12} \times 94 \times 150\right)\right] \times \frac{1}{1000} = 16.2\ \text{kips} < 21.5\ \text{kips}$$

（楼面荷载：$9 \times 264 \times 203$；柱子自重：$\frac{22}{12} \times \frac{22}{12} \times 94 \times 150$）

通过将这束缚力除以系数 ϕ（对钢筋混凝土的束缚力等于 0.75）和钢筋屈服强度（考虑了 1.25 的强度提高系数）的乘积来确定所需要的钢筋面积。

$$A_s = \frac{T}{\phi f_y} = \frac{21.5}{0.75 \times 75} = 0.38\text{in}^2$$

用柱上板带里的底部钢筋来提供对外柱的水平束缚力。图 5－2 显示了一个内部的设计柱上板带边跨的标准配筋详图。如 ACI 318－02 第 13.3.8.5 条所规定的那样，所有柱上板带的底部钢筋都是连续贯通的或用 A 级（Class A）受拉接头来连接的。此外，其中的两根底部钢筋也是在柱子的核心区内穿越的。

尽管内跨所能提供的柱上板带底部钢筋数量是最少的（8 根 No.5 的底部钢筋，$A_s = 2.48\text{in}^2$），但是这些钢筋已足以提供对外柱的水平束缚了。

5.4.1.4　对角柱的水平束缚钢筋

必须在两个正交方向用水平束缚钢筋将每一根角柱系拴在这整体结构之中。这每一道束缚钢筋所需的抗拉力度必须是和对外柱的水平束缚钢筋所需的抗拉力度一样的（即所需的钢筋面积为 0.38in^2）。用与周边外围束缚钢筋（即 3 根 No.5 的钢筋，$A_s = 0.93\text{in}^2$）一样的连续贯通钢筋来提供对这角柱的束缚力。

5.4.1.5　竖向束缚钢筋

柱子和墙里的竖向束缚钢筋所应具有的最小抗拉束缚力必须等于任何一个楼层柱或墙其各自所承担的最大竖向设计荷载。用 2003 IBC 所规定的荷载组合条件来确定这最大的竖向设计荷载。

柱子

设计荷载的组合：$1.2D + 1.6L = 1.2 \times 142.5 + 1.6 \times 45 = 243\text{psf}$

束缚力：附属面积 $A_{\text{trib}}(1.2D + 1.6L) = 528 \times 243 \times \frac{1}{1000} = 128\text{kips}$

上述的束缚力是针对某根内柱所计算的，由于所有的柱子都被假设成配有相同的纵向钢筋，所以所计算的束缚力对所有的案例情况来讲是偏于保守的。通过将这束缚力除以系数 ϕ（对钢筋混凝土的束缚力等于 0.75）和钢筋屈服强度（考虑了强度提高系数 1.25）的乘积来确定所需要的钢筋面积。

$$A_s = \frac{T}{\phi f_y} = \frac{128}{0.75 \times 75} = 2.28\text{in}^2$$

由柱子里的纵向钢筋来提供竖向束缚力。这标准柱有 8 根 No.10 的纵向钢筋，则所提供的钢筋面积 $A_{\text{sprov}} = 10.16\text{in}^2$。只需要 2 根 No.10 的钢筋（$A_s = 2.54\text{in}^2$）就能获得这竖向束缚力。

如图 5－3 所显示说明的那样，现有的纵向柱子钢筋在楼面标高的直接上方有一个 3ft－3in 长的受压搭接接头。这 2 根 No.10 的抗拉束缚钢筋的搭接接头必须要能充分发挥这钢筋的全部抗拉承载能力。要是采用受拉搭接接头的话，这所需要的搭接长度计算如下：

对于 A 级（Class A）接头的搭接长度 l_d 为：

$$l_d = \left(\frac{f_y \alpha\beta\lambda}{20\sqrt{f'_c}}\right) d_b = \left(\frac{75000 \times 1.0 \times 1.0 \times 1.0}{20 \times \sqrt{5000}}\right) \times 1.27 = 67.4\text{in}(5\text{ft} - 8\text{in})$$

式中的 α、β 和 λ 按 4.5.2.1.1 节的相同情况取值。

如果这样长的搭接接头会给施工带来问题的话，则可对抗拉束缚钢筋采用机械连接或焊接的接头。另外，UFC 4－023－03 第 4－2.8 条［5.4］要求柱子的抗拉束缚钢筋应在楼层高度的 1/3 部位进行连接，而不准在与楼盖的交接处或中间高度进行连接。这条规定是含糊不清的，因为搭接接头是要被做成覆盖一定距离的，而不是在某特定的位置。ACI 318－02 第 21 章对于抗震设计给出了这样一种不同的要求，建议在柱子中部的半个柱高范围内提供搭接接头。

墙（核心筒）

设计荷载：

楼板：$1.2D + 1.6L = 1.2 \times 142.5 + 1.6 \times 45 = 243\text{psf}$

墙：$1.2D = 1.2 \times \frac{12}{12} \times 150 = 180\text{psf}$

束缚力（对于 12in 的核心筒壁——最不利的案例情况）

$$T = \left[\left(243 \times \frac{22}{2}\right) + (180 \times 10)\right] \times \frac{1}{1000} = 4.5\text{kips/ft（墙）}$$

墙每一面的竖向钢筋为 No. 4@12in，则提供的束缚力为：

$$\phi T_n = \phi A_s f_y = 0.75 \times 0.2 \times 2 \times 75 = 22.5\text{kips/ft（墙）}$$

由于这所提供的 22.5kips/ft（墙）的抗拉力大于所需要的 4.5kips/ft（墙）的束缚力，所以现有墙的竖向钢筋是满足要求的，凡有竖向束缚钢筋不连续的地方，都应该采用下列受拉搭接接头的长度：

对于 A 级接头的搭接长度 l_d 为：

$$l_d = \left(\frac{f_y \alpha\beta\lambda}{25\sqrt{f'_c}}\right) d_b = \left(\frac{75000 \times 1.0 \times 1.0 \times 1.0}{25 \times \sqrt{5000}}\right) \times 0.5 = 21.2\text{in（取 1ft－10in）}$$

式中的 α、β 和 λ 按 4.5.2.1.1 节的相同情况取值。

5.4.1.6 所需束缚力的归纳

根据把这个例题建筑物归属于低防御等级（LLOP）的假定，这渐次倒塌的分析到这个程度就可告一段落。如表 5－1 所归纳总结的那样，所有需要的束缚力都已自备，而毋需再对原始设计（即按抗重力、抗震与抗风设计的）添加任何增补钢筋。这最重要的关注是如何通过合理的连接与端部的锚定来确保抗拉束缚钢筋的整体连续性。根据 UFC 4－023－03［5.4］的规定，必须要按照 ACI 318－02 规定的 1 类（Type 1）或 2 类（Type 2）受力接头来对抗拉束缚钢筋的接头进行搭接、焊接或机械连接。另外，还应该用 ACI 318－02 第 21 章所规定的抗震弯钩和 ACI 318－02 第 21.5.4 条明确规定的抗震锚固长度来固定这些束缚钢筋。

例题建筑物（SDC A）束缚力一览表 **表 5－1**

束缚类型	所需束缚力（kips）	所需钢筋面积（in^2）	可用钢筋面积（in^2）	$TF_{prov} > TF_{req}$
内部	147.4	2.62	2.79[a]	是
周边	12.6	0.22	0.93	是
对外柱的水平	21.5	0.38	2.48	是

续表

束缚类型		所需束缚力（kips）	所需钢筋面积（in^2）	可用钢筋面积（in^2）	$TF_{prov} > TF_{req}$
对角柱的水平		21.5	0.38	0.93	是
竖向	柱	128	2.28	10.16	是
	墙[b]	4.5	0.08	22.5	是

注：a——除满足抗重力、抗风和抗震所需的钢筋以外在柱上板带里添加了 1 根 No. 5 的底部钢筋。

b——按每英尺（ft）墙确定的束缚力。

附注：其中 TF_{prov}——所提供的束缚力；

TF_{req}——所需要的束缚力。

5.4.2　板的抗上举力设计

除了对束缚力或候补传力途径的要求以外，DoD 导则还要求用一种量值为 $1.0D+0.5L$ 的纯上举负荷来检验所有的楼板与屋面板。就像 2.7 节所论述的那样，这单一的纯上举力被施加于每一个开间，一次一个开间。混凝土板必须和与其相连的梁、主梁、柱子一起都被设计成能经变得起这种向上的冲击力。不过，就不一定要顺从这一直往下到基础的传力途径了。

为了说明这所规定的上举力可能会给设计带来什么样的影响，让我们来分析一个具有代表性的第 2 层楼开间。这个例题的开间位于柱网轴线①、②与Ⓑ、Ⓒ之间，代表了一种标准的边跨（见图 5－6）。作为一种完整的设计，本应将图 5－6 所显示说明的向上荷载从一个开间调换到另外一个开间（在每一个楼层与屋顶），并来回重新启动分析。但例题建筑物的规则平面布置和对称性却大大地减少了这必须进行评估的实际案例情况的数目。

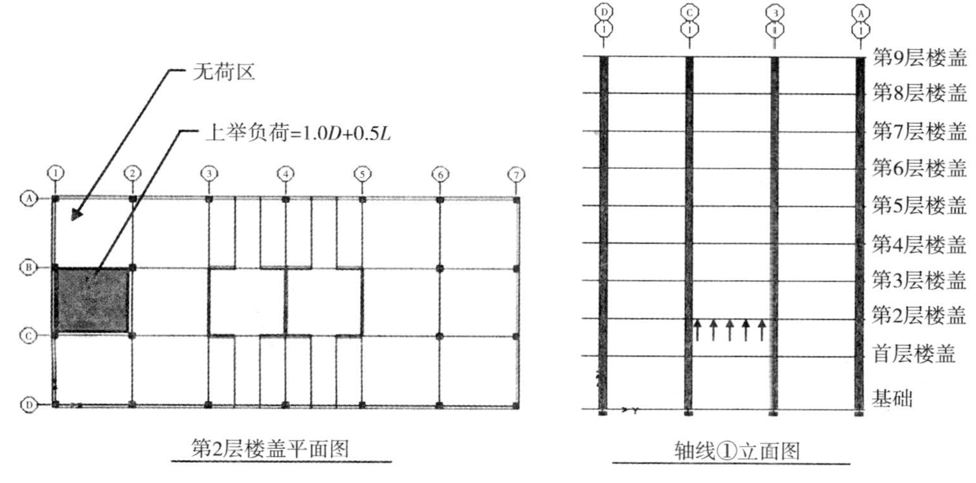

图 5－6　作用在第 2 层楼盖板上的 DoD 上举负荷案例情况

5.4.2.1　板的抗弯

用计算机程序 SAFE（Slab Analysis by the Finite Element Method）Version8. 0. 1［5. 8］对第 2 层的楼板进行有限元分析。施加在这楼板上的惟一附加荷载就是图 5－6 所示的向上作用的力。恒载 D 由板的自重组成（9in 厚的板 = 112. 5psf），活荷载 L 为 50psf。由于活荷载 L 要被乘以 0. 5，所以就不再根据附属面积来做进一步的折减了。

图 5 -7 和表 5 -2 显示说明了最后分析出来的弯矩需求量。计算的是这 X 和 Y 两个正交方向的整个设计板带宽度的总设计弯矩。在本章的 5.5 节将会结合这所要进行的 GSA 分析来对设计板带和 SAFE 分析模型作详细的论述。弯矩图的形状是向下（重力）荷载所产生的弯矩图形的倒影。例如，在开间的中部，板的上表面现在是处于受拉，而不是受压。同样，在支柱处，板的下表面是处于受拉，而不是受压。

与重力荷载相比，这抵抗上举力的钢筋应该被设置在相反的板面。根据表 5 -2 所标示的最大弯矩需求量来进行钢筋的设计。将这所需要的配筋量去与已经提供的钢筋相比对，以确定是否需要增加。表 5 -2 归纳了计算分析的结果。

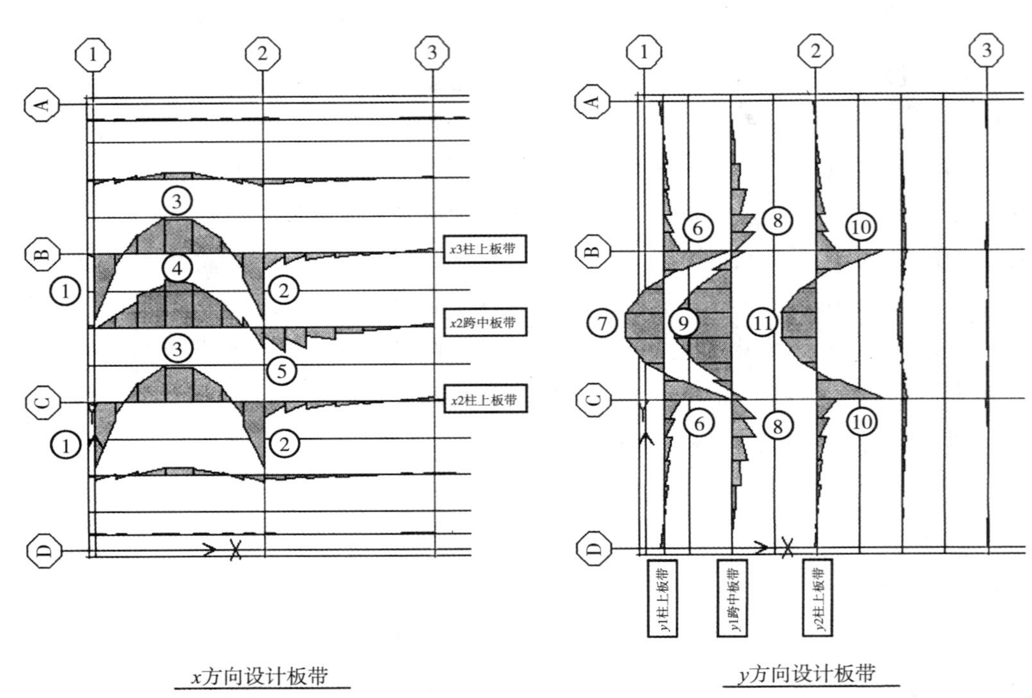

图 5 -7　楼板在上举力作用下的弯矩需求量（ft - kips）

抗上举力的板配筋改进归纳　　　　表 5 -2

标记	M_u（ft · kips）	A_{sreg}（in^2）	评　注
①	59.2	1.37（5 根 No.5）	在这个部位现在有 11 根 No.5 的底部钢筋。其中的 5 根钢筋应在末端配有标准的 ACI 弯钩来锚固钢筋以防弯矩逆转
②	58.0	1.34（5 根 No.5）	在这个部位现在有 11 根 No.5 的底部钢筋，可以，但建议将这些接头的位置错开，以免所有的钢筋都在最大弯矩的部位连接
③	-26.9	0.62（2 根 No.5）	没有一根顶部钢筋现在是连续贯通跨度的中部的。将 2 根 No.5 的顶部钢筋做成连续
④	-35.3	0.81（3 根 No.5）	没有一根顶部钢筋现在是连续贯通跨度的中部的。将 3 根 No.5 的顶部钢筋做成连续
⑤	18.2	0.42（2 根 No.5）	跨中板带的底部钢筋仅在柱轴线处搭接了 6in 长。将 2 根 No.5 的底部钢筋做成连续穿过柱子轴线
⑥	52.9	1.23（4 根 No.5）	在这个部位现在有 7 根 No.5 的底部钢筋。可以，但建议将这些接头的位置错开，以免所有的钢筋都在最大弯矩的部位连接

续表

标记	M_u（ft - kips）	A_{sreg}（in^2）	评　注
⑦	-27.3	0.63（2 根 No.5）	没有一根顶部钢筋现在是连续贯通跨度的中部的。将 2 根 No.5 的顶部钢筋做成连续
⑧	17.6	0.40（2 根 No.5）	跨中板带的底部钢筋仅在柱轴线处搭接了 6in 长。将 2 根 No.5 的底部钢筋做成连续穿过柱子轴线
⑨	-39.9	0.92（3 根 No.5）	没有一根顶部钢筋现在是连续贯通跨度的中部的。将 3 根 No.5 的顶部钢筋做成连续
⑩	54.1	1.25（5 根 No.5）	在这个部位现在有 11 根 No.5 的底部钢筋。可以，但建议将柱子部位的这些接头位置错开设置
⑪	-25.0	0.57（2 根 No.5）	没有一根顶部钢筋现在是连续贯通跨度的中部的。将 2 根 No.5 的顶部钢筋做成连续

* A_{sreq}——所需要的钢筋面积。

总的来讲，只要对现有钢筋提供外加的连续性和锚固就能从根本上满足抗上举力的要求。对于柱上和跨中板带来讲，在每一个方向都应该有 2 根 No. 5 的顶部钢筋是连续贯通的。这个可以通过将 2 根现有穿过柱子核心区的顶部钢筋做成连续贯通的来达到。在柱轴线的部位，现有底部钢筋的数量已足以抵抗弯矩逆转的负荷；可是，必须要增加这所提供的搭接接头的长度。在柱上板带里，在柱子的部位提供 1ft 9in 长的搭接接头。建议将抗上举力的钢筋接头错开设置，并远离最大应力的所在位置。在跨中板带里，底部钢筋在柱轴线处仅有 6in 长的搭接。应该通过提供 A 级（Class A）受拉搭接接头来将 2 根 No. 5 的底部钢筋做成整体连续。

5.5　GSA 的处理方法

这 GSA 导则的处理方法是采用候补传力途径的方法来控制渐次倒塌的。凡未被免检的建筑物都必须要进行 3.4 节所论述的失去柱子案例情况的分析。

5.5.1　分析模型

用在 ETABS Plus Version 8.4.7［5.9］计算机程序里建立的这例题建筑物的三维空间模型来对每一种渐次倒塌的案例情况进行线性静力分析。用既考虑平面内的薄膜刚度又考虑平面外的板弯曲刚度的薄壳类型元件来模拟楼板和屋面板。为了体现构件在即将破坏前仍持有的刚度，在分析模型中采用了 ACI 318 - 02 第 10.11.1 条所推荐的有效刚度值。将按下列折减毛截面惯性矩所得的有效构件刚度输入 ETABS：

（1）板：$I_{eff}=0.25I_g$

（2）柱：$I_{eff}=0.70I_g$

（3）墙：$I_{eff}=0.70I_g$

就这个例题来讲，这双向平板结构自身的抗弯是跨越所失去柱子的基本受力机理。和分析混凝土梁的案例情况不同的是，ETABS 程序里根本没有混凝土平板的设计模件。为此，将每一层楼盖从 ETABS 输入到这程序软件 SAFE（Slab Analysis by the Finite Element Method）Version 8.0.1［5.8］里。所输入的数据包括楼面荷载和从渐次倒塌分析中计算所得的柱子和墙的变形。用 SAFE 程序来进行分析和楼板的设计可以提高这整个设计的效率。

根据所输入的数据，这模型准确地描述了这楼盖平板的几何形状、附加荷载和柱子与墙的变形。和 ETABS 不同的是，SAFE 是不允许使用者用性能折减系数来私自调控板构件的有效刚度的。因此，为了接近板在 ETABS 模型中所应用的有效刚度值，只好将弹性模量去乘上一个 0.25 的系数（即 $E=0.25\times4287=107\text{ksi}$）。用这种折减方法，使这出现在失去柱子部位的最大变形是和三维空间分析模型所确定的变形相似的。由于弹性模量的减小使这平板弯矩的整个量值和分布仍在一定程度上保持不变。

为了使这分析和设计过程简易，将 SAFE 模型限定为三种不同的平面布置：结构的平面布置、*X* 方向设计板带的平面布置和 *Y* 方向设计板带的平面布置。用最主要的（或结构的）平面布置图来明确表示这分析模型中的结构几何形状、边界条件和荷重。用 *X* 方向设计板带和 *Y* 方向设计板带的平面布置图来将楼板划分为若干分析人员所规定的设计板带。就这个例题建筑物，图 5－8、图 5－9 和图 5－10 分别显示说明了上述的这三种平面布置。

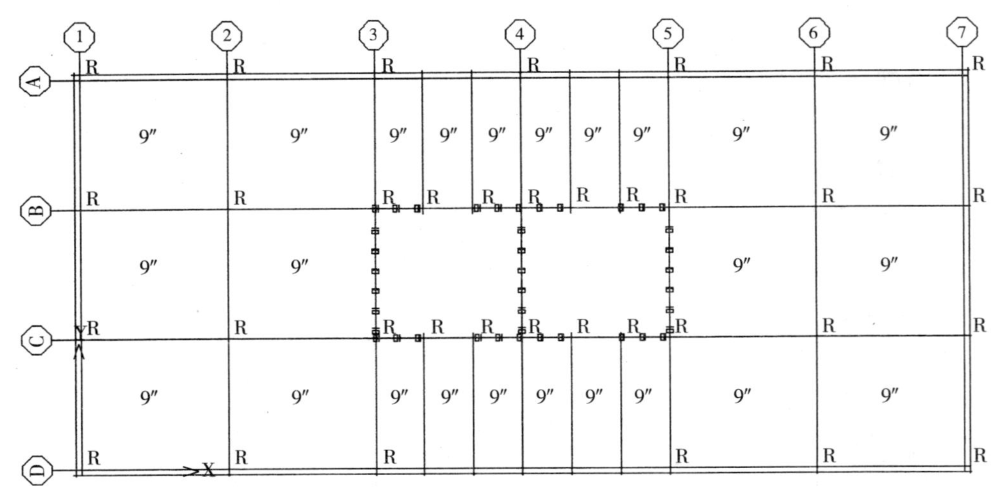

图 5－8　例题建筑物平板分析的结构平面布置图

附注：图中 R——刚性连接；9″——指的板厚。

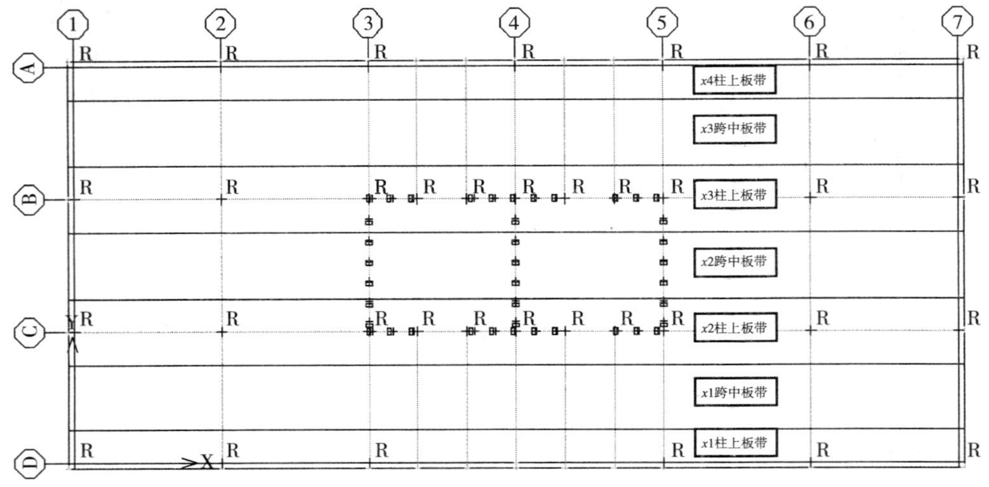

图 5－9　例题建筑物平板设计的 *X* 方向设计板带平面布置图

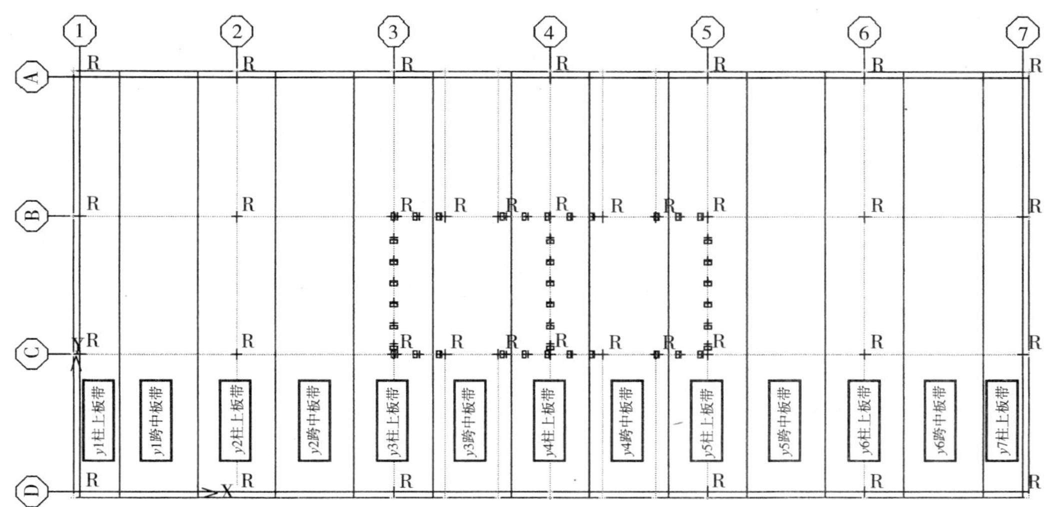

图 5－10　例题建筑物平板设计的 *Y* 方向设计板带平面布置图

在进行分析前，先由 SAFE 程序来自动生成模型的有限元网格划分。最大的网格尺寸设定为 48in。并明确规定这 *X* 方向和 *Y* 方向的设计板带平面布置必须要与这双向平板原始设计中所划分的标准柱上和跨中板带的平面布置一致。这样就可以直接将设计板带的分析结果与已经按重力和侧向荷载设计的配筋情况作比较了。

如 4.5 节中例题所说明的那样，先假定将塑性铰嵌入在模型中抗弯 *DCR* 值大于 2.0 的部位里（就规则结构平面布置而言），然后再重新启动分析。这个对于梁—柱式框架来讲确实是一种简明易懂的处理方法，在像 ETABS 这类三维空间分析程序中是很容易模拟的。另一方面，要将塑性铰嵌入到这板柱结构的分析模型中去是比较复杂的。由于这个原因，下面所进行的候补传力途径分析没有把铰嵌入到模型中去。当这 2.0 的容许 *DCR* 值被超出时，则修改板的设计直至达到 $DCR \leqslant 2.0$。虽然这种简化会造成稍微保守的结构，但对这种结构体系来讲还是一种合理的处理方法。

5.5.2　渐次倒塌的案例情况

在运用候补传力途径方法的时候，GSA 导则和 DoD 导则两者的最低要求是外部周边若干构件的失去。而仅需要去掉那些位于诸如地下停车库和/或空旷首层公共场所这类有具体内部威胁存在地方的内部构件。就这个例题来讲，只考虑这外部周边的构件失去。

按照 DoD 导则的要求，对带有规则平面布置的平板结构必须在每一个楼层至少要考虑三种案例情况。对这结构失去一根一层楼高的位于或临近建筑物短边中部的柱子和失去一根位于或临近建筑物长边中部的柱子，以及失去一根位于角部的柱子的案例情况进行分析。这样，对这 9 层的例题建筑物来讲总共需要进行 27 次的候补传力途径分析。如果这建筑物的平面布置不规则的话，诸如带有凹角或开间尺寸急剧减小等，这就需要外加案例情况。就凭这个相对比较简单的建筑物就要有如此大量的案例情况，看来 DoD 的渐次倒塌分析要求似乎太巨大了。

不过，对于大多数建筑物来讲，这必须明确加以考虑的案例情况数量是可以被减少的。在这个例题中，这规则的结构平面布置和将整个建筑物高度范围内的构件都取成统一横截面的简化假定就大大

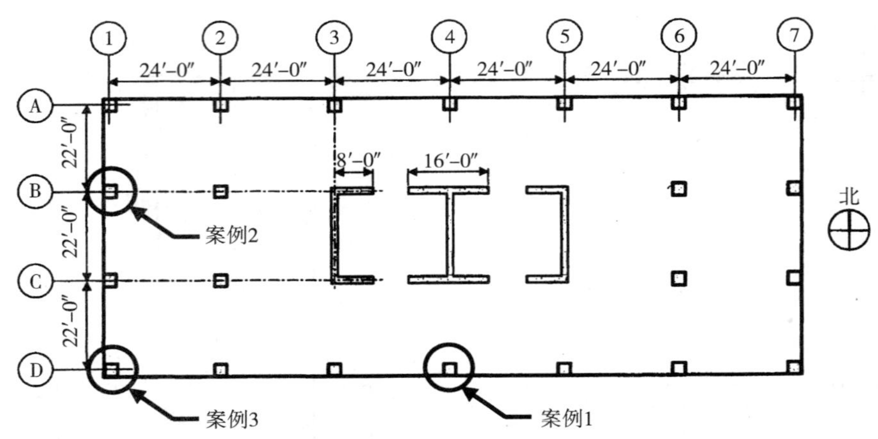

图 5 - 11　例题建筑物渐次倒塌分析的案例情况

地减少了所需分析的案例情况数量。仅分析研究三种失去柱子的案例情况（见图 5 - 11）。

案例 1——位于柱网轴线④ - Ⓓ的首层柱子失去。这个代表失去一根位于长边中部柱子的最不利案例情况；

案例 2——位于柱网轴线① - Ⓑ的首层柱子失去。这个代表失去一根临近短边中部柱子的最不利案例情况；

案例 3——位于柱网轴线① - Ⓓ的首层柱子失去。这个代表失去一根位于角部柱子的最不利案例情况。

应该说明的是，GSA 导则只要求考虑首层柱子的失去。

5.5.3　渐次倒塌分析中的材料性能

GSA 导则和 DoD 导则都含有相类似的确定钢筋混凝土构件材料预期性能的要求条件（见 2.3 节和 3.6 节）。用等于 1.25 的强度提高系数来提高混凝土的抗压强度和钢筋的屈服强度。表 5 - 3 列有这个例题的设计材料性能。

例题建筑物的材料性能　　**表 5 - 3**

材料	性能	原始设计	渐次倒塌分析
混凝土	抗压强度 f'_c	4ksi	5ksi
	自重 W_c	150pcf	150pcf
	弹性模量 E_c	3834ksi	4287ksi
钢筋	屈服强度 f_y	60ksi	75ksi
	弹性模量 E_s	29，000ksi	29，000ksi

这混凝土的弹性模量 E_c 是按照 ACI 318 - 02 第 8.5.1 条的规定估算的。渐次倒塌分析所用的 E_c 计算如下：

$$E_c = w_c^{1.5} 33\sqrt{f'_c} = (150)^{1.5} \times 33 \times \sqrt{5000} \times \frac{1}{1000} = 4287\text{ksi}$$

5.5.4　位于长边中部的柱子失去（案例情况1）

在④－Ⓓ外柱去掉以后，根据三维空间分析来确定其余构件的内力（即需求量）。为了保持结构的稳定，这原先由④－Ⓓ柱所支承的荷载必须要有一个可替补的能传至基础的候补传力途径。在这种情况下，这跨越被去掉的柱子的受力机理是这上面楼板的自身抗弯。

5.5.4.1　板的检验

5.5.4.1.1　*抗弯*

根据ETABS提供在屏幕上所显示的这薄壳（板）构件的应力图像，大体上可以确定，靠近建筑物底部的平板受力最大，并随着高度的向上而减小。不过，并非所有的绝对最大弯矩值都出现在首层楼盖上。所以用整个建筑物高度范围内的最大弯矩包络图来对这定型平板进行评估。

这全部最大的弯矩都出现在底部的头两层。设计上，这弯矩需求量是按整个设计板带的宽度计算出来的总值。尽管设计板带整个宽度范围内的弯矩作用方向（即正与负）是可能会有所变化的（指的是板带的中部与边缘部位之间——译者注），有的截面甚至会既有正弯矩又有负弯矩。但这种情况下的这两种弯矩的值都是比较小的，是微不足道的，因此可以忽视。

***x*方向板带的设计**

在*x*方向，这楼板的跨度是从柱网轴线③到⑤整整跨越了两个开间。这双跨距离的边界条件导致柱网轴线④处的受力逆转，弯矩需求量从负的变成了正的（见图5－12），可以比较一下，在④－Ⓓ柱失去之前，原先弯矩图的形状是与现在*x*3跨中板带和*x*4柱上板带（位于与柱网轴线Ⓐ－Ⓑ和③－⑤接壤的区域之内）所显示的弯矩图形相似的。

沿柱网轴线④的最大受力正弯矩出现在靠近被去掉柱子的部位，并随着向建筑物内部的深入而减小。图5－12所显示的*x*1柱上板带和*x*1跨中板带的相对弯矩大小清楚地说明了这一点。同样，*x*方向设计板

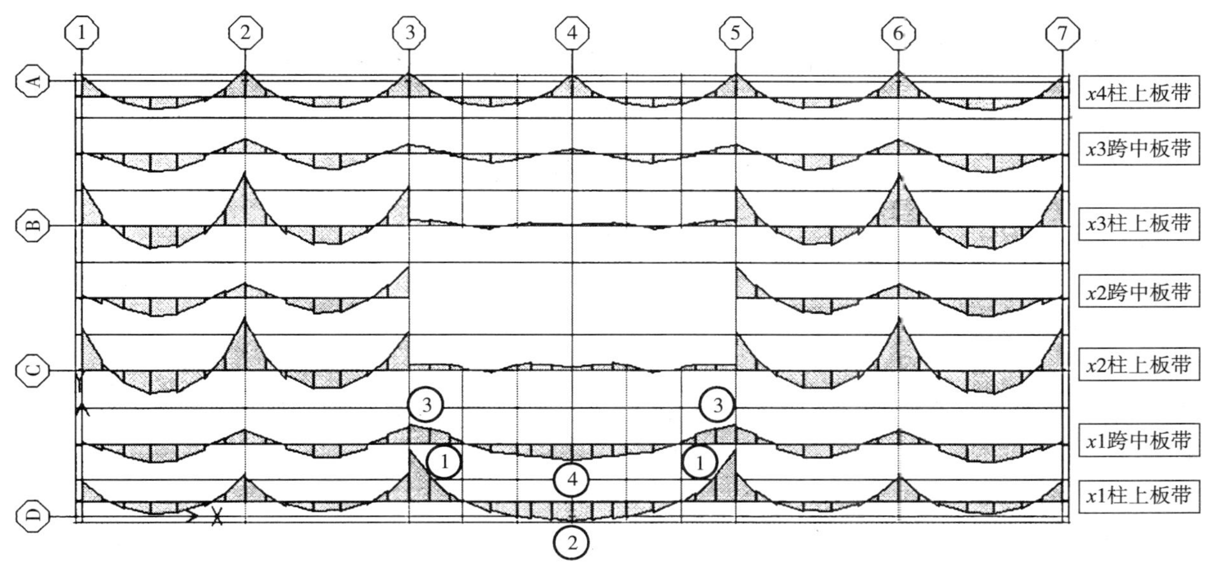

图5－12　例题建筑物*x*方向板带的弯矩需求量（案例情况1）

带的最大受力负弯矩出现在位于柱网轴线③－Ⓓ和⑤－Ⓓ的柱子部位，并随着向轴线④逼近而减小。

图5－12和表5－4归纳了x方向设计板带的最大弯矩。另外，表5－4还显示了所需要的钢筋面积、已提供的钢筋面积和不需要为满足防止渐次倒塌的要求再进行任何补强的说明。$x1$柱上板带和$x1$跨中板带的最大x方向设计板带正弯矩分别为131.5ft－kips和78.8ft－kips。这两个最大的正弯矩都出现在首层楼盖。$x1$柱上板带和$x1$跨中板带的最大x方向设计板带负弯矩分别为279.2ft－kips和98.9ft－kips。而这两个最大的负弯矩却都出现在第2层楼盖。

上述的弯矩值代表了板在遭受$2D+0.5L$的渐次倒塌荷载工况时的最大弯矩需求量（其中的设计活荷载L未按IBC 2003第1607.9条的规定进行折减）。根据GSA的验收标准，最大的容许需供比（DCR）为2.0。换言之，任何横截面的最小所需抗弯强度M_{CE}可以用最大弯矩需求量$M_{\upsilon D}$除以最大容许DCR来确定$\left(\text{即}\ M_{CE}=\dfrac{M_{\upsilon D}}{DCR}=\dfrac{M_{\upsilon D}}{2.0}\right)$。

x方向板带的设计归纳（案例1） **表5－4**

位置（图5－12）	M_{UD} 首层楼盖（ft－kips）	M_{UD} 第2层楼盖（ft－kips）	$M_{CE}=\dfrac{M_{UD}}{DCR^{a}}$（ft－kips）	所需钢筋面积 A_{sreq}（in^2）	已提供的钢筋面积 A_{sprov}（in^2）	抗拉钢筋的数量[c]
①	－270.6	<u>－279.2</u>	－139.6	2.94	31（10－No.5）[b]	满足
②	<u>＋131.5</u>	＋94.2	＋65.8	1.35	1.55（5－No.5）	满足
③	－98.0	<u>－98.9</u>	－49.5	1.01	2.48（8－No.5）	满足
④	<u>＋78.8</u>	＋70.6	＋39.4	0.80	0.93（3－No.5）	满足

注：a——$DCR=2.0$

b——由于$x1$柱上板带的宽度比标准柱上板带的宽度窄，则用全宽板带所提供的钢筋数量去乘以这板带宽度所占的比例来估算已提供的钢筋面积A_{sprov}（即对位置①，$A_{sprov}=\dfrac{77}{132}\times17=9.92$根钢筋，取10根No.5的钢筋）。

c——见5.5.4.1.2节的钢筋锚固长度，中止位置和锚定的检验。

一旦这所需的最小抗弯强度被确定，就可以计算所需的钢筋面积，并将其与已提供的钢筋面积作对比。如果所需的钢筋面积小于或等于已被提供的钢筋面积，则现有的平板是满足要求的。如果所需的钢筋面积大于已提供的钢筋面积，则添加补充钢筋。对x方向的$x1$柱上板带最大正弯矩的标准算法介绍如下：

$$M_{UD}=131.5\text{ft}-\text{kips（首层楼盖）}\longleftarrow\text{取值}$$

$$M_{UD}=94.2\text{ft}-\text{kips（第2层楼盖）}$$

$$M_{CE}=\frac{M_{UD}}{DCR}=\frac{131.5}{2.0}=65.8\text{ft}-\text{kips}$$

假定用带有3/4in最小保护层的No.5钢筋来作为两个方向的抗弯钢筋。同时还假定将几乎所有的纵向（即x方向）顶部和底部钢筋都定位在外层。这样，从钢筋质心到最外受压边缘纤维的距离d，对x方向的钢筋来讲是7.94in；对y方向的钢筋是7.31in（见图5－13）。

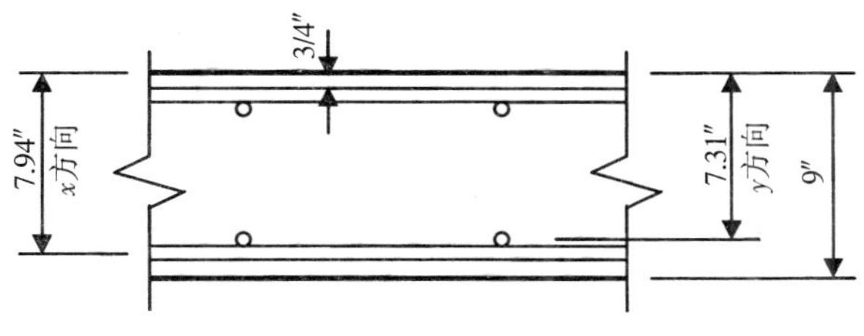

图 5－13　板钢筋的布置

$x1$ 柱上板带的宽度为 77in$\left(\text{即}\dfrac{22\times12}{4}+11\right)$。通过解下列方程式来确定所需的钢筋面积：

$$\left(\frac{\phi f_y{}^2}{1.7f'_cb}\right)A_S{}^2-(\phi f_yd)A_S+M_{CE}=0$$

这是一个根据 $Ax^2+Bx+C=0$ 推导出来的二次方程式，其中 $x=A_S$。系数 A、B、C 为：

$$A=\frac{\phi f_y^2}{1.7f'_cb}=\left(\frac{1.0\times75^2}{1.7\times5\times77}\right)=8.59\text{kips/in}^3$$

$$B=-(\phi f_yd)=-1.0\times75\times7.94=-595.5\text{kips/in}$$

$$C=M_{CE}=65.8\text{ft}-\text{kips}=789.6\text{in}-\text{kips}$$

解二次方程式来求 A_S

$$A_S=\frac{-B\pm\sqrt{B^2-4AC}}{2A}=\frac{+595.5\pm\sqrt{(-595.5)^2-(4\times8.59\times789.6)}}{2\times8.59}=1.35\text{in}^2\text{ 或 }68.0\text{in}^2$$

这较大的根数值被弃置，所以所需的钢筋面积是 1.35in^2。

如 5.3 节所表明的那样，这标准内跨柱上板带需要 8 根 No.5 的底部钢筋。这个配筋是由最大容许钢筋间距控制的，而不是强度的考虑因素。由于 $x1$ 柱上板带位于该建筑物的外边缘，所以它的宽度小于标准满尺柱上板带的宽度，因此它只需要较少的钢筋就可以了。根据这 77in 的宽度，最少需要 5 根 No.5 的钢筋（其中 2 根 No.5 的钢筋穿过柱子的核心区，其他 3 根 No.5 的钢筋按 18in 中－中的间距来铺设——从柱子的内表面开始算起）。因此，在这 $x1$ 柱上板带里所提供的最小钢筋面积是 1.55in^2。由于所提供的钢筋面积大于 1.35in^2，所以 $x1$ 柱上板带满足防止渐次倒塌的要求条件。在 5.5.4.1.2 节将对这柱子部位的受拉搭接接头的长度进行评估。

虽然不是特定的 GSA 要求，但还是建议要错开设置这些受拉的搭接接头，限制任何一个部位的钢筋连接数量。例如，让我们来考虑一下，这种通常都是在柱子部位进行连接的底部钢筋（见 5.3 节）。如果柱子失去，这所有钢筋的连接接头都处于最大弯矩的部位是不合要求的。在过去，著者都参与过 DoD 的工程项目，这些工程项目都是按在同一个破坏面的搭接接头不得超过板钢筋所需搭接总数的 25% 来进行施工的。用这种方法来错开搭接接头是和许多承包商的习惯做法大不一样的，实施的可行性可能会是一个问题。

$x1$ 跨中板带的弯矩需求量要比 $x1$ 柱上板带的需求量小得多。这标准的内部跨中板带有 8 根 No.5 的底部钢筋（在跨中）和 8 根 No.5 的顶部钢筋（在支座处）。尽管 8 根 No.5 钢筋所提供的钢筋总面积（2.48in^2）是足以满足正、负弯矩需求量的，但是这底部钢筋在柱子轴线处或是不连续的，或是搭接得不够（见图 5－2）。至少要有 3 根 No.5 的底部钢筋必须是连续的，或是用正确合理的受拉搭接接头来进行连接。

y 方向板带的设计

在 y 方向，有 5 个设计板带受④－Ⓓ柱失去的影响。由于对称，只对这些板带中的 3 个（y4 柱上板带、y4 跨中板带和 y5 柱上板带）进行评估，如图 5－14 所显示说明的那样，这 y4 柱上板带承受着最大的弯矩。此外，沿着这 y4 柱上板带的长度，弯矩的方向从负的变成了正的。其他板带的弯矩图形状是和柱子失去前的那些原先弯矩图相似的，但量值增大。可以比较一下，y4 柱上板带，y4 跨中板带和 y5 柱上板带在④－Ⓓ柱失去之前的弯矩图形状是与现在图 5－14 中柱网轴线Ⓐ和Ⓑ之间的这些同一设计板带所显示的那些弯矩图形状相似的。

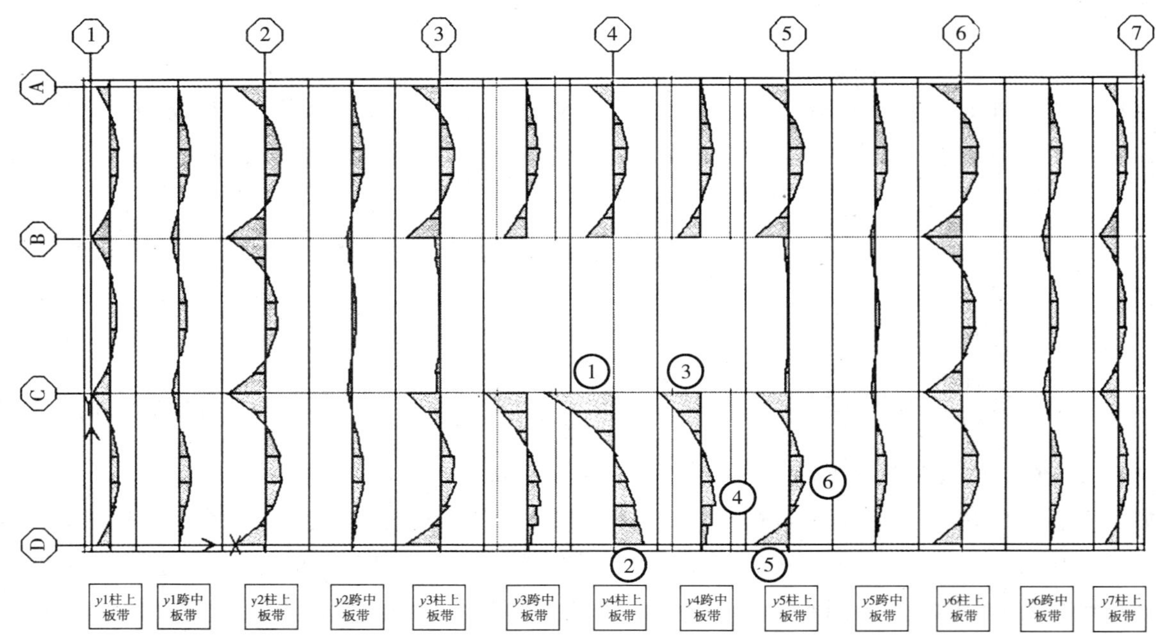

图 5－14　例题建筑物 y 方向板带的弯矩需求量（案例情况 1）

图 5－14 和表 5－5 显示说明了每一个设计板带的最大正、负弯矩。这所需的最小抗弯强度 M_{CE} 和所需钢筋面积的计算是和 x 方向板带设计所用的方法一模一样的。可参阅 x 方向板带的实例计算。不过，这从受拉钢筋质心到最外受压边缘纤维的距离是 7.31in（见图 5－13）。

对 y4 柱上板带来讲，在沿柱网轴线Ⓒ的内部核心筒部位有一个很大的负弯矩，并在这被去掉柱子的位置有一个正弯矩。这负弯矩是靠被锚固在核心筒剪力墙里面的顶部钢筋来抵抗的。假定柱上板带在第一内柱部位所要求的 20 根 No. 5 顶部钢筋（见图 5－2）同样也被提供于 y4 柱上板带的核心筒支座部位。这 20 根 No. 5 顶部钢筋的面积为 6.2in^2，大于所需要的 5.54in^2 钢筋面积。不过，所有的负筋都必须延伸到这筒壁剪力墙的背面，并在其末端配置标准的 ACI 弯钩。

这 y4 柱上板带的最大正弯矩需求量是位于建筑物的外边缘。为此，底部钢筋必须彻底地被锚固在板的边缘。现在只有 2 根 No. 5 钢筋的末端带有标准的 ACI 弯钩，而其余的 9 根 No. 5 钢筋的末端仅伸入柱表面 6in（见图 5－2）。总共需要 8 根 No. 5 的底部钢筋来抵抗正弯矩，因此，这柱上板带里的 11 根 No. 5 钢筋中至少要有 8 根钢筋的末端必须是用标准 ACI 弯钩来锚固在板边缘的。

在 $y4$ 跨中板带里，这所提供的抗负弯矩总强度稍微小于所要求的负弯矩需求量。为了解决这个差别，在原先已经提供的 8 根 No. 5 钢筋基础上再添加 3 根 No. 5 的钢筋。$y4$ 跨中板带的抗正弯矩强度是足以抵抗正弯矩需求量的。$y5$ 柱上板带里的现有配筋对正、负弯矩需求量来讲也是足够的。

图 5－14 和表 5－5 归纳了 y 方向设计板带的最大弯矩。另外，表 5－5 还显示了所需要的钢筋面积、已提供的钢筋面积和为满足防止渐次倒塌的要求而所需要的任何补强。

y 方向板带的设计归纳（案例 1）　　**表 5－5**

位置（图 5－14）	M_{UD} 首层楼盖 (ft－kips)	M_{UD} 第 2 层楼盖 (ft－kips)	$M_{CE}=\frac{M_{UD}}{DCR^a}$ (ft－kips)	所需钢筋面积 A_{sreq} (in^2)	已提供的钢筋面积 A_{sprov} (in^2)	钢筋数量[c]
①	－482. 9	－465. 9	－241. 5	5. 54	6. 2[b] (20－No. 5)	满足
②	＋213. 0	＋89. 5	＋106. 5	2. 38	3. 41 (11－No. 5)	满足
③	－291. 3	－281. 2	－145. 7	3. 28	2. 48 (8－No. 5)	增加 3 根 No. 5 钢筋 ($A_{sprov.}=3.41in^2$)
④	＋108. 6	＋104. 5	＋54. 3	1. 20	2. 48 (8－No. 5)	满足
⑤	－262. 7	－266. 5	－133. 3	2. 99	3. 72 (12－No. 5)	满足
⑥	＋127. 0	＋132. 0	＋66. 0	1. 46	3. 41 (11－No. 5)	满足

注：a——$DCR=2.0$；
b——假定位于核心筒剪力墙部位的配筋数量和位于内柱部位所需的配筋数量相同；
c——见 5. 5. 4. 1. 2 节的钢筋锚固长度、中止位置和锚定的检验。

5. 5. 4. 1. 2　*钢筋的细部设计*

表 5－4 和表 5－5 归纳了这些最大弯矩部位的钢筋需要量。除了检验这些位置的配筋量以外，还必须对钢筋作细部设计来确保提供合理的中止位置、连接和锚固。并对这两个表中所列举的每一个部位的钢筋实际锚固长度与握裹锚定进行评估。

x 方向板带的设计

位置①

如表 5－4 所显示说明的那样，现有的顶部钢筋是足以抵抗④－Ⓓ柱失去之后所产生的最大弯矩的。不过，由于 $x1$ 柱上板带的跨度整整加大了一倍，所以反弯点的位置也就随之改变。这更新的反弯点距离柱表面变得更远，这就导致更大部分的板都承受着负弯矩。这顶部钢筋的中止位置必须根据这个弯矩图的变动来重新调整。

这反弯点的位置（距离柱表面 7ft6in）是根据 SAFE 的输出数据估算的（见图 5－15）。现在，$x1$ 柱上板带有 10 根 No. 5 的顶部钢筋，其中 5 根 No. 5 钢筋的末端距离柱表面 6ft8in，而另外的 5 根 No. 5 钢筋的末端却只有 4ft6in。显而易见，其中的一些钢筋须要根据这被易位的反弯点来进行延长。

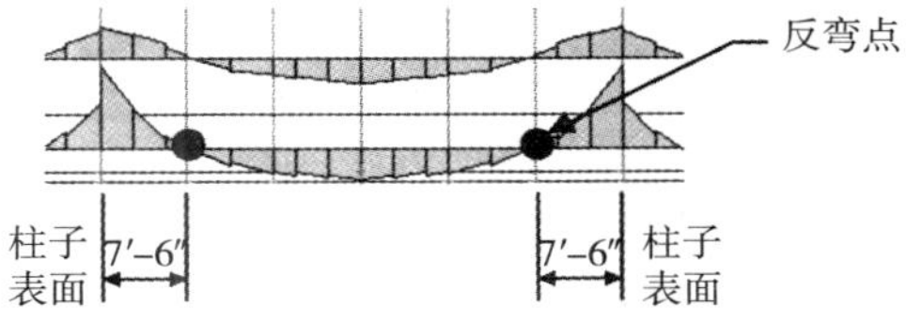

反弯点
柱子表面　7′－6″　7′－6″　柱子表面

图 5－15　$x1$ 柱上板带的反弯点（案例情况 1）

建议将现在末端距离柱表面6ft 8in的5根No.5钢筋延长并超过这反弯点。按照ACI 318－02第12.12.3条的规定，至少1/3支座处的负弯矩抗拉钢筋应具有不小于d、$12d_b$或$l_n/16$三者最大值的超越反弯点的锚固长度。在这些符号中，d是板的截面有效高度，d_b是钢筋的直径，l_n是净跨。超过反弯点的延伸长度确定如下：

（1）$d=7.94$in

（2）$12d_b=12\times0.625=7.5$in

（3）$l_n/16=266/16=16.6$in，取17in←取值

这5根末端为6ft 8in的No.5钢筋被延长到8ft 11in（即7ft 6in＋1ft 5in）。对另外的5根No.5钢筋也要进行中止位置的检验。由这5根No.5钢筋所提供的负设计抗弯强度是74ft－kips，只要将这个值去乘以2.0的容许*DCR*值，就能得出这5根No.5钢筋所能抵御的弯矩需求量是148ft－kips。而这148ft－kips的负弯矩需求量却出现在距离柱子表面1ft 9in处。

根据ACI 318－02第12.10.3条的规定，钢筋必须延伸到不再需要用它来抗弯的部位。此距离取d或$12d_b$两者之较大者。根据前面的计算，$d=7.94$in是控制的尺寸，如果将d值调整成8in的整数，这5根No.5钢筋所需伸出柱表面的长度是2ft 5in（即1ft 9in＋8in）。这2ft 5in的所需长度小于所提供长度4ft 6in，所以现在的中止距离是满足要求的。

位置②

在这被去掉柱子的部位有足够的底部钢筋来抵御这正弯矩的需求量。这钢筋现在是在柱子部位按1ft 9in长的受拉搭接接头来进行连接的。按照ACI 318－02的规定，用所要求的材料强度（见表5－3：例题建筑物的材料性能）来确定这所需要的受拉搭接接头的长度。

A级（Class A）接头的搭接长度l_d应该等于：

$$l_d=\left(\frac{f_y\alpha\beta\lambda}{25\sqrt{f'_c}}\right)d_b=\left(\frac{75,000\times1.0\times1.0\times1.0}{25\times\sqrt{5000}}\right)\times0.625=26.5\text{in}\ （取2ft\ 3in）$$

建议将这个位置的受拉搭接接头错开设置。这样，所有的钢筋就不会都在最大弯矩的截面连接了。

位置③

如表5－4所显示说明的那样，现有的顶部钢筋是足以抵抗④－Ⓓ柱失去之后所产生的最大弯矩的。不过，由于$x1$跨中板带的跨度整整加大了一倍，所以这反弯点的位置也就随之改变。更新的反弯点距离柱表面变得更远，这就导致较大部分的板都承受着负弯矩。这顶部钢筋的中止位置必须根据这个弯矩图的改变来重新调整。

这反弯点的位置（距离柱表面7ft 10in）是根据SAFE的输出数据估算的（见图5－16）。现在，$x1$跨中板带有8根No.5的顶部钢筋的末端距离柱表面4ft 11in。显而易见，其中的一些钢筋须要根据这被易位的反弯点来进行延长。

为防止渐次倒塌所需要的钢筋面积是1.01in^2（即4根No.5的钢筋）。为此，仅需要将其中的4根No.5钢筋根据这易位的反弯点来延长。这些钢筋超出反弯点1ft 5in的延伸长度是按和位置①所用的相同方法计算出来的。加上从柱表面到反弯点的距离则可求出这4根被延长钢筋从柱表面算起的总长度9ft 3in。

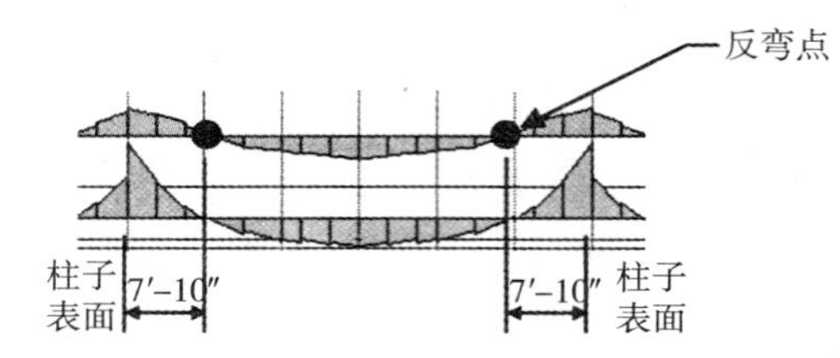

图5－16　$x1$跨中板带的反弯点（案例情况1）

位置④

在 $x1$ 跨中板带的柱网轴线④的部位，这 8 根 No. 5 底部钢筋中的 4 根延续到柱子。可是，这些钢筋只有 6in 长的搭接接头，这是不能充分发挥它们的全部抗拉承载能力的。为此，应该将其中 3 根 No. 5 的底部钢筋做成连续贯通的或受拉搭接接头。这个是通过提供与位置② $x1$ 柱上板带相类似的受拉搭接接头来完成的。

y 方向板带的设计

位置①

表 5－5 显示说明这 $y4$ 柱上板带里现有的顶部钢筋是足以抵抗④－Ⓓ柱失去之后所产生的最大弯矩的。不过，反弯点距离核心筒壁表面变得更远，这就导致较大部分的板都承受着负弯矩。这顶部钢筋的中止位置必须根据这个弯矩图的改变来重新调整。

这反弯点的位置（距离核心筒壁表面 8ft 10in）是根据 SAFE 的输出数据估算的（见图 5－17）。现在，$y4$ 柱上板带有 20 根 No. 5 的顶部钢筋，其中 10 根 No. 5 钢筋的末端距离核心筒壁表面 6ft 8in，而另外的 10 根 No. 5 钢筋的末端却只有 4ft 6in。显而易见，其中的一些钢筋须要根据已易位的反弯点来进行延长。

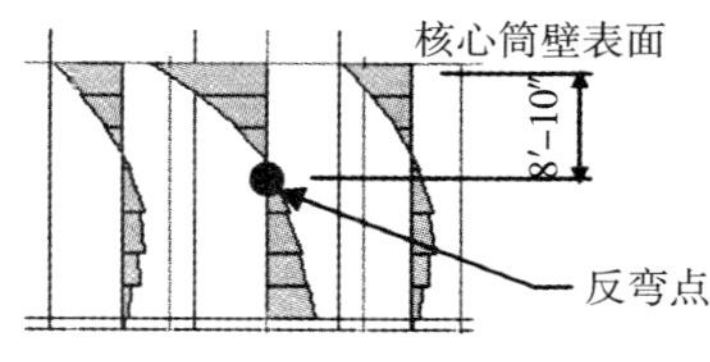

图 5－17 $y4$ 柱上板带的反弯点（案例情况 1）

建议将现在末端距离核心筒壁表面 6ft 8in 的 10 根 No. 5 钢筋延长并超过反弯点。按照 ACI 318－02 第 12. 12. 3 条的规定，至少 1/3 支座处的负弯矩抗拉钢筋应具有不小于 d、$12d_b$ 或 $l_n/16$ 三者最大值的超越反弯点的锚固长度。在这些符号中，d 是板的截面有效高度，d_b 是钢筋的直径，l_n 是净跨。超过反弯点的延伸长度确定如下：

（1）$d = 7.31\text{in}$

（2）$12d_b = 12 \times 0.625 = 7.5\text{in}$

（3）$l_n/16 = 247/16 = 15.4\text{in}$，取 16in←取值

这 10 根末端为 6ft 8in 的 No. 5 钢筋被延长到 10ft 2in（即 8ft 10in + 1ft 4in）。对另外的 10 根 No. 5 钢筋也要进行中止位置的检验。这 10 根 No. 5 钢筋的负设计抗弯强度是 149ft－kips。只要将这个值去乘以 2. 0 的容许 *DCR* 值，就能得出这 10 根 No. 5 钢筋所能提供的实际抗弯强度是 298ft－kips。而这 298ft－kips 的负弯矩需求量却出现在距离核心筒壁表面的 2ft 处。

根据 ACI 318－02 第 12. 10. 3 条的规定，钢筋必须延伸到不再需要它来抗弯的部位，此距离取 d 或 $12d_b$ 两者之较大者。根据前面的计算，$12d_b = 7.5\text{in}$ 是控制的尺寸。如果将 $12d_b$ 调整成 8in 的整数，这 10 根 No. 5 钢筋的所需长度是 2ft 8in（即 2ft + 8in）。所需长度 2ft 8in 小于所提供的 4ft 6in 长度，所以现在的中止距离是满足要求的。

位置②

在这 $y4$ 柱上板带的外柱部位，11 根 No. 5 的底部钢筋伸过柱子的内表面。其中 2 根钢筋设有标准的 ACI 弯钩，其余的 9 根钢筋仅伸入柱表面 6in 且不带弯钩。这 9 根钢筋的锚固长度是不足以充分发挥它们的全部抗拉强度的。为此，必须将其中的 8 根 No. 5 钢筋连续贯通到板的边缘，并在其末端设置标准的 ACI 弯钩。

位置③

如表 5－5 所显示说明的那样，这 $y4$ 跨中板带里现有的顶部钢筋是足以抵抗④－Ⓓ柱失去之后所

产生的最大弯矩的。不过，弯矩重分配致使这 $y4$ 跨中板带的反弯点移位。更新后的反弯点距离核心筒壁表面变得更远，这就导致更大部分的板都承受着负弯矩。顶部钢筋的中止位置必须根据这个弯矩图的改变来重新调整。

这反弯点的位置（距离核心筒壁表面 7ft 6in）是根据 SAFE 的输出数据估算的（见图 5－18）。现在，$y4$ 跨中板带有 11 根 No. 5 的顶部钢筋（即原始设计的 8 根 No. 5＋后加的 3 根 No. 5）的末端距离核心筒壁表面 4ft 11in。显而易见，其中的一些钢筋须要根据已易位的反弯点来进行延长。

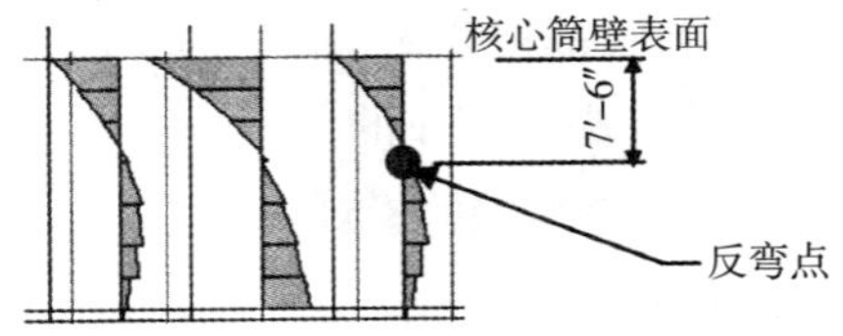

图 5－18　$y3$ 跨中板带和 $y4$ 跨中板带的反弯点（案例情况 1）

这些钢筋超出反弯点的延伸长度为 1ft 4in 是按和位置①所用的相同方法计算出来的。将这个长度加上反弯点的距离就可求得从核心筒壁表面算起的总长度 8ft 10in。

位置④

在 $y4$ 跨中板带的外柱部位，8 根 No. 5 的底部钢筋伸入柱表面 6in，而且这些钢筋的末端都没有设置标准的 ACI 弯钩。由于在这跨中板带的外边缘仅有少量的正弯矩，所以这 8 根 No. 5 底部钢筋中只需要有 1 根钢筋延伸到板的外边缘，并在其末端设置标准的 ACI 弯钩。

位置⑤和⑥

这 $y5$ 柱上板带里的钢筋细部设计都已满足防止渐次倒塌的要求。

5. 5. 4. 1. 3　*抗冲切剪力*

除了检验抗弯能力之外，还要评估这抗冲剪的能力。SAFE 程序会自动地按照 ACI 318－02 的规定去计算这内柱、边柱和角柱的板—柱节点的抗冲剪强度（或抗冲切承载力——译者注）。这案例情况 1 的关键部位是这③－Ⓓ和⑤－Ⓓ的板—柱接头。图 5－19 显示了这两个部位的首层楼盖抗冲剪需供比（*DCR* 值）。和抗弯的情况一样，$DCR \leq 2.0$ 表示结构是容许的。

所有抗冲剪的 *DCR* 值都小于 2.0，因此，这结构是满足要求的。这③－Ⓓ边柱部位的抗冲剪实例

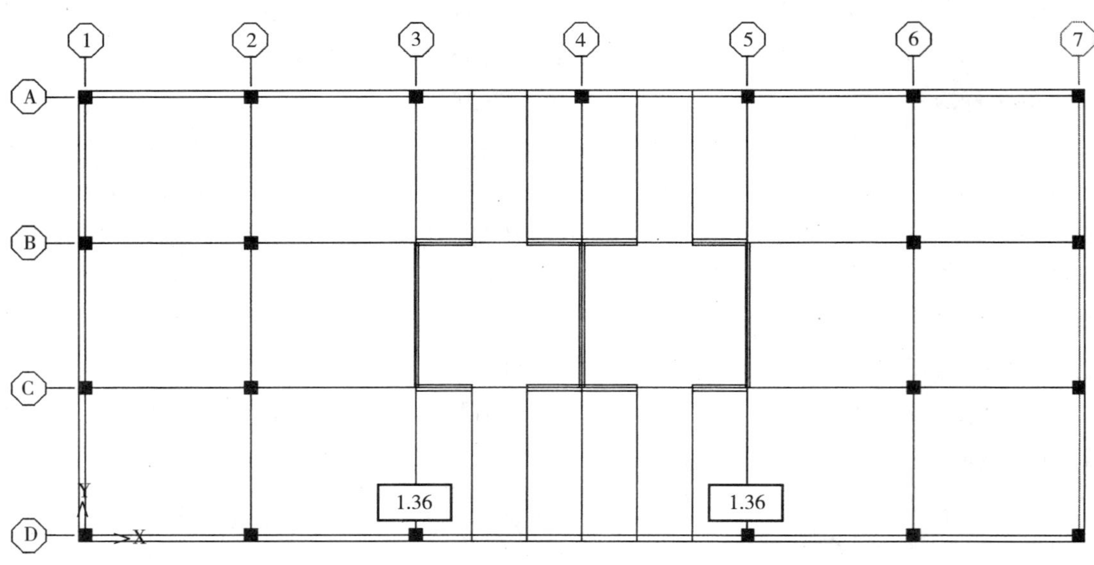

图 5－19　首层楼盖的抗冲剪 *DCR* 值（案例 1 情况）

计算如下：

这③-Ⓓ边柱部位的设计内力或所需的强度（直接取之SAFE）是：

$$V_u = 107.4\text{kips}\ （总竖向力）$$

$$M_{ux} = 210.1\text{ft}-\text{kips}\ （绕\ x\ 轴的总弯矩）$$

$$M_{uy} = -128.8\text{ft}-\text{kips}\ （绕\ y\ 轴的总弯矩）$$

首先确定临界截面的周长。这抗冲剪的临界截面周长 b_o 是距离柱子周边 $d/2$ 处板垂直截面的最不利周长。将板的有效截面高度 d 取成7.62in，为 x 方向和 y 方向截面有效高度的平均值（见图5-13）。

临界截面的周长为（见图5-20）：

$$b_0 = 2\times b_1 + b_2 = 2\times 25.81 + 29.62 = 81.24\text{in}$$

然后确定最大的剪应力。在这剪切周边所有不同部位的剪应力都是彼此相异的。SAFE是通过组合由竖向荷载和每一个方向同时作用的弯矩所产生的剪应力来计算最大剪应力的。尽管用分开考虑每一个方向弯矩的方法来计算冲切剪力是有道理的，但这个例题还是将这两个方向的弯矩组合起来进行计算以便和这SAFE的计算结果作比较。本例题比较不利的受力情况出现在A部位（见图5-20），并用下列的公式来对其进行计算。

$$v_u = \frac{v_u}{b_o d} \pm \frac{\gamma_{vx} M_{ux} c_x}{J_{cx}} \pm \frac{\gamma_{vy} M_{uy} c_y}{J_{cy}}$$

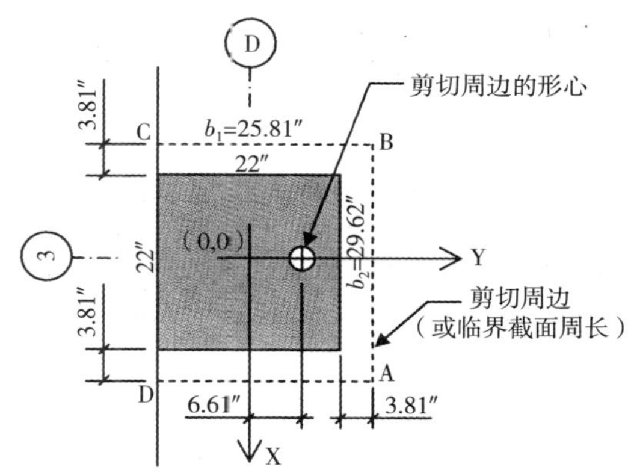

图5-20　剪切周边（案例情况1）

在上面的公式里，γ_{vx} 和 γ_{vy} 分别依次代表这板—柱节点临界截面剪力偏心距在 x 和 y 方向所传递的不平衡弯矩的计算系数。ACI 318-02第11.12.6.1条规定 $\gamma_v = (1-\gamma_f)$，其中 γ_f 在第13.5.3.2条中被定义为该板—柱节点所传递的不平衡弯矩的计算系数。

$$\gamma_f = \frac{1}{1+2/3\ \sqrt{b_1/b_2}}$$

根据上面的公式来确定 γ_{vx} 和 γ_{vy}。

$$\gamma_{fx} = \frac{1}{1+2/3\ \sqrt{25.81/29.62}} = 0.62,\ 则\ \gamma_{vx} = 1-0.62 = 0.38$$

$$\gamma_{fy} = \frac{1}{1+2/3\ \sqrt{29.62/25.81}} = 0.58,\ 则\ \gamma_{vy} = 1-0.58 = 0.42$$

J_{cx} 和 J_{cy} 分别是对 x 轴和 y 轴按临界截面计算的类似极惯性矩。

J_{cx} 是对平行于 AB 边的轴的极惯性矩，用下面的公式来确定：

$$J_{cx} = 2\left(\frac{b_1 d^3}{12}\right) + 2\left(\frac{d b_1^{\ 3}}{12}\right) + 2\ (b_1 d)\ \left(\frac{b_1}{2} - c_{AB}\right)^2 +\ (b_2 d)\ c_{AB}^2$$

式中　$c_{AB} = \dfrac{剪切周边截面面积对\ AB\ 边的总弯矩}{剪切周边的截面面积} = \dfrac{2(b_1 d)(b_1/2)}{2(b_1 d) + b_2 d}$

$$c_{AB} = \frac{2\times 25.81\times 7.62\times 25.81/2}{2(25.81\times 7.62) + 29.62\times 7.62} = 8.20\text{in}$$

$$J_{cx}=2\left(\frac{25.81\times7.62^3}{12}\right)+2\left(\frac{7.62\times25.81^3}{12}\right)+2\times25.81\times7.62\left(\frac{25.81}{2}-8.2\right)^2+29.62\times7.62\times8.20^2$$

$$J_{cx}=47, 623\text{in}^4$$

同样，对垂直于 AB 边的轴的极惯性矩 J_{cy} 按下式计算：

$$J_{cy}=2\ (b_1d)\ c_{CB}^{\ 2}+\frac{b_2d^3}{12}+\frac{db_2^{\ 3}}{12}$$

式中 $c_{CB}=c_{AD}=b_2/2$

$$c_{CB}=c_{AD}=\frac{29.62}{2}=14.81\text{in}$$

$$J_{cy}=2\times25.81\times7.62\times14.81^2+\frac{29.62\times7.62^3}{12}+\frac{7.62\times29.62^3}{12}=103, 868\text{in}^4$$

在 SAFE 程序里的柱中心线上记录了弯矩 M_{ux}和 M_{uy}，以及剪切力 V_u。为了用先前提到的公式来确定这最大的剪应力，则用一套作用在临界截面（也即剪切周边）形心上的等效静力来取代这作用在柱子形心上的剪力和弯矩。对 x 轴的弯矩，从柱中心到剪切周边形心的偏心距为 6.61in $\left(\text{即}\frac{22}{2}+3.81-8.2\right)$，则临界截面形心处的设计弯矩就变成了：

$$M_{ux}-(V_u\times e)=210.1-107.4\times\frac{6.61}{12}=150.9\text{ft}-\text{kips}$$

对 y 轴的弯矩来讲，由于柱中心线处的 y 轴和剪切周边形心处的 y 轴是一致的，所以这 SAFE 程序计算所得的 y 轴弯矩 M_{uy}是适合的。根据上述情况来确定剪切周边的最大剪应力。这最大剪应力出现在 A 部位，这是因为那里由轴向荷载，x 方向弯矩和 y 方向弯矩所产生的剪应力都作用在同一个方向。将这些修正后的值代入这剪应力的计算公式，得：

$$v_{uA}=\frac{V_u}{b_od}\pm\frac{\gamma_{vx}M_{ux}c_x}{J_{cx}}+\frac{\gamma_{vy}M_{ur}c_y}{J_{cy}}=\frac{107.4}{81.24\times7.62}+\frac{0.38\times150.9\times12\times8.2}{47, 623}+\frac{0.42\times128.8\times12\times14.81}{103, 868}$$

$$v_{uA}=0.173+0.118+0.093=0.384\text{ksi}=384\text{psi}$$

最后，按照 ACI 318-02 第 11.12.2.1 条的规定计算容许剪应力。这容许剪应力取下面三个式子算出来的最小值：

$$v_{all}=\frac{V_c}{b_od}=\left(2+\frac{4}{\beta_c}\right)\sqrt{f'_c}=\left(2+\frac{4}{1}\right)\sqrt{5000}=424\text{psi}$$

$$v_{all}=\frac{V_c}{b_od}=\left(\frac{\alpha_sd}{b_o}\right)\sqrt{f'_c}=\left(\frac{30\times7.62}{81.56}+2\right)\sqrt{5000}=340\text{psi}$$

$$v_{all}=\frac{V_c}{b_od}=4\sqrt{f'_c}=4\sqrt{5000}=283\text{psi}\leftarrow\text{取值}$$

对于抗冲切剪力，系数 ϕ 等于 1.0，则需供比（DCR）或冲切剪力比为：

$$DCR=\frac{v_{uA}}{v_{all}}=\frac{384}{283}=1.36$$

5.5.4.2 柱子的检验

这柱子配有 8 根 No. 10 的纵向钢筋和 No. 3（3 肢）@18in 中-中的箍筋（见图 5-3）。假定这整个建筑物高度范围内的所有柱子都被提供相同的配筋。这原先由④ - Ⓓ柱所支承的重力荷载基本上被分摊给了与其毗邻的③ - Ⓓ和⑤ - Ⓓ外柱。对这些柱子进行轴力和双向弯矩组合作用下的评估。用 ETABS 程序进行强度的检验，其中所有的系数 ϕ 都设定为 1.0。图 5 - 21 显示了这位于③、Ⓓ和⑤、Ⓓ轴线交点处柱子的需供比（*DCR*）值。

这两根关键柱子的所有 *DCR* 值都小于 2.0 的容许值。除此之外，还对柱子的抗剪能力作了评估。柱子的剪应力相对比较小，因此，现有柱子的截面是满足要求的。

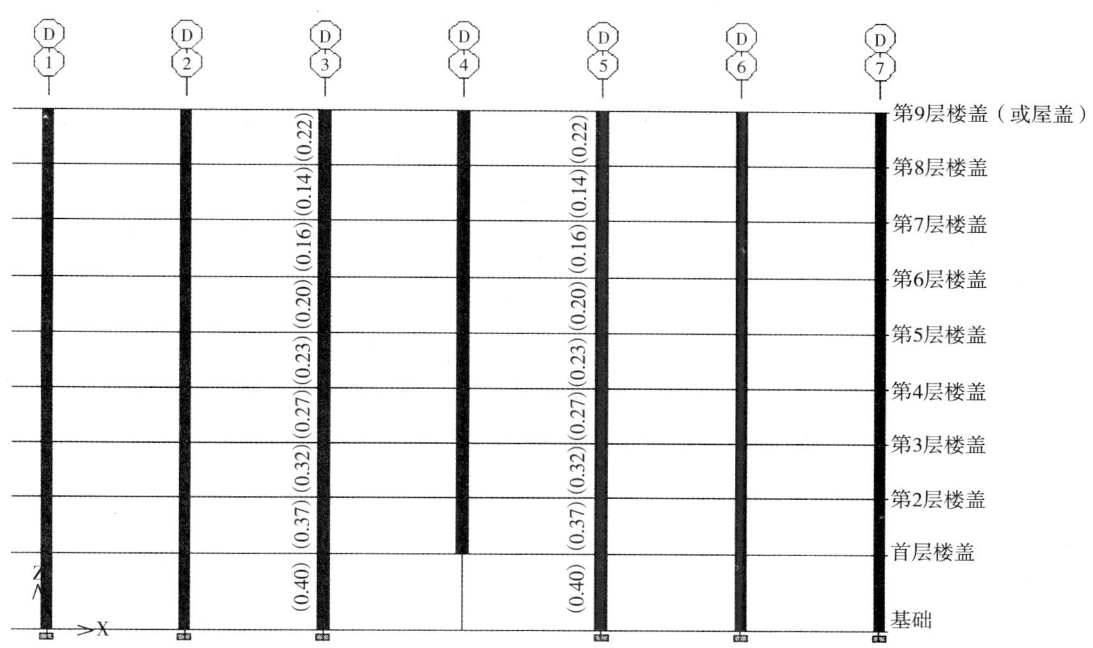

图 5 - 21　柱网轴线③、Ⓓ和⑤、Ⓓ交点处柱子承受轴力和双向弯矩组合作用的 *DCR* 值（案例情况 1）

5.5.5　临近短边中部的柱子失去（案例情况 2）

在① - Ⓑ外柱去掉以后，根据三维空间分析来确定其余构件的内力（即需求量）。为了保持结构的稳定，这原先由① - Ⓑ柱所支承的荷载必须要有一个可替补的能传至基础的候补传力途径。在这种情况下，这跨越被去掉的柱子的受力机理是上面板的自身抗弯。

5.5.5.1　板的检验

5.5.5.1.1　*抗弯*

根据 ETABS 所提供的在屏幕上显示的薄壳（板）构件的应力图像，可以确定靠近建筑物底部的平板受力最大，并随着高度的向上而减小。用这整个建筑物高度范围内的最大弯矩包络图来对这定型平板进行评估。

这全部最大的弯矩都出现在首层楼盖。设计上，这弯矩需求量是按整个设计板带的宽度计算出来的总值。尽管设计板带整个宽度范围内的弯矩作用方向（即正与负）是可能会有变化的（指的是板带的中部与边缘部位之间——译者注），有的截面甚至会既有正弯矩又有负弯矩。但这种情况下的这两种弯矩的值都是比较小的，微不足道的，因此可以忽视。

x 方向板带的设计

在 x 方向，五个设计板带（x2 柱上板带、x2 跨中板带、x3 柱上板带、x3 跨中板带和 x4 柱上板带）受①－Ⓑ柱失去的影响。如图 5－22 所表示的那样，x3 柱上板带承受着最大的正、负弯矩。此外，沿着 x3 柱上板带的长度，弯矩的作用方向从负的变成正的。其他板带的弯矩图形状是和柱子失去前的那些原先弯矩图相似的，但弯矩的量值增大。可以比较一下，在①－Ⓑ柱失去之前，这些受影响的设计板带的弯矩图形状是与现在图 5－22 中柱网轴线⑥和⑦之间的这些同一设计板带所显示的那些弯矩图形状相似的。

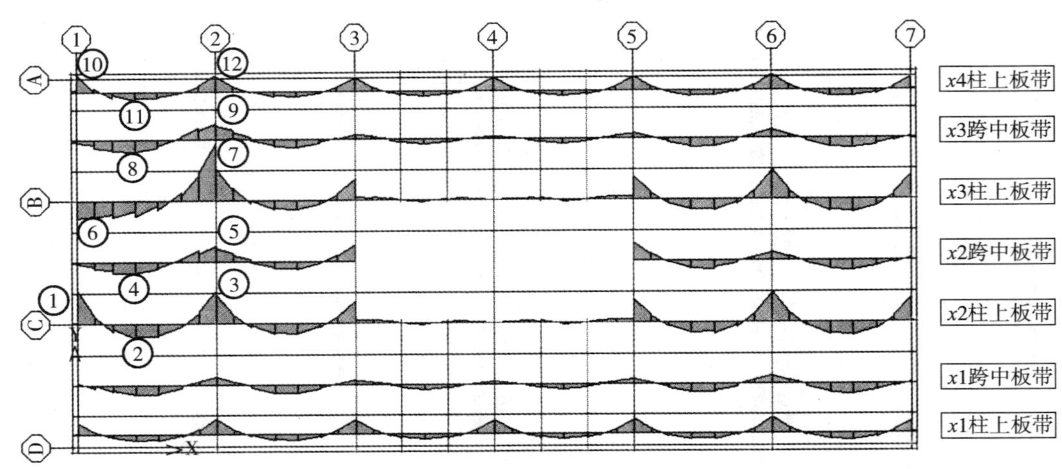

图 5－22　例题建筑物 x 方向板带的弯矩需求量（案例情况 2）

图 5－22 和表 5－6 显示了这每一个设计板带的最大正、负弯矩。按照和案例情况 1 所用的相同方法来计算最小的所需抗弯强度 M_{CE} 和所需要的钢筋面积。参阅案例情况 1 的 x 方向板带设计（见 5.5.4.1.1 节）的这些计算例题。

这最大的设计弯矩都出现在首层楼盖。如表 5－6 所显示说明的那样，x3 柱上板带拥有全部最大的正、负弯矩需求量。最大的负弯矩需求量 515.6ft－kips 出现在第 1 内柱的部位（即位于柱网轴线②和Ⓑ的交点处）。在将最大需求量去除以 2.0 的容许 DCR 值后，则求出需要总钢筋面积 5.44in^2。在这柱上板带的第 1 内柱部位已提供）20 根 No. 5 的顶部钢筋（$A_{sprov}=6.2in^2$）。因此，这按重力和侧向荷载设计的钢筋已足以防止渐次倒塌了。

x 方向板带的设计归纳（案例 2）　　**表 5－6**

位置（图 5－22）	M_{UD} 首层楼盖（ft－kips）	M_{UD} 第 2 层楼盖（ft－kips）	$M_{CE}=\frac{M_{UD}}{DCR^a}$（ft－kips）	所需钢筋面积 A_{sreq}（in^2）	已提供的钢筋面积 A_{sprov}（in^2）	钢筋的数量[c]
①	－341.9	－339.5	－171.0	3.55	3.72（12－No. 5）	满足
②	＋143.6	＋140.8	＋71.8	1.46	3.41（11－No. 5）	满足

续表

位置（图 5-22）	M_{UD} 首层楼盖（ft-kips）	M_{UD} 第 2 层楼盖（ft-kips）	$M_{CE}=\frac{M_{UD}}{DCR^{a}}$（ft-kips）	所需钢筋面积 A_{sreq}（in^2）	已提供的钢筋面积 A_{sprov}（in^2）	钢筋的数量[c]
③	-293.0	-285.2	-146.5	3.03	6.2（20-No.5）	满足
④	+109.5	+97.5	+54.8	1.11	2.48（8-No.5）	满足
⑤	-143.8	-134.1	-71.9	1.47	2.48（8-No.5）	满足
⑥	+178.6	+115.3	+89.3	1.83	3.41（11-No.5）	满足
⑦	-515.6	-484.2	-257.8	5.44	6.2（20-No.5）	满足
⑧	+107.3	+93.1	+53.6	1.09	2.48（8-No.5）	满足
⑨	-141.8	-133.8	-70.9	1.45	2.48（8-No.5）	满足
⑩	-175.5	-173.9	-87.8	1.82	2.17（7-No.5）[b]	满足
⑪	+80.3	+77.3	+40.2	0.82	2.17（7-No.5）[b]	满足
⑫	-167.3	-163.9	-83.6	1.73	3.72（12-No.5）[b]	满足

注：a——$DCR=2.0$

b——由于 x4 柱上板带的宽度比标准柱上板带的宽度窄，则用全宽板带所提供的钢筋数量去乘以该板带宽度所占的比例来估算已提供的钢筋面积 A_{sprov}（即对位置⑩，$A_{sprov}=\frac{77}{132}\times12=7$ 根钢筋）。

c——见 5.5.5.1.2 节的钢筋锚固长度、中止位和锚定的检验。

*x*3 柱上板带的最大正弯矩需求量是位于建筑物的外边缘。为此，这底部钢筋必须彻底地被锚固在板的边缘。现在，只有 2 根 No.5 钢筋的末端是做成弯钩锚定在柱内的，而其余的 9 根 No.5 钢筋的末端仅伸入柱内表面 6in。总共需要 6 根 No.5 的钢筋来抵抗正弯矩。因此，这柱上板带里的 11 根 No.5 钢筋中至少要有 6 根钢筋的末端必须是用标准 ACI 弯钩来锚定在板的边缘。

图 5-22 和表 5-6 归纳了 *x* 方向设计板带的最大弯矩。另外，表 5-6 还显示了所需要的钢筋面积、已提供的钢筋面积和为满足防止渐次倒塌的要求而所需要的任何补强。

y 方向板带的设计

在 *y* 方向，①-Ⓑ柱失去的上方，这沿柱网轴线①的首层楼盖板从轴线Ⓐ到Ⓒ整整跨越了两个开间。这双跨距离的边界条件导致柱网轴线Ⓑ处的受力逆转，弯矩需求量从负的变成了正的（见图 5-23）。可以比较一下，在①-Ⓑ柱失去之前，*y*2 柱上板带、*y*1 跨中板带和 *y*1 柱上板带的原先弯矩图形状是分别与现在 *y*6 柱上板带、*y*6 跨中板带和 *y*7 柱上板带所显示的弯矩图形相似的。

沿柱网轴线Ⓑ的最大正弯矩出现在靠近被去掉柱子的部位，并随着向建筑物内部的深入而减小。图 5-23 所显示的 *y*1 柱上板带和 *y*1 跨中板带弯矩图的相对大小清楚地说明了这一点。*y* 方向设计板带的最大负弯矩出现在①-Ⓐ、①-Ⓒ和②-Ⓑ的柱子部位。

图 5-23 和表 5-7 归纳了这不同设计板带的最大正、负弯矩。这最小所需抗弯强度 M_{CE} 和所需钢

筋面积的计算方法是和案例情况 1 所用的方法一模一样的。参阅案例情况 1 x 方向板带设计（5.5.4.1.1 节）的计算例题。

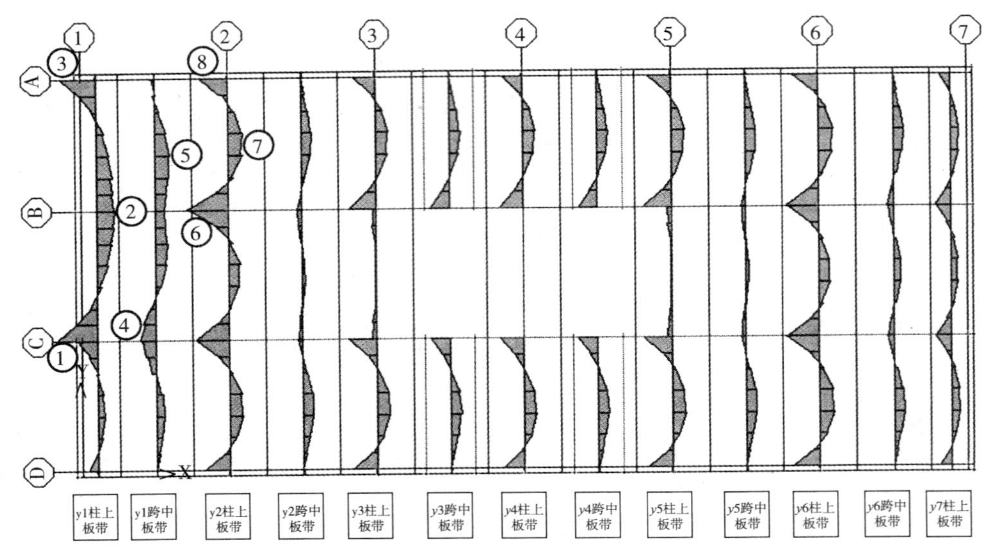

图 5－23　例题建筑物 y 方向板带的弯矩需求量（案例情况 2）

y1 柱上板带和 y1 跨中板带的最大正弯矩需求量分别为 162.8ft－kips 和 124.6ft－kips。这两个最大正弯矩都出现在首层楼盖。y1 柱上板带和 y1 跨中板带的最大负弯矩分别为 344.6ft－kips 和 126.1ft－kips（都位于柱网轴线Ⓒ）。这两个最大负弯矩也都出现在首层楼盖。

y 方向板带的设计归纳（案例 2）　　**表 5－7**

位置（图 5－23）	M_{UD} 首层楼盖（ft－kips）	M_{UD} 第 2 层楼盖（ft－kips）	$M_{CE}=\frac{M_{UD}}{DCR^{a}}$（ft－kips）	所需钢筋面积 A_{sreq}（in^2）	已提供的钢筋面积 A_{sprov}（in^2）	钢筋数量[c]
①	－344.6	－338.9	－172.3	4.00	3.72（12－No.5）[b]	增加 1 根 No.5 钢筋（$A_{sprov}=4.08in^2$）
②	＋162.8	＋126.9	＋81.4	1.83	2.17（7－No.5）[b]	满足
③	－302.6	－302.3	－151.3	3.49	2.17（7－No.5）[b]	增加 5 根 No.5 钢筋（$A_{sprov}=3.72in^2$）
④	－126.1	－120.8	－63.1	1.40	2.48（8－No.5）	满足
⑤	＋124.6	＋122.1	＋62.3	1.38	2.48（8－No.5）	满足
⑥	－346.2	－328.2	－173.1	3.92	6.2（20－No.5）	满足
⑦	＋126.7	＋122.5	＋63.4	1.40	3.41（11－No.5）	满足
⑧	－257.2	－257.2	128.6	2.88	3.72（12－No.5）	满足

注：a——$DCR=2.0$

b——由于 y1 柱上板带的宽度比标准柱上板带的宽度窄，则用全宽板带所提供的钢筋数量去乘以该板带宽度所占的比例来估算已提供的钢筋面积 A_{sprov}（即，对位置①，$A_{sprov}=\frac{83}{144}\times 20=11.5$ 根钢筋，取 12 根 No.5 的钢筋）。

c——见 5.5.5.1.2 节的钢筋锚固长度、中止位置和锚定的检验。

如表 5－7 所示说明的那样，除了柱网轴线①－Ⓓ（位置③）和①－Ⓒ（位置①）这两个部位以外，其他所有部位的现有钢筋都是足够的。在柱网轴线①－Ⓐ（位置③）这个部位，最大的负弯矩是 302.6ft－kips，总共需要 3.49in^2 的钢筋来抵抗这个弯矩需求量，这已提供的 7 根 No.5 钢筋的总面积才等于 2.17in^2。为了弥补这个差值，在 $y1$ 柱上板带的Ⓐ轴线部位增加 5 根 No.5 的顶部钢筋。

5.5.5.1.2　*钢筋的细部设计*

表 5－6 和表 5－7 归纳了这些最大弯矩部位的钢筋需要量。除了检验这些位置的配筋量以外，还必须对钢筋作细部设计来确保提供合理的中止位置、连接和锚固，并对这两个表中所列举的每一个部位的钢筋实际锚固长度与握裹锚定进行评估。

x 方向板带的设计

位置①、②和③

这 $x2$ 柱上板带在①－Ⓑ柱失去后的弯矩图是与重力荷载作用下所产生的弯矩图相类似的，因此 $x2$ 柱上板带里的钢筋细部设计是满足要求的。

位置④

在 $x2$ 跨中板带的外柱部位，8 根 No.5 的底部钢筋穿过柱子的内表面向外延伸了 6in，而且这些钢筋的末端都没有设置标准的 ACI 弯钩。由于在这跨中板带的外边缘只有少量的正弯矩，所以这 8 根 No.5 底部钢筋中只需要有 1 根钢筋延伸到板的外边缘，并在其末端加设标准的 ACI 弯钩。

位置⑤

表 5－6 显示说明这 $x2$ 跨中板带里的现有顶部钢筋是足以抵抗①－Ⓑ柱失去之后所产生的最大弯矩的。不过，弯矩重分配致使反弯点移了位。更新后的反弯点距离柱表面更远，这就导致更大部分的板都承受着负弯矩。这顶部钢筋的中止位置必须根据这个弯矩图的变动来重新调整。

这反弯点的位置（距离柱子表面 6ft 4in）是根据 SAFE 的输出数据估算的（见图 5－24）。现在，$x2$ 跨中板带有 8 根 No.5 的顶部钢筋的末端距离柱表面 4ft 11in。显而易见，其中的一些钢筋须要根据已易位的反弯点来进行延长。根据这所需要的钢筋面积，则将这 8 根 No.5 钢筋中的 5 根进行了延长。

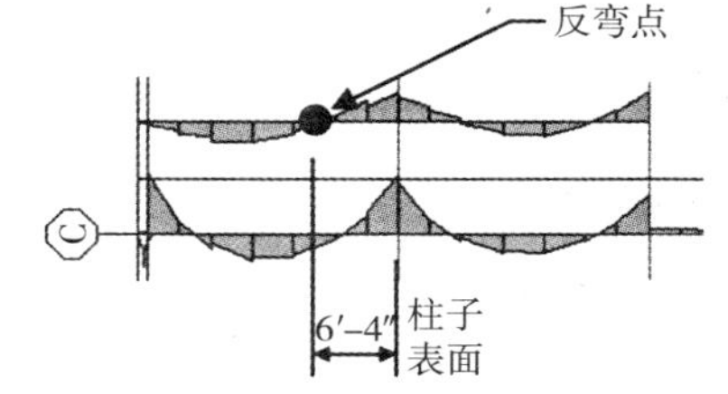

图 5－24　$x2$ 跨中板带的反弯点（案例情况 2）

这些钢筋超过反弯点的最小延伸长度是 1ft 5in，这是按和案例情况 1 的位置①（x 方向设计板带）所用的相同方法计算出来的。将这个长度加上这反弯点的距离，则这 5 根 No.5 钢筋的总长度为 7ft 9in（即 6ft 4in＋1ft 5in）。其他的 3 根 No.5 钢筋的末端可仍保持距离柱表面 4ft 11in。

位置⑥

在 $x3$ 柱上板带的外柱部位，11 根 No.5 的底部钢筋伸过柱子的内表面，其中 2 根钢筋带有标准的 ACI 弯钩，而其余 9 根钢筋的末端仅伸入柱表面 6in 且不带弯钩。这些无 ACI 弯钩钢筋的锚固长度是根本不足以充分发挥它们自身的全部抗拉强度的。为此，必须将这 11 根 No.5 钢筋中的 6 根连续贯通到板的边缘，并在其末端设置标准的 ACI 弯钩。

位置⑦

表 5－6 显示说明这 $x3$ 柱上板带里的现有顶部钢筋是足以抵抗①－Ⓑ柱失去之后所产生的最大弯矩的。不过，这反弯点距离柱子表面已变得更远，这就导致更大部分的板都承受着负弯矩。这顶部钢

筋的中止位置必须根据这个弯矩图的变动来重新调整。

这反弯点的位置（距离柱子表面 7ft）是根据 SAFE 的输出数据估算的（见图 5－25）。现在，$x3$ 柱上板带有 20 根 No. 5 的顶部钢筋，其中 10 根 No. 5 钢筋的末端距离柱表面 6ft 8in，而另外的 10 根 No. 5 钢筋的末端却只有 4ft 6in。显而易见，其中的一些钢筋必须根据已易位的反弯点来进行延长。

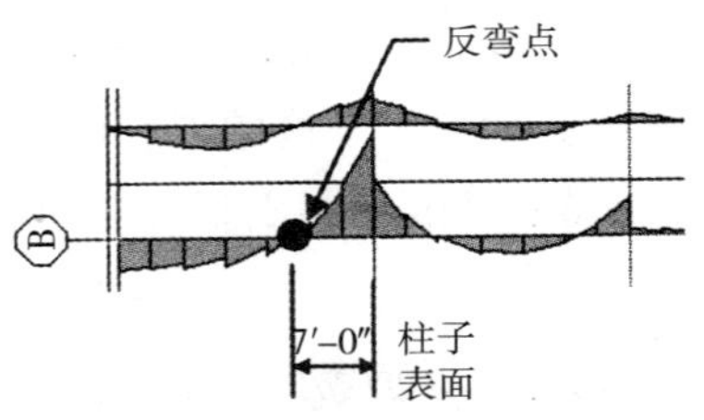

图 5－25　$x3$ 柱上板带的反弯点（案例情况 2）

建议将现在末端距离柱表面 6ft 8in 的 10 根 No. 5 钢筋延长并超过反弯点。按照 ACI 318－02 第 12. 12. 3 条的规定来确定这些钢筋所需超出反弯点的延伸长度。和案例情况 1 中位置①（x 方向设计板带）所确定的一样，这最小的延伸长度等于 1ft 5in。

这现在末端位于 6ft 8in 的 10 根 No. 5 顶部钢筋被延长到 8ft 5in（即 7ft + 1ft 5in）。对另外的 10 根 No. 5 钢筋也要进行中止位置的检验。由这 10 根 No. 5 钢筋所提供的负设计抗弯强度是 149ft－kips。只要将这个值去乘以 2. 0 的容许 *DCR* 值，就能得出这 10 根 No. 5 钢筋实际上所能抵御的设计弯矩需求量是 298ft－kips。而这负弯矩需求量 298ft · kips 却出现在距离柱表面的 1ft 7in 部位。

根据 ACI 318－02 第 12. 10. 3 条的规定，钢筋必须延伸到不再需要用它来抗弯的部位。此距离等于 d（7. 94in）或 $12d_b$（7. 5in）两值之较大者。如果将 d 值调整成 8in 的整数，这 10 根 No. 5 钢筋的最小长度是 2ft 3in（即 1ft 7in + 8in）。由于 2ft 3in 小于已提供的长度 4ft 6in，所以这些钢筋是满足要求的。

位置⑧

在 $x3$ 跨中板带的外柱部位，8 根 No. 5 的底部钢筋伸入柱表面 6in。而且这些钢筋的末端都没有设置标准的 ACI 弯钩。由于这跨中板带的外边缘仅有少量的正弯矩，所以这 8 根 No. 5 的底部钢筋中只需要有 1 根钢筋延伸到板的外边缘，并在其末端加设标准的 ACI 弯钩。

位置⑨

如表 5－6 所显示说明的那样，这现有的顶部钢筋是足以抵抗①－Ⓑ柱失去之后所产生的最大弯矩的。不过，弯矩重分配致使 $x3$ 跨中板带的反弯点移位。更新后的反弯点距离柱表面变得更远，这就导致更大部分的板都承受着负弯矩。这顶部钢筋的中止位置必须根据这个弯矩图的变动来重新调整。

这反弯点的位置（距离柱子表面 6ft1in）是根据 SAFE 的输出数据估算的（见图 5－26）。现在，$x3$ 跨中板带有 8 根 No. 5 钢筋的末端距离柱子表面 4ft 11in。显而易见，其中的一些钢筋需要根据已易位的反弯点来进行延长。按照这所需要的钢筋面积，这 8 根 No. 5 的钢筋中有 5 根需要延长。

这些钢筋超过反弯点的最小延伸长度是 1ft 5in，这是按和案例情况 1 中位置①（x 方向设计板带）所用的相同方法计算出来的。将这个延伸长度加上反弯点的距离，则这 5 根 No. 5 钢筋的总长度为 7ft 6in（即 6ft 1in + 1ft 5in）。另外的 3 根 No. 5 钢筋的末端可仍保持距离柱表面 4ft11in。

位置⑩、⑪和⑫

这 $x4$ 柱上板带在①－Ⓑ柱失去后的弯矩图是和重力荷载作用下所产生的弯矩图相类似的，因此这 $x4$ 柱上板带里的钢筋细部设计是能满足要求的。

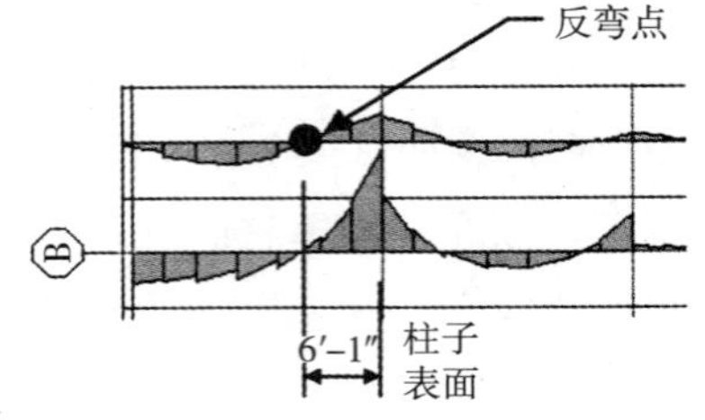

图 5－26　$x3$ 跨中板带的反弯点（案例情况 2）

y 方向板带的设计

位置①

如表 5－7 所显示说明的那样，通过增加 1 根 No. 5 的钢筋，顶部钢筋就足以抵抗①－Ⓑ柱失去之后所产生的最大弯矩了。不过，反弯点距离柱子表面已变得更远，这就导致更大部分的板都承受着负弯矩。这顶部钢筋的中止位置必须根据这个弯矩图的变动来重新调整。

这反弯点的位置（距离柱子表面 6ft 10in）是根据 SAFE 的输出数据估算的（见图 5－27）。现在，$y1$ 柱上板带有 13 根 No. 5 的顶部钢筋，其中 7 根 No. 5 钢筋的末端距离柱表面 6ft 8in，而另外的 6 根 No. 5 钢筋的末端只有 4ft 6in。显而易见，其中的一些钢筋需要根据已易位的反弯点来进行延长。

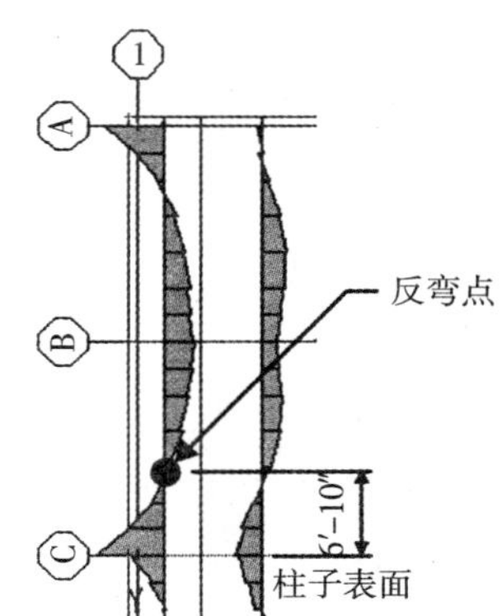

图 5－27　$y1$ 柱上板带的反弯点（案例情况 2）

建议将现在末端距离柱表面 6ft 8in 的 7 根 No. 5 钢筋延长并超过反弯点。按照 ACI 318－02 第 12. 12. 3 条的规定来确定这些钢筋所需超出反弯点的延伸长度。如案例情况 1 中位置①（y 方向设计板带）所确定的那样，这最小的延伸长度等于 1ft 4in。

现在末端位于 6ft 8in 的 7 根 No. 5 顶部钢筋被延长到 8ft 2in（即 6ft 10in + 1ft 4in）。对另外的 6 根 No. 5 钢筋也要进行中止位置的检验。由这 6 根 No. 5 钢筋所提供的抗负弯矩强度是 88ft－kips。只要将这个值去乘以 2. 0 的容许 *DCR* 值，就能得出这 6 根 No. 5 钢筋实际上所能抵御的设计弯矩需求量是 176ft－kips。而这负弯矩需求量 176ft－kips 却出现在距离柱表面的 1ft 10in 部位。

根据 ACI 318－02 第 12. 10. 3 条的规定，钢筋必须延伸到不再需要用它来抗弯的部位。此距离等于 d（7. 31in）或 $12d_b$（7. 5in）两值之较大者。如果将 $12d_b$ 值调整成 8in 的整数，这 6 根 No. 5 钢筋的最小长度是 2ft 6in（即 1ft 10in + 8in）。由于 2ft 6in 小于已所提供的长度 4ft 6in，所以这些钢筋是满足要求的。

位置②

在这被去掉柱子的部位有足够的底部钢筋来抵御正弯矩的需求量。这些钢筋现在是在柱子部位按 1ft 9in 长的受拉搭接接头来进行连接的。现在按照 ACI 318－02 的规定，用所要求的材料强度（见表 5－3）来确定这所需要的受拉搭接接头的长度。

A 级（ClassA）接头的搭接长度 l_d 应该等于：

$$l_d = \left(\frac{f_y \alpha\beta\lambda}{25\sqrt{f'_c}}\right) d_b = \left(\frac{75,\ 000 \times 1.0 \times 1.0 \times 1.0}{25 \times \sqrt{5000}}\right) \times 0.625 = 26.5\text{in}\ (\text{取 2ft 3in})$$

建议将这个位置的受拉搭接接头错开设置。这样，所有的钢筋就不会都在最大弯矩的部位连接了。

位置③

为了满足位置③的弯矩需求量，在这现有的 7 根 No. 5 钢筋基础上又增加了 5 根 No. 5 的顶部钢筋。假定这 12 根中的 7 根 No. 5 钢筋的末端距离柱表面 6ft 8in，而剩余的 5 根钢筋为 4ft 6in。

这反弯点的位置（距离柱表面 6ft 6in）是根据 SAFE 的输出数据估算的（见图 5－28）。尽管这 7 根 No. 5 的钢筋已经延伸超过了反弯点 2in，但这个还是小于 ACI 318－02 第 12. 12. 3 条所要求的最小延伸长度 1ft 4in（见案例情况 1 中 y 方向板带设计的位置①）。

这 7 根现在末端为 6ft 8in 的 No. 5 顶部钢筋应该被延长到 7ft 10in（即 6ft 6in + 1ft 4in）。对另外的 5

根 No. 5 钢筋也要进行中止位置的检验，由这 5 根 No. 5 钢筋所提供的抗负弯矩强度是 74ft－kips。只要将这个值去乘以 2.0 的容许 *DCR* 值，就能得出这 5 根 No. 5 钢筋实际上所能抵御的设计弯矩是 148ft－kips。这个负弯矩需求量出现在距离柱表面的 1ft 9in 部位。

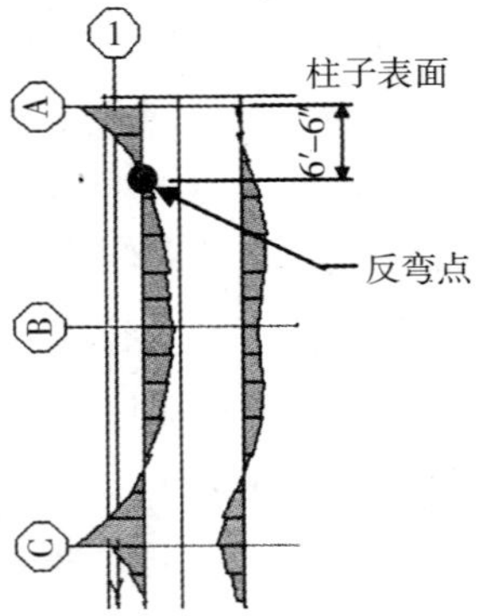

根据 ACI 318－02 第 12.10.3 条的规定，钢筋必须延伸到不再需要用它来抗弯的部位。此距离等于 d（7.31in）或 $12d_b$（7.5in）两值之较大者，如果将 $12d_b$ 取成 8in 的整数，这 5 根 No. 5 钢筋的最小长度是 2ft 5in（即 1ft 9in＋8in）。由于 2ft 5in 小于已提供的长度 4ft 6in，所以这些钢筋是满足要求的。

图 5－28　y1 柱上板带的反弯点（案例情况 2）

位置④

如表 5－7 所显示说明的那样，这现有的顶部钢筋是足以抵御这①－Ⓑ柱失去之后所产生的最大弯矩的。不过，由于 y1 跨中板带的跨度被整整加大了一倍，所以这反弯点移位。这更新的反弯点距离柱表面变得更远，这就导致更大部分的板都承受着负弯矩。这顶部钢筋的中止位置必须根据这个弯矩图的变动来重新调整。

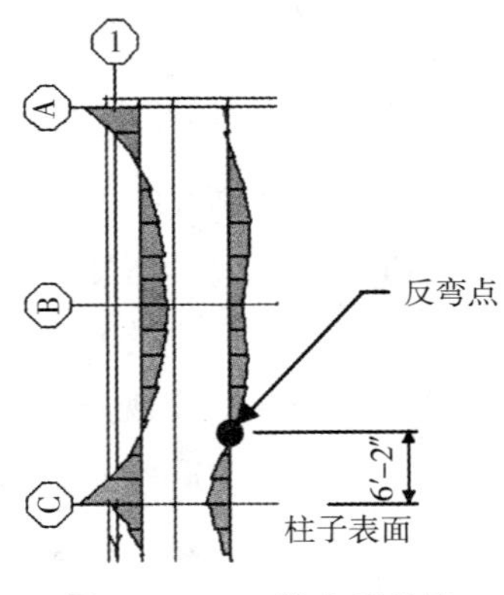

图 5－29　y1 跨中板带的反弯点（案例情况 2）

这反弯点的位置（距离柱表面 6ft 2in）是根据 SAFE 的输出数据估算的（见图 5－29）。现在，y1 跨中板带有 8 根 No. 5 钢筋的末端距离柱子表面 4ft 11in。显而易见，其中的一些钢筋须要根据已易位的反弯点来进行延长。

对这个渐次倒塌案例所需要的钢筋面积是 1.40in^2（即 5 根 No. 5 的钢筋）。因此，只需要将这 8 根中的 5 根 No. 5 钢筋进行延长。这些钢筋所需超出反弯点的延伸长度是 1ft 4in（见案例情况 1 中 y 方向板带设计的位置①）。将这个加上反弯点的距离则可求得从柱表面延伸出来的总长度 7ft 6in。

位置⑤

在位置⑤处这底部钢筋是连续贯通的，因此满足要求。不过，在 y1 跨中板带的柱网轴线Ⓑ部位是由这 4 根延伸到柱内的 No. 5 底部钢筋来抵抗正弯矩的。这些钢筋只有 6in 长的搭接接头，是不足以充分发挥其自身的全部抗拉强度的。应该提供和案例情况 1 中 x 方向板带设计的位置②所论述的那些相类似的受拉搭接接头。

位置⑥、⑦和⑧

y2 柱上板带在①－Ⓑ柱失去后的弯矩图是和这重力荷载作用下所产生的弯矩图相类似的。因此，y2 柱上板带里的钢筋细部设计是能满足要求的。

5.5.5.1.3　*抗冲切剪力*

除了检验抗弯能力之外，还要评估这抗冲剪的能力。SAFE 程序会自动地按照 ACI 318－02 的规定去计算这内柱、边柱和角柱的板—柱节点的抗冲剪强度（或抗冲切承载力——译者注）。这案例情况 2 的关键部位是①－Ⓐ、①－Ⓒ和②－Ⓑ的板—柱接头。图 5－30 显示了这 3 个部位的首层楼盖抗冲剪需供比（*DCR*）值。和抗弯的情况一样，*DCR*≤2.0 表示结构是容许的。

所有关键部位的抗冲剪需供比都小于 2.0。见案例情况 1 例题的抗冲剪计算（见 5.5.4.1.3 节）。

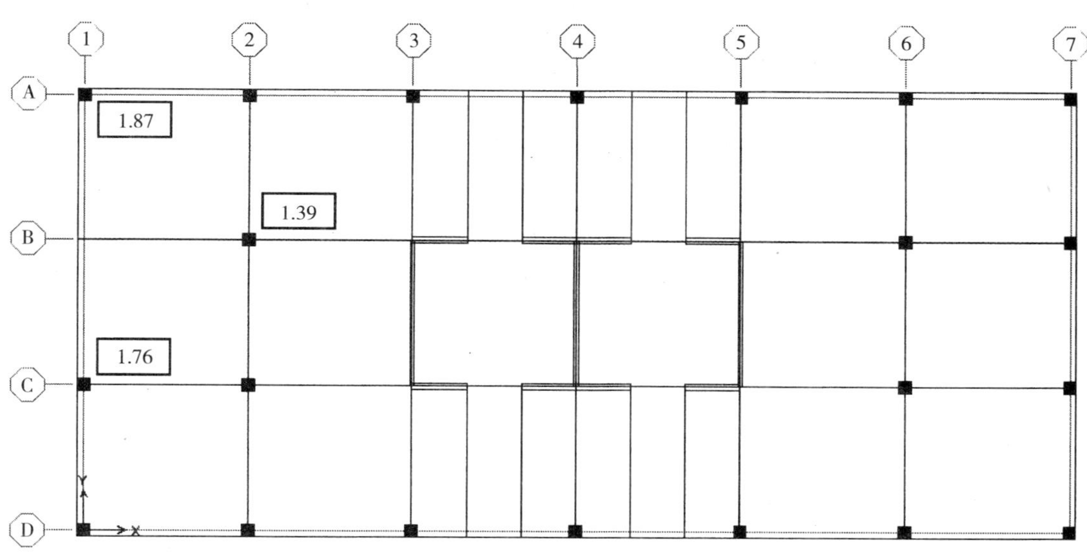

图 5－30　首层楼盖的抗冲剪 *DCR* 值（案例情况 2）

5.5.5.2　柱子的检验

这柱子配有 8 根 No. 10 的纵向钢筋和 No. 3（3 肢）@18in 中－中的箍筋（见图 5－3）。假定整个建筑物高度范围内的所有柱子都配有相同的钢筋。这原先由①－Ⓑ柱所支承的重力荷载基本上被分摊给了与其毗邻的①－Ⓐ与①－Ⓒ外柱和②－Ⓑ内柱。对这些柱子进行轴力和双向弯矩组合作用下的评估。用 ETABS 程序进行强度的检验，其中所有的系数 ϕ 都设定为 1.0。图 5－31 显示了位于①、Ⓐ，①、Ⓒ和②、Ⓑ轴线交点处柱子的 *DCR* 值。

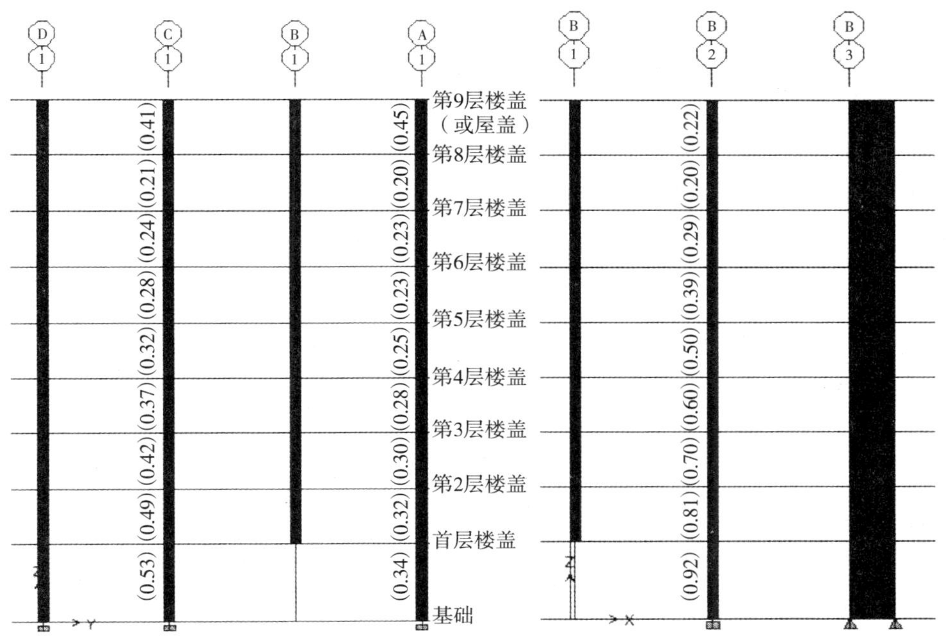

图 5－31　柱网轴线①和Ⓑ承受轴力和双向弯矩组合作用的柱子 *DCR* 值（案例情况 2）

这3根关键柱子的所有*DCR*值都小于2.0的容许值。除此之外，还对柱子的抗剪能力作了评估，柱子的剪应力相对比较小，因此，这现有柱子的截面是满足要求的。

5.5.6 角柱的失去（案例情况3）

在①-Ⓓ角柱去掉以后，根据三维空间分析来确定其余构件的内力（即需求量）。为了保持结构的稳定，这原先由①-Ⓓ柱所支承的荷载必须要有一个可替补的能传至基础的候补传力途径。在这种情况下，这跨越被去掉的柱子的受力机理是上面板的自身抗弯。

5.5.6.1 板的检验

5.5.6.1.1 *抗弯*

根据ETABS所提供的在屏幕上显示的薄壳（板）构件的应力图像，可以确定这靠近建筑物底部的平板受力最大，并随着高度的向上而减小。用整个建筑物高度范围内的最大弯矩包络图来对这定型平板进行评估。

全部最大的弯矩都出现在首层楼盖。设计上，这弯矩需求量是按整个设计板带的宽度计算出来的总值。尽管设计板带整个宽度范围内的弯矩作用方向（即正与负）是可能会有变化的（指的是板带的中部与边缘部位之间——译者注），有的截面甚至会既有正弯矩又有负弯矩。但这种情况下的这两种弯矩的值都是比较小的，微不足道的，因此可以忽视。

***x*方向板带的设计**

在*x*方向，三个设计板带（*x*1柱上板带、*x*1跨中板带和*x*2柱上板带）受①-Ⓓ柱失去的影响。在这建筑物的外边缘（沿柱网轴线Ⓓ）弯矩受力最大，并随着向内部深入而减小。图5-32显示了这种受力特征。

*x*1柱上板带有大的弯矩负荷。沿着它的长度，这被去掉柱子部位的弯矩作用方向已经从负的变成了正的。其他板带的弯矩图形状是和柱子失去前的那些原先弯矩图相类似的，但弯矩的量值增大。可以比较一下，在①-Ⓓ柱失去之前，这些受影响的设计板带的弯矩图形状是与现在图5-32中柱网轴

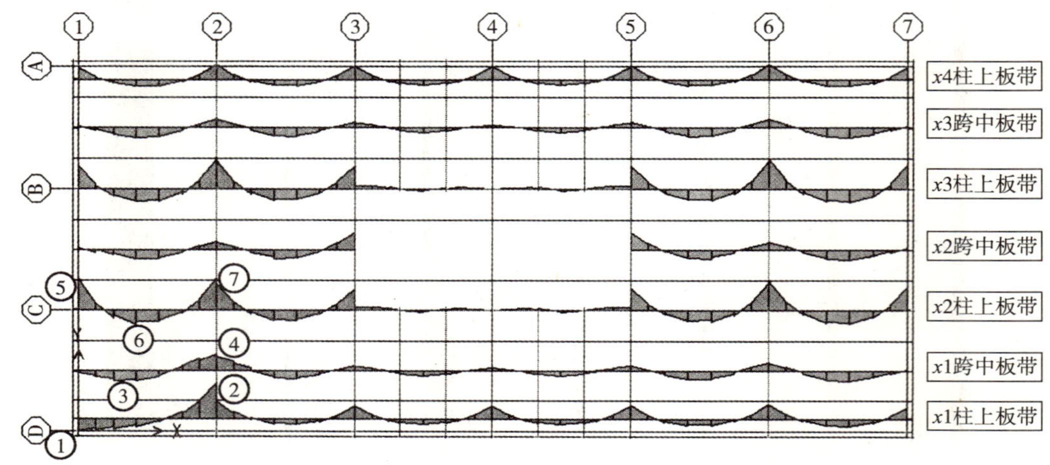

图5-32 例题建筑物*x*方向板带的弯矩需求量（案例情况3）

线⑤和⑦之间的这些同一设计板带所示的那些弯矩图形状相似的。

图 5－32 和表 5－8 显示了这每一个设计板带的最大正、负弯矩。按照和案例情况 1 所用的相同方法来计算这最小的所需抗弯强度 M_{CE} 和所需要的钢筋面积。参阅案例情况 1 的 x 方向板带设计（5.5.4.1.1 节）的这些计算例题。

最大的设计弯矩都出现在首层楼盖。如表 5－8 所显示说明的那样，$x1$ 柱上板带具有每英尺宽的最大正、负弯矩需求量，最大负弯矩需求量 328.3ft－kips 出现在第 1 个内支点的部位（即位于轴线②和Ⓓ的交点处）。在将这最大需求量除以这 2.0 的容许 DCR 值后，则求出需要 3.48in^2 的钢筋总面积，在柱上板带的第一内柱部位已提供了 12 根 No.5（A_{sprov}＝3.72in^2）的顶部钢筋（见图 5－2）。这按重力和侧向荷载设计的这个部位的钢筋已足以防止渐次倒塌了。

x 方向板带的设计归纳（案例 3）　　**表 5－8**

位置（图 5－32）	M_{UD} 首层楼盖（ft－kips）	M_{UD} 第 2 层楼盖（ft－kips）	$M_{CE}=\frac{M_{UD}}{DCR^a}$（ft－kips）	所需钢筋面积 A_{sreq}（in^2）	已提供的钢筋面积 A_{sprov}（in^2）	钢筋的数量[c]
①	+126.0	+64.3	+63.0	1.29	2.17（7－No.5）[b]	满足
②	－328.3	－324.5	－164.2	3.48	3.72（12－No.5）[b]	满足
③	+99.2	82.4	+49.6	1.01	2.48（8－No.5）	满足
④	－151.8	－146.7	－75.9	1.55	2.48（8－No.5）	满足
⑤	－340.5	－331.2	－170.2	3.53	3.72（12－No.5）	满足
⑥	+132.4	+128.1	+66.2	1.35	3.41（11－No.5）	满足
⑦	－285.9	－274.2	－143.0	2.96	6.2（20－No.5）	满足

注：a——DCR＝2.0；

b——由于 $x1$ 柱上板带的宽度比标准柱上板带的宽度窄，则用全宽板带所提供的钢筋数量去乘以这板带宽度所占的比例来估算已提供的钢筋面积 A_{sprov}（即，对位置①，$A_{sprov}=\frac{77}{132}\times 12=7$ 根钢筋）；

c——见 5.5.6.1.2 节的钢筋锚固长度、中止位置和锚定的检验。

$x1$ 柱上板带的最大正弯矩需求量出现在柱网轴线①。为此，这底部钢筋必须彻底地被锚固在板的边缘。现在，边跨里的标准柱上板带配筋是由 11 根 No.5 钢筋组成，见表 5－8 之位置⑥，其中只有 2 根 No.5 钢筋的末端是做成弯钩锚定在柱内的，而其余的 9 根 No.5 钢筋的末端仅伸入柱内表面 6in。由于 $x1$ 柱上板带不是全宽的柱上板带，所以总共只有 7 根 No.5 的底部钢筋，其中需要 5 根 No.5 的钢筋来抵抗正弯矩。因此，这柱上板带里的 7 根 No.5 钢筋中至少要有 5 根钢筋的末端必须是用标准的 ACI 弯钩来锚定在板的边缘。

图 5－32 和表 5－8 归纳了这 x 方向设计板带的最大弯矩。另外，表 5－8 还显示了这所需要的钢筋面积，业已提供的钢筋面积和为满足防止渐次倒塌的要求而所需要的任何补强。

y 方向板带的设计

y 方向板带的受力特征是和 x 方向板带的情况相类似的。在 y 方向，三个设计板带（y1 柱上板带、y1 跨中板带和 y2 柱上板带）受①－Ⓓ柱失去的影响。在这建筑物的外边缘（沿柱网轴线①）每单位宽度所受的弯矩是最大的，并随着向内部深入而减小。图 5－33 显示了这种受力特征。

y1 柱上板带具有每英尺宽的最大弯矩负荷。沿着它的长度，被去掉柱子部位的弯矩作用方向已经从负的变成了正的。其他板带的弯矩图形状是和柱子失去前的那些原先弯矩图相类似的，但弯矩的量值增大。可以比较一下，在①－Ⓓ柱失去之前，这些受影响的设计板带的弯矩图形状是与现在图5－33中柱网轴线Ⓐ和Ⓑ之间的这些同一设计板带所显示的那些弯矩图形状相似的。

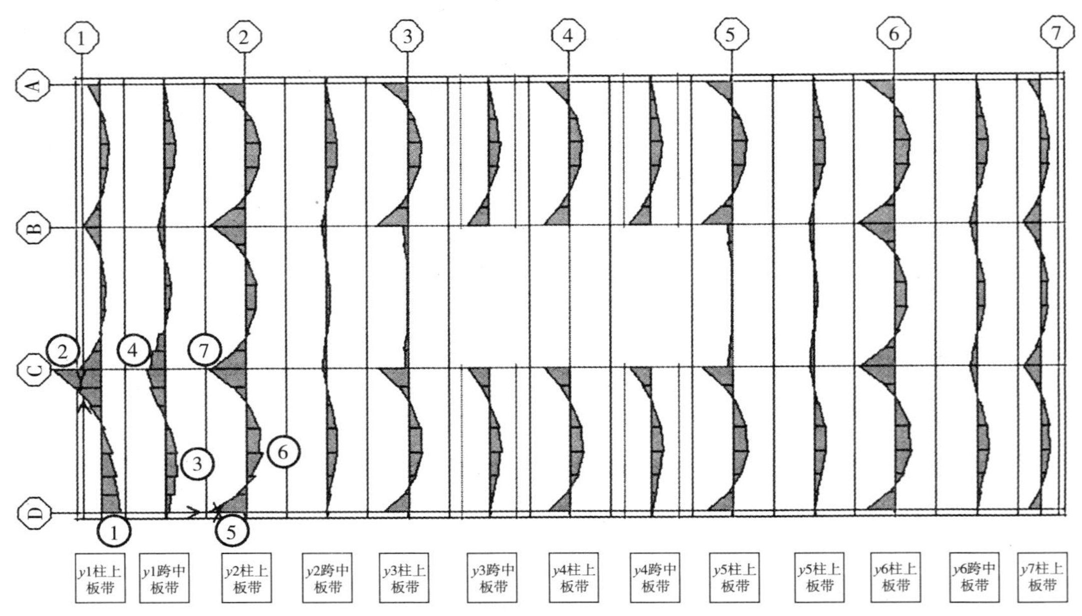

图 5－33　例题建筑物 y 方向板带的弯矩需求量（案例情况 3）

图 5－33 和表 5－9 显示了这每一个设计板带的最大正、负弯矩。按照和案例情况 1 所用的相同方法来计算这最小的所需抗弯强度 M_{CE} 和所需要的钢筋面积。参阅案例情况 1 的 x 方向板带设计(5.5.4.1.1 节）的这些计算例题。

最大的设计弯矩都出现在首层楼盖。如表 5－9 所显示说明的那样，y1 柱上板带具有每英尺宽的最大正、负弯矩需求量。最大负弯矩 361.5ft－kips 需求量出现在第 1 个内支点的部位（即柱网轴线①和Ⓒ的交点处）。在将这最大需求量除以 2.0 的容许 *DCR* 值后，则求出需要 4.22in^2 的钢筋总面积。在这柱上板带的第 1 内柱部位已提供了 12 根 No.5（$A_{sprov}=3.72in^2$）的顶部钢筋（见图 5－2）。在原先按重力和侧向荷载设计的配筋里再加上 2 根 No.5 的钢筋，这样，A_{sprov} 就增加到 4.34in^2，大于所需要的 4.22in^2。

y 方向板带的设计归纳（案例情况 3）　　表 5 – 9

位置（图 5 – 33）	M_{UD} 首层楼盖（ft – kips）	M_{UD} 第 2 层楼盖（ft – kips）	$M_{CE}=\frac{M_{UD}}{DCR^{a}}$（ft – kips）	所需钢筋面积 A_{sreq}（in^2）	已提供的钢筋面积 A_{sprov}（in^2）	钢筋数量[c]
①	+153.4	+61.2	+76.7	1.72	2.17（7 – No.5）[b]	满足
②	+361.5	–349.2	–180.8	4.22	3.72（12 – No.5）[b]	增加 2 根 No.5 钢筋（A_{sprov} =4.34in^2）
③	+98.9	+83.6	+49.4	1.09	2.48（8 – No.5）	满足
④	–133.0	–128.0	–66.5	1.47	2.48（8 – No.5）	满足
⑤	–306.7	–303.8	–153.4	3.46	3.72（12 – No.5）	满足
⑥	+127.3	+124.2	+63.6	1.41	3.41（11 – No.5）	满足
⑦	–281.8	–270.1	–140.9	3.17	6.2（20 – No.5）	满足

注：a——$DCR=2.0$；

b——由于 y1 柱上板带的宽度比标准柱上板带的宽度窄，则用全宽板带所提供的钢筋数量去乘以该板带宽度所占的比例来估算已提供的钢筋面积 A_{sprov}（即，对位置①，$A_{sprov}=\frac{83}{144}\times11=7$ 根钢筋）；

c——见 5.5.6.1.2 节的钢筋锚固长度、中止位置和锚定的检验。

y1 柱上板带的最大正弯矩需求量出现在柱网轴线Ⓓ的部位。为此，这底部钢筋必须彻底地被锚固在板的边缘。现在，边跨里的标准柱上板带配筋是由 11 根 No. 5 钢筋组成，见表 5 – 9 之位置⑥。其中只有 2 根 No. 5 钢筋的末端是做成弯钩锚定在柱内的，而其余的 9 根 No. 5 钢筋的末端仅伸入柱子的内表面 6in。由于这 y1 柱上板带不是全宽的柱上板带，所以总共只有 7 根 No. 5 的底部钢筋。其中需要 6 根 No. 5 的钢筋来抵抗正弯矩，因此，柱上板带里的 7 根 No. 5 钢筋中至少要有 6 根钢筋的末端必须是用标准的 ACI 弯钩来锚定在板的边缘。

图 5 – 33 和表 5 – 9 归纳了这 y 方向设计板带的最大弯矩。另外，表 5 – 9 还显示了这所需要的钢筋面积，已提供的钢筋面积和为满足防止渐次倒塌的要求而所需要的任何补强。

5.5.6.1.2　*钢筋的细部设计*

表 5 – 8 和表 5 – 9 归纳了这些最大弯矩部位的钢筋需要量。除了检验这些位置的配筋量以外，还必须对钢筋作细部设计来确保提供合理的中止位置、连接和锚固。并对这两个表中所列举的每一个部位的钢筋实际锚固长度与握裹锚定进行评估。

x 方向板带的设计

位置①

在 x1 柱上板带的外柱部位，7 根 No. 5 的底部钢筋延伸穿过柱子的内表面。假定其中 2 根钢筋的末端设有标准的 ACI 弯钩，而其他的 5 根钢筋的末端仅伸入柱子的内表面 6in，且不带弯钩。这些无 ACI 弯钩钢筋的握裹锚定能力是不足以充分发挥它们自身的全部抗拉强度的。为此，必须将这 7 根中的 5 根 No. 5 钢筋一直延伸到板的边缘，并在其末端设置标准的 ACI 弯钩。

位置②

如表5－8所显示说明的那样，这现有的顶部钢筋已足以抵抗①－Ⓓ柱失去之后所产生的最大弯矩。不过，这反弯点距离柱表面的位置已变得更远，这就导致更大部分的板都承受着负弯矩。这顶部钢筋的中止位置必须根据这个弯矩图的变动来重新调整。

这反弯点的位置（距离柱子表面7ft 8in）是根据SAFE的输出数据估算的（见图5－34）。现在，$x1$ 柱上板带有12根No.5的顶部钢筋，其中6根No.5钢筋的末端距离柱子表面6ft 8in，而其余的6根No.5钢筋的末端为4ft 6in。显而易见，其中的一些钢筋须要根据已易位的反弯点来进行延长。

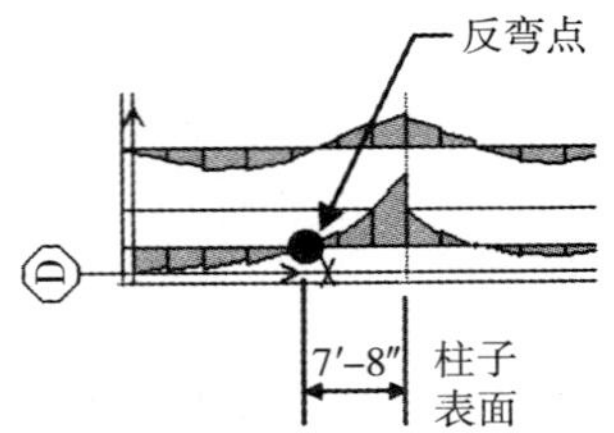

图5－34　$x1$ 柱上板带的反弯点（案例情况3）

建议将现在末端距离柱表面6ft 8in的6根No.5钢筋延长并超过反弯点。按照ACI 318－02第12.12.3条的规定来确定这些钢筋所需超出反弯点的延伸长度。和案例情况1中位置①（x 方向设计板带）所确定的一样，最小的延伸长度等于1ft 5in。

这原先末端位于6ft 8in的6根No.5顶部钢筋被延长到9ft 1in（即7ft 8in＋1ft 5in）。对另外的6根No.5钢筋也要进行中止位置的检验。由这6根No.5钢筋所提供的负设计抗弯强度是88ft－kips。只要将这个值去乘以2.0的容许 *DCR* 值，就能得出其实际上所能抵御的设计弯矩是176ft－kips。这个弯矩需求量出现在距离柱表面的2ft的部位。

根据ACI 318－02第12.10.3条的规定，钢筋必须延伸到不再需要用它来抗弯的部位。此距离等于 d（7.94in）或 $12d_b$（7.5in）两值之较大者。如果将 d 取成8in的整数，这6根No.5钢筋的最小长度是2ft 8in（即2ft＋8in）。由于2ft 8in小于已所提供长度4ft 6in，所以这些钢筋是满足要求的。

位置③

在 $x1$ 跨中板带的外柱部位，8根No.5的底部钢筋伸入柱表面6in。而且这些钢筋的末端都没有设置标准的ACI弯钩。由于跨中板带的外边缘仅有少量的正弯矩，所以这8根No.5的底部钢筋中只需要有1根钢筋延伸到板的外边缘，并在其末端加设标准的ACI弯钩。

位置④

表5－8显示说明 $x1$ 跨中板带里的现有顶部钢筋已足以抵抗①－Ⓓ柱失去之后所产生的最大弯矩。不过，反弯点距离柱表面的位置已变得更远。这就导致更大部分的板都承受着负弯矩。这顶部钢筋的中止位置必须根据这个弯矩图的变动来重新调整。

这反弯点的位置（距离柱子表面6ft 10in）是根据SAFE的输出数据估算的（见图5－35）。现在，$x1$ 跨中板带有8根No.5钢筋的末端距离柱子表面4ft 11in。显而易见，其中的一些钢筋须要根据已易位的反弯点来延长。按照所需要的钢筋面积，这8根No.5的钢筋中有6根需要延长。

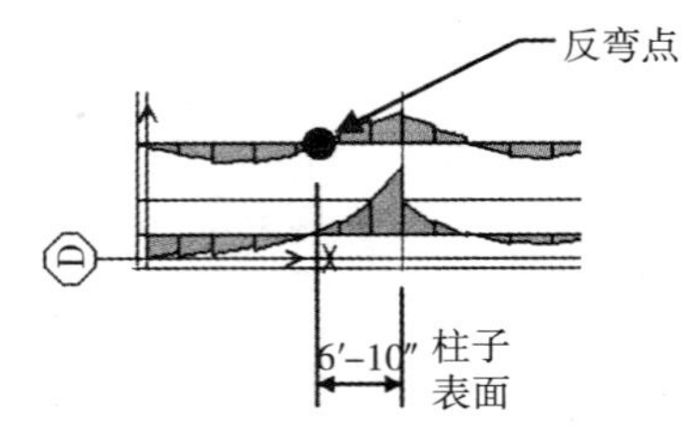

图5－35　$x1$ 跨中板带的反弯点（案例情况3）

这些钢筋超出反弯点的所需最小延伸长度是1ft 5in，这是按和案例情况1中位置①（x 方向设计板带）所用的相同方法计算出来的。将这个延伸长度加上反弯点的距离，则这6根No.5钢筋的总长度为8ft 3in

（即6ft 10in＋1ft 5in）。另外的2根No.5钢筋的末端可仍保持距离柱表面4ft 11in。

位置⑤、⑥和⑦

x2柱上板带在①－Ⓓ柱失去后的弯矩图是和这重力荷载作用下所产生的弯矩图相类似的，因此这x2柱上板带里的钢筋细部设计是能满足要求的。

y方向板带的设计

位置①

在y1柱上板带的外柱部位，7根No.5的底部钢筋延伸穿过柱子的内表面。其中2根钢筋的末端带有标准的ACI弯钩，而其他的5根钢筋的末端仅伸入柱子的内表面6in，且不带弯钩。这些无ACI弯钩钢筋的握裹锚定能力是不足以充分发挥它们自身的全部抗拉强度的。为此，必须将这7根中的6根No.5钢筋一直延伸到板的边缘，并在其末端设置标准的ACI弯钩。

位置②

如表5－9所显示说明的那样，通过增加2根No.5的钢筋，这y1柱上板带里的顶部钢筋就足以抵抗①－Ⓓ柱失去之后所产生的最大弯矩了。不过，反弯点距离柱表面的位置已变得更远，这就导致更大部分的板都承受着负变矩。这顶部钢筋的中止距离必须根据这个弯矩的变动来重新调整。

这反弯点的位置（距离柱子表面7ft 5in）是根据SAFE的输出数据估算的（见图5－36）。现在，y1柱上板带有14根No.5的顶部钢筋，其中7根No.5钢筋的末端距离柱子表面6ft 8in，而其余的7根No.5钢筋的末端为4ft 6in。显而易见，其中的一些钢筋须要根据已易位的反弯点来进行延长。

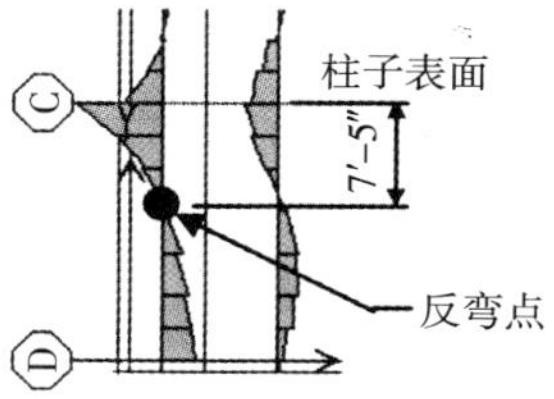

图5－36　y1柱上板带的反弯点（案例情况3）

建议将现在末端距离柱表面6ft 8in的7根No.5钢筋延长并超过反弯点。按照ACI 318－02第12.12.3条的规定来确定这些钢筋所需超出反弯点的延伸长度。和案例情况1中位置①（y方向设计板带）所确定的一样，最小的延伸长度等于1ft 4in。

这原先末端位于6ft 8in的7根No.5顶部钢筋被延长到8ft 9in（即7ft 5in＋1ft 4in）。对另外的7根No.5钢筋也要进行中止距离的检验。由这7根No.5钢筋所提供的负设计抗弯强度是96ft－kips。只要将这个值乘以2.0的容许*DCR*值，就能得出其实际上所能抵御的设计弯矩是192ft－kips。这个弯矩需求量出现在距离柱子表面的2ft 0in部位。

根据ACI 318－02第12.10.3条的规定，钢筋必须延伸到不再需要用它来抗弯的部位，此距离等于d（7.31in）或$12d_b$（7.5in）两值之较大者。如果将d取成8in的整数。这7根No.5钢筋的最小长度是2ft 8in（即2ft＋8in）。由于2ft 8in小于已提供的长度4ft 6in，所以这些钢筋是满足要求的。

位置③

在y1跨中板带的外柱部位，8根No.5的底部钢筋伸入柱表面6in。而且这些钢筋的末端都没有设置标准的ACI弯钩。由于跨中板带的外边缘仅有少量的正弯矩，所以这8根No.5的底部钢筋中只需要有1根钢筋延伸到板的外边缘，并在其末端加设标准的ACI弯钩。

位置④

表5－9显示说明y1跨中板带里的现有顶部钢筋已足以抵抗①－Ⓓ柱失去之后所产生的最大弯矩。不过，反弯点距离柱表面的位置已变得更远。这就导致更大部分的板都承受着负弯矩。这顶部钢筋的中止位置必须根据这个弯矩图的变动来重新调整。

这反弯点的位置（距离柱子表面6ft 7in）是根据SAFE的输出数据估算的（见图5－37）。现在，y1跨中板带有8根No.5钢筋的末端距离柱子表面4ft 11in。显而易见，其中的一些钢筋须要根据已易位的反弯点来进行延长。按照所需要的钢筋面积，这8根No.5的钢筋中有6根需要延长。

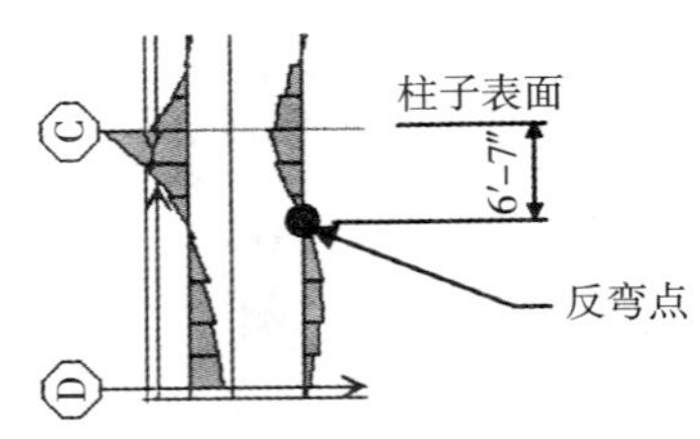

图5－37　y1跨中板带的反弯点（案例情况3）

这些钢筋超出反弯点的所需最小延伸长度是1ft 4in。这是按和案例情况1中位置①（y方向设计板带）所用的相同方法计算出来的。将这个延伸长度加上反弯点的距离，则这6根No.5钢筋的总长度为7ft 11in（即6ft 7in＋1ft 4in）。另外的2根No.5钢筋的末端可仍保持距离柱表面4ft 11in。

位置⑤、⑥和⑦

y2柱上板带在①－Ⓓ柱失去后的弯矩图是和这重力荷载作用下所产生的弯矩图相类似的。因此y2柱上板带里的钢筋细部设计是能满足要求的。

5.5.6.1.3　*抗冲切剪力*

除了检验抗弯能力之外，还要评估抗冲剪的能力。SAFE程序会自动地按照ACI 318－02的规定去计算这内柱、边柱和角柱的板一柱节点的抗冲剪强度（或抗冲切承载力——译者注）。案例情况3的关键部位是①－Ⓒ、②－Ⓒ和②－Ⓓ的板一柱接头。图5－38显示了这3个部位的首层楼盖抗冲剪需供比（*DCR*值）。和抗弯的情况一样，*DCR*≤2.0表示结构是容许的。

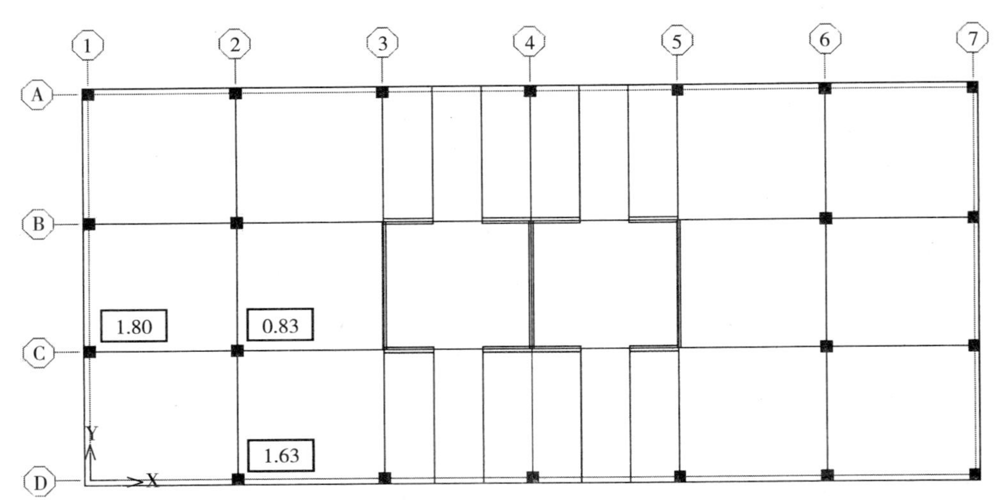

图5－38　首层楼盖的抗冲剪*DCR*值（案例情况3）

这所有关键部位的抗冲剪需供比都小于2.0。见案例情况1例题的抗冲剪计算（见5.5.4.1.3节）。

5.5.6.2　柱子的检验

这柱子配有8根No.10的纵向钢筋和No.3（3肢）@18in中－中的箍筋（见图5－3）。假定整个建筑物高度范围内的所有柱子都配有相同的钢筋。这原先由①－Ⓓ柱所支承的重力荷载基本上被分摊

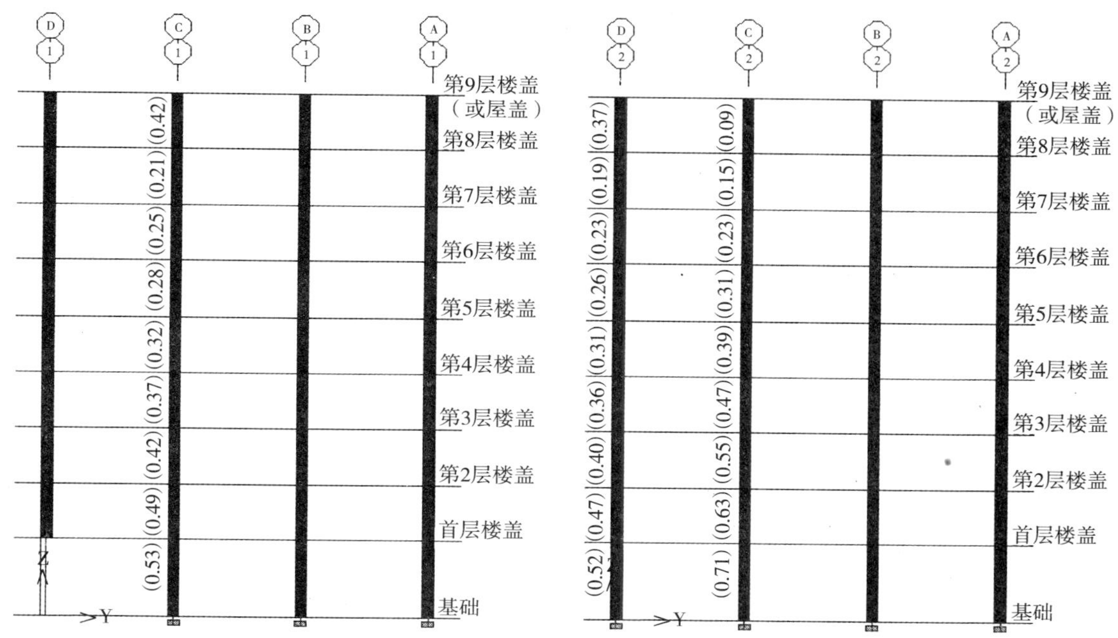

图 5－39　柱网轴线①和②承受轴力和双向弯矩组合作用的柱子 *DCR* 值（案例情况 3）

给了与其毗邻的①－Ⓒ与②－Ⓓ外柱和②－Ⓒ内柱。对这些柱子进行轴力和双向弯矩组合作用下的评估。用 ETABS 程序进行强度的检验，其中所有的系数 ϕ 都设定为 1.0。图 5－39 显示了①－Ⓒ、②－Ⓒ和②－Ⓓ柱的 *DCR* 值。

这 3 根关键柱子的所有 *DCR* 值都小于 2.0 的容许值。除此之外，还对柱子的抗剪能力作了评估。这柱子的剪应力相对比较小。因此，现有柱子的截面是满足要求的。

5.5.7　分析结果的归纳

在现阶段这渐次倒塌控制的候补传力途径分析已告完成，已经查明在这双向平板的某些部位必须要增添抗弯钢筋。由于板的弯矩和剪力需求量在建筑物的整个高度范围内都是差不多的，所以对所有的楼层都提供所采取的计划补强。图 5－40 标示说明了这所需增添钢筋的概况。

如图 5－40 所显示的那样，楼板的大多数区域都有足够数量的钢筋（仅按重力荷载设计配置的）来满足防止渐次倒塌的要求。不过，可以清楚地看出各种不同部位的钢筋的这种细部设计是不能满足要求的。必须对这些所需关注部位的已提供钢筋的中止位置与端部锚固进行仔细地评估和修改（见 5.5.4.1.2 节、5.5.5.1.2 节和 5.5.6.1.2 节）。认定所有部位的抗冲剪强度和柱子的强度都是满足 GSA 导则的要求条件的。

5.6　DoD 和 GSA 处理方法的比较

DoD 处理这例题建筑物的渐次倒塌控制方法是要给整个结构提供足够的束缚力。已经确认，所有需要的束缚力都可以由原始设计所配置的钢筋来提供，而毋需再增添任何补充钢筋。这最重要的事情是通过合理的连接和端部的锚固来确保这抗拉束缚钢筋的整体连续性。

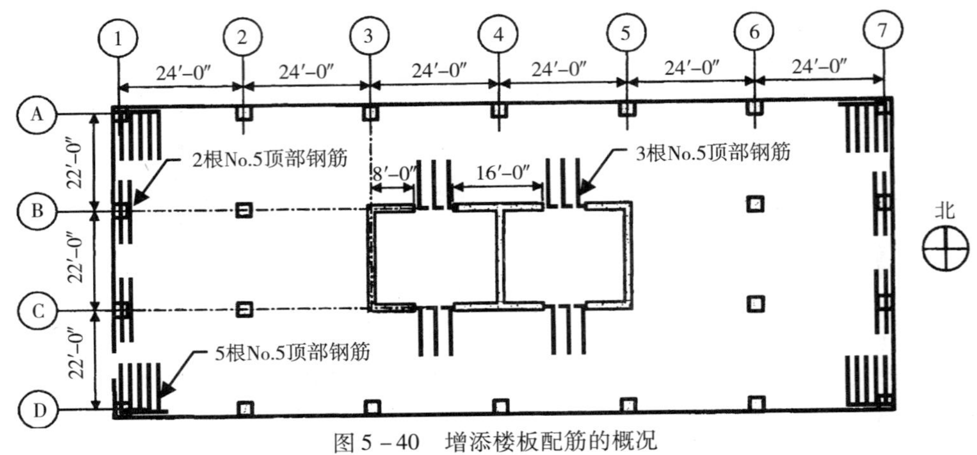

图 5－40　增添楼板配筋的概况

另一方面，GSA 的处理方法是要用候补传力途径的方法来防止渐次倒塌。如 GSA 导则所要求的那样，要对首层的三种不同柱子失去的案例情况进行检验。已经查明，在某些个别部位需要用附加钢筋来提高平板的抗弯强度。和 DoD 处理方法类似的是，这钢筋的整体连续性和端部的锚固是设计的重要的方面。

在这两种不同的处理方法中，不管怎样都未对构件的尺寸和结构的平面布置作任何改动。对渐次倒塌控制的补强仅限于增添钢筋，或将这些现有钢筋改成比较长或提供合理的端部锚固。

5.7　参考文献

5.1　International Code Council, *International Building Code*, Falls Church, VA, 2003.

5.2　American Society of Civil Engineers, *ASCE Standard Minimum Design Loads for Buildings and Other Structures*, ASCE 7-02, Reston, VA, 2003.

5.3　Ghosh, S.K., and Fanella, D.A., *Seismic and Wind Design of Concrete Buildings*, Portland Cement Association, Skokie, IL, 2003.

5.4　Department of Defense, *Design of Buildings to Resist Progressive Collapse*, Unified Facilities Criteria (UFC) 4-023-03, 25 January 2005.

5.5　General Services Administration, *Progressive Collapse Analysis and Design Guidelines for New Federal Office Buildings and Major Modernization Projects*, June 2003.

5.6　International Code Council, *International Building Code*, Falls Church, VA, 2000.

5.7　American Concrete Institute, *Building Code Requirements for Structural Concrete (ACI 318-02) and Commentary (ACI 318R-02)*, Farmington Hills, MI, 2002.

5.8　SAFE Version 8.0.1, *Slab Analysis by the Finite Element Method*, Computers and Structures, Inc., Berkeley, CA.

5.9　ETABS Plus Version 8.4.7, *Extended 3-D Analysis of Building Systems*, Computers and Structures, Inc., Berkeley, CA.

第6章　承重/剪力墙结构体系住宅楼

6.1　概述

承重/剪力墙体系是一种不含专门用来承受竖向荷载的空间框架的结构体系。这承重墙自身扮演着双重角色：为全部或几乎全部重力荷载提供支撑和同时充当剪力墙来抵抗侧向荷载。根据 ASCE 7－02 表9.5.2.2［6.1］的规定，由普通钢筋混凝土剪力墙组成的承重墙结构体系只可以用来作为低或中抗震设计等级（SDC）（即 SDC A、B 或 C）结构的抗震体系。而对那些被指定为 SDC D、E 或 F 的结构必须要用含有 ASCE 7－02 表 9.5.2.2 注明限定的特种钢筋混凝土剪力墙的承重墙结构体系。

本章将用 DoD 导则［6.2］对一被指定为抗震设计等级 A（SDC A）的承重墙结构进行渐次倒塌控制的评估。用抗拉束缚力和候补传力途径这两种方法来进行验算示范。

对两座相同的建筑物进行分析，其中一座是被指定为低防御等级（LLOP），而另一座却是被指定为中防御等级（MLOP）。根据建筑物所被指定的防御等级（LOP）来选择相对适宜的分析方法。对这两种防御等级的建筑物来讲，这抗拉束缚的处理方法是强制性的，不过，对中防御等级（MLOP）的例题建筑物必须还要用候补传力途径来分析，在候补传力途径的分析中仅考虑外部构件的失去。由于这种类型的 DoD 住宅楼是不可能会有诸如地下停车库或空旷首层公共场所所存在的这种内部威胁的，所以这是一种现实的假定。

现在的这个例题是用 DoD 导则的要求条件来评估一栋7层住宅楼的渐次倒塌潜在可能性。建筑物的结构是按照 2000 IBC［6.3］所规定的重力、风力和地震力的组合作用来进行设计和出施工详图的，应该特别指出的是，要将这个工程实例更新成能满足现行的 2003 IBC 国际建筑规范［6.4］的要求条件是不会对这现有的总体结构设计产生明显影响的。正因为此，本章所提供的渐次倒塌控制分析总体来讲都能同时适应 2000 IBC 和 2003 IBC 这两个规范。这例题建筑物的细部设计资料是从《混凝土建筑物的抗震与抗风设计》［6.5］这本书的第5.2节搜集来的。除此之外，例题中所应用的结构特征和设计的要求条件也都是跟那些在上述参考文献中能找得到的是一模一样的。为了简单明了，楼盖结构和墙的截面特征在整个建筑物的高度范围内都是按固定不变来考虑的。

6.2　设计的资料与数据

图6－1 显示了这7层住宅楼的平面图与立面图。这个横墙式的结构在东—西方向有5跨 28ft（8.53m）的开间。这个横墙（即沿轴线①～⑥的横向墙）承担着绝大部分的重力荷载，并提供阻抗南—北方向的侧力。在南—北方向有2个被 6ft（1.83m）宽的走廊分隔出来的 28ft 开间。这平行于走廊布设的内墙提供阻抗东—西方向的侧力。标准的层间高度是 10ft。这种构造型式通常是用于被划分

成独立单元的建筑物，诸如部队的单身寓所等。

这楼盖结构主要是沿着东—西方向布设、跨越横墙之间的单向密肋体系。这统一规定的标准单向密肋体系是 12 +4. 5 ×5 +30，其总的截面高度为 16. 5in，肋间距为 35in。在走廊部位用的是 6in 厚的现浇混凝土板。

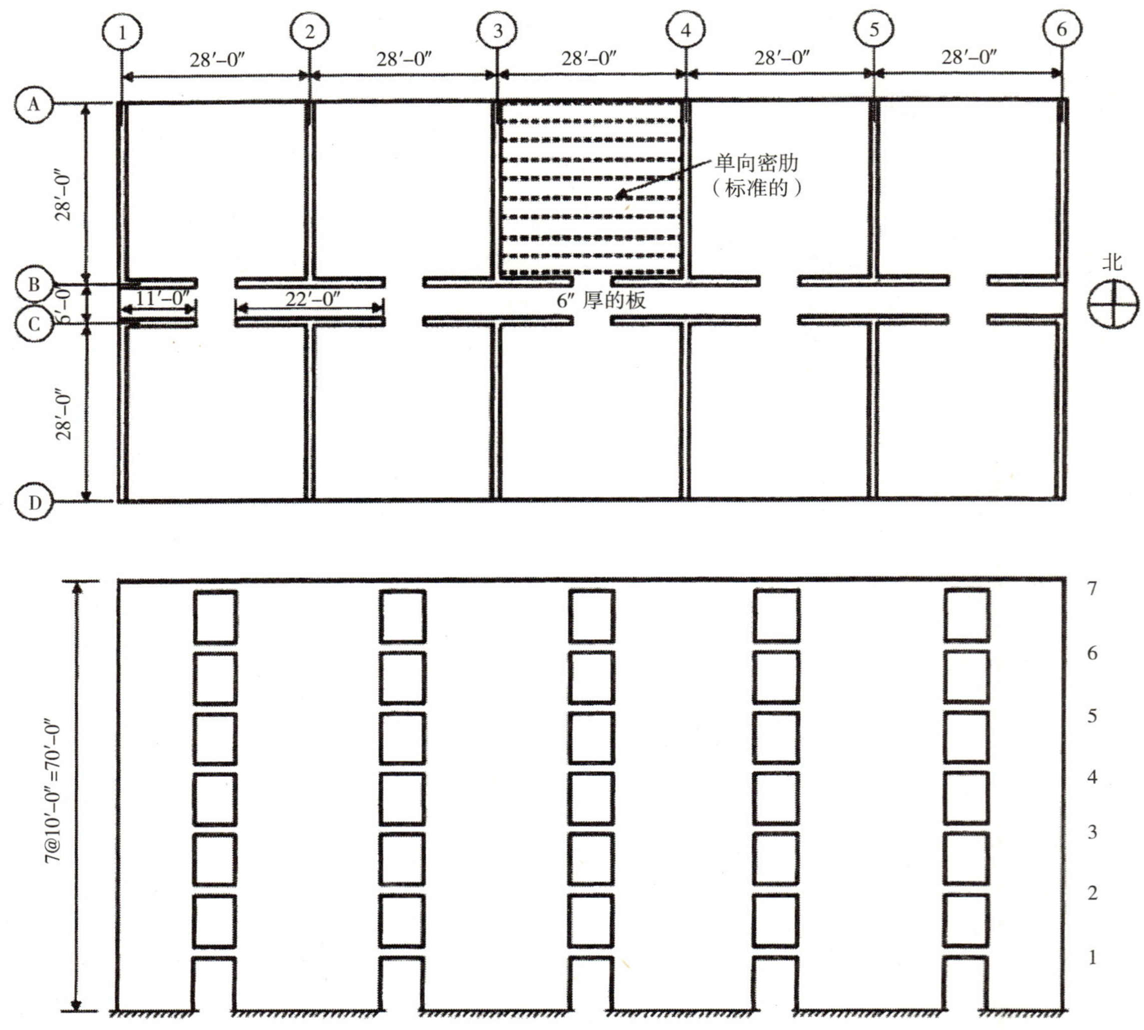

图 6 – 1　例题建筑物的平、立面图

这例题建筑物的基本设计资料取自《混凝土建筑物的抗震与抗风设计》[6. 5]，并列举如下：

（1）建筑物所在地点：佛罗里达州迈阿密。

（2）材料性能：

1）混凝土：f'_c =4000psi（27. 6N/mm^2，为圆柱体抗压强度）；w_c =150pcf（23. 6kN/m^3）

2）钢筋：f_y =60，000psi（414. 0N/mm^2）

（3）使用重力荷载：

1）活荷载：

①屋面 =20psf（0.96kN/m^2）

②楼面 =40psf（1.92kN/m^2）；走廊为 100psf（4.8kN/m^2）

2）附加恒载：

①屋顶 =10psf（0.48kN/m^2）

②楼盖 =30psf（1.44kN/m^2，其中 20psf 为永久性隔墙、10psf 为吊顶等）

（4）抗震设计数据：

1）S_s =0.065g，S_1 =0.024g

2）场地类别 D

3）抗震功能分类 I，I_E =1.0

（5）抗风设计数据：

1）基本风速 =145mph（m/h）

2）暴露状况 B

3）建筑物类型 I，I_w =1.0

构件尺寸：

1）密肋：12 +4.5 ×5 +30（82psf）

2）墙厚：6in

结构在进行抗重力，风力和地震力的设计中用的就是上述的这些设计资料数据。

6.3　现有的配筋情况

本节重点介绍现有的相关配筋情况，完整的论述可见《混凝土建筑物的抗震与抗风设计》[6.5]。

单向密肋

楼盖的单向密肋被指定用 12 +4.5 ×5 +30，其代表了一种 12in 高的肋 +4.5in 厚的顶板（总截面高度 =16.5in）的标准单向密肋楼盖的做法。下面的肋宽 5in，间距 35in 中 – 中（即 5in 的肋宽 +30in 的净间距）。《混凝土建筑物的抗震与抗风设计》[6.5] 这本书中仅规定了单向密肋楼盖的尺寸，但没有具体去设计这所需要的钢筋。

为了确定密肋所需的配筋，参照《CRSI 设计手册》（CRSI Design Handbook）（2002）[6.6] 第 8 章的极限设计承载能力一览表。对于标准内跨，将下列的数据资料登入这极限设计承载能力一览表来对照取值。

净跨 =28 –0.5 =27.5ft

设计附加荷载 =1.4 ×30 +1.7 ×40 =110psf

经对照，这表上所列示的所需钢筋为：

（1）内跨：

1）顶部钢筋：No.4@8.5in 中 – 中

2）底部钢筋：1 根 No.4 +1 根 No.5

（2）边跨：

1）顶部钢筋：No.5@12in 中 – 中

2）底部钢筋：1 根 No. 5 +1 根 No. 6

除此之外，ACI 建筑规范（ACI Building Code）[6. 7] 还含有对密肋楼盖的结构整体性的规定条文。ACI 318 –02 第 7. 13. 2. 1 条规定，至少应该有 1 根底部钢筋是连续贯通的，或应该用 A 级（Class A）受拉搭接接头或满足第 12. 14. 3 条要求的机械连接或焊接接头来进行连接。而且，在非连续支座部位，至少应该有 1 根底部钢筋的末端是配有标准弯钩的。在本例题中，假定这 No. 5 的底部钢筋是连续的或按 ACI 的要求条件来进行连接的。

板

肋上面的板是 4. 5in 厚。在密肋楼板的横断面方向，抗温度和收缩应力的钢筋必须要满足 ACI 318 –02 第 7. 12. 2 条所规定的要求条件。假定提供 No. 3@ 12in 中 – 中的钢筋来满足这个要求。

墙

标准墙的配筋是：No. 4@ 18in 中 – 中（竖向）
No. 4@ 16in 中 – 中（水平）

6. 4 DoD 的处理方法

这 DoD 处理渐次倒塌控制的方法是随建筑物被指定的防御等级（LOP）而变化的。有两种分析的方法——抗拉束缚法和候补传力途径法，但两者是通过不同的结构反应模式来达到阻抗渐次倒塌的目的。对整体进行抗拉束缚可以借助在倒塌之前所发挥的悬链作用来补强结构的整体性。而恰恰相反的是，候补传力途径法是提供足以跨越被假设去掉构件的抗弯承载能力。无论是被指定为极低防御等级（VLLOP）还是低防御等级（LLOP）的建筑结构都只需要满足这抗拉束缚力的要求就可以了。而被指定为中防御等级（MLOP）和高防御等级（HLOP）的建筑结构都必须要同时满足这抗拉束缚和候补传力途径两者的要求。

大多数的 DoD 设施不是被指定为 VLLOP 就是被指定为 LLOP。因此，只需要对它们执行抗拉束缚的方法即可。钢筋混凝土建筑物中的抗拉束缚系材均由板、梁、柱和墙里的钢筋所组成。一般来讲，这是借助那些为抵抗其他的力（如抗剪与抗弯）所提供的钢筋来全部或部分地满足这束缚力的要求的。在用这种束缚钢筋的地方，通过合理的钢筋连接与锚固来确保整体连续性是最关键重要的。

对这第一个算例，假定建筑结构已被指定为低防御等级（LLOP），因此只需要对其进行抗拉束缚方法的分析。

6. 4. 1 抗拉束缚力的算例

用本书 2. 4 节的公式来确定这所需要的束缚力。与这个例题直接有关的设计要求条件如下：

（1）D = 标准恒载 = 82 + 30 = 112psf。

（2）L = 标准活荷载 = 40psf（和先前的带柱支撑的例题不同的是，这个例题中的活荷载是保守地假定不被折减的。因为这墙构件的附属面积的宽度不管是取 1 英尺、10 英尺、还是取墙的全长都是根据工程判断来决定和取值的，所以才作了这样一个假定）。

（3）l_r = 束缚方向柱子（或其他支撑）之间的最大距离 = 28ft（南—北方向的束缚系材），28ft（东—西方向的束缚系材）。

（4）F_t = 下列之较小者：

1）$(4.5+0.9n_o)=(4.5+0.9\times7)=10.8\text{kips}$←取值

式中　n_o = 楼层数量

2）13.5kips

（5）$h_s=10\text{ft}$

6.4.1.1　内部束缚钢筋

内部束缚钢筋必须要具有等于用2.4.2节两个公式计算所得值之较大者的所需抗拉承载力。

1）$\dfrac{(1.0D+1.0L)}{156.6}\dfrac{l_r}{16.4}\dfrac{1.0}{3.3}F_t=\dfrac{(112+40)}{156.6}\times\dfrac{28}{16.4}\times\dfrac{1.0}{3.3}\times10.8=5.4\text{kips/ft}$←取值

2）$\dfrac{1.0}{3.3}F_t=\dfrac{1.0}{3.3}\times10.8=3.3\text{kips/ft}$

东—西方向

在东—西方向，用单向密肋里的连续底部钢筋来提供这内部抗拉束缚钢筋。如6.3节所说明的那样，在每一根密肋里应该有1根No.5的底部钢筋是连续的。这1根No.5钢筋所能提供的束缚力是：

$$\phi T_n=\phi A_s f_y=0.75\times0.31\times\frac{12}{35}\times75=6.0\text{kips/ft}$$

由于这所提供的束缚力6.0kips/ft大于所需要的束缚力5.4kips/ft，所以认定这No.5的底部钢筋就足以满足要求了。在No.5钢筋不连续的部位（即终断位置）应该用A级搭接接头来连接。这受拉搭接接头的最小搭接长度计算如下：

按照ACI 318－02第12.2.2条的规定，对于No.6和小于No.6的钢筋，在这些被搭接钢筋之间的净间距不小于$2d_b$和保护层不小于d_b的情况下，搭接长度为：

$$l_d=\left(\frac{f_y\alpha\beta\lambda}{25\sqrt{f'_c}}\right)d_b$$

式中　α = 钢筋位置系数

= 1.0（搭接接头未位于二次浇灌混凝土的12in厚度之内）；

β = 涂层系数

= 1.0（为无涂层钢筋）；

λ = 轻质集料混凝土系数

= 1.0（常规重量混凝土）。

$$l_d=\left(\frac{75,000\times1.0\times1.0\times1.0}{25\sqrt{5000}}\right)\times0.625=26.5\text{in}，（取2ft3in）$$

如UFC 4－023－03第4－2.4条所要求的那样，所有位于建筑物边缘或端墙内的内部束缚钢筋的末端都必须要用抗震弯钩来进行锚定。

这内部束缚钢筋的间距（35in）远远小于$1.5l_r$（$1.5\times28=42\text{ft}$）的最大容许间距。

南—北方向

在南—北方向，这内部束缚钢筋只能靠4.5in厚混凝土板里的这些抗温度和收缩应力的钢筋来提供。如6.3节所说明的那样，这与单向密肋正交铺设的温度与收缩钢筋为No.3@12in中－中。由这种钢筋所提供的束缚力为：

$$\phi T_{n}=\phi A_{s}f_{y}=0.75\times0.11\times75=6.2\text{kips/ft}$$

由于这所提供的束缚力6.2kips/ft大于所需要的束缚力5.4kips/ft，所以认定就这些温度与收缩钢筋都已足以满足要求了。在这些No.3钢筋的终断位置必须用A级受拉搭接接头或满足ACI 318－02第12.14.3条要求的机械连接或焊接接头来进行连接。如果采用A级受拉搭接接头，最小搭接长度为

$$l_{d}=\left(\frac{f_{y}\alpha\beta\lambda}{25\sqrt{f_{c}'}}\right)d_{b}=\left(\frac{75000\times1.0\times1.0\times1.0}{25\times\sqrt{5000}}\right)\times0.375=15.9\text{in，（取16in）}$$

式中的α、β和λ是和东—西方向一样的。

和东—西方向的要求一样，所有位于建筑物边缘或端墙内的内部束缚钢筋的末端都必须要用抗震弯钩来进行锚定。

这内部束缚钢筋的间距（12in）远远小于$1.5l_{r}$（1.5×28＝42ft）的最大容许间距。

6.4.1.2　周边外围束缚钢筋

位于该建筑物外边缘的周边外围束缚钢筋应该能提供至少$1.0F_{t}=1.0\times10.8=10.8$kips的束缚力。这束缚钢筋必须设置在建筑物外边缘的3.9ft的宽度范围内或周边墙内。

东—西方向

在东—西方向，用这离建筑物外边缘最近的密肋（即沿轴线Ⓐ和Ⓓ两根密肋）里的纵向钢筋来提供周边外围的束缚力。这1根No.5的连续底部钢筋所能提供的束缚力为：

$$\phi T_{n}=\phi A_{s}f_{y}=0.75\times0.31\times75=17.4\text{kips}$$

由于这所提供的束缚力17.4kips大于所需要的束缚力10.8kips，所以1根No.5的钢筋就已经足够了。周边外围的束缚钢筋也应该用与东—西方向内部束缚钢筋同样的方式来进行连接和锚定（见6.4.1.1节）。

南—北方向

在南—北方向，用沿轴线①和⑥墙里的水平钢筋来充当周边外围的束缚钢筋。标准的水平墙筋是No.4@16in中－中。假设将其中1根No.4的钢筋设置在东—西方向的内部束缚钢筋的末端（见图6－2），并检验其所能提供的束缚力。

$$\phi T_{n}=\phi A_{s}f_{y}=0.75\times0.2\times75=11.2\text{kips}$$

由于这所提供的束缚力11.2kips大于所需要的束缚力10.8kips，所以1根No.4的钢筋就已经足够了。在周边外围束缚钢筋的终断位置必须用A级受拉搭接接头或满足ACI 318－02第12.14.3条要求的机械连接或焊接接头来进行连接。如果用A级受拉搭接接头，搭接长度为

$$l_{d}=\left(\frac{f_{y}\alpha\beta\lambda}{25\sqrt{f_{c}'}}\right)d_{b}=\left(\frac{75000\times1.0\times1.0\times1.0}{25\sqrt{5000}}\right)\times0.5=21.2\text{in（取1ft10in）}$$

式中的α、β和λ是和东—西方向一样的。

和东—西方向的要求一样，所有位于建筑物边缘或端墙内的周边外围束缚钢筋的末端都必须要用抗震弯钩来进行锚定。

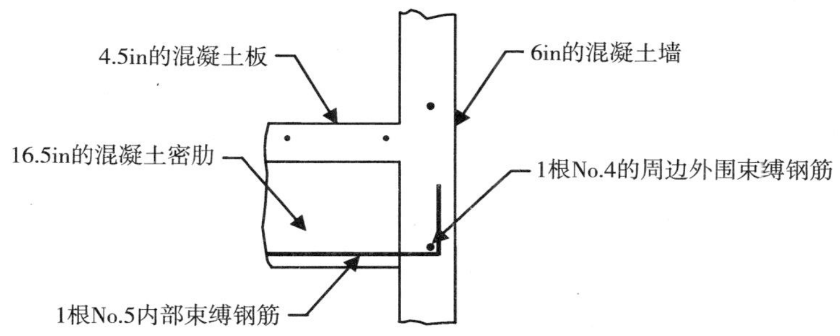

图6－2　轴线①和⑥墙内的周边外围束缚钢筋

6.4.1.3　对外墙的水平束缚钢筋

既然已经将周边外围束缚钢筋设置在外墙内，只要用内部束缚钢筋来握裹住周边外围束缚钢筋就能足以提供这种所需要的水平束缚（见图6－2）。由于这个条件已经被满足，所以毋需再外加抗拉束缚钢筋了（见2.4.4节）。

6.4.1.4　对角柱的水平束缚钢筋

本例题没有角柱。

6.4.1.5　竖向束缚钢筋

这墙里的竖向束缚钢筋所应具有的最小抗拉束缚力必须等于这任何一个楼层的墙其自身所支承的最大竖向设计荷载。用2003 IBC所规定的荷载组合条件来确定这个最大的竖向设计荷载。

设计荷载的组合：

楼盖：$1.2D+1.6L=1.2\times112+1.6\times40=198.4\text{psf}$

墙：$1.2D=1.2\times\frac{6}{12}\times150=90\text{psf}$

束缚力（对于标准内墙——最不利工况）

$$T=(198.4\times28+90\times10)\times\frac{1}{1000}=6.5\text{kips/ft（墙）}$$

墙的竖向钢筋为No. 4@18in中－中，则能提供的束缚力为：

$$\phi T_n=\phi A_s f_y=0.75\times0.2\times\frac{12}{18}\times75=7.5\text{kips/ft（墙）}$$

由于这所提供的束缚力7.5kips/ft（墙）大于所需要的束缚力6.5kips/ft（墙），所以墙里的现有竖向钢筋是满足要求的。对受拉搭接接头和端部锚定的要求是和这用墙的水平钢筋来充当南—北方向的周边外围束缚钢筋的那些要求一样的（见6.4.1.2节）。

6.4.1.6　所需束缚力的归纳

根据把这个例题建筑物归属于低防御等级（LLOP）的假定，这渐次倒塌的分析到这个程度就可告一段落。如表6－1所归纳总结的那样，所有需要的束缚力都已自备，而毋需再对原始设计（即按抗重力、抗震与抗风设计的）添加任何增补钢筋。这最重要的关注是如何通过合理的连接和端部的锚定来确保抗拉束缚钢筋的整体连续性。必须要按照 ACI 318－02 规定的 1 类（Type 1）或 2 类（Type 2）受力接头来对抗拉束缚钢筋的接头进行搭接、焊接或机械连接。另外，还应该用 ACI 318－02 第 21 章所规定的抗震弯钩和 ACI 318－02 第 21. 5. 4 条明确规定的抗震锚固长度来固定这些束缚钢筋。

例题建筑物（SDC A）束缚力一览表 **表 6－1**

束缚类型	方向	所需束缚力	已提供的束缚力	$TF_{prov} > TF_{req}$
内部束缚	东—西	5. 4kips/ft	6. 0kips/ft	是
	南北	5. 4kips/ft	6. 2kips/ft	是
周边外围束缚	东—西	10. 8kips	17. 4kips	是
	南—北	10. 8kips	11. 2kips	是
对外柱的水平束缚	两者兼有	由内部束缚钢筋提供	由内部束缚钢筋提供	是
对角柱的水平束缚	两者兼有	无/不考虑	无/不考虑	无/不考虑
竖向束缚	两者兼有	6. 5kips/ft	7. 5kips/ft	是

附注：其中 TF_{prov}——已提供的束缚力；
TF_{req}——所需要的束缚力。

6. 4. 2 候补传力途径的算例

为了举例说明这候补传力途径法的效用，对先前例题中的这个承重/剪力墙结构按中防御等级（MLOP）来进行重新评估。除了检验束缚力外，还必须要进行候补传力途径的分析。既然这例题建筑物没有地下停车库和空旷首层公共场所，那就只考虑外部构件的失去。

6. 4. 2. 1 渐次倒塌的案例情况

根据 2. 5. 2. 3 节论述的要求条件来考虑外墙失去的方案。对这个例题建筑物来讲，三种案例情况（平面图中的）需要评估（见图 6－3）。在每一个楼层都必须对下面论述的每一种案例情况进行评估。

案例情况 1——侧墙

对于侧墙来讲，需要去掉一段长度等于两倍墙高（即 2×10＝20ft）的墙体，但不小于伸缩缝或控制缝之间的距离。在这个例题建筑物里，仅有的承重侧墙就是那两道沿轴线①和⑥的边墙。DoD 导则明确规定，这被去掉的部分墙体应该临近短边的中部。假定把这 20ft 被去掉的墙体定位在轴线Ⓒ和Ⓓ之间的中部。

和处理柱子不同的是，这个要去掉的部分墙体的选择相对来讲需要更多的工程判断力。在某些案例情况中，只要稍微调整一下被去墙体的位置就会对结构的性状产生明显的影响。

案例情况 2——非承重外墙

案例情况 2 代表了一种外墙是非承重的，而与其交接的内墙却是承重的工况。在这种情况下，应该去掉一段长度等于墙高（即 10ft）的内承重墙的墙体。这被假设去掉的沿轴线④墙体的长度是 10ft 长，从建筑物位于Ⓓ轴线的外边缘开始算起。

案例情况 3——转角墙

在建筑物的角部，要求在每一个方向去掉一段长度都等于墙高（即 10ft）的墙体，但不小于伸缩缝或控制缝之间的距离。这个建筑物的所有4个角部的情况都是一模一样的。将案例情况3的位置选择在⑥轴线和Ⓓ轴线的交叉处，其中包括沿⑥轴线的10ft承重墙体和沿Ⓓ轴线的10ft非承重墙体的失去。

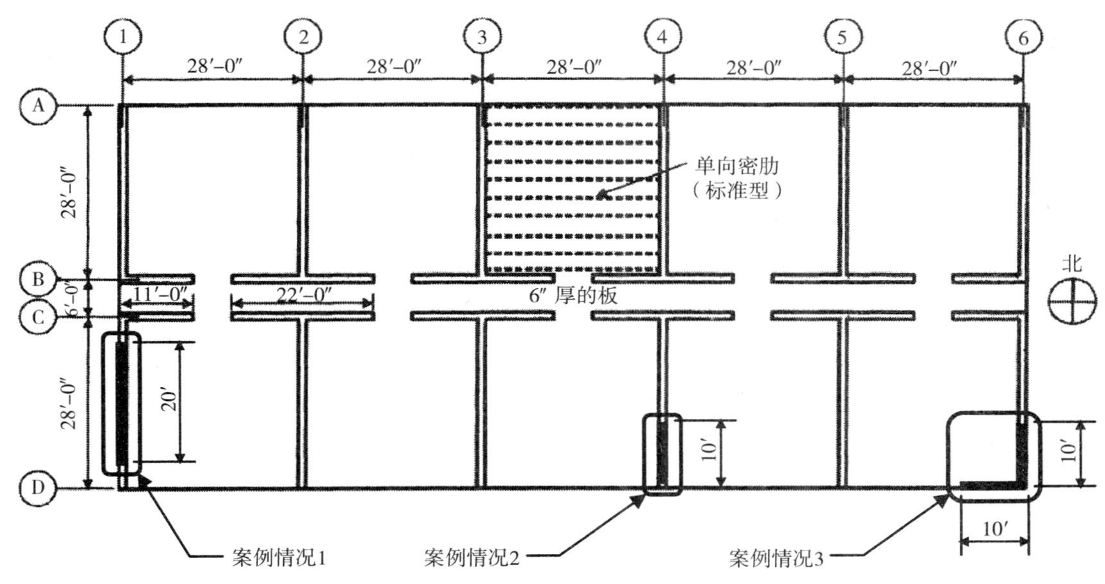

图6-3 例题建筑物的渐次倒塌案例情况

6.4.2.2 分析模型

用在ETABS Plus Version 8.4.7［6.8］计算机程序里建立的三维空间模型来对每一种渐次倒塌的案例情况进行包括$P-\Delta$效应在内的线性静力分析。将这单向密肋楼盖模拟成一系列的矩形梁（6in宽×16.5in高），间距35in中－中，并在这些梁肋之间支撑着4.5in厚的混凝土板。用仅有平面内刚度的薄膜类型有限元来模拟这板。在走廊部位，用既有平面内薄膜刚度又有平面外薄板抗弯刚度的薄壳类型元件来模拟这6in厚的混凝土板。这水平结构形式的构思对所有的楼层和屋顶都是一模一样的。

和走廊楼板一样，所有6in厚的承重墙也都用壳体元件来模拟。对墙的最大有限元网格尺寸限定为48in，而对这每一道被去掉部分墙体的周围墙则用一种较细微的有限元网格（最大尺寸不超达24in）来划分以更精确地掌握最高应力区域的性状。这墙基的边界条件被假定为固接。

对这些钢筋混凝土构件采用性能修正系数来更佳地体现它们在即将破坏前所仍持有的刚度。作为更加精确分析的一种替代，根据ACI 318－02第10.11.1条和FEMA 273［6.9］表6－4的建议来确定分析模型中所用的有效刚度值如下：

（1）板：（用壳体元件模拟的）：$I_{eff}=0.25I_g$

（2）梁：$I_{eff}=0.5I_g$

（3）墙：$I_{eff}=0.5I_g$

DoD导则含有确定钢筋混凝土构件的预期材料性能的准则（见2.3节）。对混凝土抗压强度和钢筋的屈服强度都选用了1.25的强度提高系数。表6－2列示了所有抗震设计等级A（SDC A）例题建筑物的设计材料性能。

例题建筑物的材料性能 **表 6－2**

材料	性能	原始设计	渐次倒塌分析
混凝土	f_c'	4ksi	5ksi
	w_c	150pcf	150pcf
	E_c	3834ksi	4287ksi
钢筋	f_y	60ksi	75ksi
	E_s	29，000ksi	29，000ksi

混凝土的弹性模量 E_c 是根据 ACI 318－02 第 8.5.1 条的规定估算的。渐次倒塌分析所用的 E_c 值计算如下：

$$E_c = w_c^{1.5} 33\sqrt{f_c'} = (150)^{1.5} \times 33 \times \sqrt{5000} \times \frac{1}{1000} = 4287\text{ksi}$$

6.4.2.3 荷载组合条件

在 2.5.3 节已经介绍了 DoD 候补传力途径的荷载组合规定。在进行线性静力分析的时候，要用两种设计荷载组合，一种是考虑动态效应而放大重力荷载，而另一种是不放大。仅这些与被去掉的墙体直接毗连的和在其正上方的开间才考虑动力放大系数。例题建筑物的荷载组合条件（假定无雪荷载）如下：

荷载组合——LCI（被去掉墙体的毗连和上方开间）：

$$2.0[(0.9 \text{或} 1.2)D + 0.5L] + 0.2W$$

荷载组合——LC2（未包括在 LCI 里的其余结构）：

$$(0.9 \text{或} 1.2)D + 0.5L + 0.2W$$

图 6－4 清晰细致地描绘了对每一种渐次倒塌案例情况所应放大重力荷载（LCI）的范围。

因为活荷载已经被减小到所要求的值（即乘了 0.5 的荷载系数），所以这活荷载的折减（根据附属面积）就不再采用。将从《混凝土建筑物的抗震与抗风设计》[6.5] 书中搜集来的风荷载作为一种作用在每一层楼盖刚性水平隔板形心上的侧向力来输入。将原本均匀作用在每个建筑物表面的风荷载化解成分开集中作用的风荷载工况。

6.4.2.4 现有构件的强度

为了评估是否可行，则要将这候补传力途径分析所确定的预测内力需求量去与这现有构件的强度作比较。按照 ACI 318－02 的规定来确定钢筋混凝土墙和密肋的标称强度。

6in 混凝土墙

（1）设计抗拉强度 ϕT_n

在确定墙的标称抗拉强度中，钢筋屈服强度 f_y 已经乘了 1.25 的强度提高系数。按照 DoD 的规定，系数 ϕ 对抗拉取 0.9（ACI 318－02）。

1）水平钢筋——No.4@16in 中－中的标准水平钢筋给墙提供了 10.1kips/ft 的设计抗拉强度。

$$\phi T_n = \phi A_s f_y = 0.9 \times 0.20 \times \frac{12}{16} \times 75 = 10.1\text{kips/ft}$$

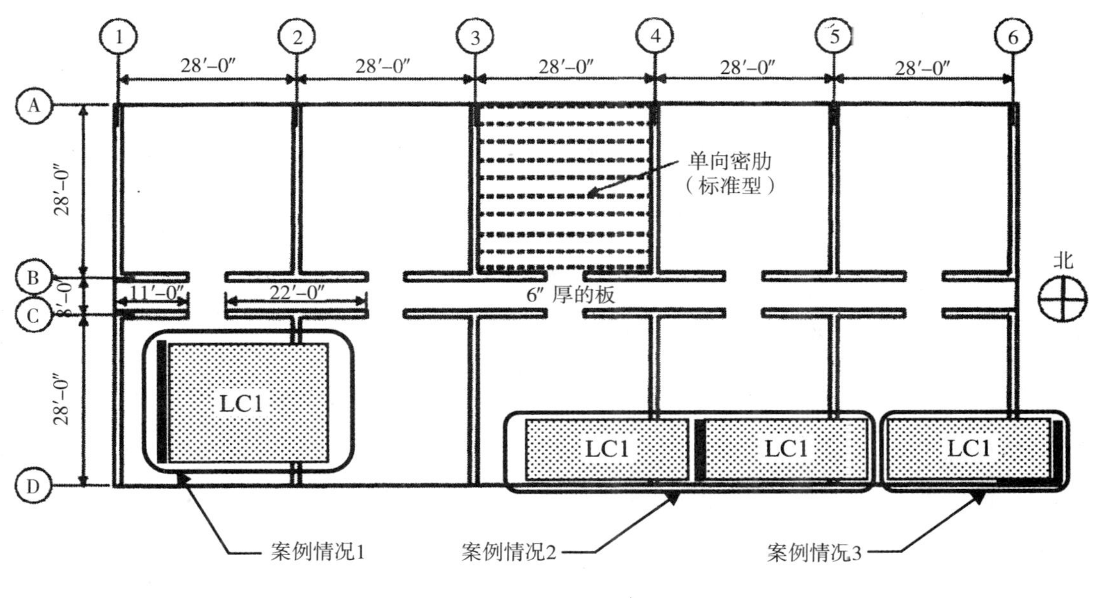

平面图

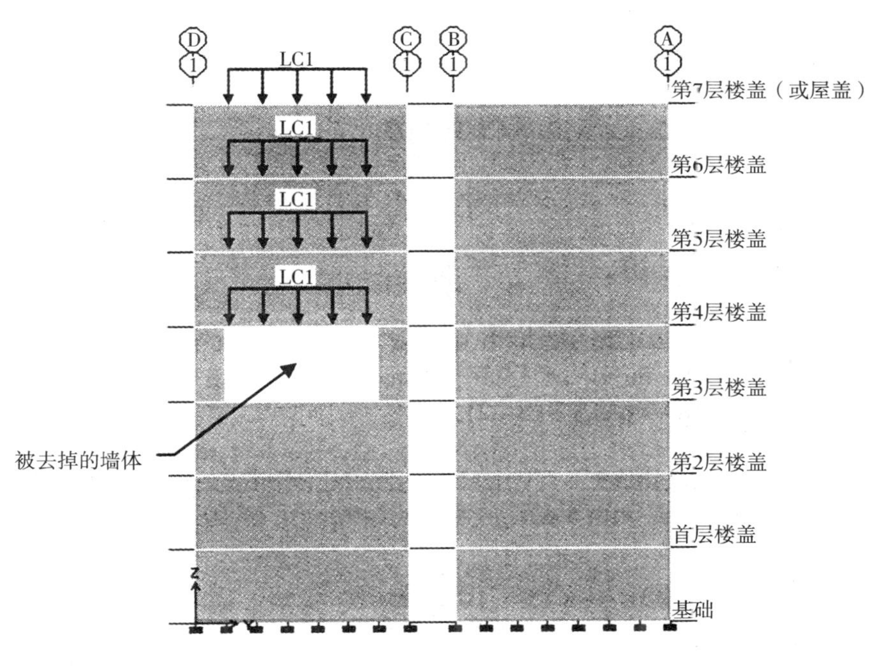

①轴线立面图

图6-4　例题建筑物的DoD荷载组合要求条件

2）竖向钢筋——No. 4@18in 中-中的标准竖向钢筋给墙提供了9.0kips/ft的设计抗拉强度。

$$\phi T_n = \phi A_s f_y = 0.9 \times 0.2 \times \frac{12}{18} \times 75 = 9.0\text{kips/ft}$$

（2）设计抗剪强度 ϕV_n

在确定标称抗剪强度中，钢筋屈服强度 f_y 和混凝土抗压强度 f_c' 都已经乘了 1.25 的强度提高系数。按照 DoD 的规定，系数 ϕ 对抗剪取 0.75（ACI 318－02）。

对一个仅承受剪切和弯曲的构件来讲，可以用标称抗剪强度 V_n 来估计这作为深拱肩墙梁的抗剪能力（ACI 318－02 第 11.3.1.1 条和第 11.5.6.2 条）。这一层楼高的墙拱肩的设计抗剪能力计算如下：

$$\phi V_n = \phi\left(2\sqrt{f_c'}b_w d + \frac{A_s f_y d}{s}\right)$$

式中　d（估计）$=0.95h = 0.95\times 120 = 114\text{in}$；

$$\phi V_n = 0.75\times\left(2\times\sqrt{5000}\times 6\times 114 + \frac{0.2\times 75,000\times 114}{18}\right)\times\frac{1}{1000} = 143.8\text{kips}。$$

（3）设计抗轴压强度 ϕP_{nw}

在确定墙的抗轴压强度中，混凝土抗压强度 f_c' 已经乘了 1.25 的强度提高系数，按照 DoD 的规定，系数 ϕ 对抗压来讲取 0.7（ACI 318－02）。

用 ACI 318－02 第 14.5 条规定的经验设计方法来估算这 6in 厚混凝土墙的设计抗轴压强度。

$$\phi P_{nw} = 0.55\phi f_c' A_g\left[1-\left(\frac{kl_c}{32h}\right)^2\right]$$

式中　$k=1.0$（墙在顶部和底部都有侧向支撑，能充分阻抗两端的转动）；

$l_c = 103.5\text{in}$（层间高度减去单向密肋楼盖的高度）；

$$\phi P_{nw} = 0.55\times 0.70\times 5\times 6\times 12\times\left[1-\left(\frac{1.0\times 103.5}{32\times 6}\right)^2\right] = 98.3\text{kips/ft}。$$

密肋——内跨

（1）负设计抗弯强度 ϕM_n（支座处）

在确定标称抗弯强度中，钢筋屈服强度 f_y 和混凝土抗压强度 f_c' 都已经乘了 1.25 的强度提高系数。按照 DoD 的规定，系数 ϕ 对抗弯来讲取 0.9（ACI 318－02）。

顶部钢筋是 No.4@8.5in 中－中。因为翼缘板的宽度为 35in，所以总的钢筋面积 $A_s = 0.82\text{in}^2$/每根肋$\left(\text{即 } 0.20\,\frac{\text{in}^2}{\text{每根钢筋}}\times\frac{35\text{in/每根肋}}{8.5\text{in/每根钢筋}}\right)$。

保护层 1in，则从顶部钢筋的质心到最外受压边缘纤维的截面有效高度 $d=15.25\text{in}$［即 16.5－（1＋0.5/2）］。

$$a = \frac{A_s f_y}{0.85 b_w f_c'} = \frac{0.82\times 75}{0.85\times 5\times 5} = 2.89\text{in}$$

其中，保守地假定受压区的宽度 b_w 等于 5in。

$$-\phi M_n = \phi A_s f_y\left(d-\frac{a}{2}\right) = 0.9\times 0.82\times 75\times\left(15.25-\frac{2.89}{2}\right) = 764.0\text{in}-\text{kips} = 63.7\text{ft}-\text{kips}$$

（2）正设计抗弯强度 $+\phi M_n$（跨中）

在确定标称抗弯强度中，钢筋屈服强度 f_y 和混凝土抗压强度 f_c' 都已经乘了 1.25 的强度提高系数。按照 DoD 的规定，系数 ϕ 对抗弯来讲取 0.9（ACI 318－02）。

底部钢筋是 1 根 No.4＋1 根 No.5，钢筋的总面积等于 0.51in^2。

保护层 1in，从底部钢筋的质心到最外受压边缘纤维的截面有效高度 $d=15.2\text{in}$ [即 16.5 − (1 + 0.625/2)]。

$$a=\frac{A_s f_y}{0.85 b_w f'_c}=\frac{0.51\times 75}{0.85\times 35\times 5}=0.26\text{in}$$

$$+\phi M_n=\phi A_s f_y\left(d-\frac{a}{2}\right)=0.9\times 0.51\times 75\left(15.2-\frac{0.26}{2}\right)=519\text{in}-\text{kips}=43.2\text{ft}-\text{kips}$$

(3) 设计抗剪强度

在确定标称抗剪强度中，混凝土抗压强度 f'_c 已经乘了 1.25 的强度提高系数。按照 DoD 的规定，系数 ϕ 对抗剪来讲取 0.75 (ACI 318 −02)。由于梁肋的宽度沿其截面高度是变化的，所以在抗剪强度的计算中取其平均值。

$$b_w=\frac{b_{max}+b_{min}}{2}=\frac{7.53+5}{2}=6.26\text{in}$$

由于未配抗剪钢筋，所以只考虑混凝土所起的作用。按照 ACI 318 −02 第 8.11.8 条对密肋楼盖结构的规定，这标称抗剪强度可以提高 10%。

$$\phi V_n=\phi\times 1.1\times 2\sqrt{f'_c}b_w d=0.75\times 1.1\times 2\times\sqrt{5000}\times 6.26\times 15.2\times\frac{1}{1000}=11.1\text{kips}$$

密肋——边跨

(1) 负设计抗弯强度——ϕM_n (支座处)

在确定标称抗弯强度中，钢筋屈服强度 f_y 和混凝土抗压强度 f'_c 都已经乘了 1.25 的强度提高系数。按照 DoD 的规定，系数 ϕ 对抗弯来讲取 0.9 (ACI 318 −02)。

顶部钢筋是 No.5 @ 12in 中 − 中，因为翼缘板的宽度为 35in，所以总的钢筋面积 $A_s=0.90\text{in}^2\left(\text{即 }0.31\frac{\text{in}^2}{\text{每根钢筋}}\times\frac{35\text{in/每根肋}}{12\text{in/每根钢筋}}\right)$。

保护层 1in，则从顶部钢筋的质心到最外受压边缘纤维的截面有效高度 $d=15.2\text{in}$ [即 16.5 − (1 + 0.625/2)]。

$$a=\frac{A_s f_y}{0.85 b_w f'_c}=\frac{0.9\times 75}{0.85\times 5\times 5}=3.18\text{in}$$

其中，保守地假定受压区的宽度 $b_w=5\text{in}$。

$$-\phi M_n=\phi A_s f_y\left(d-\frac{a}{2}\right)=0.9\times 0.90\times 75\times\left(15.2-\frac{3.18}{2}\right)=826.8\text{in}-\text{kips}=68.9\text{ft}-\text{kips}$$

(2) 正设计抗弯强度 $+\phi M_n$ (跨中)

在确定标称抗弯强度中，钢筋屈服强度 f_y 和混凝土抗压强度 f'_c 都已经乘了 1.25 的强度提高系数。按照 DoD 的规定，系数 ϕ 对抗弯来讲取 0.9 (ACI 318 −02)。

底部钢筋是 1 根 No.5 + 1 根 No.6，钢筋的总面积等于 0.75in^2。

保护层 1in，从底部钢筋的质心到最外受压边缘纤维的截面有效高度 $d=15.12\text{in}$ [即 16.5 − (1 + 0.75/2)]。

$$a=\frac{A_s f_y}{0.85 b_w f'_c}=\frac{0.75\times 75}{0.85\times 35\times 5}=0.38\text{in}$$

$$+\phi M_n=\phi A_s f_y\left(d-\frac{a}{2}\right)=0.9\times0.75\times75\times\left(15.12-\frac{0.38}{2}\right)=756\text{in}-\text{kips}=63.0\text{ft}-\text{kips}$$

（3）设计抗剪强度 ϕV_n

边跨密肋的抗剪强度是和内跨一模一样的。

6.4.2.5 建筑物端部的侧墙失去（案例情况 1）

侧墙的深梁/拱作用是其用来跨越这案例情况 1 中被去掉墙体的主要受力机理。这种受力性状是和第 4 章与第 5 章所应用的绝然不同的，在那两章的例题建筑物里，这水平结构构件（即梁和/或板）的自身抗弯作用是其用来跨越被去掉柱子的主要受力机理。在每一个楼层都要假设 20ft 墙体的失去，一次一层。

6.4.2.5.1 *一楼墙体的失去*

在这首层的墙体失去之后，要对其余保留墙体的内力需求量进行评估。对那些可能潜在超限应力的部位要进行壳体元件的内力检验。

图 6－5 说明了 ETABS 程序［6.8］在计算机屏幕上所显示的这水平方向（即与 y 轴平行）壳体元件内力的清晰图像。除了洞口直接上方的这个较小部位外，其他部位所预测的水平方向的拉力都小于 10.1kips/ft 的容许值。洞口正上方的局部拉力稍大于容许值，其中最大的拉力接近 11.0kips/ft。为了评估现有钢筋的可行性，则取 2ft 的标准元网格整个高度的平均最大水平拉力来进行评估。假定这元件内的力是线性分布的，则所算得的平均拉力为 6.8kips/ft，小于容许的力，因此满足要求（见图 6－5）。

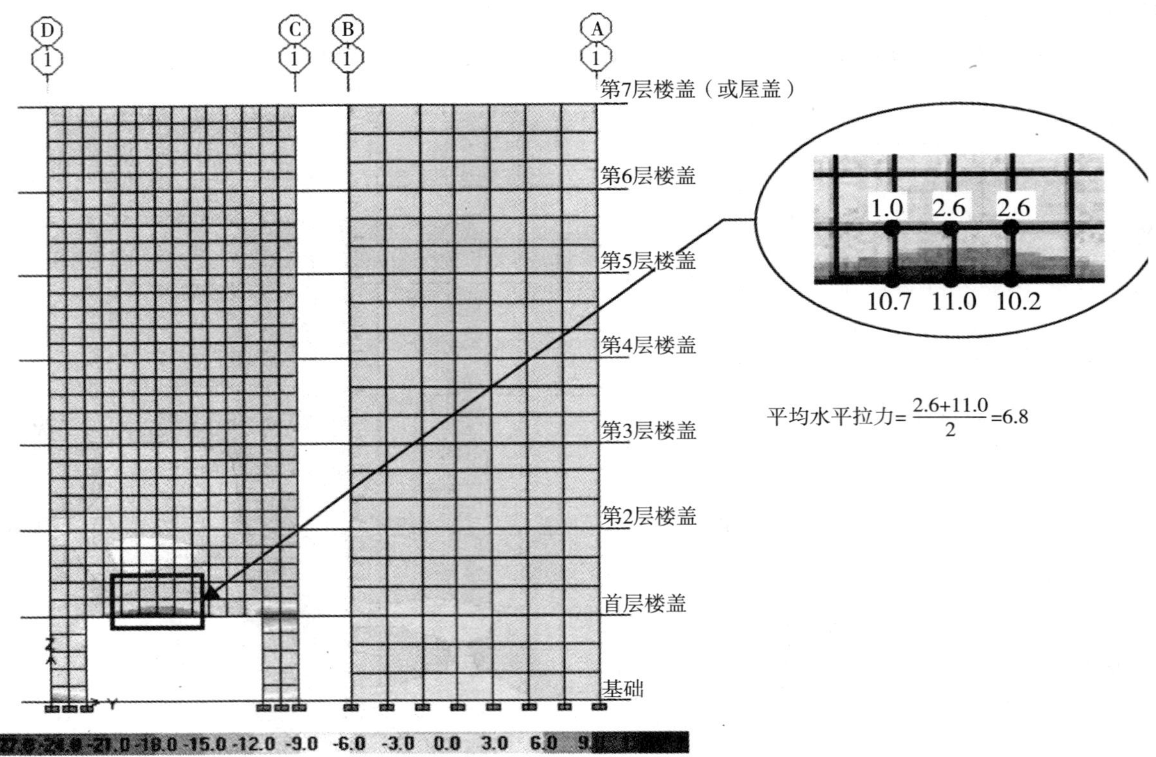

图 6－5 墙的水平拉力——案例情况 1（kips/ft）

图6－6说明了ETABS程序在计算机屏幕上所显示的这竖向（即与z轴平行）壳体元件内力的图像。在这个方向，这最大的拉力大约4.9kips/ft，远远小于9.0kips/ft的容许力度。

这一楼墙体的失去代表了余留墙体承受轴向荷载的一种最不利案例情况。除了轴向荷载外，这些剪力墙还要抵抗由侧向力所产生的内力。根据DoD导则的荷载组合要求条件，这候补传力途径方法还包含有与重力荷载同时作用的20%风荷载。

图6－7显示了这位于建筑物外边缘的4ft宽墙肢的横截面。第1根No.4钢筋距离墙的Ⓓ轴线外端只有2in，其余钢筋的间距均为18in中－中。由于所造成的不对称钢筋布置，所以这墙肢在两个正反方向的抗弯强度是不一样的。为此，只好用最保守的方法来处理。

图6－8提供了这墙肢的受力关系图和最大的内力需求量。图中显示了两个点的符号，一个表示最大轴力的情况，另一个代表了最大的弯矩。由于这两个点都坐落在这关系曲线的里面，所以此墙是足以抵抗轴力和弯矩的组合作用的。

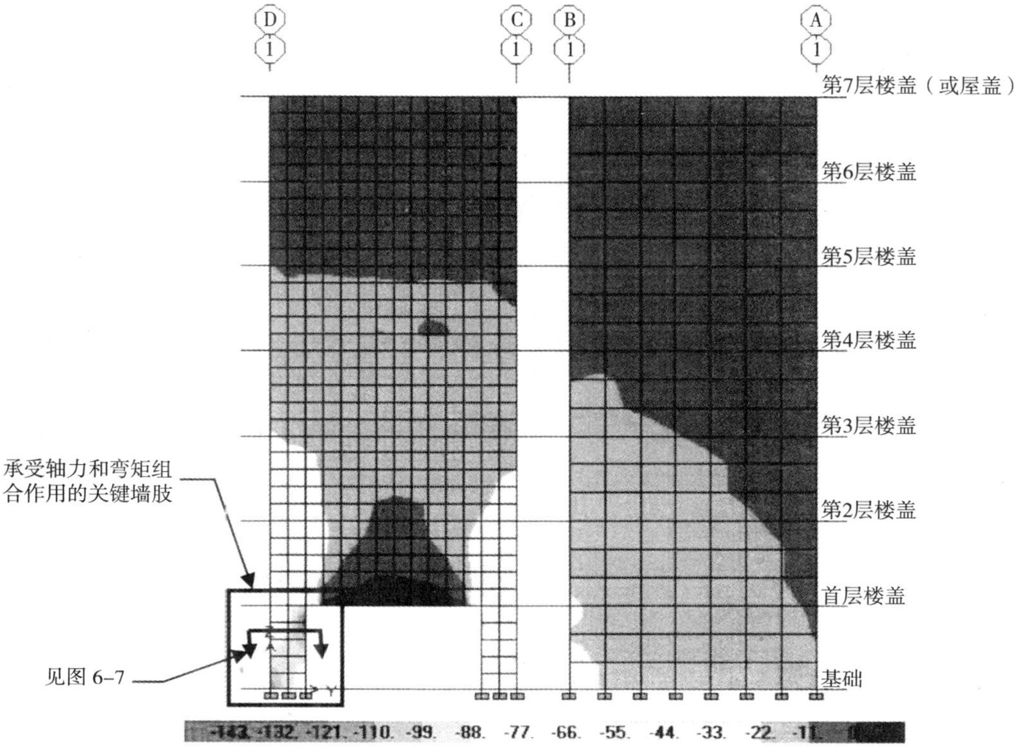

图6－6　墙的竖向内力——案例情况1（kips/ft）

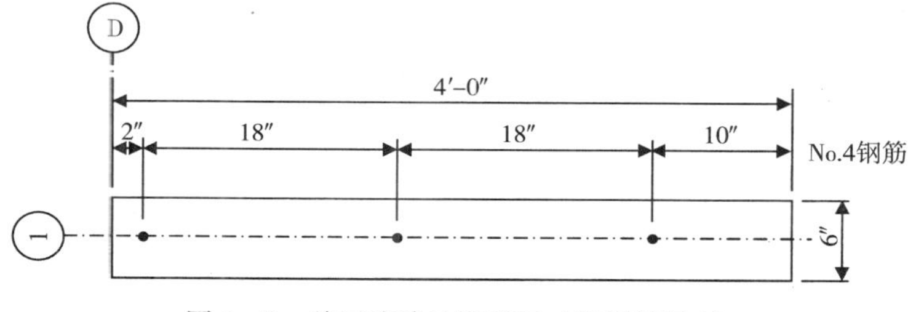

图6－7　首层墙肢的横截面（案例情况1）

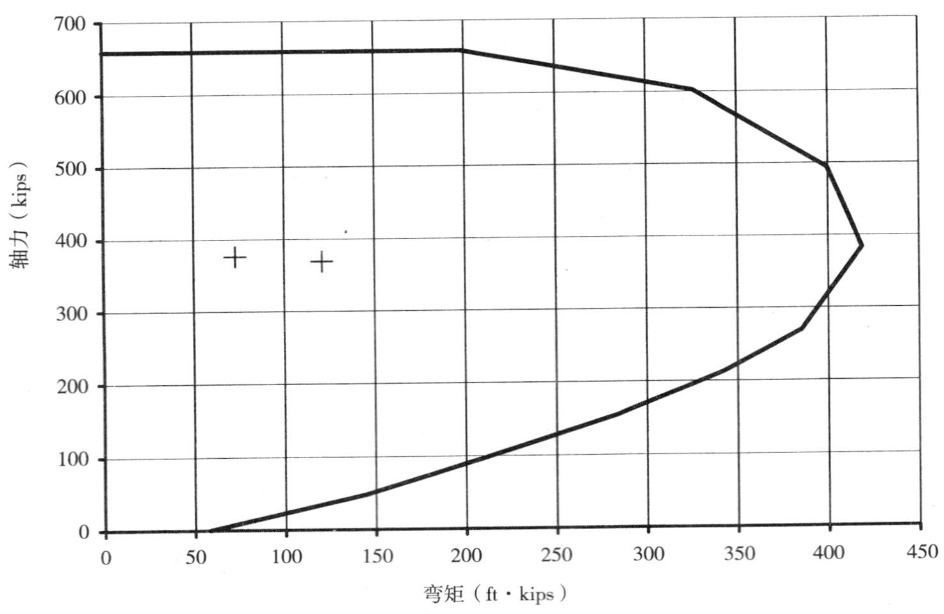

图 6－8　首层墙肢的设计强度关系图（案例情况 1）

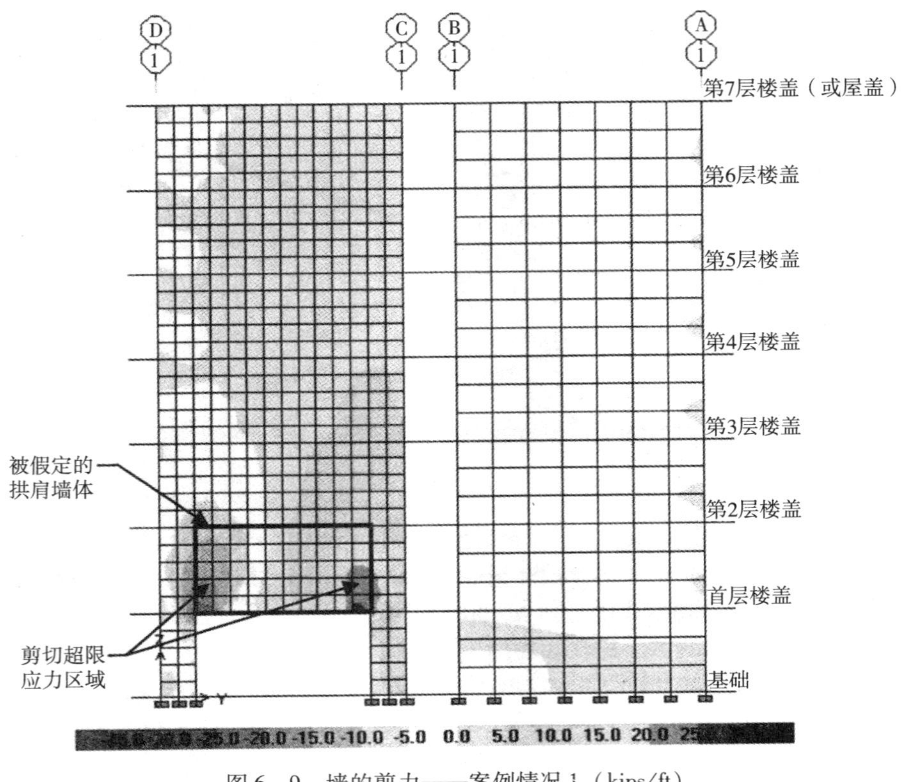

图 6－9　墙的剪力——案例情况 1（kips/ft）

接下去要检验这墙的抗剪能力。如图 6－9 所显示的那样，洞口上部区域（首层楼盖与第 2 层楼盖之间）的剪力大于 15. 3kips/ft 的容许剪力值。为了确定这个区域内总的剪力需求量，将这 20ft 长 × 10ft 高的墙体构思成一种单独的拱肩墙构件。尽管将这个区域规定为拱肩并不是为了整体分析，但它能使 ETABS 本能地去计算作用在这墙体构件上的总剪力。

作用在这拱肩墙左边整个高度的最大剪力是 177kips，而作用在右边整个高度的是 237kips。根据较大的剪力值来计算所需的抗剪钢筋。

$$\phi V_n \geq V_u$$

$$\phi V_n = \phi\left(2\sqrt{f'_c}b_w d + \frac{A_v f_y d}{s}\right)$$

在上面的公式中，将 ϕV_n 换成 V_u 来求解 $\frac{A_v}{s}$ 值。

$$\frac{A_v}{s} = \left(\frac{V_u}{\phi} - 2\sqrt{f'_c}b_w d\right)\frac{1}{f_y d} = \left(\frac{237,000}{0.75} - 2 \times \sqrt{5000} \times 6 \times 114\right) \times \frac{1}{75,000 \times 114} = 0.0256\text{in}^2/\text{in}$$

假定配的是 No. 5 的单面钢筋，则其最大的间距为：

$$s = \frac{0.31}{0.0256} = 12.1\text{in}$$

为了简单明了，在这底部两个楼层的整个墙内都应该配置 No. 5@ 12in 中 - 中的竖向钢筋，然后再根据其他楼层墙体失去情况的分析结果来确定这建筑物其余墙体的配筋。

DoD 候补传力途径法的验收标准还要求进行变形限度的检验。因为洞口上方的其余墙体都相对比较刚，所以这最大的挠度也是偏小的。20ft 洞口的跨中，最大的下垂挠度才接近 0.05in，完全在钢筋混凝土所规定的变形限度之内。

6.4.2.5.2　*二楼到六楼的墙体失去*

这二楼到六楼的墙体失去（一次一层）所造成的预计结构性状和一楼墙体失去所构成的性状非常相似。这平面内的水平方向和垂直方向的内力轮廓标绘图像显示说明所有区域的拉力需求量都小于容许量。经检查，随着被去掉墙体的楼层位置越高，墙肢里的轴力也就越小。由于一楼的抗轴压强度都已经足够，而且墙厚和配筋在整个建筑物的高度范围内也都是一样的（或比较保守的），所以可以断定这二楼到六楼的抗轴压强度也是满足要求的。

随着这被去掉墙体的楼层位置增高，这最大剪切力也随之减小。这就可以将在底部两层所提供的抗剪钢筋数量随之渐次减少。表 6 - 3 归纳了被去掉墙体直接上方的 20ft 长 × 10ft 高墙体内的最大剪切力与所需要的钢筋。

三楼到七楼的墙体剪力一览表　　**表 6 - 3**

被去掉墙体的楼层	被验验的楼层	最大 V_u（kips）	$\frac{A_v}{s}$（in^2/in）	所拟定的配筋
二楼	三楼	211	0.0216	No. 5@ 12in
三楼	四楼	180	0.0168	No. 5@ 18in
四楼	五楼	151	0.0122	No. 5@ 18in
五楼	六楼	125	0.0082	用现有钢筋
六楼	七楼	114	0.0065	用现有钢筋

在二楼到六楼的墙体失去后，最大的预计挠度（约 0.05in）是和一楼的情况一模一样的。这个挠度完全在钢筋混凝土所规定的变形限度之内。

6.4.2.5.3 *七楼墙体的失去*

从七楼去掉 20ft 长的墙体所产生的结构性状是和下面楼层墙体失去所导致的情况绝然不同的。这墙体是直接从密肋的底部下面去掉的，使单向密肋失去了外边缘的支撑。为了防止屋顶的破坏，这 6 根边跨单向密肋必须从②轴线的内墙向外悬臂 28ft 的距离。图 6－10 和图 6－11 分别显示了这由此而引致的弯矩图和剪力图。

和两端都被支承的单向密肋不同的是，这悬臂的单向密肋承受着通长的负弯矩。最大的负弯矩 279ft－kips 出现在②轴线的部位。穿越②轴线支座上方的现有顶部钢筋由 No. 5@ 12in 中－中组成，仅提供了 68.9ft－kips 的容许负设计抗弯强度。因为不可能沿着悬臂来重新分配弯矩，所以认定这密肋已经失效。此外，就凭这弯矩需求量整整高出设计强度 4 倍这一点，想仅靠增补钢筋来使这现有单向密肋的截面能满足验收标准是不大可能的。

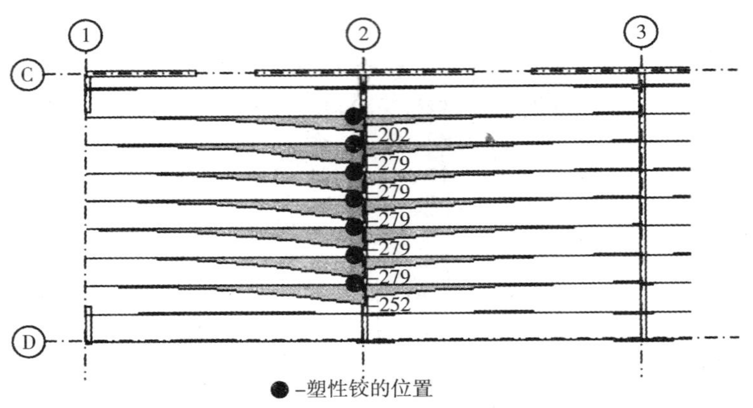

图 6－10　单向密肋屋盖的最大弯矩包络图——案例情况 1（ft－kips）

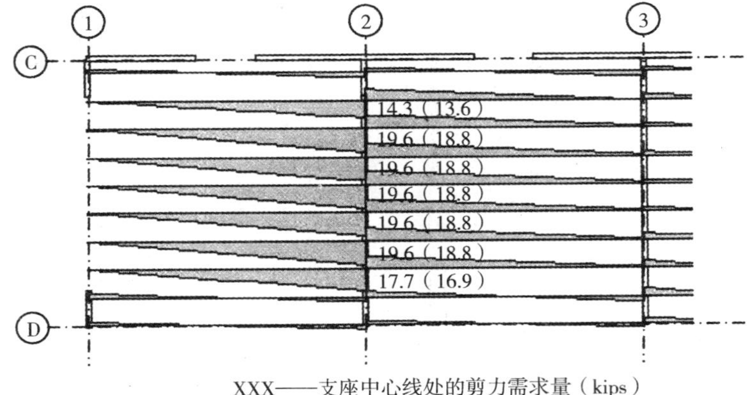

图 6－11　单向密肋屋盖的最大剪力包络图——案例情况 1

除了形成一种挠曲的机构外，这密肋还不足以抵抗剪力。如图 6－11 所显示说明的那样，支座中

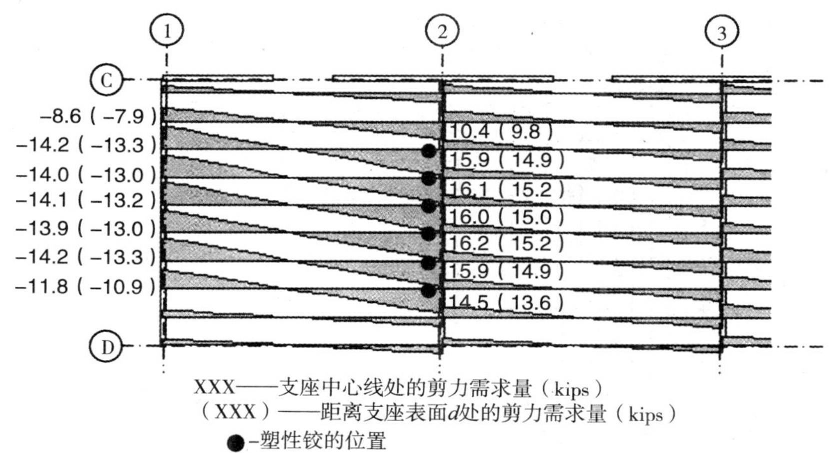

图6－15　第6层单向密肋楼盖在外加屋顶荷重作用下的最大剪力包络图（案例情况1）

最大的箍筋间距等于$\frac{d}{2}=\frac{15.2}{2}=7.6\text{in}$。假设采用No.3的箍筋，间距取7.5in，则由此箍筋所提供的抗剪强度计算如下：

$$V_s=\frac{A_v f_y d}{s}=\frac{0.11\times75\times15.2}{7.5}=16.7\text{kips}>9.2\text{kips}$$

因此，这No.3间距7.5in的单肢箍筋足够满足抗剪的需要。在剪力需求量等于设计抗剪强度的位置（约距离①和②轴线5ft3in）可以开始不再设置箍筋。

6.4.2.6　横断内承重墙的失去（案例情况2）

像案例1的情况那样，这案例情况2中跨越被假设去掉墙体的基本受力机理是余留悬臂墙体所起的深梁/拱作用。在下面几节中将讨论这每一层楼所出现的性状。

6.4.2.6.1　*一楼墙体的失去*

在首层的墙体失去之后，要对其余保留墙体的内力需求量进行评估。对那些可能潜在超限应力的部位要进行壳体元件的内力检验。由于这墙平面外的受力是微不足道的，所以只考虑平面内的受力情况。图6－16～图6－18说明了ETABS程序在计算机屏幕上所显示的这平面内每一种受力的壳体元件内力的清晰轮廓图像。图6－16和图6－17分别显示了水平方向（即平行于y轴）和垂直方向（即平行于z轴）的内力，而图6－18则显示了平面内的剪力。

在水平方向，最大的拉力约为4.8kips/ft，远远小于10.1kips/ft的容许承载能力（在图6－16中，拉力被标示为正值）。在垂直方向，除了这被去掉墙体直接上方位于该建筑物外边缘的一个小区域以外，其他的这些预估拉力都小于9.0kips/ft的容许值。

为了评估这现有竖向钢筋的可行性，则计算2ft网格单元的整个宽度的最大总竖向力。假定这个元件内的竖向力是线性分布的，则计算所得的平均拉力为10.8kips/ft（见图6－17）。尽管这个拉力是大于9.0kips/ft的容许值，但墙端部的抗拉强度确实要比其他部位稍微大一些。根据墙端部29in长度内的2根No.4竖向钢筋来计算这设计抗拉强度：

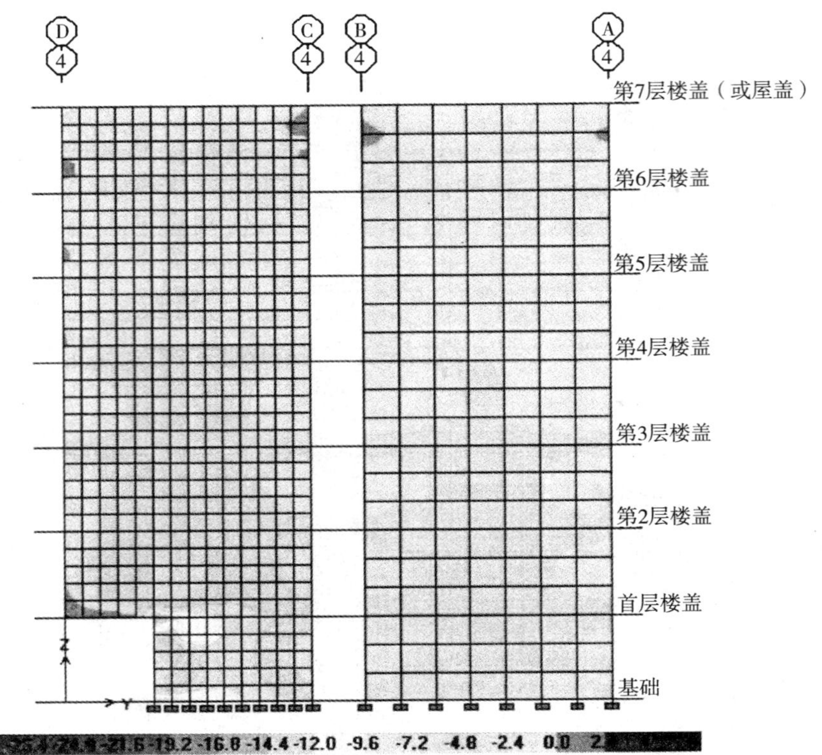

图 6－16 墙的水平拉力——案例情况 2（kips/ft）

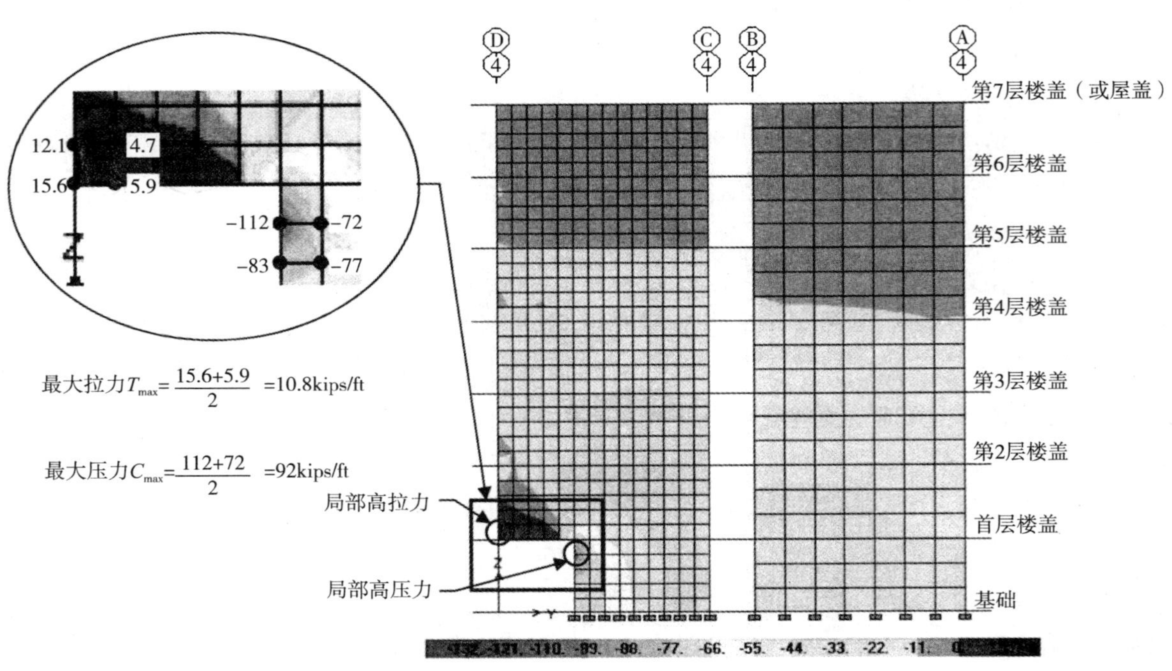

图 6－17 墙的竖向内力——案例情况 2（kips/ft）

$$\phi T_{n} = \phi A_{s} f_{y} = 0.9 \times 0.40 \times \frac{12}{29} \times 75 = 11.2\text{kips/ft}$$

由于 11.2kips/ft > 10.8kips/ft，所以这现有墙的强度对竖向抗拉来讲是足够的。

一楼墙体的失去代表了这余留墙体承受轴向荷载的一种最不利案例情况。这抗轴压强度（用 ACI 318－02 第 14 章所规定的经验设计方法来计算所得的）为 98.3kips/ft（见 6.4.2.4 节）。总的来讲，图 6－17 中所标示的轴力需求量都小于这个值。不过，惟一的例外出现在这被去掉墙体的右侧并紧挨着洞口顶部的这个位置。在这个区域内的最大轴力达到 112kips/ft，却只覆盖着一个非常小的范围。如果按洞边 2ft 宽的单元网格墙体来计算平均值，则这平均的轴力需求量为 92kips/ft，小于 98.3kips/ft 的抗轴压强度（见图 6－17）。由于预测的轴力需求量小于这所具有的强度，所以此墙是满足要求的。

最后，评估墙的抗剪能力。图 6－18 显示说明了首层楼盖与第 2 层楼盖之间的这个区域的受剪情况。那里墙的剪力大于 143.8kips 的容许值（见 6.4.2.4 节）。为了确定这个区域内的总的剪力需求量，将这首层楼盖与第 2 层楼盖之间的一段 10ft 宽 ×10ft 高的墙体构思成一种单独的拱肩墙构件。尽管将这个区域规定为拱肩并不是为了这整体分析，但它能使 ETABS 本能地去计算作用在墙体构件上的总剪力。

作用在拱肩墙体上的最大剪力是 304kips，这所需要的抗剪钢筋计算如下：

$$\phi V_{n} \geq V_{u}$$

$$\phi V_{n} = \phi\left(2\sqrt{f'_{c}}b_{w}d + \frac{A_{v}f_{y}d}{s}\right)$$

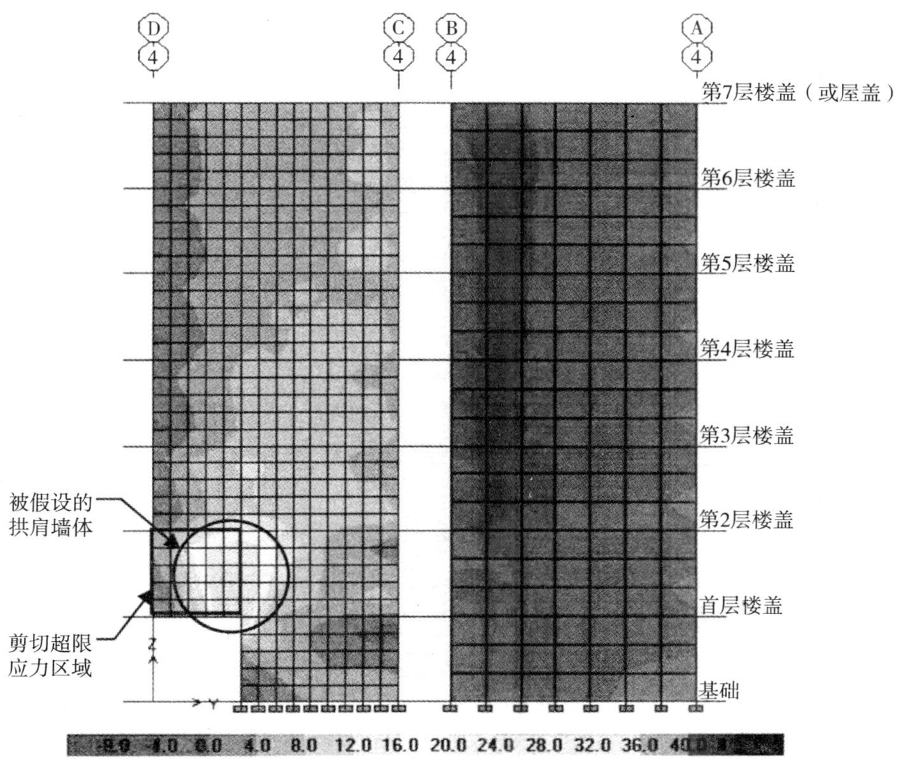

图 6－18　墙的剪力——案例情况 2（kips/ft）

在上面的公式中，将 ϕV_n 换成 V_u 来求解$\frac{A_v}{s}$值。

$$\frac{A_v}{s}=\left(\frac{V_u}{\phi}-2\sqrt{f'_c}b_w d\right)\frac{1}{f_y d}=\left(\frac{304,\ 000}{0.75}-2\times\sqrt{5000}\times 6\times 114\right)\times\frac{1}{75,\ 000\times 114}=0.036\text{in}^2/\text{in}$$

假定配的是 No. 6 的单面钢筋，则其最大的间距为：

$$s=\frac{0.44}{0.036}=12.2\text{in}$$

为了简单明了，在这底部两个楼层从建筑物外边缘开始算起的 14ft 宽度（即墙总长的一半）内都应该配置 No. 6@ 12in 中 – 中的竖向钢筋。然后再根据其他楼层墙体失去情况的分析推断结果来确定这底部两个楼层上方的各楼层墙体的配筋需要。

DoD 候补传力途径法的验收标准还要求进行变形限度的检验。这余留下来的高截面悬臂墙体的大刚度（即截面惯性矩）只能产生很小的变形。在这④轴线和Ⓓ轴线交接处的被去掉墙体上方的余留墙体的最大预测下垂挠度才接近 0. 07in，这个挠度完全在所有规定的钢筋混凝土的变形限度之内。

6. 4. 2. 6. 2　*二楼到六楼的墙体失去*

这二楼到六楼的墙体失去（一次一层）所造成的预计结构性状和一楼墙体失去所构成的性状非常相似。这平面内的水平方向和垂直方向的内力轮廓标绘图像显示说明所有部位的拉力需求量都小于相关的容许值。经检查，随着被去掉墙体的楼层位置越高，墙肢里的轴力也就越小。由于一楼的抗轴压强度都已经足够，而且这墙厚和配筋在整个建筑物的高度范围内也都是相同的（或比较保守的），所以可以断定这二 ~ 六楼的抗轴压强度也是足够的。

随着被去掉墙体的楼层位置增高，最大剪切力也随着减小。这就可以将在底部两层所提供的抗剪钢筋数量随之渐次减小。表 6 – 4 归纳了这被去掉墙体直接上方的 10ft × 10ft 墙体内的最大剪切力和所需要的钢筋。

三楼到七楼的墙体剪力一览表　　**表 6 – 4**

被去掉墙体的楼层	被检验的楼层	最大 V_u（Kips）	$\frac{A_v}{s}$（in^2/in）	所拟定的配筋
二楼	三楼	270	0. 0308	No. 6@ 12in
三楼	四楼	239	0. 0260	No. 5@ 12in
四楼	五楼	210	0. 0214	No. 5@ 12in
五楼	六楼	187	0. 0178	No. 5@ 16in
六楼	七楼	186	0. 0177	No. 5@ 16in

在二楼到六楼的墙体失去后所预测的最大挠度是和一楼墙体失去的情况差不多相同的。这全部最大的挠度是在六楼墙体失去时出现在④轴线和Ⓓ轴线的交接部位。在这个案例情况中，这跨越洞口的悬臂墙体截面高度是最小的（即 10ft）。不过，拿它与它的悬臂跨度相比，这 10ft 高的墙体还算是相对比较刚的，所以最大的挠度也仍然是小的。最大的计算挠度 0. 08in 完全在所有规定的钢筋混凝土的变形限度之内。

6. 4. 2. 6. 3　*七楼墙体的失去*

从七楼去掉 10ft 墙体后所产生的结构性状是和前面所讨论的完全不一样的。这墙体是直接从密肋的底部下面去掉的，使单向密肋失去了一个内部支撑。为了防止屋顶的破坏，这最靠近建筑物外边缘的4根单向密肋必须要能跨越两个开间（即56ft）。图6－19和图6－20分别显示了由此而引致的弯矩图与剪力图。

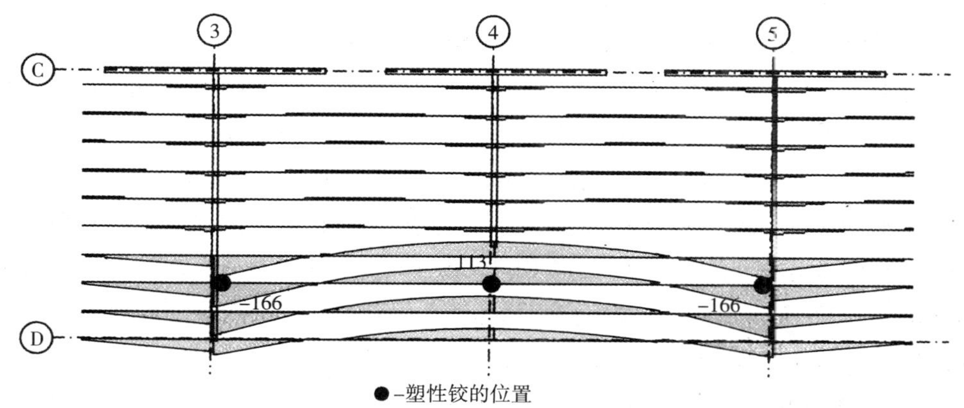

图6－19　单向密肋屋盖的最大弯矩包络图——案例情况2（ft－kips）

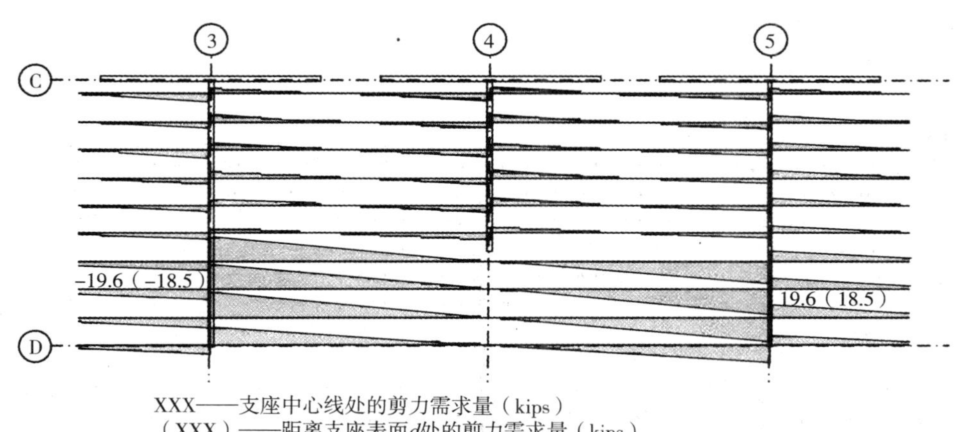

图6－20　单向密肋屋盖的最大剪力包络图——案例情况2

这单向密肋的最大正弯矩（113ft－kips）出现在④轴线的部位（即被去掉墙体的部位）。在这个部位，弯矩内力逆转了方向，从负的变成了正的。假定所有的现有底部钢筋都是连续贯通这个支座的，则它的正设计抗弯强度为43.2ft－kips，不到预测弯矩需求量的40%。因为仍有弯矩重分配的潜在可能，所以在这个阶级还不能认定这些单向密肋已经失效。

最大的166ft－kips负弯矩出现在③轴线和⑤轴线的支座部位。如正弯矩的情况那样，最大的负弯矩需求量整整比63.7ft－kips的负设计抗弯强度大了2.5倍。这些屋顶的密肋在同一跨度的三个部位（即两端和跨中）都超出了它们自身的抗弯强度，则已形成了三铰破坏的机构。

除了形成一种挠曲的机构外，这些密肋还不足以抵抗剪力。如图6－20所显示说明的那样，这支座中心线和距离墙表面d处的最大剪力需求量分别为19.6kips和18.5kips，都大于这11.1kips的容许值。

按照DoD的处理方法，将这些已失效的构件从分析模型中去掉，并将它们的相关荷重（其中包括动力放大系数）分摊给下面的楼层。不过，在进行重新分析之前还要先确认这预计的破坏面积560ft^2

（即 10ft 宽 ×56ft 的两个开间跨度）是小于容许值的。对这外部构件的渐次倒塌案例情况来讲，这被限制的破坏面积取下列之较小者：

（1）$750ft^2$←取值

（2）15% 的总楼层面积 $=0.15\times140\times62=1302ft^2$

由于这预计的倒塌面积小于容许值，所以分析继续往下进行。

从分析模型中将已失效的屋盖受力构件去掉，并将它的静荷载（由屋盖的自重和附加荷载组成）增添到第 6 层楼盖的荷载中去。总共 220.8psf 的静荷载［即 $2\times1.2\times(82+10)$］被均匀分布在倒塌屋顶正下方的 10ft ×56ft 的面积内。这个荷载是未包括第 6 层楼盖原本已有的 $1.2D+0.5L$。由于在候补传力途径的方法中是不考虑屋面活荷载的，所以没有把屋顶的活荷载增添到第 6 层的楼盖上。在重新启动分析后，要对第 6 层的单向密肋楼盖进行评估，以确定它们是否有足够的强度来支承这塌下来的部分屋顶。

图 6－21 和图 6－22 显示了这第 6 层单向密肋楼盖在重新分析后的弯矩图和剪力图。这最大的正、负弯矩需求量都大于设计抗弯强度。最大的剪力需求量也大于抗剪强度。因此，第 6 层楼盖的结构没有足够的强度来支承这塌下来的屋顶残骸，并相继破坏。总的倒塌面积（按将已破坏的第 6 层楼盖面积加上已塌下来的屋顶面积来确定）现在已经超过了容许的破坏面积，并且已不允许再重新分摊荷载了。分析到这个地步，只能重新来设计这个结构了。

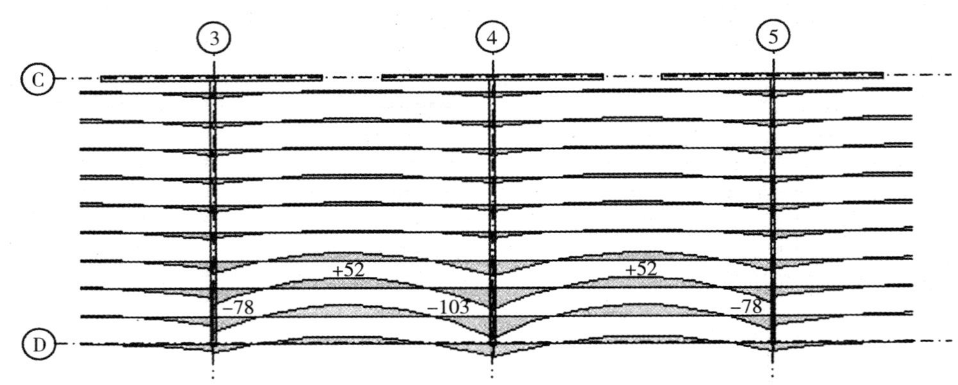

图 6－21　第 6 层单向密肋楼盖在外加屋顶荷重作用下重新分析的最大弯矩包络图——案例情况 2（ft－kips）

为了保持现有单向密肋的尺寸不变，所以重新设计只是把注意力集中在这现有钢筋的修改上。既可以对屋盖进行补强，以防止屋顶的倒塌发生；也可以在允许屋盖破坏的前提下对第 6 层楼盖进行加固，以提供足够的强度来接住从屋顶塌下来的残骸。由于第 6 层楼盖的弯矩需求量要比屋盖的小得多（而剪力需求量却几乎是一模一样的），所以重新设计第 6 层楼盖是更有效的。这重新设计被列举说明如下：

密肋抗正弯矩强度的重新设计

现有的抗正弯矩强度：$+\phi M_n=43.2$ft－kips（见 6.4.2.4 节）

最大的弯矩需求量：$M_u=52$ft－kips（见图 6－21）

将底部钢筋从原有的 1 根 No. 4 +1 根 No. 5 加大到 2 根 No. 5，$A_{sprov}=0.62in^2$。

$$a=\frac{A_s f_y}{0.85b_w f_c'}=\frac{0.62\times75}{0.85\times35\times5}=0.31in$$

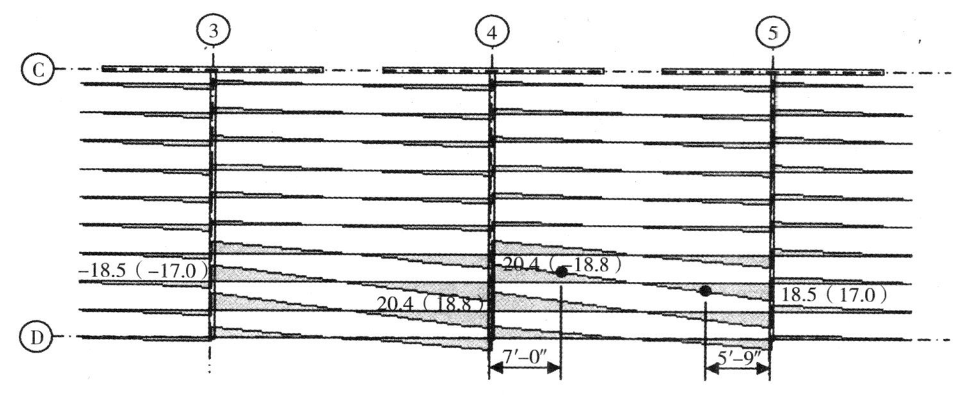

XXX——支座中心线处的剪力需求量（kips）
（XXX）——距离支座表面d处的剪力需求量（kips）
● 设计抗剪强度（11.1 kips）=剪力需求量的所在部位

图 6－22　第 6 层单向密肋楼盖在外加屋顶荷重作用下重新分析的最大剪力包络图——案例情况 2

$$+\phi M_n = \phi A_s f_y\left(d-\frac{a}{2}\right)=0.9\times 0.62\times 75\times\left(15.2-\frac{0.31}{2}\right)=630\text{in}-\text{kips}$$

$$=52.5\text{ft}-\text{kips}>52\text{ft}-\text{kips}$$

这 2 根 No. 5 的底部钢筋已经满足要求了，但这两根钢筋必须都连续贯通支座，或按照 ACI 318－02 的规定用完整的受拉接头来进行连接。

密肋抗负弯矩强度的重新设计

现有的抗负弯矩强度：$-\phi M_n=63.7\text{ft}-\text{kips}$（见 6. 4. 2. 4 节）

最大的弯矩需求量：$M_u=103\text{ft}-\text{kips}$（见图 6－21）

将顶部钢筋从原先的 No. 4@ 8. 5in 中－中加大到 No. 6@ 10in 中－中。

$$a=\frac{A_s f_y}{0.85 b_w f'}=\frac{0.44\times\frac{35}{10}\times 75}{0.85\times 5\times 5}=5.44\text{in}$$

$$-\phi M_n=\phi A_s f_y\left(d-\frac{a}{2}\right)=0.9\times 0.44\times\frac{35}{10}\times 75\times\left(15.12-\frac{5.44}{2}\right)=1289\text{in}-\text{kips}$$

$$=107\text{ft}-\text{kips}>103\text{ft}-\text{kips}$$

这 No. 6@ 10in 中－中的顶部钢筋满足要求。

密肋抗剪强度的重新设计

现有的设计抗剪强度：$\phi V_n=11.1\text{kips}$

最大的剪力需求量：$V_u=18.8\text{kips}$

在维持现有单向密肋尺寸不变的前提下，有两种可供选择的处理方法来提高密肋的抗剪强度：1）在密肋的两端加腋；2）增添抗剪钢筋。为了能让整栋建筑物的单向密肋仍保持采用同一模板，则选择了这第 2 种处理方法。下面来设计在这密肋里所需要增配的单肢箍筋：

$$\phi V_n \geqslant V_u$$

$$\phi V_n=\phi(V_c+V_s)$$

$$V_u=\phi(V_c+V_s)\text{，则 } V_s=\frac{V_u}{\phi}-V_c$$

$$V_s = \frac{18.8}{0.75} - 11.1 = 14.0\text{kips}$$

最大的箍筋间距$\frac{d}{2} = \frac{15.12}{2} = 7.56\text{in}$。假设采用 No. 3 的箍筋，间距取 7. 5in，则由此箍筋所提供的抗剪强度计算如下：

$$V_s = \frac{A_v f_y d}{s} = \frac{0.11 \times 75 \times 15.12}{7.5} = 16.6\text{kips} > 14.0\text{kips}$$

因此，这 No. 3 间距 7. 5in 的单肢箍筋是充分满足抗剪要求的。在剪力需求量等于设计抗剪强度的位置可以开始不再设置箍筋。如图 6 – 22 所显示说明的那样，这些位置分别距离④轴线约 7ft，距离③与⑤轴线约 5ft 9in。

6. 4. 2. 7　位于角部的墙体失去（案例情况 3）

案例 3 除了仅在这墙的一侧有楼盖结构外，其他的情况都是和案例情况 2 一模一样的。在这⑥轴线墙上的所有需求量值都小于案例 2 的情况。不过，为了简单，对这外侧墙的设计也全部都采用这案例情况 2 的计算分析结果。

如同案例 1 的情况，在这七楼的墙体失去之后，这单向密肋屋盖需要从⑤轴线墙往外悬挑。这种情况是和案例 1 的情况一模一样的，因此可以直接应用案例情况 1 的分析结果。

6. 4. 2. 8　拟定结构补强的归纳

这所有需要用来提高建筑结构抵抗渐次倒塌能力的拟定修改只不过是专注于提供附加钢筋。选择这种处理方法是因为这样不会影响结构构件的尺寸或造型。必须强调说明的是，在这个例题中所介绍的补强做法仅仅代表为满足 DoD 防止渐次倒塌要求条件的一种方法，也可以选用各种各样的其他处理方法。下面对这现有建筑物（按重力和侧向荷载设计的）所需补强的范围作一总结归纳。

外侧墙（沿轴线①和⑥）

仅发现这外侧墙里的竖向钢筋欠缺。拟定将竖向钢筋从 No. 4@ 18in 中 – 中加大到下述程度：

一 ~ 三楼　　No. 5@ 12in 中 – 中

四 ~ 五楼　　No. 5@ 18in 中 – 中

六 ~ 七楼　　不变

内墙（沿轴线② ~ ⑤）

仅发现从这建筑物外边缘（即轴线Ⓐ和Ⓓ）开始往里的这段 14ft 内墙里的竖向钢筋配得不够。拟定将这段墙体里的竖向钢筋从 No. 4@ 18in 中 – 中加大到下述程度：

一 ~ 三楼　　No. 6@ 12in 中 – 中

四 ~ 五楼　　No. 5@ 12in 中 – 中

六 ~ 七楼　　No. 5@ 16in 中 – 中

第 6 层的单向密肋楼盖

发现这第 6 层的混凝土单向密肋楼盖在遭遇上面屋盖结构倒塌的外加荷重时的强度不足。这单向密肋的抗剪和抗弯强度必须按下述办法来提高。

（1）内跨

将底部钢筋从 1 根 No. 4 + 1 根 No. 5 加大到 2 根 No. 5 的钢筋；

将顶部钢筋从 No. 4@ 8. 5in 中 – 中加大到 No. 6@ 10in 中 – 中；

在所有内跨密肋的两端 7ft 区段里加设 No. 3 的单肢箍筋，间距 7. 5in 中 – 中。

（2）边跨

在所有边跨密肋的两端 5ft 3in 区段里加设 No. 3 的单肢箍筋，间距 7. 5in 中 – 中。

6.5　GSA 的处理方法

总的来讲，典型的 GSA 建筑物的实用功能都是用来作为办公的，而不是供居住用的。由于 GSA 的处理方法是和 DoD 的候补传力途径方法相类似的，而且多少有点不如 DoD 的处理方法那么严密，所以本章就不再单独计算说明 GSA 的处理方法了。

6.6　参考文献

6.1 American Society of Civil Engineers, *ASCE Standard Minimum Design Loads for Buildings and Other Structures*, ASCE 7-02, Reston, VA, 2003.

6.2 Department of Defense, *Design of Buildings to Resist Progressive Collapse*, Unified Facilities Criteria (UFC) 4-023-03, 25 January 2005.

6.3 International Code Council, *International Building Code*, Falls Church, VA, 2000.

6.4 International Code Council, *International Building Code*, Falls Church, VA, 2003.

6.5 Ghosh, S.K., and Fanella, D.A., *Seismic and Wind Design of Concrete Buildings*, Portland Cement Association, Skokie, IL, 2003.

6.6 Concrete Reinforcing Steel Institute, *CRSI Design Handbook*, Schaumburg, IL, 2002.

6.7 American Concrete Institute, *Building Code Requirements for Structural Concrete (ACI 318-02) and Commentary (ACI 318R-02)*, Farmington Hills, MI, 2002.

6.8 ETABS Plus Version 8.4.7, *Extended 3-D Analysis of Building Systems*, Computers and Structures, Inc., Berkeley, CA.

6.9 Federal Emergency Management Agency, *NEHRP Guidelines for the Seismic Rehabilitation of Buildings*, FEMA-273, October 1997.

6.10 General Services Administration, *Progressive Collapse Analysis and Design Guidelines for New Federal Office Buildings and Major Modernization Projects*, June 2003.